개정판

Digital Engineering
디지털공학

김선규 · 유수봉 · 김석원 · 염의종 공저

光文閣
www.kwangmoonkag.co.kr

Preface

디지털 공학은 산업 전반에 걸쳐 광범위하게 응용되고 있는 기술로 산업체에서 전자, 통신, 컴퓨터, 전기, 자동제어, 자동차, 메카트로닉스 등의 분야에서 근무하는 실무자들과 대학에서 마이크로프로세서, PLC, 아두이노, 각종 인터페이스 등의 학습을 위한 선수 과목으로 학생들이 반드시 배워야 하는 필수적인 학문입니다.

대학에서의 디지털 공학 기초 교육내용은 예전이나 지금이나 큰 차이를 보이고 있지 않다 생각되어, 이 책은 어려운 이론 중심의 설명에서 벗어나 스스로 공부하는 학생들이 이해하기 쉽게 문제 풀이로 해결 방법을 찾을 수 있도록 다양한 예제들이 수록되어 있습니다.

1장에서는 디지털 시스템과 수 체계를 이해하기 위해 디지털 시스템, 수 체계, 2진수 연산, 코드에 대하여 기술하였습니다.
2장에서는 부울대수와 논리게이트에 대하여 기술하였습니다.
3장에서는 부울식의 표현, 논리식의 다양한 표현, 부울식의 간략화(simplifying) 방법에 대하여 기술하였습니다.
4장에서는 조합논리회로의 설계, 조합논리회로의 분석, 비교기, 가산기, 감산기, 곱셈기, 디코더, 인코더, 멀티플렉서, 디멀티플렉서, 7-Segment-BCD 표시 회로에 대하여 기술하였습니다.
5장에서는 순차논리회로, Latch와 FlipFlop, 주/종 플립플롭, 플립플롭의 여기표에 대하여 기술하였습니다.

6장에서는 동기식과 비동기식 카운터 비교, 동기식 카운터 설계, 비동기식 카운터 설계, 카운터(Counter) 설계에 대하여 기술하였습니다.

7장에서는 레지스터의 동작 유형, 레지스터 병렬 로드가 가능한 레지스터, 시프트 레지스터에 대하여 기술하였습니다.

8장에서는 메모리 ROM, PLA, RAM에 대하여 기술하였습니다.

이 책이 디지털 공학의 개념을 이해하는 데 많은 도움이 되길 바라며, 새로운 디지털 기술을 습득해 디지털 시스템을 설계하려는 실무자들과 학생들한테 유용하게 활용되어 개인의 발전이 있기를 기대합니다. 끝으로 이 책이 나오기까지 물심양면으로 도움을 주신 광문각출판사 박정태 회장님을 비롯하여 임직원 여러분께 진심으로 감사의 말씀드립니다.

2017년 2월

저자 일동

Contents

제7장 레지스터(Register) | 293

제8장 메모리(Memory) | 315

Chapter

01

디지털 시스템과 수 체계

학습목표

디지털 시스템에서는 아날로그 신호와 디지털 신호의 비교, 디지털 시스템, 수 체계, 2진수 연산, 각종 코드에 대한 내용을 다룬다.

▶ **디지털 시스템**

- 아날로그 신호와 디지털 신호의 차이를 비교한다.
- 디지털 시스템의 장점, 한계성, 응용기술을 이해한다.

▶ **수 체계**

- 2진수, 8진수, 10진수, 16진수의 표현 방법을 이해한다.
- 2진수, 8진수, 10진수, 16진수의 상호 진법 변환을 할 수 있다.

▶ **2진수 연산**

- 1의 보수, 2의 보수를 구할 수 있다.
- 2진수의 사칙연산을 할 수 있다.
- 2진수에서 부호를 갖는 표시 방법을 표현할 수 있다.

▶ **코드(code)**

- 2진 코드와 그레이 코드를 상호 변환할 수 있다.
- 2진 코드를 3초과 코드로 변환할 수 있다.
- 알파뉴메릭 코드에서 6비트 BCD 코드, ASCII 코드, EBCDIC 코드의 표현 방법을 이해한다.
- 패리티 발생기, 패리티 검사기를 구성하여 데이터 오류를 검출 할 수 있다.
- 해밍코드를 이용해서 데이터 전송 과정에서 일어 날 수 있는 오류를 검출해 수정할 수 있다.

제1장. 디지털 시스템과 수 체계

1.1 디지털 시스템

1) 디지털과 아날로그 신호

아날로그(Analog) 신호(Signal)란 시간에 따라 연속적(continuing)으로 변화하는 신호를 말한다. 디지털(Digital) 신호는 시간에 따라 정해진 이산 값(discrete value)만을 갖는 신호를 말한다. 아날로그와 디지털의 차이는 우리가 실생활에서 물리적인 크기나 양을 나타낼 때 사용하는 실수와 정수의 차이와 유사하다. 예를 들어 실수에서는 3과 5사이에 3.1, 3.14, 3.6, 4.3, 4.9, 4.999 등 무수히 많은 실수가 존재하지만, 정수에서는 3과 5사이에 4라는 정수만이 존재한다. 아래 그림에 아날로그 신호와 디지털 신호의 시간에 따른 변화 모양에 대한 예를 나타내었다.

아날로그 신호는 시간이 지남에 따라 신호의 값이 연속적인 값을 가지면서 변화되고, 디지털 신호는 정해진 이산적인 값 0 또는 1, 둘 중의 하나의 값만을 가지면서 변화됨을 볼 수 있다.

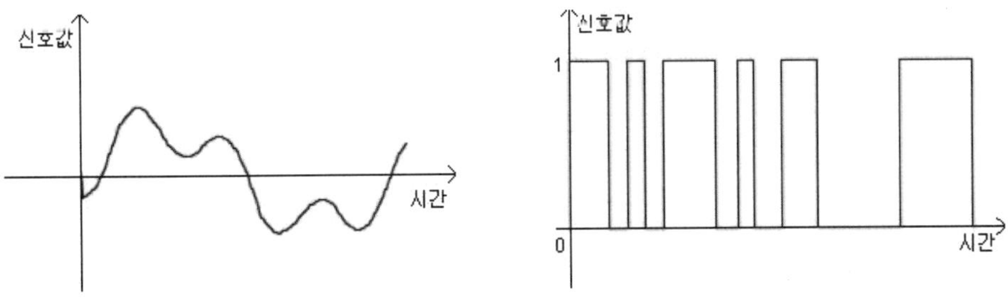

일반적으로 단지 2개의 상태만을 갖고 한 쌍의 전압 레벨에 의해 표시될 수 있는 회로를 디지털 회로라고 한다. 그리고 많은 전압 레벨을 갖고 2개의 다른 전압 레벨로 제한되지 않고 음악, 음성 또는 복잡한 파형을 증폭하거나 만들어 내는 데 무한한 전압 레벨을 갖는 회로를 아날로그 회로라고 한다.

아날로그 시계를 예로 들면 33초와 34초 사이의 무수히 많은 시간을 표현(초바늘이 33초와 34초 사이에 위치)할 수 있는 반면, 디지털 시계는 초 단위의 시간 값만을 표현하고 있다.

(a) 아날로그 시계

(b) 디지털 시계

아래 표는 디지털과 아날로그를 비교하여 나타내고 있다.

구분 / 분류	디지털	아날로그
어원	Digitus→Digit→Digital	Analogous→Analogy→Analog
양	계단적 및 이산적인 양	연속적인 양
형태	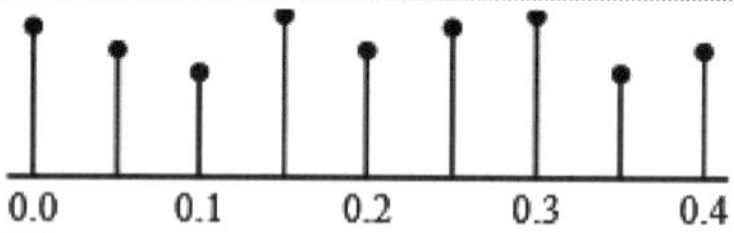	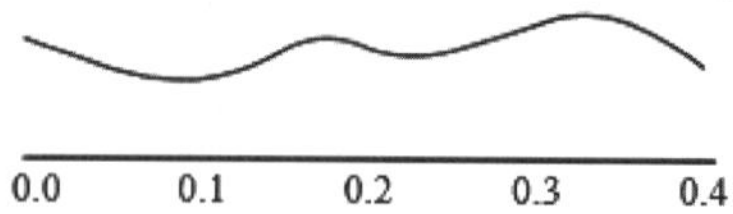
기능 및 작용	스위치 작용, 기억 작용	연속적인 변화 작용
연산형식	사칙연산	미적분
기타	불연속성 대신호용 비선형동작	연속성 소신호용 선형동작

디지털이라는 의미는 손가락(digitus)이라는 말에서 비롯되었다. 사람의 손가락이 열 개이므로 10진수에 익숙하게 되어 10진법을 사용하게 되었고 이 손가락이라는 개념이 수 문자(digit)라는 의미를 거쳐 계수형(digital)이라는 의미로 변형되어 폭넓은 의미를 갖게 된 것이다.

오늘날 사용하는 디지털 기술의 원천을 거슬러 올라가면, 디지털 공학의 시초는 펜실베이니아 대학 교수들에 의해서 1946년 진공관(18,800개) 회로로 구성된 프로그램 방식의 세계 최초 전자계산기인 ENIAC(Electronic Numerical Intergrator and Computer)이 개발됨으로써 시작되었다.

그 후 계산기의 발전 과정을 살펴 보면 아래 표와 같다.

년도	계산기	고안자	특징
1642년	치차식 계산기	파스칼	최초의 기계식 계산기 톱니와 연동바퀴 이용하여 가감산 계산
1673년	사칙 계산기	라이프니츠	최초의 탁상용 계산기 곱셈, 나눗셈 기능을 포함하여 가감승제 가능
1823년	차분 기관	찰스베비지	미분, 적분 가능 입출력, 기억, 연산장치를 갖춤
1833년	해석 기관	찰스베비지	현재 컴퓨터의 모체 차분 기관을 개량
1890년	천공카드 시스템	홀러리스	일괄처리 방식의 시초, 펀치카드시스템(PCS) 개발 미국 국세 징수를 위한 인구조사에 이용
1944년	마크원(MARK-1)	에이컨	최초의 자동 기계식 계산기 전기 신호 이용하여 자동 계산
1946년	에니악(ENIAC)	모클리, 에커트	최초의 전지 계산기, 최초의 컴퓨터, 10진법 사용 진공관(18,800개)으로 연결된 외부 프로그래밍 방식
1949년	에드삭(EDSAC)	윌키스, 모리스	최초의 프로그램 내장 방식 폰노이만의 프로그램 내장 방식 채택
1950년	에드박(EDVAC)	모클리, 에커트	최초의 2진법 사용 프로그램 내장 방식 완성
1951년	유니박(UNIVAC)	모클리, 에커트	최초의 상업용 계산기 미국 인구 통계에 이용, 자기테이프 사용
1975년	알테어	MITS社	최초의 개인용 컴퓨터 스위치 조작으로 프로그래밍
1977년	애플 II	애플社	최초의 8비트 개인용 컴퓨터 현재 PC의 형태 갖춤

2) 디지털 시스템

사용자가 목적한 바를 수행하기 위하여 필요한 기능들을 어떤 법칙이나 유기적인 관계로 조합시킨 집합체를 시스템(System)이라고 한다.

이 시스템은 처리하는 데이터의 형태와 표현 방법에 따라 크게 디지털 시스템(digital system)과 아날로그 시스템(analog system)으로 나눈다.

디지털 시스템은 이산(불연속) 정보(discrete information)를 처리하는 시스템이다. 이 시스템은 숫자나 기호, 또는 물리적인 양을 나타내는 디지털 데이터를 입력으로 받아들여서 이 데이터를 처리한 다음, 처리된 결과를 디지털 형태로 출력하며, 디지털 컴퓨터가 이에 속한다.

아날로그 시스템은 이산 정보를 취급하는 디지털 시스템과는 달리 온도, 압력, 각도, 속도, 전압과 같은 연속적인 정보(continuous information)를 처리한다.

물리적인 양을 표시할 때는 아날로그적인 표현방법이 사용된다. 예를 들어 온도계에서 온도 변화에 따른 수은이 위치한 곳은 아날로그적인 데이터이다, 시계에서 바늘의 위치 또한 연속적인 값의 변화를 나타내는 것으로 아날로그적인 데이터이다.

디지털 컴퓨터는 숫자와 같은 이산 데이터만을 처리하는 시스템이므로, 물리적인 양을 나타내는 아날로그 데이터를 디지털 컴퓨터에서 사용하기 위해서는 데이터 입력을 디지털 형태로 변환해 주어야 한다.

이러한 데이터의 형태 변환은 아날로그-디지털 변환기(ADC : Analog Digital Converter)를 이용하여 수행한다.

디지털 컴퓨터는 0과 1의 두 개의 숫자만을 사용하는 이진(binary) 시스템이다.

즉, 컴퓨터 내부의 정보가 제한된 수의 불연속적인 값으로 표현됨을 의미한다.

하나의 2진 숫자를 비트(bit : binary digit)라 하며, 디지털 컴퓨터 내에서의 정보는 비트들의 그룹으로 표현된다.

디지털 시스템 중 우리가 가장 친근하게 접하는 대표적인 것이 컴퓨터 시스템이다.

모든 컴퓨터의 경우 기술 및 제조사에 따라 처리 방식과 처리 속도는 차이가 있지만 기본적으로 서로 비슷한 구조를 갖고 있으며, 본질적으로 같은 기능을 수행한다.

전자회로는 취급하는 신호의 성격에 따라 아날로그 회로와 디지털 회로로 구분되는데 이들은 각각 아날로그 신호와 디지털 신호에 의하여 작동한다.

디지털 시스템은 아날로그 시스템에 비하여 정밀도와 신뢰도가 높고, 정보를 장시간 기억시킬 수 있으며, 연산은 물론 논리적인 판단을 고속으로 행할 수 있다는 장점을 지니고 있다. 이러한 장점 때문에 아날로그 시스템에 의하여 행하여 졌던 일들도 점차로 디지털 시스템에 의하여 대체 수행되어 가는 현실이다. 이와 같이 디지털 기술로 옮겨가고 있는 주된 이유는 다음과 같다.

- 디지털 시스템은 설계하기 쉽다.
- 정보 저장이 쉽다
- 정확성과 정밀도가 높다.
- 디지털 시스템의 동작은 프로그램화될 수 있다.
- 디지털 회로는 잡음에 대한 영향이 적다.
- 많은 디지털 회로 구성이 IC 칩으로 제조될 수 있다.

디지털 기술을 사용할 때 아주 중요한 결점은 실제 세상은 아날로그라는 것이다. 디지털 시스템에 의해 관측, 동작, 제어되는 입력/출력 신호와 온도, 압력, 위치, 속도, 수위, 유량 등과 같은 정보는 아날로그 신호이다.

즉, 디지털 시스템에서는 이들 신호를 아날로그에서 디지털로 디지털에서 아날로그로 변환해야 하는 번거로움과 이때 발생되는 문제점을 감수하며 아날로그 정보를 디지털 근사치로 바꾸어 일상적으로 사용하는 것이다.

현실적으로 보면 대부분의 수학적 체계는 아날로그 표현 방식이고, 이러한 형태의 물리량이 측정, 판독, 제어된다. 그러나 앞에서 언급된 디지털 기술을 사용함으로써 많은 혼합형 시스템이 존재하게 되었으며 이러한 시스템의 대표적인 것이 온도, 압력, 유체의 흐름 등의 아날로그 양을 측정 및 제어하는 시스템이다.

일반적인 혼합형 제어 시스템의 정보 흐름은 실생활 속 물리량의 변화를 아날로그 형태로 측정하고, 이 측정값을 아날로그-디지털 변환기(ADC : Analog-to- Digital Converter)를 통하여 디지털 물리량으로 변환시킨 후 변환된 디지털 물리량 정보를 중앙처리기에 의해 처리하고, 처리된 디지털 정보를 디지털-아날로그 변환기(DAC : Digital-to-Analog Converter)에 의해 아날로그 물리량으로 재변환하여 아날로그 제어기에 전달하면 처음에 특정된 아날로그 물리량이 조정, 처리되는 것이다.

아날로그와 디지털 정보 형태 간의 변환에 대한 필요성으로 인하여 부가되는 복잡성과 비용은 디지털 시스템의 결점이 될 수 있다. 또 다른 중요한 결점 중의 하나는 이 변환을 위해서 소요되는 추가 시간이다. 그러나 많은 응용에서 디지털 기술을 사용함으로써 일어지는 수많은 장점들이 이들 결점을 충분히 보상할 수 있기에 아날로그와 디지털 간의 변환은 현재 아주 평범한 기술이 되었다.

그러나 무조건 디지털 시스템이 좋은 것은 아니고 아날로그 기술을 사용하는 것이 더 간단하고 경제적인 경우도 있다. 예를 들어 신호 증폭 처리는 아날로그 회로를 사용하는 것이 더 쉽고 간단하다.

각각의 시스템의 장점을 살려 동일 시스템 내에서 디지털과 아날로그 기술을 혼용하는 것이 점점 일반화되어 가고 있는 추세이며, 이와 같은 혼합형(Hybrid) 시스템을 설계할 때 가장 중요한 부분 중 하나는 시스템의 어느 부분이 아날로그이며, 어떤 부분을 디지털로 해야 하는가를 결정하는 것이다.

3) 논리 레벨과 펄스파형

아날로그와는 달리 디지털 장치에 사용되는 신호의 전압은 기본적으로 2개의 전압 레벨을 갖는다. 별도로 언급하지 않는 한 디지털 장치에 공급되는 전원은 접지전압(0V), 양(+)의 전압(5V) 레벨을 고려하기만 하면 된다.

디지털 신호가 접지 레벨에 있을 때에는 낮은 레벨(Low level)로 간주하거나 논리 0 혹은 줄여서 0이라고 말하고 신호 레벨이 전원 전압과 같다면 높은 레벨(High level)로 간주하거나 논리 1 혹은 1이라고 말한다. 이와 같은 0과 1의 레벨은 다음과 같은 의미로도 사용될 수 있다.

논리 0 ➜ 0V, 낮은 레벨(Low level), 거짓(False), 꺼짐(OFF)
논리 1 ➜ 5V, 높은 레벨(High level), 참(True), 켜짐(ON)

아래 그림(a)는 논리 0에서 논리 1로 왔다가 논리 0 상태로 되돌아가는 디지털 신호를 나타낸 것이다. 이러한 신호를 정논리 펄스(positive pulse)라고 부르며 평상시 논리 0 상태에 있다. 반대로 그림(b)에 나타낸 부논리 펄스(negative pulse)는 평상시 논리 1의 상태에서 논리 0으로 하강했다가 다시 논리 1로 되돌아갈 때 발생된다.

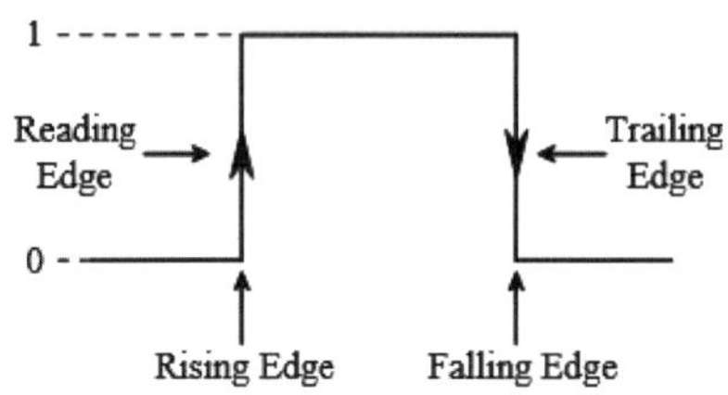

(a) 정논리 펄스

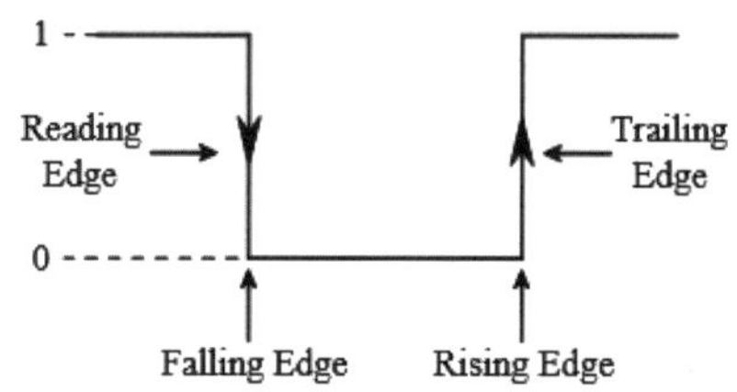

(b) 부논리 펄스

각 펄스는 상승 에지(Rising Edge)와 하강 에지(Falling Edge)의 특성을 가지고 있다. 정논리 펄스의 상승 에지는 논리 0에서 논리 1로 바뀌는 순간이고, 하강 에지는 논리 1에서 0으로 바뀌는 순간이다. 부논리 펄스는 정논리 펄스와 반대의 경우이다.

아래 그림은 실제 펄스를 나타낸 것이다. 이 펄스에서 낮은 레벨(논리 0)에서 높은 레벨(논리 1)로 변이하는데 요하는 시간을 상승시간(rising time : tr), 높은 레벨에서 낮은 레벨로 변이하는데 요하는 시간을 하강시간(falling time : tf)이라고 부른다. 실제로는 펄스 진폭의 10[%]에서부터 90[%]까지 올라가는 시간을 상승시간으로 하고, 펄스 진폭의 90[%]에서부터 10[%]가지 떨어지는 시간을 하강시간으로 하는 것이 보통이다. 펄스 폭(pulse width : tw)은 펄스의 존속 기간의 크기로서 그림에 나타낸 바와 같이 대표적으로 상승 에지와 하강 에지에서 50[%]의 두 점 사이의 시간으로서 정의한다.

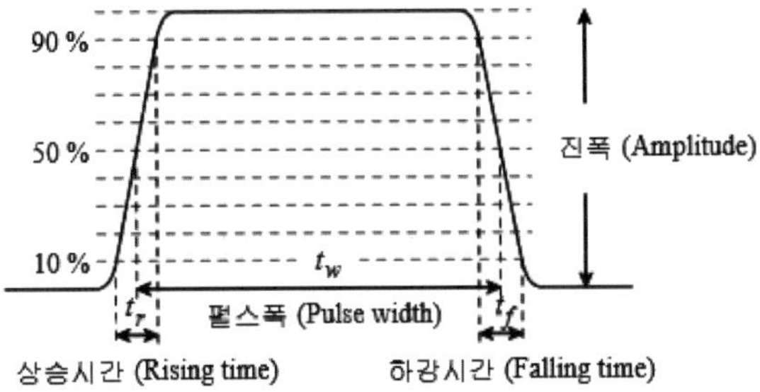

디지털 시스템에서 사용되는 대부분의 파형은 아래 그림에 나타난 바와 같이 일련의 펄스열로 구성되고, 주기 펄스파형과 비주기적 펄스파형으로 분류된다.

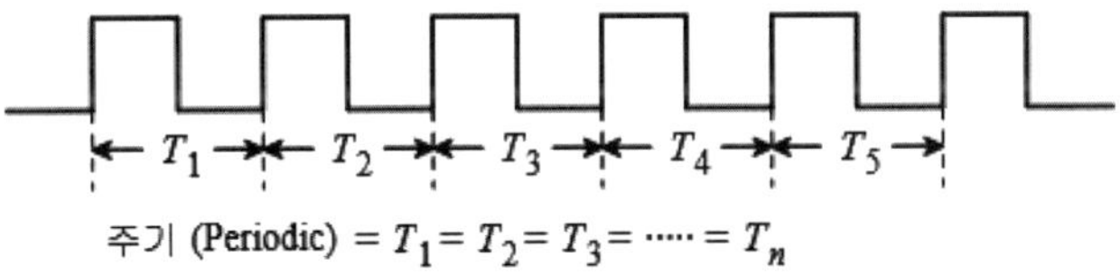

(a) 주기 펄스파형

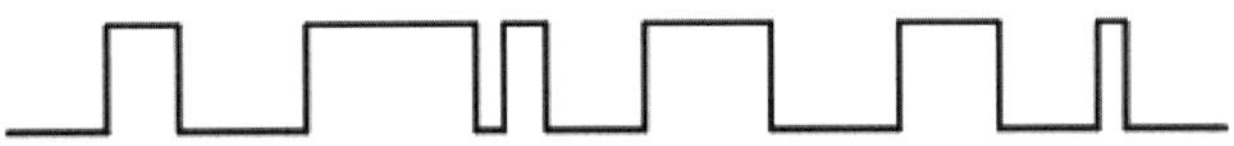

(b) 비주기 펄스파형

주기 펄스파형은 주기(period : T)라 하는 어떤 일정한 간격으로 그 파형을 반복하는 것이며, 주파수(frequency : f)는 한 주기의 반복률이고, 단위는 헤르츠(hertz : Hz)이다. 비주기 펄스파형은 일정한 간격으로 반복하지 않고, 펄스폭도 다르며 펄스 사이의 시간 간격도 다른 펄스로 구성되어 있다.

펄스파형의 주파수는 주기의 역수로서 주파수와 주기 사이의 관계는 다음과 같다.

$$f = \frac{1}{T}, \quad T = \frac{1}{f}$$

주기 펄스파형의 주요한 특성은 듀티비(duty ratio)이다. 그 듀티비 D는 주기(T)에 대한 펄스폭(t_w)비의 백분비로 정의한다.

$$\text{Duty Ratio, } D=\left(\frac{t_w}{T}\right)\times 100[\%]$$

예제 1-1 주기적 펄스파형의 일부분이다. 듀티비(duty ratio)를 구하여라.

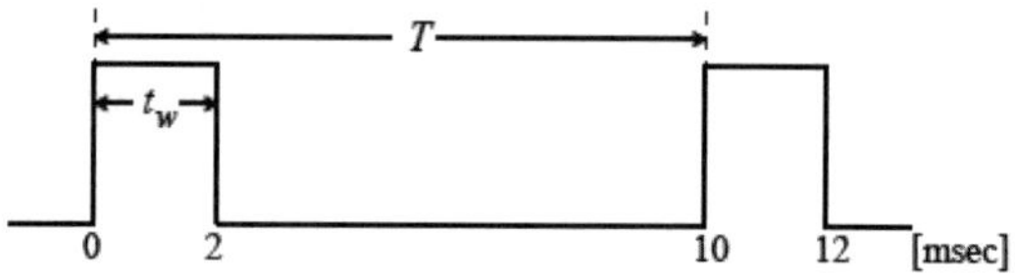

1.2 수 체계

1) 수 체계(Numeric System)

인류의 역사가 기록되기 시작할 때부터 수 체계가 있었음을 알 수 있는데, B.C. 3400년경의 이집트와 B.C. 3000년경 메소포타미아 상형문자에 나타난 수는 현재와 같은 자리의 위치에 따른 표현이 아닌 10의 배수마다 서로 다른 문자가 있는 시스템이었다. 예를 들어 24를 ∩∩IIII와 같이 표현하였다. 알려진 최초의 자리 시스템은 약 B.C. 2000~3000년 사이에 고대 바빌로니아인(babylonians)이 개발한 60진법(sexagesimal system)을 이용한 수 체계이다. 60진법은 시간과 각도의 계산에 현재까지도 이용되고 있다. 사용의 시작은 정확하지 않지만 고대 마야인(mayan)들은 0을 포함한 완벽한 20진법(vigesimal system)의 자리수 시스템을 가지고 있었다고 한다. 그리고 현재와 같은 10진법은 힌두-아랍(hindu-arabic) 수 체계라고도 한다.

실생활 속에서 시간, 요일, 달, 개수를 보다 간단히 표시하기 위하여 다양한 진법들을 사용하고 있으며, 또한 그런 값들을 구분하여 표시하기 위하여 다양한 표시 방법을 사용한다.

0, 1, 2, 3, 4, 5, 6, 7, 8, 9

1 Hour = 60 Minute = 3600 Second

1 Yards = 3 feet = 36 Inches

디지털 논리설계에서 0과 1로 표현되는 디지털 값들은 다음과 같이 다양한 방식으로 표시하여 사용되어 왔다.

[0,1], [High, Low], [On, Off], [True, False], [Yes, No], [O, X]

우리는 실생활에서 주로 10진법을 사용하고 있으며, 10진법을 기준으로 값을 표시할 때는 '0'에서부터 '9'까지의 10개 숫자를 사용한다. 그러니 컴퓨디를 비롯한 대부분의 디지털 회로에서는 '0'과 '1'의 2개 숫자로 구성된 2진법이 사용된다. 2진법에서 수를 표현하기 위한 문자의 종류는 두 개로 그 개수가 적다. 그러나, 값을 표시할 때는 문자의 종류가 적기 때문에 다른 진법과 비교하여 값을 표시하는데 많은 자릿수를 필요로 한다. 그래서 이를 간단히 표시하기 위하여 16진수(또는 8신수)로 표현하기도 한다.

Number Systems	Base of Radix
▶ 10진수 : Decimal (0~9)	10
$123.4 = 1\times10^2+2\times10^1+3\times10^0+4\times10^{-1}$	➔ 123.4
▶ 2진수 : Binary (0, 1)	2
$(1010.01)_2 = 1\times2^3+0\times2^2+1\times2^1+0\times2^0+0\times2^{-1}+1\times2^{-2}$	➔ 10.25
▶ 8진수 : Octal (0~7)	8
$(123.4)_8 = 1\times8^2+2\times8^1+3\times8^0+4\times8^{-1}$	➔ 83.5
▶ 16진수 : Hexadecimal (0~9, A, B, C, D, E, F)	16
$(123.4)_{16} = 1\times16^2+2\times16^1+3\times16^0+4\times16^{-1}$	➔ 291.25

각각의 진법들은 동일한 문자를 사용하여 표시되지만 그 숫자가 위치한 자리에 따라 의미하는 값의 크기가 서로 다른 자릿수 시스템(Positional System)이다.

예를 들어 123.4이란 숫자가 10진수로 표시될 때와 8진수로 표시될 때 16진수로 표시될 때 그 값의 크기는 서로 다르다. 또한 동일한 문자라 하더라도 소수점을 기준으로 몇 번째 자리에 있느냐에 따라 그 값의 크기가 달라지는데 이를 자리별 가중치라 한다.

우리는 일반적으로 10진수를 사용하기에 10진수로 표시된 숫자에 대하여는 진법과 관련된 특별한 표시를 하지 않지만, 그 이외의 진법으로 표시된 값의 경우는 괄호로 묶어 뒤에 아래 첨자로 해당 진법을 표시한다. 그리고 10진수를 초과하는 진법의 경우 사용할 수 있는 숫자가 0~9, 10개로 제한되므로 10, 11, 12, 13, ... 에 대하여는 알파벳 A, B, C, ... 등을 사용하여 표시한다. 특정한 진법을 적용한 값을 10진수로 변경하는 경우, 각 진법의 가중치를 각 자릿 수에 곱하여 10진수 기준의 값을 계산하여야 한다.

2진수 101.01 을 10진수로 변환하여라

$(1\ 0\ 1\ .\ 0\ 1)_2$

*　*　*　*　*

가중치 : 2^2 2^1 2^0 2^{-1} 2^{-2}

$$1*2^2 + 0*2^1 + 1*2^0 + 0*2^{-1} + 1*2^{-2}$$

$$4 + 0 + 1 + 0 + 0.25 = (5.25)_{10}$$

2) 진법 변환

우리는 필요에 따라 다양한 진법으로 표현된 값을 10진법으로 또는 10진수 값을 원하는 진법의 값으로 바꾸어 표현할 줄 알아야한다.

다음은 10진수를 R 진수로 변환하는 과정을 정리한 것이다.

진법 변환은 소수점을 기준으로 정수부와 소수부를 나누어 계산하여야한다.

▶ 정수부 변환

10진 정수를 R진수로 변환하는 방법으로서 10진수를 반복해서 R로 나누는 방법이다. 10진수를 R로 나누어 나머지를 써두고, 그 몫을 다시 R로 나눈다. 이러한 과정을 몫이 0이 될 때까지 반복한 후 아래로부터 위로 나머지를 읽어 가는 방법이다.

- 몫이 0이 될 때까지 계속 R로 나누고 몫과 나머지를 정리한다.
- 계산된 나머지 값을 거꾸로 읽으면 R 진수 값이다.

▶ 소수부 변환

주어진 소수 값에 R를 곱한 다음 그 결과 값이 1을 넘으면 1을 써두고, 1을 넘지 않으면 0을 써둔 다음 그 나머지 소수 값에 다시 R을 곱한다. 이것을 소수 값이 0이 될 때까지 반복한다. 위에서부터 읽어 내려가면 된다.

- 소수점 이하 값에 대하여 계속 R을 곱한다.
- 곱한 결과 값 중 정수부의 값만을 위로부터 아래로 읽으면 R 진수 값이다.
- 소수점 이하가 0이 되거나 원하는 또는, 유효숫자 자릿수만큼 얻을 때까지 반복한다

10진수 41.6875를 2진수로 변환하는 경우 아래와 같이 계산한다.

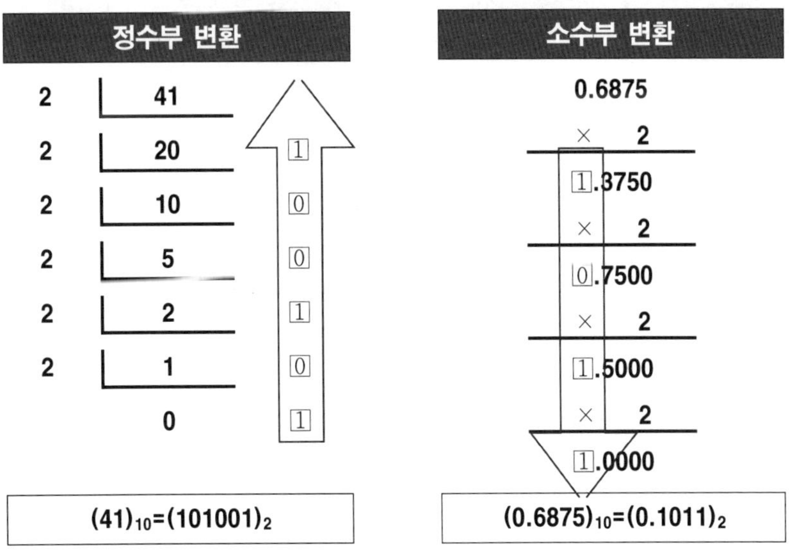

▶ 10진수에서 2진수로 변환

10진수 $(23.1875)_{10}$를 2진수로 변환하여라.

정수 부분	소수 부분
2 | 23 2 | 11 ··· 1 (LSD) 2 | 5 ··· 1 ↑ 2 | 2 ··· 1 2 | 1 ··· 0 0 ··· 1 (MSD) 따라서 $23_{10} = 10111_2$ 로 된다.	0.1875 × 2 0.375 × 2 0.75 × 2 1.5 × 2 1.0 따라서 $0.1875_{10} = 0.0011_2$로 된다.

▶ 10진수에서 8진수로 변환

10진수 $(53.375)_{10}$를 8진수로 변환하여라.

정수 부분	소수 부분
8 | 53 8 | 6 ······ 5 (LSD) 0 ······ 6 (MSD) 따라서 $53_{10} = 65_8$가 된다.	0.375 × 8 3.000 따라서 $0.375_{10} = 0.3_8$이 된다.

▶ 10진수에서 16진수로 변환

10진수 $(735.1875)_{10}$를 16진수로 변환하여라.

정수 부분	소수 부분
16 | 735 16 | 45 ······ 15 (LSD) 16 | 2 ······ 13 ↑ 0 ······ 2 (MSD) 따라서 $735_{10} = 2DF_{16}$가 된다.	0.1875 × 16 3.0000 따라서 $0.1875_{10} = 0.3_{16}$이 된다.

▶ 2진수를 10진수로 변환

2진수 $(11011.1011)_2$을 10진수로 변환하여라.	
$(1\times2^4)+(1\times2^3)+(0\times2^2)+(1\times2^1)+(1\times2^0)$ $=16+8+2+1$ $=27_{10}$	$(1\times2^{-1})+(0\times2^{-2})+(1\times2^{-3})+(1\times2^{-4})$ $=0.5+0.125+0.0625$ $=0.6875_{10}$

▶ 8진수를 10진수로 변환

8진수 $(62.37)_8$을 10진수로 변환하여라.	
$(62)_8=(6\times8^1)+(2\times8^0)$ $=50_{10}$	$(0.37)_8=(3\times8^{-1})+(7\times8^{-2})$ $=(3\times0.125)+(7\times0.015625)$ $=0.484375_{10}$

▶ 16진수를 10진수로 변환

16진수 $(FA.1B)_{16}$를 10진수로 변환하여라.	
$(15\times16^1)+(10\times16^0)$ $=250_{10}$	$(1\times16^{-1})+(11\times16^{-2})$ $=0.10546875_{10}$

▶ 8진수를 2진수로 변환 / 16진수를 2진수로 변환

8진수 $(375.42)_8$를 2진수로 변환하여라. 16진수 $(9A.B3)_{16}$을 2진수로 변환하여라.	
$\underbrace{3}_{11}\ \underbrace{7}_{111}\ \underbrace{5}_{101}\ .\ \underbrace{4}_{100}\ \underbrace{2}_{01}$ $(375.42)_8=11111101.10001_2$	$\underbrace{9}_{1001}\ \underbrace{A}_{1010}\ .\ \underbrace{B}_{1011}\ \underbrace{3}_{0011}$ $9A.B3_{16}=10011010.10110011_2$

▶ 진수 변환의 예

10진수	2진수	2진화 8진수	8진수	2진화 16진수	16진수
0	0000	000	0	0000	0
1	0001	001	1	0001	1
2	0010	010	2	0010	2
3	0011	011	3	0011	3
4	0100	100	4	0100	4
5	0101	101	5	0101	5
6	0110	110	6	0110	6
7	0111	111	7	0111	7
8	1000	001 000	10	1000	8
9	1001	001 001	11	1001	9
10	1010	001 010	12	1010	A
11	1011	001 011	13	1011	B
12	1100	001 100	14	1100	C
13	1101	001 101	15	1101	D
14	1110	001 110	16	1110	E
15	1111	001 111	17	1111	F
20	10100	010 100	24	0001 0100	14
50	110010	110 010	62	0011 0010	32
99	1100011	001 100 011	143	0110 0011	63
248	11111000	011 111 000	370	1111 1000	F8

▶ 10진수를 표시하는 다양한 2진 코드

10진수	8421(BCD)	3초과코드	84-2-1	2421	5043210 (Biquinary)
0	0000	0011	0000	0000	0100001
1	0001	0100	0111	0001	0100010
2	0010	0101	0110	0010	0100100
3	0011	0110	0101	0011	0101000
4	0100	0111	0100	0100	0110000
5	0101	1000	1011	1011	1000001
6	0110	1001	1010	1100	1000010
7	0111	1010	1001	1101	1000100
8	1000	1011	1000	1110	1001000
9	1001	1100	1111	1111	1010000

예제 1-2 10진수 26을 2진수로 변환하여라.

$(26)_{10} \rightarrow (11010)_2$

예제 1-3 10진수 0.625를 2진수로 변환하여라.

$(0.625)_{10} \rightarrow (0.101)_2$

예제 1-4 10진수 274.1875를 2진수로 변환하여라.

$(274.1875)_{10} \rightarrow (100010010.0011)_2$

예제 1-5 2진수 11010.1011을 10진수로 변환하여라.

$$= 1\times 2^4 + 1\times 2^3 + 0\times 2^2 + 1\times 2^1 + 0\times 2^0 + 1\times 2^{-1} + 0\times 2^{-2} + 1\times 2^{-3} + 1\times 2^{-4}$$

$$= 16 + 8 + 0 + 2 + 0 + \frac{1}{2} + 0 + \frac{1}{8} + \frac{1}{16}$$

$$= 26 + 0.5 + 0.125 + 0.0625 = (26.6875)_{10}$$

예제 1-6 10진수 149.21875를 8진수로 변환하여라.

$(149.21875)_{10} \rightarrow (225.16)_8$

예제 1-7 8진수 142.56을 10진수로 변환하여라.

$(142.56)_8 \rightarrow (98.71875)_{10}$

예제 1-8 10진수 567.187을 16진수로 변환하여라.

$(567.187)_{10} \rightarrow (237.2FD\cdots)_{16}$

예제 1-9 16진수 5AC.3D7을 10진수로 변환하여라.

$(5AC.3D7)_{16} \rightarrow (1452.239990234\cdots)_{10}$

예제 1-10 2진수 1101100.0101을 8진수로 변환하여라.

$(1101100.0101)_2 \rightarrow (154.24)_8$

예제 1-11 8진수 465.71을 2진수로 변환하여라.

$(465.71)_8 \rightarrow (100110101.111001)_2$

예제 1-12 2진수 11110101001.0110101을 16진수로 변환하여라.

$(11110101001.0110101)_2 \rightarrow (7A9.6A)_{16}$

예제 1-13 16진수 FA9.B5를 2진수로 변환하여라.

$(FA9.B5)_{16} \rightarrow (111110101001.10110101)_2$

1.3 2진수 연산

1) 보수(Complement)

보수(補數)는 보충을 해주는 수를 의미한다. 이를테면 1에 대한 10의 보수는 9, 4에 대한 15의 보수는 11의 개념이다. 2에 대한 1의 보수는 1이다.

논리회로설계에서 보수는 뺄셈 연산을 덧셈 방식의 논리적 조작을 이용하여 처리하기 위하여 사용한다.

각 진법별로 보수를 구하는 방법은 다음과 같다.

n 개의 자리를 갖는 N에 대한 r(기수)의 보수는 $r^n - N$ 이다.

N=123

123의 자릿수가 3자리이므로 n=3

123의 10진법이므로 r=10

$r^n - N = 10^3 - 123 = 1000 - 123 = 877$

기수가 r인 수의 체계에서 보수는 r 보수와 (r−1)의 보수가 존재하며 다음과 같이 계산한다.

n개의 숫자로 구성된 r 진수 N(N>0)에 대해

N의 r의 보수는

$r^n - N$ for $N \neq 0$

N의 r-1의 보수는

정수부는 n자리, 소수부는 m자리인 양수의 경우

$r^n - r^{-m} - N$ for $N \neq 0$

$(25.639)_{10}$의 10의 보수는 $10^2 - 25.639 = 74.361$

9의 보수는 $10^2 - 10^{-3} - 25.639 = 74.360$

$(101100)_2$의 2의 보수는 $2^6 - (101100)_2 = (010100)_2$

1 보수 $2^6 - 2^0 - (101100)_2 = (010011)_2$

▶ r 진수의 r의 보수 쉽게 구하기

r-1의 보수 : 각 자리마다 r-1에서 각 자리 수의 값을 뺌

r의 보수 : r-1 보수를 구한 후 맨 우측자리에 1을 더함

$(25.639)_{10}$			
9의 보수		10의 보수	
값	$(99.999)_{10}$	값	$(99.999)_{10}$
-	$(25.639)_{10}$	+	$(0.001)_{10}$
결과	$(74.360)_{10}$	결과	$(74.361)_{10}$

▶ 2진수에서 보수 쉽게 구하기

1의 보수 : 각 자리를 반전시킴(0은1로, 1은 0으로)

2의 보수 : 맨 우측자리부터 좌측으로 첫번째 1까지는

그대로 놓아두고 그 왼쪽자리부터 반전시킴

또는 1의 보수를 구하여, 맨 우측자리에 1을 더한다

$(101100)_2$			
1의 보수		**2의 보수**	
값	$(101100)_2$	값	$(101100)_2$
방법	반전	방법	마지막 1을 그대로
결과	$(010011)_2$	결과	$(010100)_2$

▶ 보수법을 이용한 10진수 연산

9의 보수법 = 2진수의 1의 보수법과 동일

46−29 → 46+70 → *1* 16 → +16+*1* → +17

29−46 → 29+53 → *0* 82 → −17

10의 보수법 = 2진수의 2의 보수법과 동일

46−29 → 46+71 → *1* 17 → +17

29−46 → 29+54 → *0* 83 → −17

▶ 1의 보수법을 이용한 뺄셈 연산

보수 만들기 : 1 → 0, 0 → 1

빼는 숫자만 보수를 취한다

두 수를 더한다.

자리올림값(Carry)이 '1' 이면 결과는 양수,

'0' 이면 결과는 음수

자리올림값이 발생하면 결과에 1을 더한다

자리올림값이 없으면 결과값에 1의 보수를 취함

5−2 → (101)−(010)

→ (101)+(101) → (*1* 010) → +(010)+*1* → +(011) → 3

2－5 ➜ (010)－(101)

➜ (010)＋(010) ➜ (0 100) ➜ －(100) ➜ －(011) ➜ －3

▶ 2의 보수법을 이용한 뺄셈 연산

2의 보수 만들기 : 1의 보수 + 1

빼는 숫자만 보수를 취한다

두 수를 더한다.

자리올림값(Carry)이 '1'이면 결과는 양수,

'0'이면 결과는 음수

자리올림값이 발생하면 자리올림값을 제외한 것이 답이다.

자리올림값이 없으면 결과값에 2의(1의 보수를 취하고 1을 더한다.) 보수를 취한다.

5－2 ➜ (101)－(010)

➜ (101)＋(110) ➜ (1 011) ➜ ＋(011) ➜ 3

2－5 ➜ (010)－(101)

➜ (010)＋(011) ➜ (0 101) ➜ －(010)＋1 ➜ －(011) ➜ －3

▶ 보수법을 이용한 2진수 연산 정리

2진수의 1의 보수를 이용한 뺄셈 연산	2진수의 2의 보수를 이용한 뺄셈 연산
① 보수 만들기 : 1 ➜ 0, 0 ➜ 1	① 2의 보수 만들기 : 1의 보수 + 1
② 빼는 숫자만 보수를 취한다	② 빼는 숫자만 보수를 취한다
③ 두 수를 더한다.	③ 두 수를 더한다.
－. 자리올림값(Carry)이 '1' 이면 결과는 양수	－. 자리올림값(Carry)이 '1' 이면 결과는 양수
－. 자리올림값(Carry)이 '0' 이면 결과는 음수	－. 자리올림값(Carry)이 '0' 이면 결과는 음수
④ 자리올림값이 발생하면 결과에 1을 더한다	④ 자리올림값이 발생하면 자리올림값을 제외한 것이 답
⑤ 자리올림값이 없으면 －를 붙이고 결과 값의 보수를 취함	⑤ 자리올림값이 없으면 결과 값의 보수를 취한다.

▶ 2진수의 빼기를 1의 보수를 사용하여 구하여라.

① 0110-0011	② 0.1101-0.1010
0110 +1100 (0011의 1의 보수) 10010 + └→ 1 (end-around carry) 0011	0.1101 +0.0101 (0.1010의 1의 보수) 1.0010 + └→ 1 (end-around carry) 0.0011

① 0011-0110	② 0.1010-0.1101
0011 +1001 (0110의 1의 보수) 1100 (−) 0011 (1의 보수를 취하고, (−)부호를 붙인다.)	0.1010 +0.0010 (0.1101의 1의 보수) 0.1100 (−)0.0011 (1의 보수를 취하고, (−)부호를 붙인다.)

▶ 2진수의 빼기를 2의 보수를 사용하여 구하여라.

① 0110-0011	② 0.1101-0.1010
0110 + 1101 (0011의 2의 보수) 10011 ↑ 자리올림 무시	0.1101 +0.0110 (0.1010의 2의 보수) 1.0011 ↑ 자리올림 무시

① 0011-0110	② 0.1010-0.1101
0011 +1010 (0110의 2의 보수) 1101 (−) 0011 (2의 보수를 취하고, (−)부호를 붙인다)	0.1010 +0.0011 (0.1101의 2의 보수) 0.1101 (−)0.0011 (2의 보수를 취하고, (−)부호를 붙인다)

예제 1-14 2진수 101011의 2의 보수와 1의 보수를 구하여라.

$2^6 - (101011)_2 = 64 - 43 = 21$

$(21)_{10} = (10101)_2$

예제 1-15 8진수 46253의 7의 보수와 8의 보수를 구하여라.

	(MSD)4 → 3	
	6 → 1	
8진수	2 → 5	7의 보수
	5 → 2	
	(LSD) 3 → 4	

8의 보수를 구하면 7의 보수 + 1 = 31524 + 1 = 31525

예제 1-16 16진수 A57B49의 15의 보수와 16의 보수를 구하여라.

	(MSD)A → 5	
	5 → A	
2진수	7 → 8	15의 보수
	B → 4	
	4 → B	
	(LSD)9 → 6	

16의 보수 = 15 의 보수 +1 = 5A84B6 + 1 = 5A84B7

예제 1-17 2진수 11011001(피감수)에서 10101011(감수)을 1의 보수와 2의 보수법에 의한 뺄셈을 하여라.

(00101110)

예제 1-18 2진수 피감수 10101011에서 감수 11011001을 1의 보수법과 2의 보수법에 의하여 뺄셈하여라.

(− 00101110)

2) 2진수의 사칙연산

디지털 시스템에 있어서 데이터는 2진수(8421)나 혹은 다른 2진 부호화 정보(binary-codes information)로 기술된다. 디지털 컴퓨터에서 기본이라 할 수 있는 2진수의 연산은 10진수의 경우와 비슷하나 자리올림값 캐리(carry)가 자주 발생한다. 예를 들어서 10진수는 더한 값이 9보다 클 때 캐리가 발생하지만 2진수의 경우는 더한 값이 1보다 클 때 캐리가 발생한다.

▶ 덧셈(Add)

2진수의 덧셈(addition)은 피가수와 가수에 대한 2진 연산이다. 다음은 2진수의 덧셈에 대한 기본 규칙을 나타낸다.

0+0=0　　0+1=1

1+0=1　　1+1=10 (캐리 1의 발생)

▶ 뺄셈(Subtract)

2진수의 뺄셈(subtraction)은 피감수와 감수에 대한 2진 연산이다. 다음은 2진수의 뺄셈에 대한 기본 규칙을 나타낸다.

0−0=0　　0−1=1 [윗자리 빌림(borrow)]

1−0=1　　1−1=0

뺄셈에서는 윗자리 빌림(borrow)이 발생하는 경우가 있다. 여기서 윗자리 빌림이라는 것은 보다 상위 자리에서 1을 빌려와서 1을 뺀다는 의미로 10진법의 뺄셈의 경우와 동일하다.

▶ 나눗셈(Division)

2진수의 나눗셈은 10진수의 경우와 동일하며, 나눗셈을 위한 법칙은 2진수의 곱셈 및 뺄셈의 법칙을 적용한다. 몫(Quotient)에 대한 부호는 피제수(Dividend)와 제수(Divisor)의 부호에 달려 있다. 만약 두 수의 부호가 같으면 몫은 +(positive)가 되고, 다르면 −(negative)가 된다.

▶ 곱셈(Multiplication)

2진수의 곱셈(multiplication)은 피승수(Multiplicand)와 승수(Multiplier)에 대한 2진 연산이다.

다음은 2진수의 곱셈에 대한 기본 규칙을 나타낸다.

$0 \times 0 = 0 \quad 0 \times 1 = 0 \quad 1 \times 0 = 0 \quad 1 \times 1 = 1$

2진수에 대한 곱셈에서는 부분 적(partial product)이 발생하며, 이 부분 적은 한 자리씩 왼쪽으로 쉬프트(left-shift)된다. 곱셈에 대한 결과는 생성된 모든 부분 적을 더하면 된다. 곱셈에 대한 부호는 피승수와 승수의 부호에 달려 있다. 만약 두 수의 부호가 같으면 결과는 +(positive)가 되고, 다르면 −(negative)가 된다. 2진수의 곱셈은 10진수의 경우와 동일하다.

- 소수 이상의 값을 곱하는 경우
- 왼쪽으로 한 자리씩 이동시키면 값이 2배가 되고,

  $(0111)_2 = 7$ ➜ $7 * 2 = 14$ ➜ $(1110)_2$

- 소수 이하의 값을 곱하는 경우

  오른쪽으로 한자리씩 이동시키면 값이 ½배가 된다.

  $(1010)_2 = 10$ ➜ $10 / 2 = 5$ ➜ $(0101)_2$

예제 1-19 2진수 1001.01을 1010.01에 덧셈하여라.

```
    1010.01
+   1001.01
-----------
   10011.10
```

예제 1-20 16진수 A56.B3을 74B.D8에 덧셈하여라.

```
    74B.D8
+   A56.B3
----------
   11A2.8B
```

예제 1-21 2진수 11010.01에서 10101.1을 뺄셈하여라.

```
  11010.01
- 10101.10
----------
  00100.11
```

예제 1-22 8진수 637.25에서 254.34를 뺄셈하여라.

```
  637.25
- 254.34
--------
  362.71
```

예제 1-23 16진수 B50.4A에서서 27C.83을 뺄셈하여라.

```
  B50.4A
-  27C.83
--------
  8D3.C7
```

예제 1-24 16진수인 피승수 F5A에 승수 3을 곱셈하여라.

```
   F5A
×    3
------
  2E0E
```

3) 부호를 갖는 2진수

음수는 부호를 표시하는 방법에 따라서 다르게 표현할 수 있다. 음수는 보통 −3,850처럼 수치의 앞에 '−' 부호를 붙여서 표현한다. 이와 같이 수치와 부호용 심볼을 함께 사용하는 표현 방법을 부호-크기(signed-magnitude) 표현법이라 한다.

부호는 '+'와 '−' 두 가지 경우가 있으므로 부호를 표현하기 위하여 하나의 비트가 필요하다. 이런 방법으로 정수를 표현하는데 컴퓨터에서는 최상위 비트(MSB)로 부호를 표시하고 나머지 비트로 크기를 표시한다. 최상위 비트가 '0'이면 양수, '1'이면 음수임을 나타낸다.

+N	Positive Integers	-N	Negative Integers		
			Sign & Magnitude	2's complement	1's complement
+0	0000	−0	1000	−	1111
+1	0001	−1	1001	1111	1110
+2	0010	−2	1010	1110	1101
+3	0011	−3	1011	1101	1100
+4	0100	−4	1100	1100	1011
+5	0101	−5	1101	1011	1010
+6	0110	−6	1110	1010	1001
+7	0111	−7	1111	1001	1000
		−8	−	1000	−

부호-크기 표현법에서 음수와 양수는 단지 부호 비트만 다르다.

이 방법은 음수와 양수의 절대치를 같은 방법으로 표현하기 때문에 사용하기 쉽다. 그러나 몇 가지 단점이 있는데 첫째, 표현할 수 있는 수의 크기가 작아진다는 것이다. 왜냐하면 부호가 한 개의 비트를 차지하기 때문에 표현 가능한 제일 큰 수는 부호 없이 표현한 가장 큰 수의 반이 된다. 부호 없이 8비트로 수를 표현하면 0에서 255까지 가능하지만 부호를 포함한 8비트 수의 제일 큰 수는 +127이 된다.

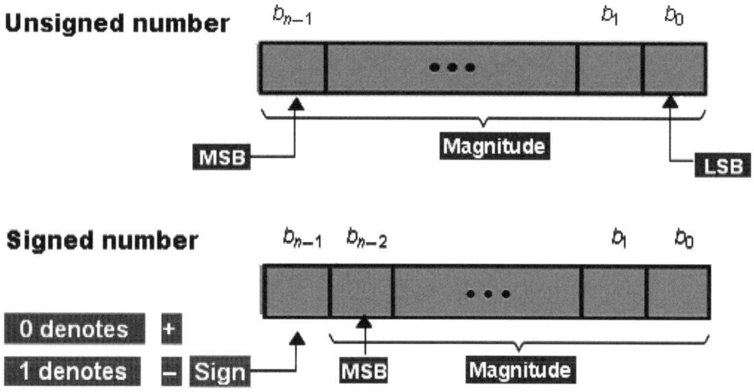

두 번째 단점은 정수를 처리하는 데 필요한 컴퓨터는 하드웨어와 관련이 있는데, 부호-크기 표현법을 사용한 컴퓨터는 덧셈 회로 외에 뺄셈에 필요한 회로를 별도로

갖추어야 한다는 점이다. 모든 컴퓨터에서 덧셈과 뺄셈 연산이 당연히 필요하다고 생각할 수도 있지만 사실 반드시 그런 것은 아니다. 예를 들어 '9−4'라는 연산을 생각해 보자. 연산법칙에 따라 이 문제는 '9+(−4)'로 생각할 수 있다. 부호-크기 표현법으로 표현된 +9와 −4가 그대로 더해지면 부호 비트까지 연산에 포함시켰기 때문에 결과가 틀려진다. 이런 문제에 대한 해결책으로 고안된 두 가지 음수 표현법이 있는데 바로 '1의 보수법'과 '2의 보수법'그것이다.

▶ 부호화 수와 부호 없는 수의 범위

4 bit binary	Signed Value ($2^{n-1}-1$ ~ -2^{n-1})	Unsigned Value (0 ~ 2^n-1)	4 bit binary	Signed Value ($2^{n-1}-1$ ~ -2^{n-1})	Unsigned Value (0 ~ 2^n-1)
0 000	0	0	1 000	−8	8
0 001	1	1	1 001	−7	9
0 010	2	2	1 010	−6	10
0 011	3	3	1 011	−5	11
0 100	4	4	1 100	−4	12
0 101	5	5	1 101	−3	13
0 110	6	6	1 110	−2	14
0 111	7	7	1 111	−1	15

아래 표는 세 가지 표현법으로 8비트의 부호를 갖는 2진수와 그에 대한 10진수를 나타낸 표이다. 세 가지 표현법에서 양수는 부호 비트가 0이고 수의 값은 동일하다. 부호와 2의 보수 표현법에서는 0은 +0으로 단 하나만 존재한다. 그러나 부호와 크기 표현과 부호와 1의 보수 표현법에서는 두 개의 0, 즉 +0과 -0이 존재하게 된다. 따라서 앞으로 서술하는 산술연산에서는 부호와 2의 보수 표현법을 사용한다. 비정상적인 특성을 갖는 이러한 부호와 2의 보수 표현 방법에서는 양수와 음수 사이가 비대칭적이다. 8비트의 숫자에 대해서, 가장 큰 수는 +127이고, 가장 작은 수는 -128이 된다.

n비트의 경우 MSB 즉 부호비트는 2^{n-1}이 된다. 부호와 2의 보수 표현으로 나타낸 8비트 2진수의 MSB 2^7은 128이 아닌 -128의 자릿수 값을 갖는다. 즉 -128이 된다. 이 방법으로 부호와 2의 보수로 표현된 2진수에 대한 10진수를 간단하게 구할 수 있으며, 이는 양수에서와 마찬가지로 비트에 자릿수 값을 표기하여 계산할 수 있다.

① 부호와 크기	② 부호와 1의 보수	③ 부호와 2의 보수	10진수
01111111	01111111	01111111	+127
01111110	01111110	01111110	+126
·	·	·	·
·	·	·	·
·	·	·	·
00000010	00000010	00000010	+2
00000001	00000001	00000001	+1
00000000	00000000	00000000	+0
10000000	11111111	–	−0
10000001	11111110	11111111	−1
10000010	11111101	11111110	−2
·	·	·	·
·	·	·	·
·	·	·	·
11111111	10000000	10000001	−127
–	–	10000000	−128

다음 예들을 보자. 부호와 2의 보수로 표현된 양수 2진수 N=01110110을 10진수로 계산하면 다음과 같다.

128 64 32 16 8 4 2 1

0 1 1 1 0 1 1 0 64+32+16+4+2=118

또한, 부호와 2의 보수로 표현된 음수인 2진수 N=10010101을 10진수로 계산하면 다음과 같다.

-128 64 32 16 8 4 2 1

1 0 0 1 0 1 0 1 -128+16+4+1=107

16비트의 MSB는 2^{16-1} 즉, -2^{15}=-32768의 자릿수 값을 갖게 되고, 가장 큰 수는 +32767이며, 반면에 가장 작은 수는 -32768이다. 일반으로, n비트 부호와 2의 보수 시스템에서 표현될 수 있는 수는 다음과 같은 범를 갖는다.

$$-2^{n-1} \sim +(2^{n-1}-1)$$

1.4 코드

1) 그레이 코드(Gray Code)

그레이 코드는 일명 교번 코드라 하며, 2진 코드를 연속적으로 변환시킨 코드로 각 비트에 고정된 값을 갖지 않는 비가중치 코드(Unweighted Code)이다. 2진수나 8421 코드 등은 수가 변할 때 동시에 여러 비트가 동시에 변할 수 있는데 이처럼 여러 비트가 동시에 변화하게 되면 에러가 발생할 확률이 높아지게 된다. 이러한 단점을 보완한 코드이다.

이 코드는 연산용으로는 부적합하지만 코드가 지니고 있는 특징 때문에 디지털 입출력 장치와 아날로그/디지털 변환기 등에 쓰인다.

아래 표는 10진수에 대한 2진수 및 그레이 코드의 비교표이며 잘 관찰해 보면 그레이 코드는 연속되는 수에서 한 자리만이 0에서 1로 또는 1에서 0으로 변함을 알 수 있다.

즉, 10진수가 1이 증가 또는 감소하면 워드(word) 중에서 1개 비트만이 1에서 0으로 또는 0에서 1로 변한다. 이와 같이 각 단계별 변화량이 최소값이므로 최소 변화 코드 조건을 만족하여 기계적 위치 또는 광학량이 변환될 때 발생할 수 있는 오차를 최소로 줄일 수 있어서 많이 활용되고 있다.

10진수	2진수	Gray code	10진수	2진수	Gray code
0	0000	0000	8	1000	1100
1	0001	0001	9	1001	1101
2	0010	0011	10	1010	1111
3	0011	0010	11	1011	1110
4	0100	0110	12	1100	1010
5	0101	0111	13	1101	1011
6	0110	0101	14	1110	1001
7	0111	0100	15	1111	1000

2진 코드를 그레이 코드로 또는 그레이 코드를 2진 코드로 변환하는 과정을 보기로 하자.

2진수를 그레이 코드로 변환하는 방법은

첫 번째, 2진수의 MSD는 그대로 그레이 코드의 MSD로 된다.

두 번째, 2진수의 MSD와 왼쪽에서부터 두 번째 2진수를 더해서(또는 Exclusive OR해서) 두 번째 그레이 코드 자리에 놓되 자리올림은 생략한다. 같은 방법으로 차례로 연산하여 간다.

그레이 코드를 2진수로 변환하는 방법은

첫 번째, 그레이 코드의 MSD는 그대로 2진수의 MSD로 된다.

두 번째, 2진수의 MSD와 왼쪽에서부터 두번째 그레이 코드의 수를 더해서(또는 Exclusive OR해서) 두 번째 2진수 자리에 놓되 자리올림은 생략한다. 같은 방법으로 차례로 연산하여 간다.

Binary → Gray Code	Gray Code → Binary
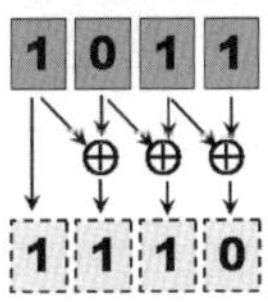	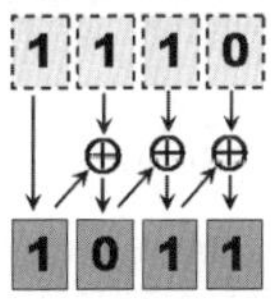

아래 그림은 2진 코드의 패턴과 샤프트 엔코더의 패턴을 나타낸다.

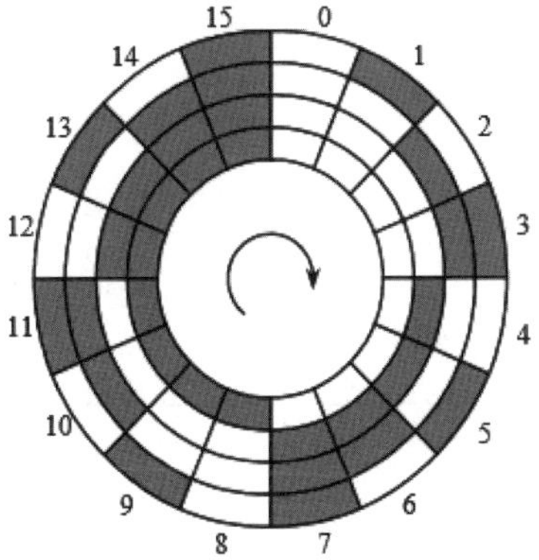

(a) 2진 코드 패턴

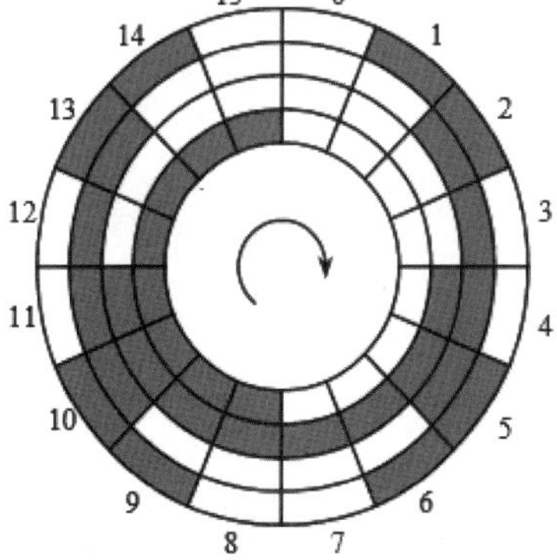

(b) 그레이 코드 패턴

예제 1-25 2진수 101001101을 그레이 코드로 변환하여라.

2진수	1 0 1 0 0 1 1 0 1
그레이 코드	1 1 1 1 0 1 0 1 1

예제 1-26 그레이 코드 111101011을 2진수로 변환하여라.

그레이 코드	1 1 1 1 0 1 0 1 1
2진수	1 0 1 0 0 1 1 0 1

2) 3초과 코드(3-Excess Code)

3초과 코드는 8421 코드에서 3을 더한 값으로 표시되어 일명 3증 코드라 부른다. 특징으로는 8421 코드에서 감산을 하면 불합리한 경우(6의 BCD 부호는 0110이고 1의 보수는 1001인데 이는 6의 9에 대한 보수가 되어 BCD의 감산이 어려워짐)가 발생함으로써 이를 해결하기 위해 3초과 코드를 사용한다.

10진수	BCD	3초과 code	보수	
			1의 보수	10진수
0	0000	0011	1100	9
1	0001	0100	1011	8
2	0010	0101	1010	7
3	0011	0110	1001	6
4	0100	0111	1000	5
5	0101	1000	0111	4
6	0110	1001	0110	3
7	0111	1010	0101	2
8	1000	1011	0100	1
9	1001	1100	0011	0

3초과 코드에는 0000, 0001, 0010, 1101, 1110, 1111 등 6개 코드가 존재하지 않으며 3초과 코드로 가산을 하면 6초과 코드가 되기 때문에 약간의 보정 과정을 거쳐 고쳐야 한다. 또한, 3초과 코드로 표시된 2진수의 1의 보수가 바로 9의 보수가 됨으로 감산 없이 보수를 구할 수 있다. 이러한 코드를 자기보수코드(self complement code)라고 부른다.

10진수의 d에 대하여 9의 보수는 9-d로 정의될 때, 3초과 코드는 자기보수 코드 형태로 나타난다.

d	Xs3 code	9-d	Xs3 code
2	0101	7	1010
8	1011	1	0100
4	0111	5	1000

3) 알파뉴메릭 코드(AlphaNumeric Code)

컴퓨터에 사용되는 비수치자료, 영문자와 숫자, 특수문자를 포함하여 0과 1의 조합으로 구성된 코드를 알파뉴메릭 코드라 한다.

▶ 6비트의 BCD Code

존(zone) 비트와 숫자(digit) 비트를 조합하여 숫자, 영문자, 특수문자를 표현하며, 가장 왼쪽의 한 개 비트는 패리티(parity) 비트이며, 2^6=64가지의 정보를 표현할 수 있다.

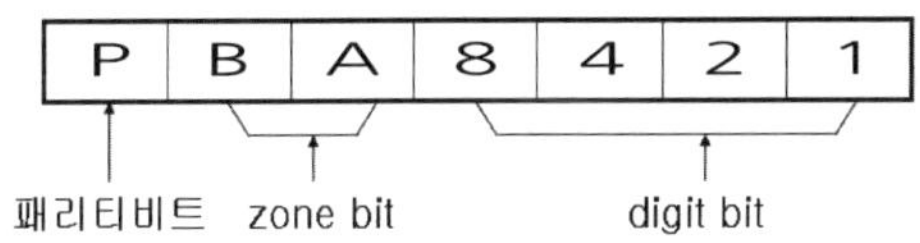

▶ ASCII Code

미국 표준 코드(American Standard Code for Information Interchange)이며, 7비트와 패리티 비트가 추가된 8비트의 두 종류 코드가 있으며, 2^7=128가지의 정보를 표현할 수 있다

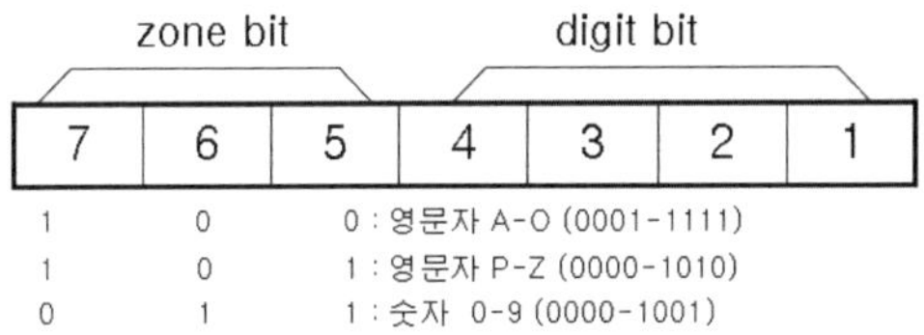

ASCII 코드는 10진 숫자 10개, 알파벳 대소문자 52개를 포함하여 각종 특수문자, 특수키 등을 표현하기 위하여 7비트의 조합으로 구성된다. 아래 표에는 7비트로 구성된 ASCII 코드를 나타내고 있으며, 예를 들어 문자 'KIM'을 ASCII 코드로 표현하면 다음과 같이 나타낼 수 있다.

K	I	M
$1001011(4B_{16})$	$1001001(49_{16})$	$1001101(4D_{16})$

LSB_S	MSB_S (상위 3비트)							
(하위 3비트)	000	001	010	011	100	101	110	111
0000	NUL	DEL	SP	0	@	P	`	p
0001	SOH	DC_1	!	1	A	Q	a	q
0010	STX	DC_2	"	2	B	R	b	r
0011	ETX	DC_3	#	3	C	S	c	s
0100	EOT	DC_4	$	4	D	T	d	t
0101	END	NAK	%	5	E	U	e	u
0110	ACK	SYN	&	6	F	V	f	v
0111	BEL	ETB	'	7	G	W	g	w
1000	BS	CAN	(	8	H	X	h	x
1001	HT	EM	)	9	I	Y	i	y
1010	LF	SUB	*	:	J	Z	j	z
1011	VT	ESC	+	;	K	[	k	{
1100	FF	FS	,	<	L	/	l	|
1101	CR	GS	-	=	M	]	m	}
1110	SO	RS	.	>	N	^	n	~
1111	SI	US	/	?	O	_	o	DEL

▶ EBCDIC Code

확장된 2진화 10진 코드(Extended Binary Coded Decimal Interchange Code)라고도 하며, 8비트를 1바이트로 하여 현재 많은 컴퓨터들이 사용하고 있는 코드이다.

2nd hex digit (digit bit) / **EBCDIC character codes** / 1st hex digit(zone bit)

	0	1	2	3	4	5	6	7	8	9	A	B	C	D	E	F
0	NUL	DLE	DS		SP	&	-									0
1	SOH	DC1	SOS				/		a	j			A	J		1
2	STX	DC2	FS	SYN					b	k	s		B	K	S	2
3	ETX	TM							c	l	t		C	L	T	3
4	PF	RES	BYP	PN					d	m	u		D	M	U	4
5	HT	NL	LF	RS					e	n	v		E	N	V	5
6	LC	BS	ETB	UC					f	o	w		F	O	W	6
7	DEL	IL	ESC	EOT					g	p	x		G	P	X	7
8		CAN							h	q	y		H	Q	Y	8
9		EM							i	r	z	`	I	R	Z	9
A	SMM	CC	SM		C CENT	!		:								
B	VT	CU1	CU2	CU3		$	,	#								
C	FF	IFS		DC4	<	*	%	@								
D	CR	IGS	ENQ	NAK	(	)	_	'								
E	SO	IRS	ACK		+	;	>	=								
F	SI	IUS	BEL	SUB	|	--	?	"								

Dec	Hex	Name	Char	Ctrl-char	Dec	Hex	Char	Dec	Hex	Char	Dec	Hex	Char
0	0	Null	NUL	CTRL-@	32	20	Space	64	40	@	96	60	`
1	1	Start of heading	SOH	CTRL-A	33	21	!	65	41	A	97	61	a
2	2	Start of text	STX	CTRL-B	34	22	"	66	42	B	98	62	b
3	3	End of text	ETX	CTRL-C	35	23	#	67	43	C	99	63	c
4	4	End of xmit	EOT	CTRL-D	36	24	$	68	44	D	100	64	d
5	5	Enquiry	ENQ	CTRL-E	37	25	%	69	45	E	101	65	e
6	6	Acknowledge	ACK	CTRL-F	38	26	&	70	46	F	102	66	f
7	7	Bell	BEL	CTRL-G	39	27	'	71	47	G	103	67	g
8	8	Backspace	BS	CTRL-H	40	28	(	72	48	H	104	68	h
9	9	Horizontal tab	HT	CTRL-I	41	29	)	73	49	I	105	69	i
10	0A	Line feed	LF	CTRL-J	42	2A	*	74	4A	J	106	6A	j
11	0B	Vertical tab	VT	CTRL-K	43	2B	+	75	4B	K	107	6B	k
12	0C	Form feed	FF	CTRL-L	44	2C	,	76	4C	L	108	6C	l
13	0D	Carriage feed	CR	CTRL-M	45	2D	-	77	4D	M	109	6D	m
14	0E	Shift out	SO	CTRL-N	46	2E	.	78	4E	N	110	6E	n
15	0F	Shift in	SI	CTRL-O	47	2F	/	79	4F	O	111	6F	o
16	10	Data line escape	DLE	CTRL-P	48	30	0	80	50	P	112	70	p
17	11	Device control 1	DC1	CTRL-Q	49	31	1	81	51	Q	113	71	q
18	12	Device control 2	DC2	CTRL-R	50	32	2	82	52	R	114	72	r
19	13	Device control 3	DC3	CTRL-S	51	33	3	83	53	S	115	73	s
20	14	Device control 4	DC4	CTRL-T	52	34	4	84	54	T	116	74	t
21	15	Neg acknowledge	NAK	CTRL-U	53	35	5	85	55	U	117	75	u
22	16	Synchronous idle	SYN	CTRL-V	54	36	6	86	56	V	118	76	v
23	17	End of xmit block	ETB	CTRL-W	55	37	7	87	57	W	119	77	w
24	18	Cancel	CAN	CTRL-X	56	38	8	88	58	X	120	78	x
25	19	End of medium	EM	CTRL-Y	57	39	9	89	59	Y	121	79	y
26	1A	Substitute	SUB	CTRL-Z	58	3A	:	90	5A	Z	122	7A	z
27	1B	Escape	ESC	CTRL-[	59	3B	;	91	5B	[	123	7B	{
28	1C	File separator	FS	CTRL-\	60	3C	<	92	5C	\	124	7C	|
29	1D	Group separator	GS	CTRL-]	61	3D	=	93	5D	]	125	7D	}
30	1E	Record separator	RS	CTRL-^	62	3E	>	94	5E	^	126	7E	~
31	1F	Unit separator	US	CTRL-_	63	3F	?	95	5F	_	127	7F	DEL

4) 패리티 코드(Parity code)

두 디지털 시스템 간에 2진 정보를 전송할 때 외부 잡음이 들어가면 1이 0으로 또는 0이 1로 변화하여 오류(error)가 발생할 수 있다. 이러한 전송 오류를 탐지하기 위해서는 송신측(Transmitter)에서 송신하고자 하는 2진 정보에 패리티 비트(parity bit)를 추가하여 송신하고, 수신측(receiver)에서는 패리티 비트가 올바른 가를 검사해야 한다. 이와 같이 송신측에서 전송한 데이터가 수신측에서 정확히 전달되었는지를 검사하는 것을 패리티 검사(parity check)라고 한다.

▶ 패리티 발생기(parity generator)

송신 측에서 패리티 비트를 만들어내는 회로를 패리티 발생기라 하며, 패리티에는 짝수(even) 패리티와 홀수(odd) 패리티가 있다.

짝수 패리티는 전송하고자 하는 2진 데이터에 포함되어 있는 비트 1의 갯수 전체가 짝수가 되도록 패리티 비트를 추가하는 것이며, 홀수 패리티는 비트 1의 갯수 전체가 홀수가 되도록 패리티 비트를 추가하는 것이다.

예를 들어 x, y, z의 3개의 데이터 비트와 홀수 패리티 비트(P)를 전송하는 경우, 패리티 발생기는 x, y, z의 입력 값에 따라서 P의 값을 만들어 낸다. 즉, 송신측에서는 홀수 패리티를 사용하므로 4비트 전체에 대해서 1의 갯수를 홀수로 만든다. 다음 표는 홀수 패리티 발생기에 대한 진리표를 나타낸다.

표에서 2진 데이터 3비트는 2^3(8)가지 경우가 발생하며, 각각에 대하여 1의 갯수가 홀수가 되도록 패리티 비트를 추가하고 있다.

Data			Parity	
X	Y	Z	P_{odd}	P_{even}
0	0	0	1	0
0	0	1	0	1
0	1	0	0	1
0	1	1	1	0
1	0	0	0	1
1	0	1	1	0
1	1	0	1	0
1	1	1	0	1

$$
\begin{aligned}
P_{odd} &= X'Y'X' + X'YZ + XY'Z + XYZ' \\
&= X'(Y'Z' + YZ) + X(Y'Z + YZ') \\
&= X'(Y \odot Z) + X(Y \oplus Z) \\
&= X'(Y \oplus Z)' + X(Y \oplus Z) \\
&= X \odot (Y \oplus Z)
\end{aligned}
$$

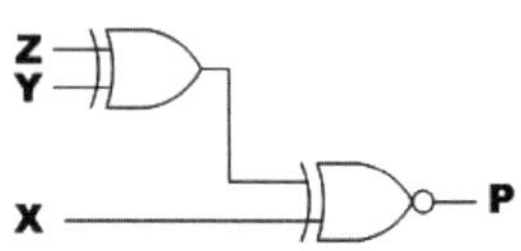

Odd Parity Checker	Even Parity Checker
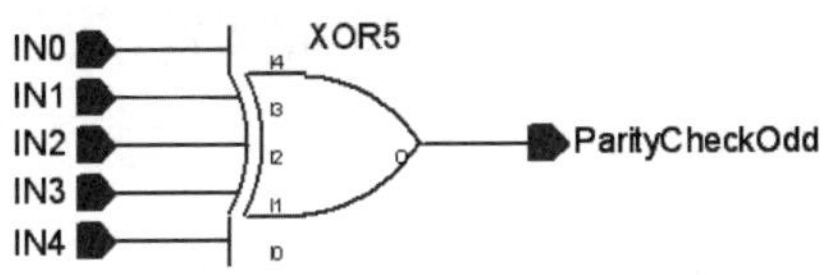	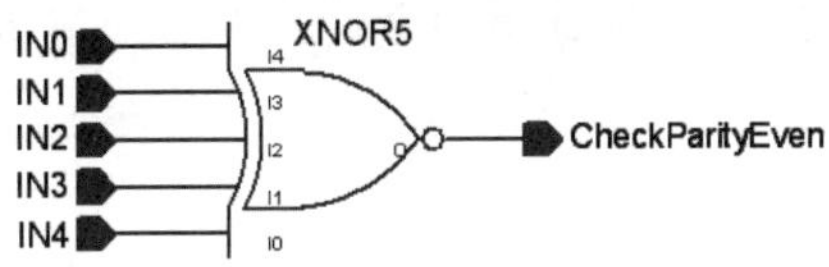

▶ 패리티 검사기(parity checker)

수신측에서 수신된 4개의 비트(x, y, z의 데이터 비트와 패리티 비트P)를 검사하여 홀수 패리티를 갖는지 여부를 판정하게 된다. 입력 변수 x, y, z, P와 출력 변수 C와의 상관관계를 진리표로 나타내면 표와 같다.

전송된 비트		t_1	t_2	t_3	....											tn
Data	X	0	0	0	0	0	0	0	0	1	1	1	1	1	1	1	1
	Y	0	0	0	0	1	1	1	1	0	0	0	0	1	1	1	1
	Z	0	0	1	1	0	0	1	1	0	0	1	1	0	0	1	1
	P	0	1	0	1	0	1	0	1	0	1	0	1	0	1	0	1
패리티 오류검사		✓			✓		✓	✓			✓			✓			✓
	C	1	0	0	1	0	1	1	0	0	1	1	0	1	0	0	1

진리표에서 패리티 오류 검사 C가 0이면 홀수 패리티를 나타내므로 오류가 발생하지 않은 것을 의미하며, C가 1이면 오류가 발생했다는 것을 나타낸다.

패리티 발생기와 같은 방법으로 진리표로부터 카르노 맵을 유도하여 부울함수를 구하면 다음과 같은 식을 얻을 수 있다.

$C = x \odot y \odot z \odot P$	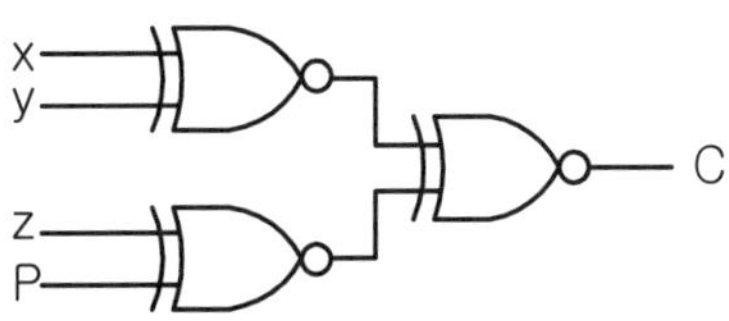

지금까지 설계한 송신측에서 사용하는 패리티 발생기와 수신측에 오류 검출을 위한 패리티 검사기가 결합하면 다음 그림과 같다. 패리티 검사기의 출력이 패리티 발생기의 출력과 같으면 전송 중에 오류가 발생하지 않음을 나타내며, 만약 출력이 다르게 나타나면 전송 오류가 발생했다는 것을 알 수 있다.

Parity 부여와 Data 전송 시스템

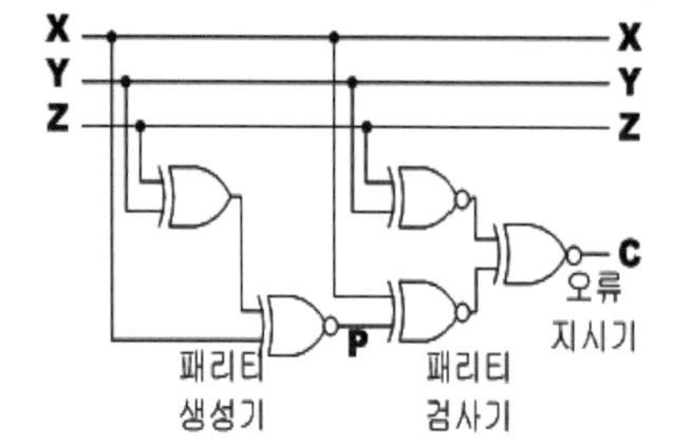

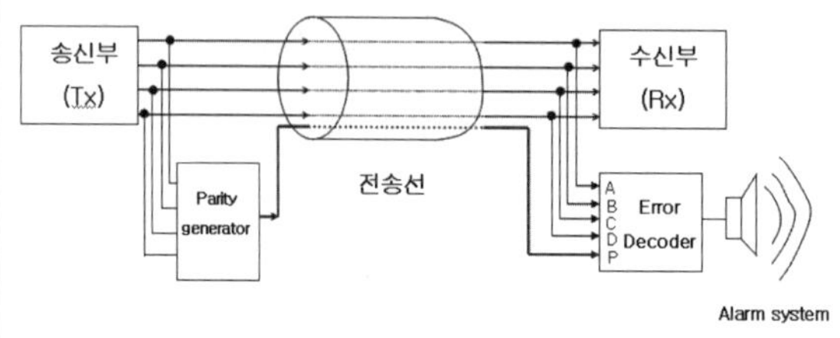

▶ 해밍 코드(Hamming Code)

해밍 코드는 R.W Hamming에 의해서 고안된 것으로, 전송된 데이터의 오류를 검사하고 그 오류가 어느 비트 인지를 지시해 준다. 동시에 잘못된 비트를 올바르게 바꾸어 줄 수도 있어 해밍 코드를 자기정정 코드(self correcting code)라고 한다.

Parity Bit는 오류의 검사는 가능하나 정정은 불가능하다. 그리고 최소한 한 비트당 두 번의 검사가 이루어져야 단일 오류의 정정이 가능하다. 그런데 해밍 코드는 하나의 워드 내에서 오류의 검출과 정정이 가능하다.

해밍 코드의 크기는 데이터 비트 수를 D로 표시하고 parity bit 수를 p라 하면 다음의 식을 만족하는 비트 수가 되어야 한다.

$$2^p \geq D + p + 1$$

즉, 원본 데이터가 4 bit인 경우 D=4 bit이고, 위 식을 만족시키는 값을 구하면, p=1이라면 2≠6이므로, parity bit p=3 이 된다. 즉, 4 bit 원본 데이터를 해밍코드로 만들면 7 bit가 된다. 그리고 각 패리티 비트의 값은 다음과 같은 자리에 배치되며 계산된다.

비트번호	7	6	5	4	3	2	1
가중치	D7	D6	D5	p4	D3	p2	p1

p1을 짝수 패리티 비트로 만들기 위하여 (1, 3, 5, 7) bit를 선택하여 XOR 연산을 한다.

p2를 짝수 패리티 비트로 만들기 위하여 (2, 3, 6, 7) bit를 선택하여 XOR 연산을 한다.

p4를 짝수 패리티 비트로 만들기 위하여 (4, 5, 6, 7) bit를 선택하여 XOR 연산을 한다.

만일 원본 데이터가 8 bit라면 해밍 코드의 길이는 8(data)+4(parity) = 12 bit가 된다.

$$2^p \geq 8 + p + 1 \quad => \quad P \geq 4$$

비트번호	12	11	10	9	8	7	6	5	4	3	2	1
가중치	D11	D10	D9	D8	p8	D7	D6	D5	p4	D3	p2	p1

그리고 각 패리티 비트의 값은 다음과 같이 계산된다.

Parity Function		0	1	2	3	4	5	6	7	8	9	10	11	12
p1=XOR(1,3,5,7,9,11)	2^0	0	1	0	1	0	1	0	1	0	1	0	1	0
p2=XOR(2,3,6,7,10,11)	2^1			1	1	0	0	1	1	0	0	1	1	0
p4=XOR(4,5,6,7,12)	2^2					1	1	1	1	0	0	0	0	1
p8=XOR(8,9,10,11,12)	2^3									1	1	1	1	1

패리티 비트 값을 계산하는 방법은 p8, 즉 4번째 패리티 비트의 경우 8=2^4이므로, 12개의 2진수 값 중 2^4번째 자리가 '1'인 값들 즉, (8, 9, 10, 11, 12)을 XOR 연산하면 된다.

해밍 코드의 사용 예

[송신부]

예를 들어 $(1001)_2$를 해밍 코드로 변환하기 위하여 배치하면 다음과 같이 한다.

1 0 0 [p4] 1 [p2] [p1] 이고

[p1] ⊕ 1 ⊕ 0 ⊕ 1 = 짝수 패리티 비트를 만들기 위해 [p1] = 0이고

[p2] ⊕ 1 ⊕ 0 ⊕ 1 = 짝수 패리티 비트를 만들기 위해 [p2] = 0이고

[p4] ⊕ 0 ⊕ 0 ⊕ 1 = 짝수 패리티 비트를 만들기 위해 [p4] = 1이다

그래서 10진수 9의 해밍 코드는 1001100이 된다.

비트번호	7	6	5	4	3	2	1
데이터	1	0	0		1		
가중치	D7	D6	D5	[p4]	D3	[p2]	[p1]
해밍 코드	1	0	0	1	1	0	0

[수신부]

맞는 경우

비트 자리	7	6	5	4	3	2	1	
정확한 해밍코드	1	0	0	1	1	0	0	에서
p1	1		0		1		0	'1' 이 짝수 => 0
p2	1	0			1	0		'1' 이 짝수 => 0
p4	1	0	0	1				'1' 이 짝수 => 0

틀린 경우

비트 자리	7	6	5	4	3	2	1	
오류가 있는 해밍코드	1	1	0	1	1	0	0	에서
p1	1		0		1		0	'1' 이 짝수 => 0
p2	1	1			1	0		'1' 이 홀수 => 1
p4	1	1	0	1				'1' 이 홀수 => 1

검출 결과 p4p2p1의 값이 "110" = 6이 나오므로 6번째 비트에 오류 발생을 인지할 수 있다.

그래서 6 bit의 1을 0으로 정정한다. 즉. 1001100으로의 수정이 필요하다.

예제 1-27 4비트 데이터 값이 '0011'이고, 3개의 패리티 비트를 갖는 코드에서 짝수 패리티 값이 된다면 전체 코드를 구성하여라.

① $p_1+0+0+1(p_1=0)$

② $p_2+0+1+1(p_2=1)$

③ $p_3+0+1+1(p_3=1)$

이다. 결과적으로 7비트 해밍 코드는 '0011110'이 된다. 예를 들어 정보 비트가 5개일 때 최소한의 패리티 비트는

$$2^p \geq 5+p+1$$

로써 수식을 만족하는 p값은 4이다. 그러므로 5개의 정보 비트를 체크하기 위한 최소한의 패리티 비트는 4개가 된다.

한편 10개까지 정보 비트를 체크하기 위해서 4개의 패리티 비트가 필요한 것을 수식으로 알 수 있다.

패리티 비트를 구하거나 에러를 체크하는 과정은 위의 순서와 동일하다.

예제 1-28 5비트 데이터 값이 '10110'이고, 4개의 패리티 비트를 갖는 해밍코드에서 홀수 패리티 값이 된다면 전체 코드를 구성하여라.

① P_1은 1, 3, 5, 7, 9비트를 체크하여 홀수 패리티($P_1 = 1$)

② P_2은 2, 3, 6, 7비트를 체크하여 홀수 패리티($P_2 = 0$)

③ P_3은 4, 5, 6, 7비트를 체크하여 홀수 패리티($P_3 = 1$)

④ P_4은 8, 9비트를 체크하여 홀수 패리티($P_4 = 0$)

비트 위치	9	8	7	6	5	4	3	2	1
가중 값	1	p_4	0	1	1	p_3	0	p_2	p_1

이다.

결과적으로 9비트 해밍 코드는 '100111001'이 된다.

역으로 수신된 해밍 크드가 '101111001'이 되면 에러 비트를 확인하기 위해

① 1, 3, 5, 7, 9 → 1, 0, 1, 1, 1 : 짝수 = 1(LSD)
② 2, 3, 6, 7 → 0, 0, 1, 1 : 짝수 = 1
③ 4, 5, 6, 7 → 1, 1, 1, 1 : 짝수 = 1
④ 8, 9 → 0, 1 : 홀수 = 0(MSD)

따라서 $(0111)_2$는 10진수 7이므로 7번 비트에 착오가 발생했다는 의미로 현재 7번째 비트 '1'을 '0'으로 고친 값, 즉 100111001 값이 정확한 해밍코드이다.

Chapter

02

부울대수와 논리 게이트

학습목표

부울대수와 논리 게이트에서는 논리연산, 부울대수의 기본 정리, 기본 논리 게이트, 등가 게이트, NAND/NOR 게이트만을 사용한 회로 설계를 다룬다.

▶ **부울대수**

- 논리연산의 1(참) 혹은 0(거짓)을 이해하며, 논리연산을 수행하기 위한 AND, OR, NOT 게이트의 논리식과 진리표를 구할 수 있다.
- 부울대수의 쌍대성 원리를 이용해서 논리 함수나 논리식을 만들 수 있다.
- 논리 연산자의 우선순위를 이해한다.
- 부울대수에서 드 모르강의 법칙, 상보 정리, 결합법칙, 간략화 법칙 등을 이해한다.

▶ **논리 게이트**

- 논리 기호인 ANSI/IEEE 표준 게이트 기호를 식별할 수 있다.
- 기본 논리게이트 AND, OR, NOT, NAND, NOR, XOR, XNOR의 논리식, 진리표, 타이밍 차트를 이해한다.
- XOR/XNOR 게이트로 다양한 회로를 구성할 수 있다.
- 등가 게이트로 형태는 다르지만 논리적인 연산 결과가 같은 회로들을 이해한다.
- NAND/NOR 게이트만으로 회로를 구성할 수 있다.
- 드 모르강의 정리를 이용해서 논리식을 간략화할 수 있다.

제2장. 부울대수와 논리 게이트

2.1 부울대수(Boolean Algebra)

부울대수는 1854년에 영국 수학자 George Boole이 〈An Investigation of the Laws of Thought on Which to Found the Mathematical Theories of Logic and Probabilities〉라는 논문에서 제시한 용어이며, 기호에 따라 논리함수를 표현하는 수학적인 방법을 제안하였다.

그 후 미국의 수학자 Claude E. Shannon이 부울대수를 이용하여 스위칭 회로에 응용할 수 있음을 밝혔고, 이런 이유로 부울대수를 스위칭 대수(switching algebra)라고도 한다. 그때부터 Shannon의 방법은 디지털 회로의 분석과 설계에 매우 유용하게 사용되어 왔다. 부울대수는 변수들의 조합을 실행시키는 논리적인 연산(AND, OR, NOT)으로 정의되는 하나의 수학적 학설이며 디지털 논리 시스템에서 회로의 연구와 분석에 필요한 논리수학이다.

임의의 회로를 설계할 경우, 대수적인 조작에 의해서 간단한 논리식을 얻을 수 있고, 논리식으로부터 간단한 회로를 구현할 수 있다. 논리 설계 시 그림이나 표를 이용한 방법이 주로 사용되지만, 부울대수를 이용하는 방법이 편리한 경우도 있다.

논리 게이트는 어떤 2진 논리 입력에 대한 1개의 출력이 2진 결과로 나타나는 회로이다. 기본 논리 게이트는 디지털 시스템을 구성하는데 필수적인 요소이며, 디지털 시스템을 구성하기 위해서는 회로의 논리적인 연산, 입력의 조합, 출력의 형태, 그리고 회로의 전기적 특성을 이해하는 것이 중요하다. 또한 논리 게이트의 특성에 따른 입·출력의 상태를 표시하는 진리표(truth value)에 대한 이해도 필요하다. 단일 명제의 결과가 참(true)이면 1, 거짓(false)이면 0이라고 약속할 때 0이나 1을 진리값(truth value)이라 하며, 0과 1은 수학적 의미가 없다. 단일 명제로 된 모든 진리값을 조합시켰을 때 복합 명제가 되는 진리값을 표시한 것이 진리표이다. 디지털 시스템에서는 물리적으로 높은 값의 양을 1로 정의하는 정논리 시스템과 0으로 정의하는 부논리 시스템이 모두 사용되고 있다. 일반적으로 정논리가 주로 사용되므로 이 책에서도 정논리의 관점에서 설명하기로 한다.

1) 논리연산

디지털 시스템은 신호(signal)라 부르는 물리적인 양(physical quantities)으로 표시되는 불연속 정보를 다룬다. 전압의 유무, 스위치의 개폐와 같은 물리적인 현상은 2가지 상태(참, 거짓)로 표현되는 2진 논리(binary logic)로 표현할 수 있다. 이 2가지 상태는 0과 1로 대응시키고 이 상태를 이용하여 논리회로의 동작 상태를 분석할 수 있다.

다른 대수의 경우와 마찬가지로 부울대수도 논리변수(logical variable)와 연산(operation)을 사용한다. 논리변수는 1(참) 혹은 0(거짓)의 2가지 값만을 가지며, 논리연산을 수행하기 위하여 AND, OR, NOT 등을 사용한다.

2진 연산에 사용되는 기호 +와 ·는 OR와 AND라 하고, 글자 위에 표시된 overbar(−)나 prime(′) 기호는 NOT 또는 보수(complement) 연산자라 한다. AND는 논리적 곱(logical product)을 나타내며, OR는 논리합(logical sum)을 나타낸다. NOT는 부정(negation)이나 보수를 나타내는데 사용된다.

<table>
<tr><th>논리연산</th><th>논리연산자</th><th>논리식</th><th>진리표</th></tr>
<tr><td>AND</td><td>• 또는 생략</td><td>F = A • B
F = A B</td><td>

A	B	F
0	0	0
0	1	0
1	0	0
1	1	1

</td></tr>
<tr><td>OR</td><td>+</td><td>F = A + B</td><td>

A	B	F
0	0	0
0	1	1
1	0	1
1	1	1

</td></tr>
<tr><td>NOT</td><td>′ , −</td><td>F = $A' = \overline{A}$</td><td>

A	F
0	1
1	0

</td></tr>
</table>

2) 부울대수의 성질

▶ **쌍대성**

모든 부울대수의 표현식은 부울대수의 가설에 의하여 연산자와 항등원을 대치하더라도 성립한다. 이것을 쌍대성의 원리(Principle of Duality)라고 한다.

부울대수에서 쌍대(Dual)는 AND를 OR로, OR를 AND로, 1을 0으로, 그리고 0을 1으로 대치하여 만든다.

- 모든 ·을 +로 변환
- 모든 +를 ·으로 변환
- 모든 1을 0으로 변환
- 모든 0을 1로 변환
- 각 논리 변수는 원 상태로 사용

$a + (b \cdot c) = (a + b) \cdot (a + c)$의

쌍대는 $a \cdot (b + c) = (a \cdot b) + (a \cdot c)$

$a + a' = 1$의

쌍대는 $a \cdot a' = 0$이다.

아래와 같이 AND 진리표에서 모든 0(1)을 1(0)으로 바꾸면 OR 진리표를 얻을 수 있다.

A	B	F=XY
0	0	0
0	1	0
1	0	0
1	1	1

(a) AND 진리표

A	B	F=X+Y
1	1	1
1	0	1
0	1	1
0	0	0

(b) OR 진리표

정논리(positive logic) 형식을 사용해서 구한 AND 함수는 부논리(negative logic) 형식을 사용해서 구한 OR 함수와 같은 전압 레벨이 형성되므로 회로를 바꿀 필요가 없다. 이와 유사하게 정논리 형식을 갖는 OR 게이트는 부논리 형식 방식을 갖는 AND 게이트로 변화시킬 수 있으며, NOT 게이트는 양쪽 모두 NOT 게이트로 표된다. 부울식 $f=A+BC'$를 정논리 형식과 부논리 형식으로 표현해 보자.

A	B	C	F=A+BC′
0	0	0	0
0	0	1	0
0	1	0	1
0	1	1	0
1	0	0	1
1	0	1	1
0	1	1	1
1	1	1	1

(a) 정논리

A	B	C	F=A(B+C′)
1	1	1	1
1	1	0	1
1	0	1	0
1	0	0	1
0	1	1	0
0	1	0	0
1	0	0	0
0	0	0	0

(b) 부논리

F=A+BC′

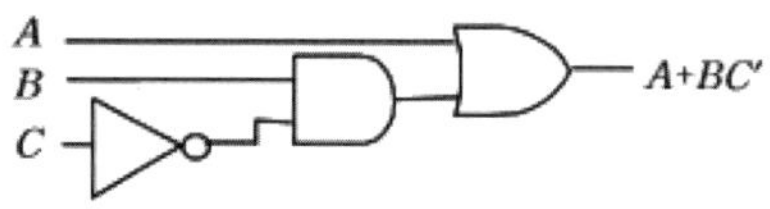

F=A(B+C′)

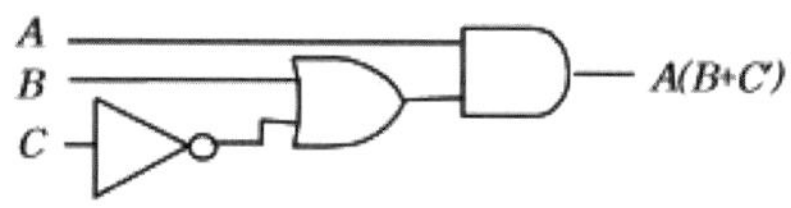

정논리의 진리표에서 출력의 0(1)을 1(0)로 바꾸면 부논리 진리표가 구해진다. 또한 부논리 진리표로부터 부논리 부울식을 구할 수 있다. 부논리 형식의 부울식은 정논리 부울식으로부터 AND 연산자를 OR로, OR 연산자를 AND를 바꾸면 다음과 같은 부논리 부울식이 구해진다.

$$f=A(B+C')$$

부울대수의 정의와 기본법칙에 대한 쌍대함수는 다음과 같다.

F	F'
A · 1=A	A+0=A
A · 0=0	A+1=1
A · A=A	A+A=A
A · A'=0	A+A'=1
A+B=B+A	AB=BA
(A+B)+C=A+(B+C)	(AB)C=A(BC)
A(B+C)=AB+AC	A+BC=(A+B)(A+C)
A+AB=A	A(A+B)=A

예제 2-1 1·(A·B+C)=(A·B)+C의 논리식과 쌍대인 논리 함수나 논리식을 만들어라.

$$0+[(A+B)\cdot C]=(A+B)\cdot C$$

예제 2-2 $\overline{A+B}=\overline{A}\cdot\overline{B}$ 의 쌍대인 논리식을 표시하여라.

$$\overline{A\cdot B}=\overline{A}+\overline{B}$$

▶ 논리 연산자의 우선 순위

부울 대수식을 계산할 때 연신자의 우선순위 (Operator Precedence)는 ① 괄호, ② NOT, ③ AND, ④ OR의 순이다. 다시 말하면 괄호 내의 식은 다른 모든 연산에 앞서서 계산해야 한다. 그 다음에는 보수, 즉 NOT을 계산하고, 그 다음에는 AND, 그리고 마지막에 OR를 계산한다. 예를 들어, 부울 함수식 (a+b)′=a′b′에 대한 드모르간 정리의 진리표를 생각하여 보자.

(a+b)′은 괄호 안의 표현식을 먼저 계산하고 그 다음에 보수를 취한다.

그리고 a′b′는 보수를 취한 다음 AND를 연산한다.

보수에 대한 사항을 제외하면 AND와 OR는 산술 연산자의 우선순위와 마찬가지로 곱셈과 덧셈으로 각각 대치하여 생각할 수 있다.

a	b	a+b	(a+b)'	a'	b'	a' b'
0	0	0	1	1	1	1
0	1	1	0	1	0	0
1	0	1	0	0	1	0
1	1	1	0	0	0	0

▶ 드모르간 정리(De Morgan's theorem)

부울대수의 성질을 이용한 아주 중요한 정리가 있는데, 매우 자주 사용된다. 2입력 OR 함수 A+B는 변수 A와 B가 모두 0일 때만 0의 출력 값을 갖고, 다른 모든 경우에 있어서는 1의 값을 갖는다. 유사하게 2입력 AND 함수 AB는 변수 A와 B가 모두 1일 때만 1의 출력 값을 갖고, 다른 모든 경우에 있어서는 0의 값을 갖는다. 이처럼 AND와 OR 함수 사이에는 다음 관계를 가지고 있다. 즉 A=1, B=1일 때

$$A'+B'=0$$
$$(AB)'=0$$

이 된다. 그러므로,

$$A'+B'=(AB)'$$

이다. 이 부울식 관계의 함수는 다음과 같다.

$$A'B'=(A+B)'$$

이와 같이 AND와 OR 함수 사이의 관계를 드모르간 정리(De Morgan's theorem)라 한다. 2변수와 3변수에 대한 드모르간 정리는 다음과 같다.

2변수 드모르간 정리	3변수 드모르간 정리
A'+B' = (AB)'	A'+B'+C' = (ABC)'
A'B' = (A+B)'	A'B'C' = (A+B+C)'

드모르간 정리에 대한 증명은 아래와 같다.

A	B	A'	B'	A+B	AB	A'B'	(A+B)'	A'+B'	(AB)'
0	0	1	1	0	0	1	1	1	1
0	1	1	0	1	0	0	0	1	1
1	0	0	1	1	0	0	0	1	1
1	1	0	0	1	1	0	0	0	0

3) 부울대수의 기본 정리

부울대수의 기본 정리는 디지털 회로의 기능을 기술하거나, 어떤 함수가 주어졌을 때, 그 함수의 구현을 간략화시키는 데 자주 사용된다.

기본 법칙	쌍대성을 이용한 기본 법칙의 변형
0 과 1을 이용한 연산	
1. X + 0 = X 2. X + 1 = 1	1D. X • 1 = X 2D. X • 0 = 0
멱등 정리(Idempotent theorem)	
3. X + X = X	3D. X • X = X
누승 정리(Involution theorem)	
4. (X')' = X	
상보 정리	
5. X + X' = 1	5D. X • X' = 0
교환 법칙	
6. X + Y = Y + X	6D. X • Y = Y • X
결합 법칙	
7. (X+Y)+Z = X+(Y+Z) = X+Y+Z	7D. (X•Y)•Z = X•(Y•Z) = X•Y•Z
배분 법칙	
8. X•(Y+Z) = X•Y + X•Z	8D. X+(Y•Z) = (X+Y)•(X+Z)
간략화 법칙	
9. X•Y+X•Y'= X•(Y+Y')= X•1 = X 10.X+X•Y= X•1+X•Y= X•(1+Y)= X 11.(X+Y')•Y=X•Y+Y'•Y=X•Y+0=X•Y	9D. (X+Y)•(X+Y') = X 10D. X•(X+Y) = X 11D. (X•Y')+Y = X+Y
드 모르간(De Morgan)의 법칙	
12. (W+X+Y+Z)'=W'•X'•Y'•Z'	12D. (W•X•Y•Z)'=W'+X'+Y'+Z'
쌍대성(Duality)	
13. (W+X+Y+Z)D = (W•X•Y•Z)+D	13D. (W•X•Y•Z)D=(W+X+Y+Z)+D
기타	
14. (X+Y)•(X'+Z) = X•Z + X'•Y	14D. X•Y+X'•Z = (X+Z)•(X'+Y)
15. X•Y+Y•Z+X'•Z = X•Y+X'•Z	15D.(X+Y)•(Y+Z)•(X'+Z)=(X+Y)•(X'+Z)
16. (X'•Y)+(X•Y') = X ⊕ Y	
17. (X'•Y')+(X•Y) = X ⊙ Y	

(*) D : Duality

2.2 논리 게이트

1) ANSI/IEEE 표준 게이트 기호

지금까지 설명한 논리 기호는 육안으로 식별이 용이하다고 하여 구분형 기호(distinguished symbol)라 한다. 이 외에도 ANSI[1] (American National Standards Institute)와 IEEE[2] (Institute of Electrical & Electronics Engineers)에서 별도의 논리 기호 표준(ANSI/IEEE 표준 91-1984)을 1984년 제정하였다. 그래서 산업계에서는 지금까지 제시한 논리 기호와 함께 IEEE/ANSI 논리 기호를 혼용하고 있다.

Logic Function	Traditional Logic Symbol	IEEE Logic Symbol
AND	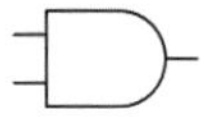	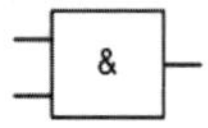
OR	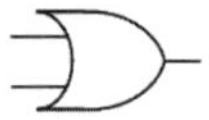	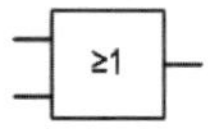
NOT	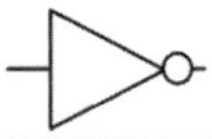	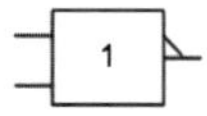
NAND	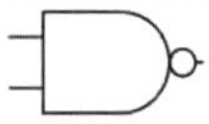	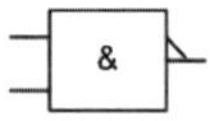
NOR	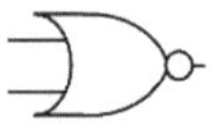	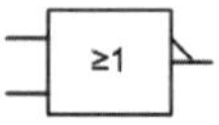
XOR	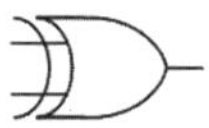	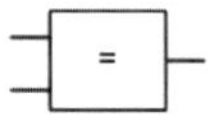
XNOR	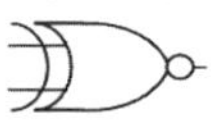	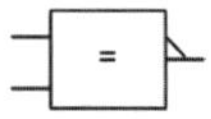

ANSI/IEEE Standard 91-1984 and IEC Publication 617-12

1) ANSI(American National Standards Institute) - 미국규격협회, ANSI는 1918년 5개의 공업협회와 3개의 정부 기관이 협력하여 설립되었다. 뉴욕에 본부를 두고 미국 산업의 경쟁력 향상을 위하여 미국 내 각종 표준화를 주도하는 비영리 기관이다. ANSI는 미 표준 규격을 제정하지는 않고 단지 표준안 개발에만 노력하는 기관이다.

2) IEEE(Institute of Electrical and Electronics Engineers) - 미국전기전자기술자협회, 미국전자전기공학회로 1884년 설립된 미국전자공학회(American Institute of Electrical Engineers)와 1912년 설립된 무선전신학회(Institute of Radio Engineers)가 1963년 통합 설립되었다. 뉴욕에 본부를 두고 있고 세계 최대의 전자전기공학 관련 학회이다.

2) TTL과 CMOS

집적회로(IC)들은 NAND 또는 NOR게이트를 기본으로 해서 구성한다. 이 논리회로의 내부 구성은 주로 트랜지스터인 BJT(Bipolar Junction Transistor)와 FET(Field Effect Transistor) 소자에 수동소자인 R, L, C를 연결한다.

능등소자에 따른 분류는 다음과 같다.

능동소자	종 류
DIODE	Diode Logic
BJT	DCTL(Direct Coupled Transistor Logic) RTL(Resistor Transistor Logic) DTL(Diode Transistor Logic) HTL(High Threshold Logic) I^2L(Integrated Injection Logic) TTL(Transistor Transistor Logic) ECL(Emitter Coupled Logic)
FET	PMOS(P-channel Metal-Oxide Semiconductor) NMOS(N-channel Metal-Oxide Semiconductor) CMOS(Complementary Metal-Oxide Semiconductor)

▶ Diode Logic

다이오드 논리회로는 부분적으로 간단히 이용하고는 있지만, 출력 전류가 작고 위상반전이 없기 때문에 트랜지스터 회로를 추가하여 사용되는 경우가 많다.

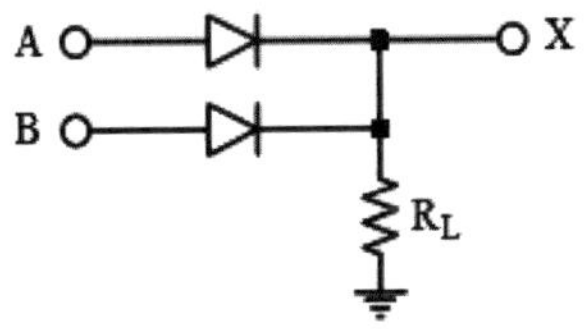

(a) OR 동작

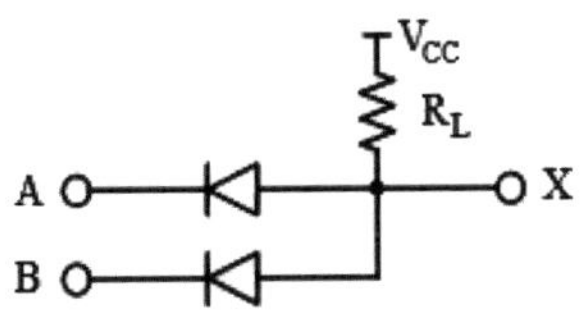

(b) AND 동작

▶ BJT Logic

- DCTL

DCTL은 소자가 적게 들고 칩의 면적을 작게 할 수 있다. 스위칭 속도의 한계가 있으며, 베이스 전류의 호깅(hogging) 현상이 존재하기 때문에 베이스 단자에 저항을 삽입하여야 한다.

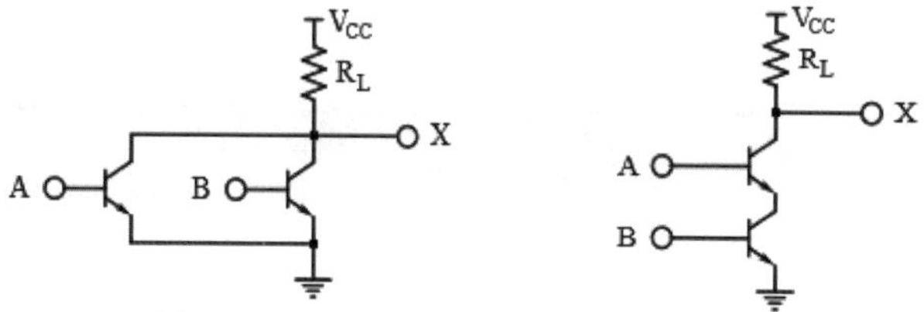

(a) NOR 동작 (b) NAND 동작

- RTL

RTL은 DCTL에 비해 잡음 여유가 크고, 전류의 호깅 현상은 개선되었지만 속도가 저하되고, 단위면적이 크다. 팬-아웃은 전원에 연결된 저항에 의해 결정되며, 게이트의 평균 전력 소모는 12[mW], 전파 지연 시간은 약 25[ns] 정도이다.

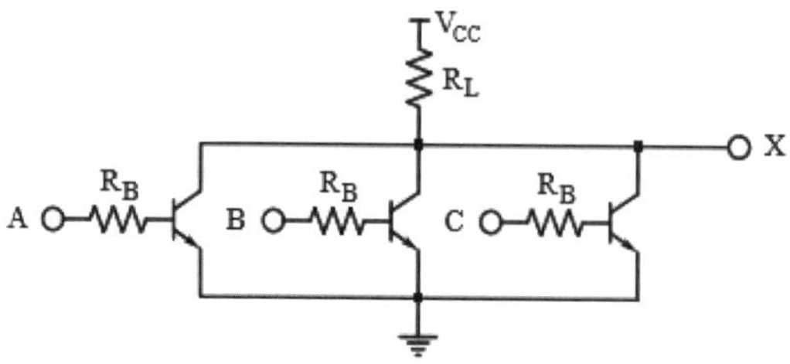

- DTL

다이오드 논리회로에 트랜지스터로 전류 증폭 및 위상반전의 특성을 포함시킨 것이 DTL이다. 전류 호깅 현상이 없고, 팬-아웃은 증가하며, 칩 면적은 크게 감소한다.

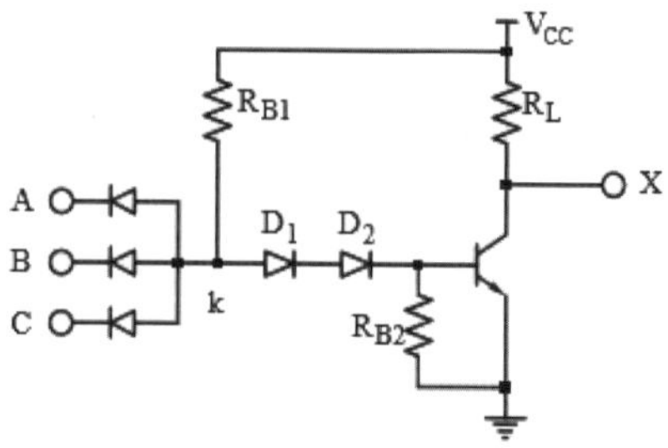

• HTL

모터 제어, 고전압 스위칭, ON-OFF 제어 등 잡음이 많은 부하에 디지털 회로가 동작할 경우에 적합하도록 DTL을 변형한 것이 HTL이다.

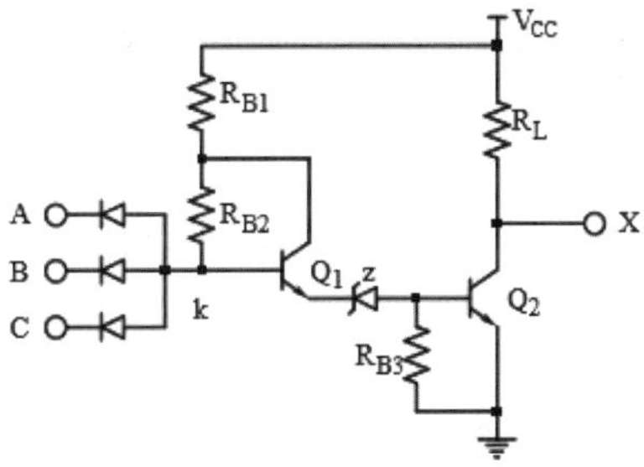

• I^2L

I^2L은 MTL(Merged Transistor Logic)이라고 한다. 많은 회로를 한 칩에 넣어 복잡한 디지털 기능을 가진 LSI에 쓰인다. I^2L의 기본 게이트는 RTL의 동작과 유사하지만, RTL에서의 베이스 저항이 제거되며, RTL에서의 컬렉터 저항이 PNP형 트랜지스터로 대치되고, RTL에서의 여러 개 트랜지스터를 다중 컬렉터 트랜지스터로 만든는 차이가 있다.

I^2L의 장점은 전력 소모가 거의 없고 MOS보다 더 고밀도로 제작이 가능하며 제조 공정이 무척 간단하며, 마스크 횟수도 감소되지만, 입출력단에 버퍼(buffer)를 달지 않고는 다른 로직 패밀리와 연결 사용할 수 없다.

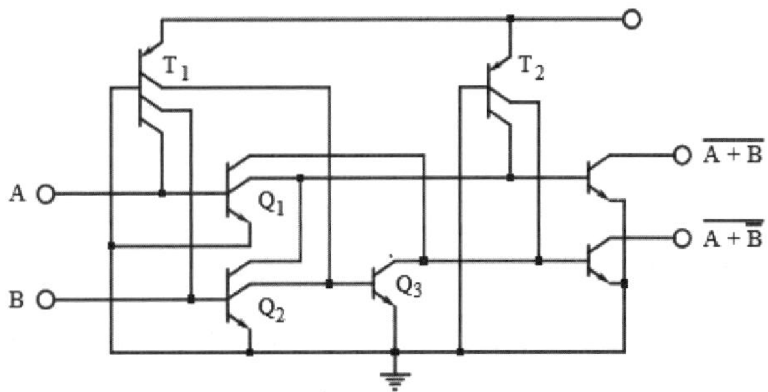

위 회로를 논리회로로 구성하면 아래와 같다.

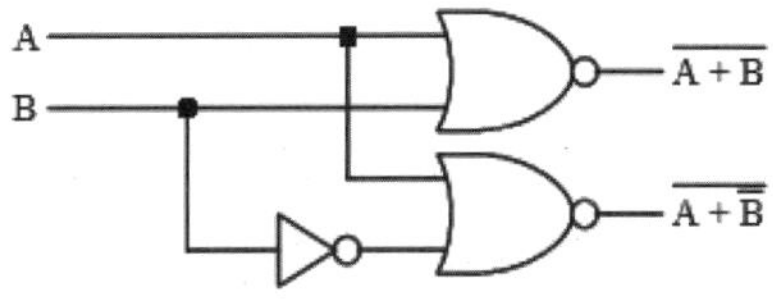

- TTL

DTL에 비해 전력 소모를 감소시키고 동작 속도를 향상시킨 TTL은 DTL의 입력단 다이오드를 트랜지스터로 대치시킨 것으로서, TTL의 기술이 점점 발달함에 따라 여러 가지 개선점들이 추가되어 가장 많이 사용된다.

TTL의 종류는 회로에 사용되는 저항 값과 트랜지스터의 종류에 의하여 구분되며, 저전력 쇼트키(LS) 형태가 가장 널리 사용되고 있다.

TTL의 출력단은 3가지 경우로 분류할 수 있다.

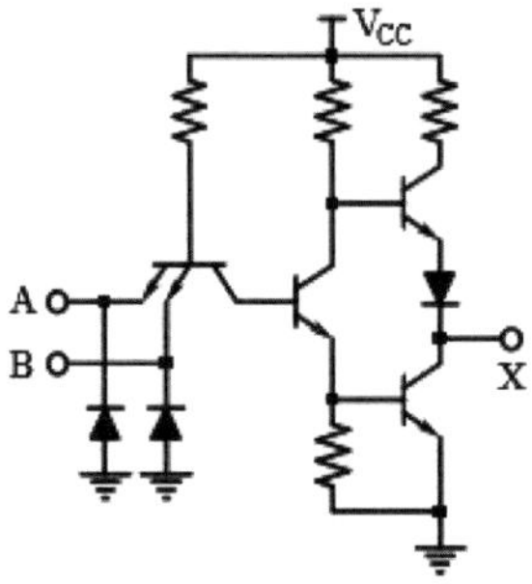

(a) 토템폴 출력형

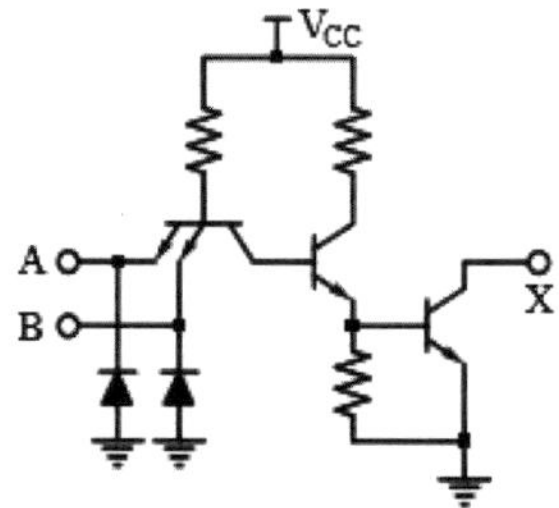

(b) 컬렉터 개방 출력형

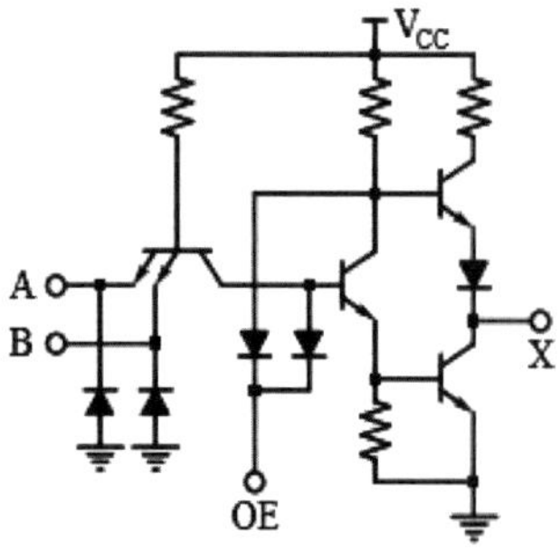

(c) 3-상태 출력형

토템폴 출력은 출력이 높은 레벨이면 컬렉터 전류를 흘려내고, 낮은 레벨이면 싱크 전류(sink current)를 받아들인다. 단일 게이트를 사용할 때는 대부분 토템폴 출력단 집적회로를 사용하며 출력 논리 전압 폭은 전압 전원 크기와 같다.

컬렉터 개방 출력은 칩 내부에서 전원에 연결되는 트랜지스터가 없고, 출력 트랜지스터의 컬렉터가 그대로 출력핀에 연결되어 있다. 출력단 트랜지스터가 포화되면 싱크 전류를 받아들일 수 있으나, 차단되면 높은 임피던스(high impedance)가 되어 개방 회로가 된다. 하나의 게이트로 사용할 때는 풀-업(pull-up) 저항을 달아야 하며, 여러 게이트를 사용할 때는 와이어드 AND가 가능하다.
3-상태 출력은 토템폴 출력과 같거나 아니면 출력단 트랜지스터를 모두 차단하여 높은 임피던스(high impedance), 즉 개방 회로를 만들 수 있다. 이 방법의 출력단은 주로 버스(bus)를 형성할 때 사용된다.

- ECL

ECL(Emitter Coupled Logic)은 차동증폭기의 원리를 이용하여 트랜지스터를 활성 영역에서 동작하게 함으로써 전달 속도를 극히 빠르게 할 수 있으며 동시에 보수 출력을 나타낼 수 있고, 와이어드-OR(wired-OR) 또는 와이어드-AND(wired-AND)가 가능하며 팬-아웃이 크다는 장점을 가진다. 그러나 출력 논리 전압의 폭이 좁고 2개의 전원 전압이 필요하며 잡음 감도나 전력 소모 면에서 가장 나쁘다.

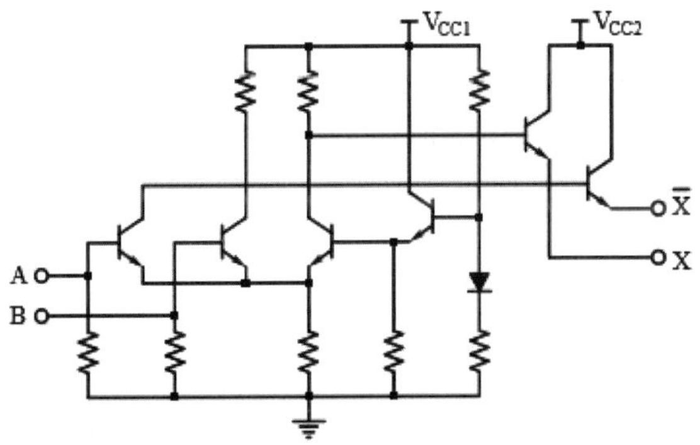

- MOS

MOS(Metal Oxide Semiconductor)의 종류에는 PMOS(P-channel MOS), NMOS(N-channel MOS), CMOS(Complementary channel MOS)가 있다. BJT는 전류 제어인데 비해 MOS는 전압 제어이므로 입력단에 저항이 필요치 않으며, 고정 바이어스 MOS는 그 자체를 저항으로 사용할 수 있기 때문에 칩 면적이 극히 작고, 고밀도 집적회로 설계가 용이하다.
자체 전력 소모가 적고 입력 임피던스가 크기 때문에 팬-아웃이 아주 크고, 마스크 횟수가 감소되어 제조 공정이 간단하다. 그러나 출력 전류가 작고 속도는 많이 떨어지는 편이다. PMOS와 NMOS는 모든 입력 및 출력 변수와 상태가 반대의 관계를 가진다.

아래 그림은 NMOS로 구현한 NOT, NAND, NOR 동작을 하는 기본 논리회로를 나타내고 있다.

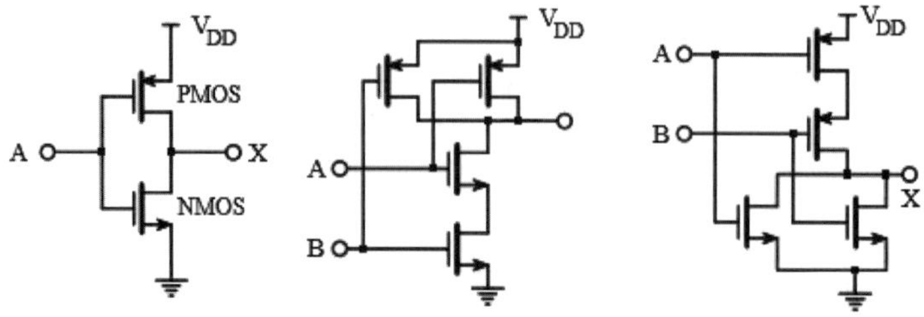

(a) NOT 동작 (b) NAND 동작 (c) NOR 동작

N 채널과 P 채널의 MOS를 한 기판에 동시에 제조할 수 있는 점을 이용하여, 논리회로를 구성한 것이 CMOS이다. 전원 측에 PMOS를, 접지 측에 NMOS를 사용함으로써 하나의 신호에 대해 둘 중의 하나는 차단되므로 자체 전력 소모를 극소화시켰고, CMOS의 가장 큰 장점 중의 하나는 허용 전원 전압의 범위가 3~18[V]로 광범위하다는 점이다. 아래 그림은 CMOS로 구현한 NOT, NAND, NOR 동작을 하는 기본 논리회로를 나타내고 있다.

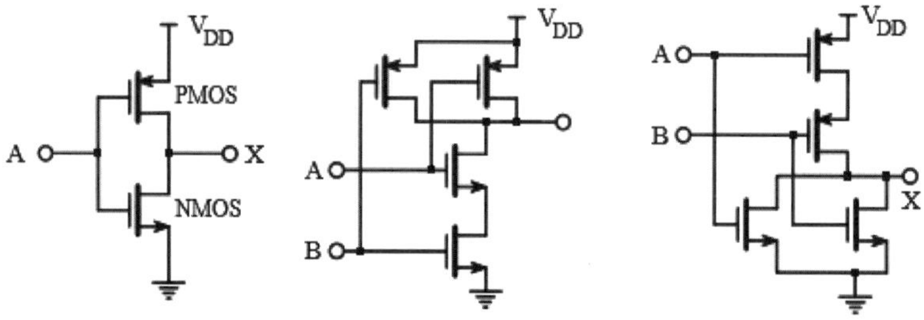

(a) NOT 동작 (b) NAND 동작 (c) NOR 동작

집적회로의 비교는 아래 표와 같다.

능동소자	TTL	DTL	HTL	TTL	ECL	CMOS
게이트	NOR	NAND	NAND	NAND	OR-NOR	NAND
최소 팬-아웃	5	8	10	10	25	>50
게이트당 소비전력[mW]	12	8	55	10	40	0.01
잡음감응도	보통	양호	좋음	매우좋음	양호	매우좋음
전달지연시간[ns]	12	30	90	10	2	50

3) 기본 논리 게이트

AND

입력값이 모두 참 ('1') 이면 출력은 참 ('1')

게이트 심볼

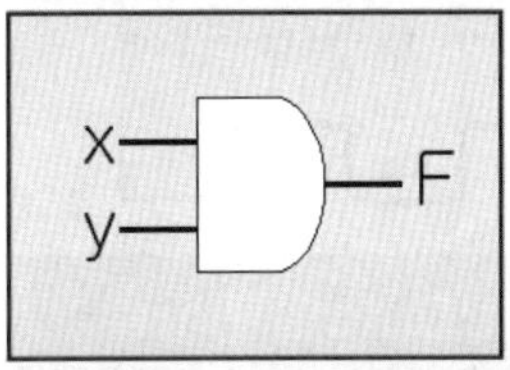

논 리 식: · , F= x y

진 리 표

입력		출력
x	y	F
0	0	0
0	1	0
1	0	0
1	1	1

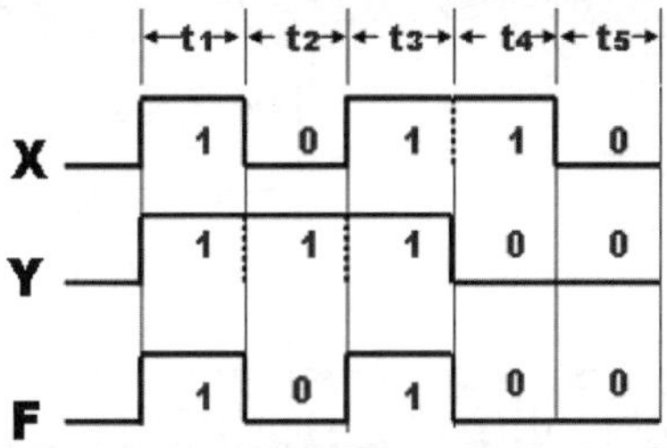

OR

입력값이 하나라도 참 ('1') 이면 출력은 참('1')

게이트 심볼

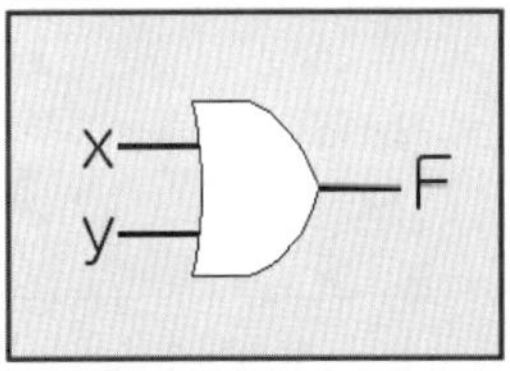

논 리 식: + , F= x+y

진 리 표

입력		출력
x	y	F
0	0	0
0	1	1
1	0	1
1	1	1

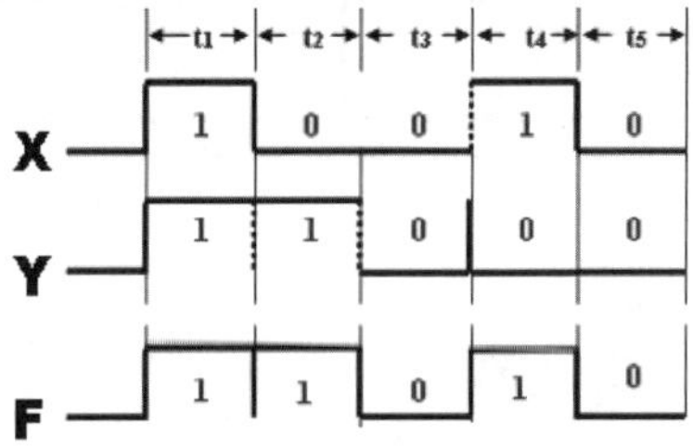

NOT

입력값이 반전되어 출력됨. 1 → 0, 0 → 1

게이트 심볼

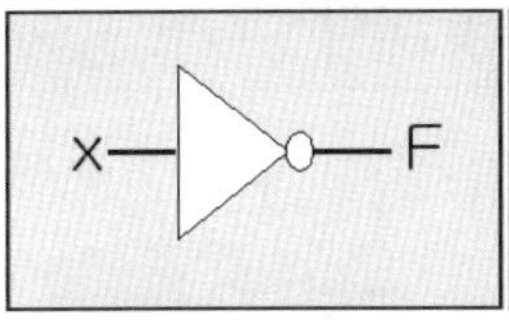

논 리 식: `, ─ , F= x`

진 리 표

입력	출력
x	F
0	1
1	0

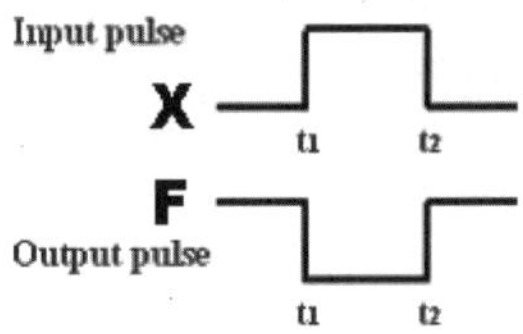

NAND

입력값이 모두 거짓 ('1') 이면 출력은 참 ('0')

게이트 심볼

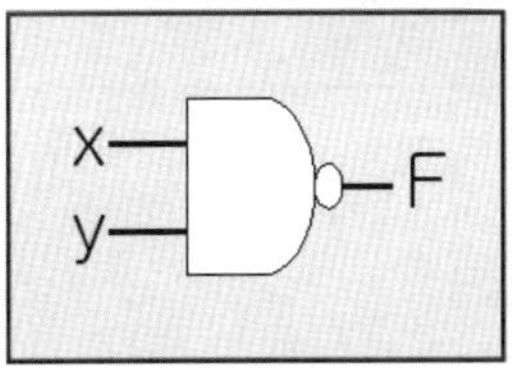

논 리 식: $F=(\overline{xy})$, F=(xy)`

진 리 표

입력		출력
x	y	F
0	0	1
0	1	1
1	0	1
1	1	0

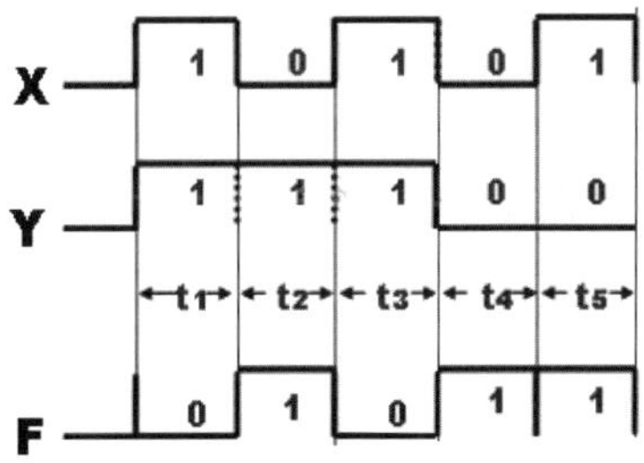

NOR

입력값이 하나라도 참 ('1') 이면 출력은 거짓('0')

게이트 심볼

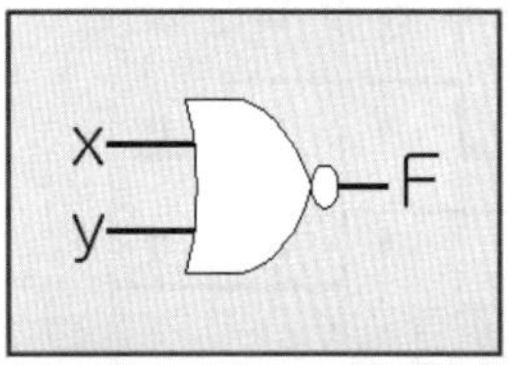

논리 식

F=~(x+y)

F=(x+y)`

진 리 표

입력		출력
x	y	F
0	0	1
0	1	0
1	0	0
1	1	0

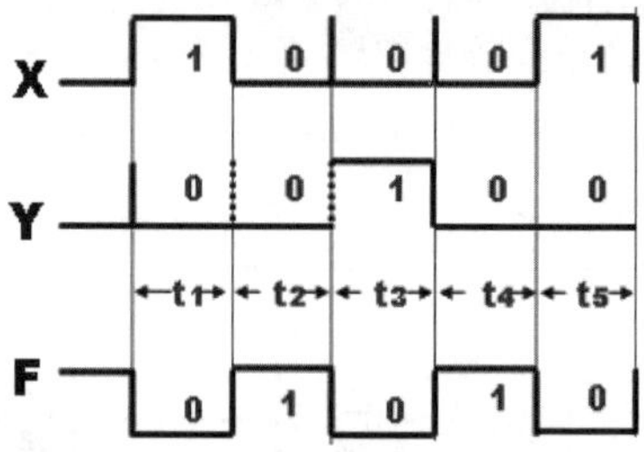

Multi Input/Output Port

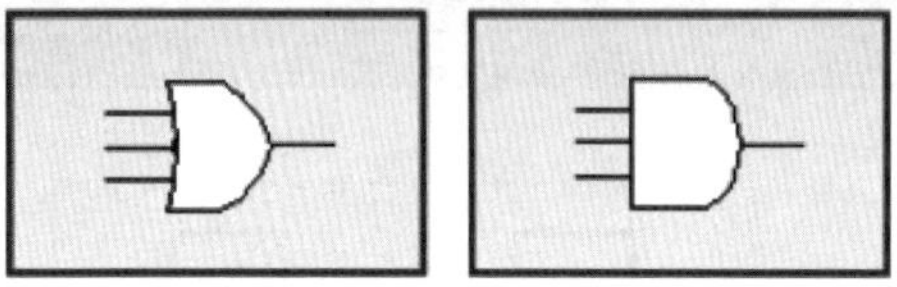

Single Input/Output Port

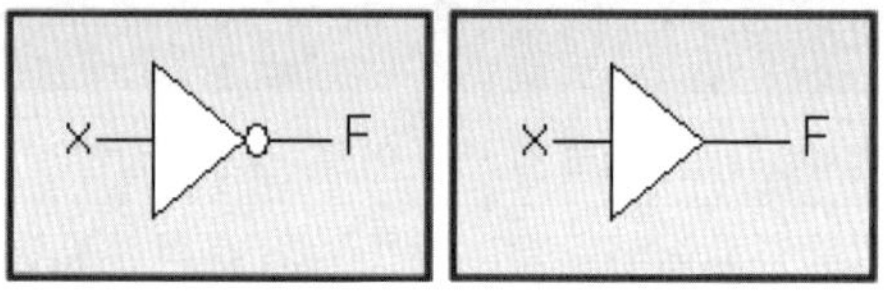

예제 2-3 그림에서 X 값을 결정하여라.

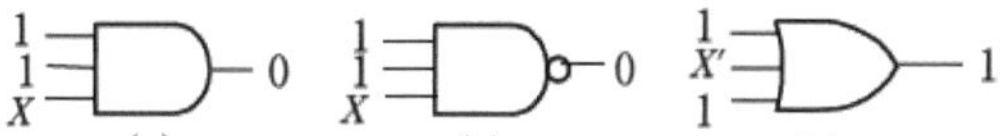

(a) (b) (c)

예제 2-4 다음 논리 게이트와 등가적인 논리 게이트를 그리시오.

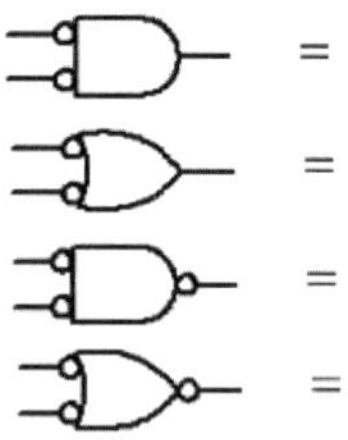

예제 2-5 다음 논리 게이트를 NOT 또는 Buffer로 만드시오.

예제 2-6 NAND 게이트의 출력을 타이밍도에 나타내어라.

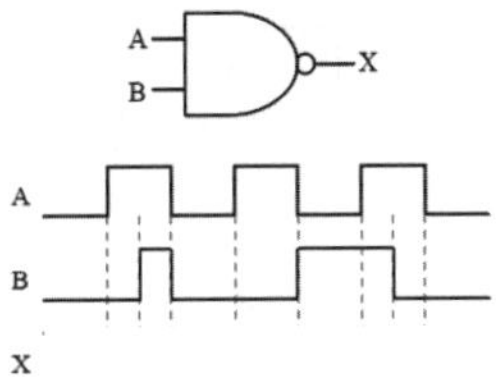

예제 2-7 NOR 게이트의 출력을 타이밍도에 나타내어라.

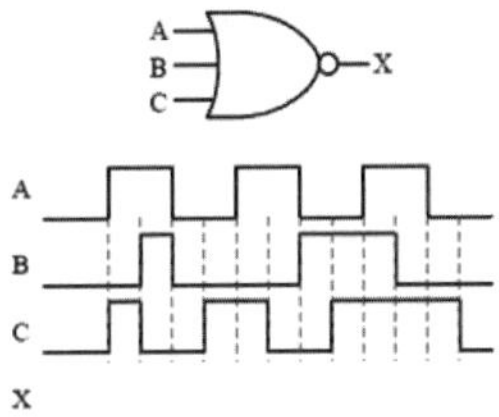

예제 2-8 다음 게이트의 출력을 타이밍도에 나타내어라.

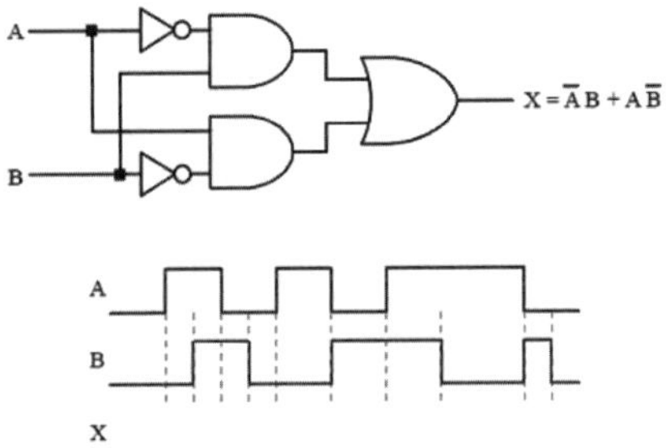

예제 2-9 $X=(A+B)(C+D)$ 논리식을 논리도로 구성하여라.

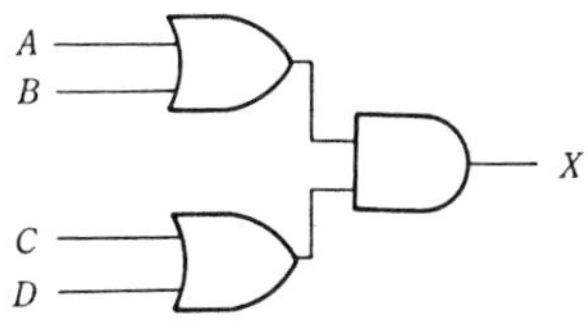

예제 2-10 $X=\overline{A}\cdot B+A\cdot\overline{B}$ 논리식을 논리도로 구성하여라.

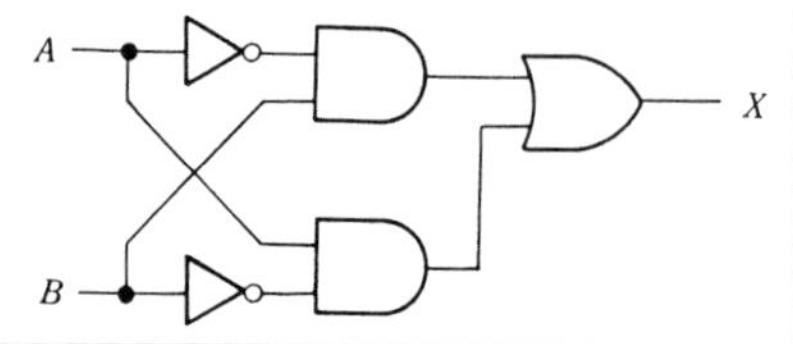

예제 2-11 $X=(A+\overline{B}+C)(\overline{A}+B+\overline{C})$ 논리식을 논리도로 구성하여라.

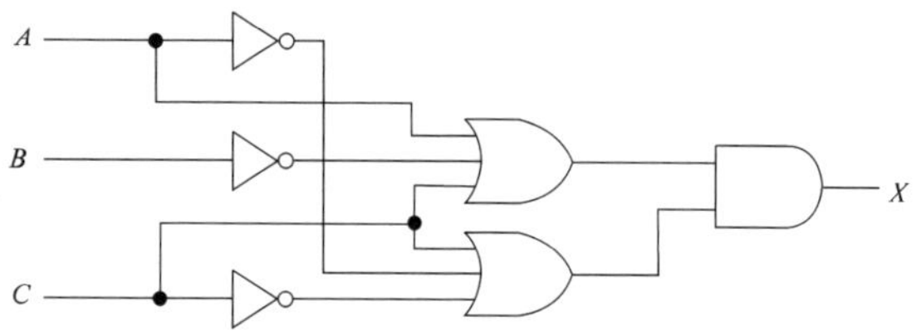

예제 2-12 다음과 같은 논리도의 논리식을 구하여라.

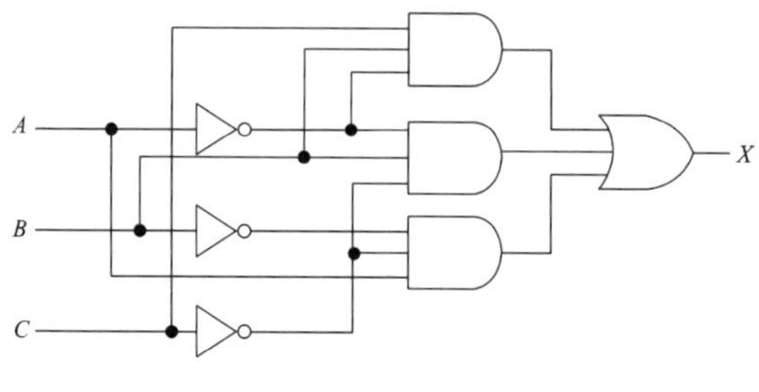

예제 2-13 $X=A\overline{B}+\overline{A}C$ 논리식을 NAND 게이트 형식으로 바꾸고 논리도를 그려라.

$$X=A\overline{B}+\overline{A}C=\overline{\overline{A\overline{B}+\overline{A}C}}=\overline{\overline{A\overline{B}}\cdot\overline{\overline{A}C}}$$

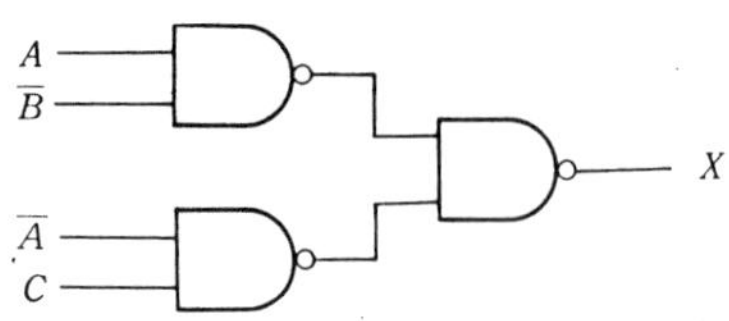

예제 2-14

$X = ABC + A\overline{B}C + \overline{A}\,\overline{C}$ 논리식을 NAND 게이트 형식으로 바꾸고 논리도를 그려라.

$$X = ABC + A\overline{B}C + \overline{A}\,\overline{C}$$

$$= \overline{\overline{ABC + A\overline{B}C + \overline{A}\,\overline{C}}} = \overline{\overline{ABC} \cdot \overline{A\overline{B}C} \cdot \overline{\overline{A}\,\overline{C}}}$$

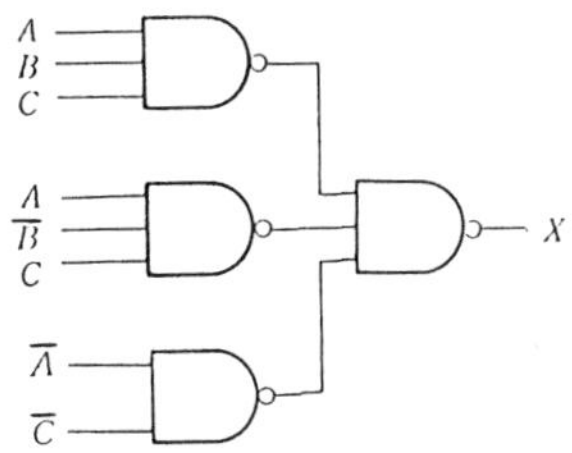

예제 2-15

$X = (A+B)(C+D)$ 논리식을 NOR 게이트 형식으로 바꾸고 논리도를 그려라.

$$X = (A+B)(C+D) = \overline{\overline{(A+B)(C+D)}} = \overline{\overline{(A+B)+(C+D)}}$$

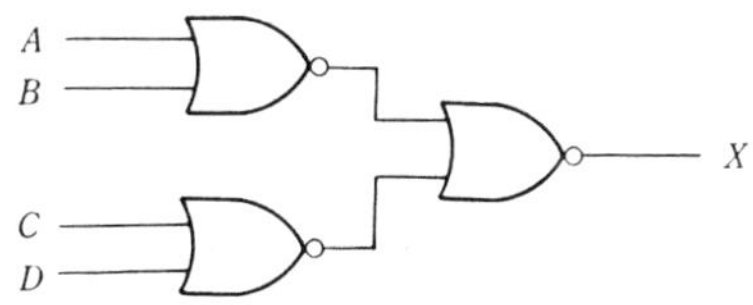

예제 2-16

$X = (A+B+C)(\overline{A}+\overline{B}+C)(\overline{A}+\overline{C})$ 논리식을 NOR 게이트 형식으로 바꾸고 논리도를 그려라.

$$X = (A+B+C)(\overline{A}+\overline{B}+C)(\overline{A}+\overline{C})$$

$$= \overline{\overline{A+B+C)(\overline{A}+\overline{B}+C)(\overline{A}+\overline{C})}}$$

$$= \overline{\overline{A+B+C} + \overline{\overline{A}+\overline{B}+C} + \overline{\overline{A}+\overline{C}}}$$

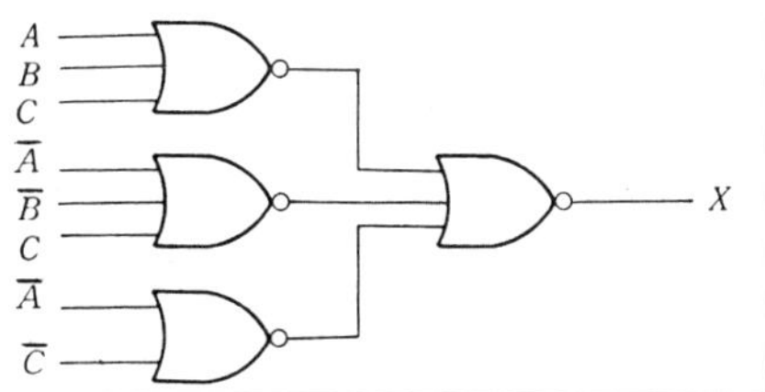

4) XOR/XNOR 회로

XOR, XNOR 게이트의 심볼, 논리식, 진리표는 아래와 같다.

XOR		
입력값의 참 ('1')의 개수가 홀수개면 출력은 참 ('1')		
게이트 심볼	논리 식	진 리 표
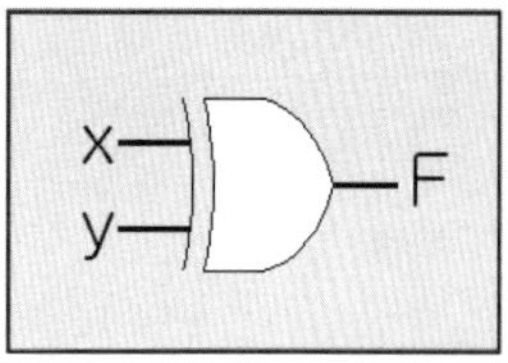	⊕ F=x⊕y	(아래 진리표)

입력		출력
x	y	F
0	0	0
0	1	1
1	0	1
1	1	0

XNOR		
입력값의 참 ('1')의 개수가 짝수개면 출력은 참 ('1')		
게이트 심볼	논 리 식	진 리 표
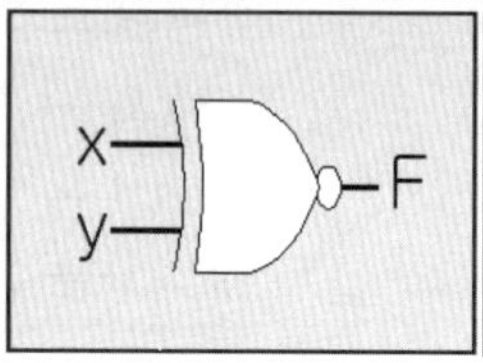	⊙, ⊛ F=x⊙y	(아래 진리표)

입력		출력
x	y	F
0	0	1
0	1	0
1	0	0
1	1	1

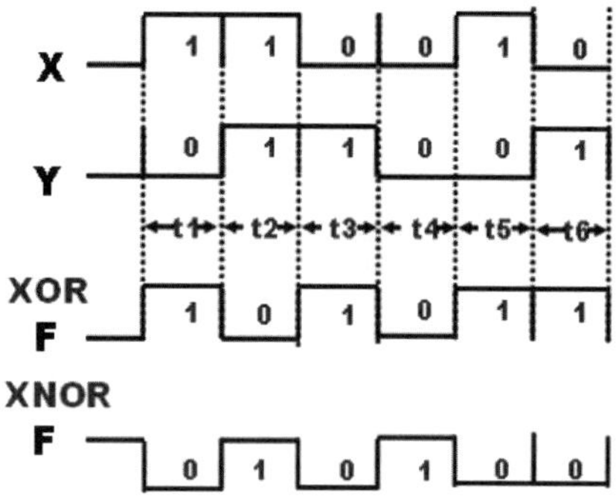

Exclusive-OR(EX-OR)는 ⊕로 표시되며, 입력 값 중 참의 값 개수가 홀수개이면 출력값은 참, 아니면 거짓을 출력하는 함수이므로 다음과 같이 표현할 수 있다.

$$x \oplus y = y \oplus x = xy' + x'y$$

XOR 회로는 서로 다른 형식의 게이트들로 구성되는 것이 보통이다. 아래 그림은 AND, OR INV 게이트에 의한 2입력 XOR 함수를 구한 것이다.

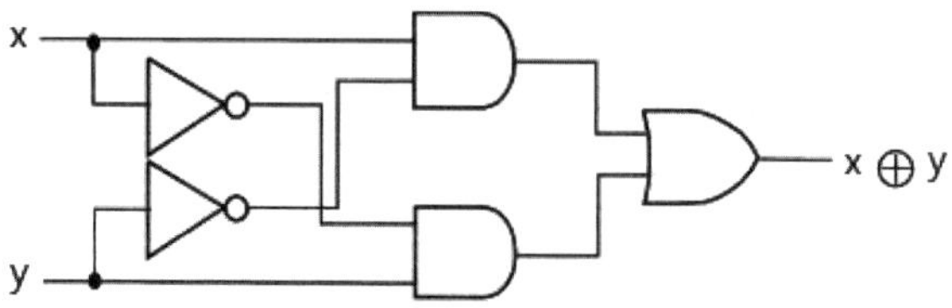

이와는 달리 Exclusive-NOR(EX-NOR)는 EX-OR의 반대되는 함수로 입력 값 중 참의 값 개수가 짝수개이면 출력 값은 참, 아니면 거짓을 출력하므로 다음과 같이 표현할 수 있다.

$$(x \oplus y)' = (xy' + x'y)' = (x' + y)(x + y') = xy + x'y' = x \odot y$$

XNOR 회로는 서로 다른 형식의 게이트로 구성되는 것이 보통이다. 아래 그림은 AND, OR INV 게이트에 의한 2입력 XNOR 함수를 구한 것이다.

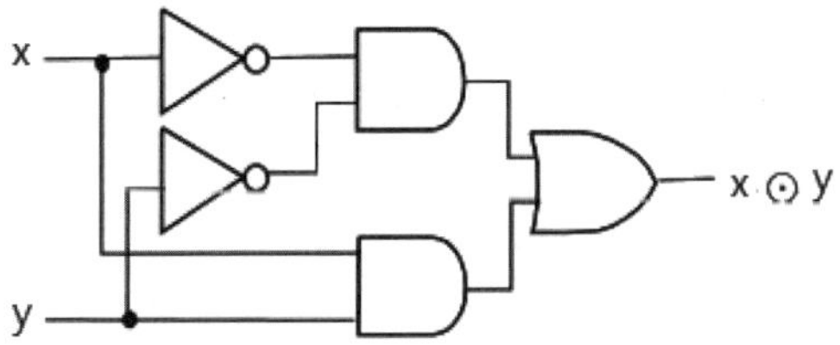

EX-OR는 교환적이며, 결합적이라 할 수 있다. 따라서 EX-OR 게이트의 2개의 입력이 연산에 영향을 주지 않으면서 서로 교환이 가능하다는 것을 의미한다.

EX-OR 회로는 3개 변수 또는 그 이상의 입력을 가진 경우에도 순서에 관계없이 사용이 가능하다. 3개의 변수를 갖는 경우의 부울식은 다음과 같이 표현할 수 있다.

$$\begin{aligned} F &= x \oplus y \oplus z = (x \oplus y) \oplus z && = x \oplus (y \oplus z) \\ &= (x \oplus y)z' + (x \oplus y)'z && = (x \oplus y)z' + (x \odot y)z \\ &= (xy' + x'y)z' + (xy + x'y')z \\ &= xy'z' + x'yz' + x'y'z + xyz \end{aligned}$$

위 식의 부울 표현식은 1개의 변수가 1이거나 변수 3개 모두가 1일 경우에만 출력값이 1이 된다는 것을 알 수 있다. 이와 같은 EX-OR 연산은 홀수 함수(odd function)로 정의된다.

짝수 함수(even function)는 홀수 함수의 보수이므로 이 홀수 함수 F는 다음과 같이 정의할 수 있다.

$$F = (x \oplus y \oplus z)'$$

다음 그림 (a)와 (b)는 각각 홀수 함수와 짝수 함수에 대한 논리 회로도를 나타낸다.

(a) 3입력 odd 함수	(b) 3입력 even 함수
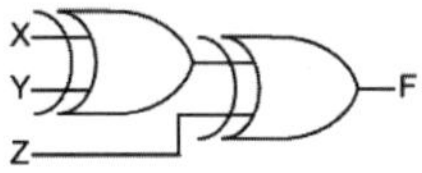	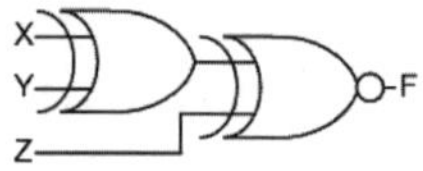
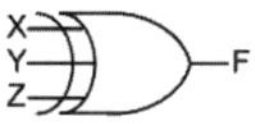	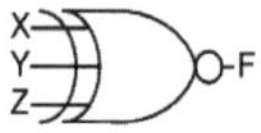

예제 2-17 AND, OR, NOT 게이트를 사용하여 XOR 발생기 회로를 그려라.

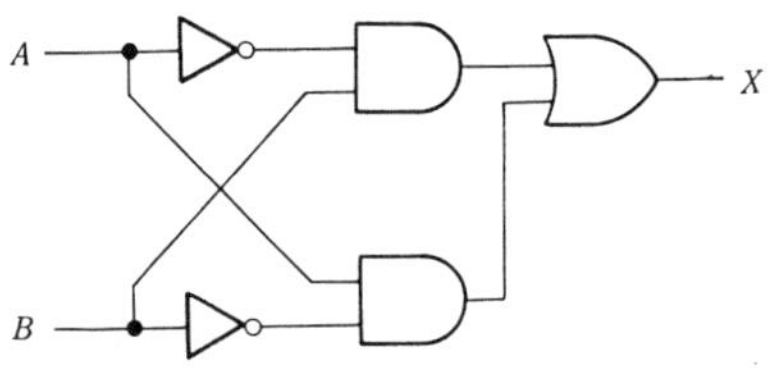

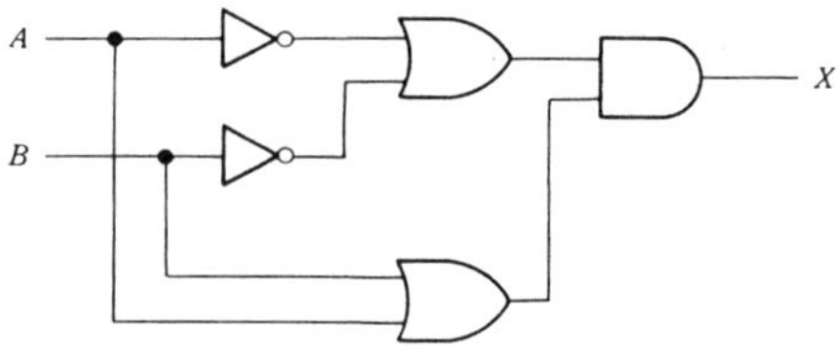

(a) $X = A\overline{B} + \overline{A}B = A \oplus B$ (b) $X = (A+B)(\overline{A} + \overline{B}) = A \oplus B$

예제 2-18 XNOR 회로를 NAND 게이트만으로 회로를 구성하여라.

$$X = (\overline{A} + B)(A + \overline{B}) = \overline{A}A + \overline{A}\,\overline{B} + AB + B\overline{B}$$

$$= \overline{A}\,\overline{B} + AB = \overline{\overline{\overline{A}\,\overline{B} + AB}}$$

$$= \overline{\overline{\overline{A}\,\overline{B}} \cdot \overline{AB}}$$

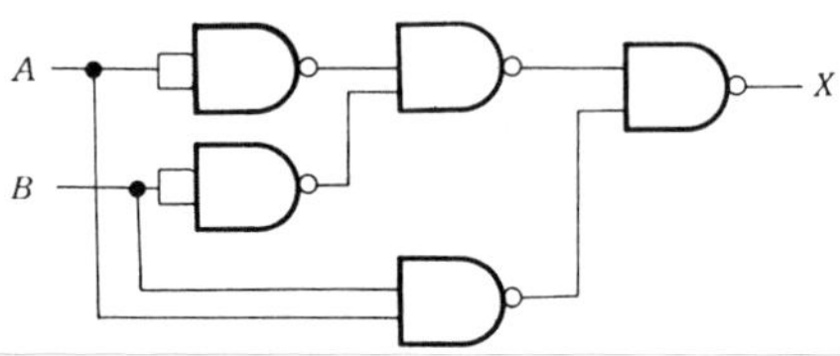

5) 등가 게이트

등가 게이트란 형태는 다르지만 논리적인 연산 결과가 동일한 게이트나 회로를 말한다

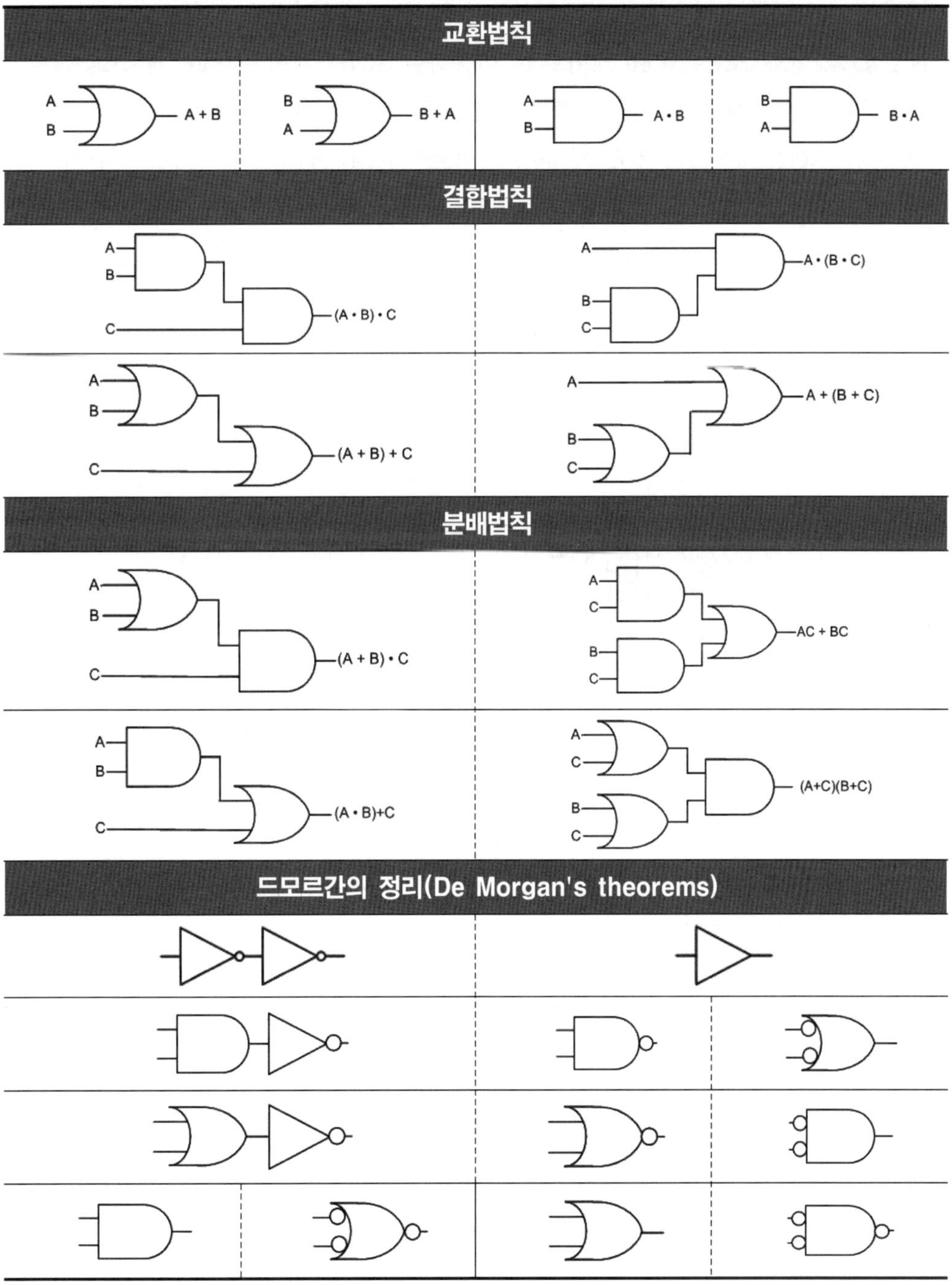

6) NAND/NOR 게이트만을 사용한 회로

NAND/NOR Gate는 AND/OR Gate에 비해 제조하기 쉽기 때문에 실제 반도체 공정에서는 AND/OR보다는 NAND/NOR만을 공정에 사용한다.

NAND 게이트 또는 NOR 게이트만 이용하여 AND 게이트, OR 게이트, 그리고 NOT 게이트를 표현할 수 있으므로 NAND 게이트와 NOR 게이트를 만능 게이트라고 부른다. NOT 게이트의 경우 NAND 게이트와 NOR 게이트의 입력들을 같이 묶으면 간단히 구현되고, 특별히 추가 회로를 요구하지 않는다. IC 개념에서 생각해 보면 한 개의 IC 내에는 2입력 NAND 게이트의 경우에는 4개의 동일한 게이트들이 포함된다. 따라서 여러 종류의 게이트들을 사용하여 설계하는 디지털 시스템의 경우에 같은 종류의 IC들만 사용해서 설계하는 것이 간단하다.

아래 AND 게이트, OR 게이트 그리고 NOT 게이트로 구성된 논리회로이다.

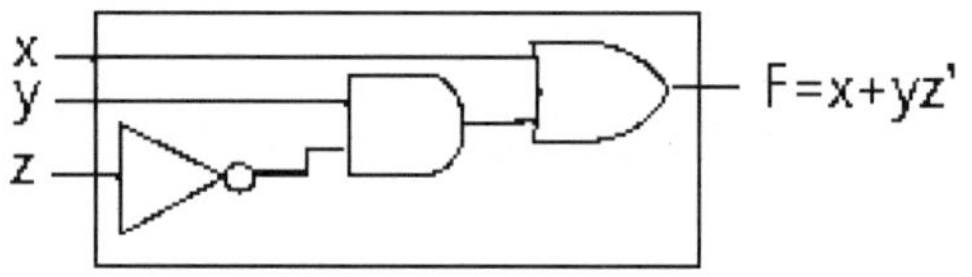

NAND 게이트와 NOR 게이트 IC로만 이용한 논리회로 설계는 아래와 같다.

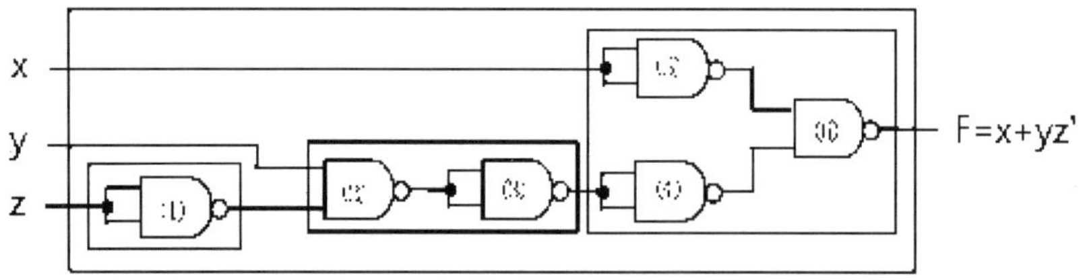

(a) NAND 게이트 만으로 된 회로

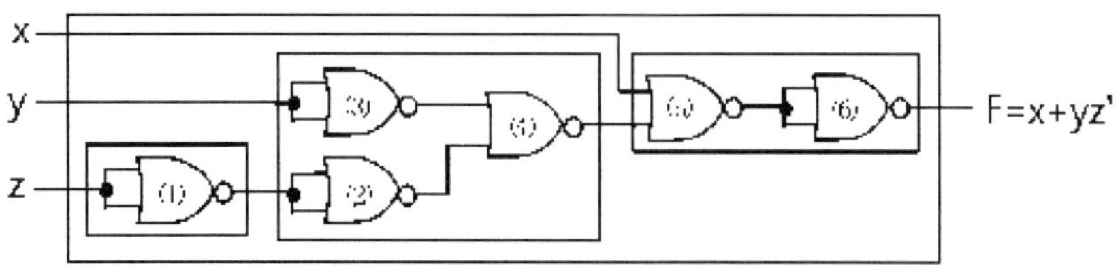

(b) NOR 게이트만으로 된 회로

▶ NAND 게이트를 이용한 표현

NAND 게이트를 사용하여 가장 기본인 3가지 논리 동작인 AND, OR, NOT을 나타낼 수 있다. NOT 동작은 입력변수 B를 A로 대치시켜 다음과 같이 나타낼 수 있다.

$$(AA)'=A'$$

OR 동작과 AND 동작도 다음과 같이 NAND로서 나타낼 수 있다.

$$A+B=((AA)'(BB)')' \quad AB=((AB)')'$$

아래 그림에 NAND 게이트를 이용하여 구성한 NOT, AND, OR 게이트를 나타내었다.

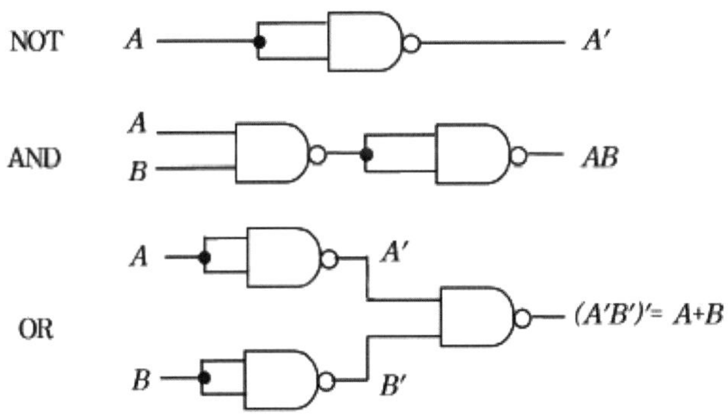

▶ NOR 게이트를 이용한 표현

NOR 게이트를 사용하여 가장 기본적인 3가지 논리 동작인 AND, OR, NOT을 나타낼 수 있다. 아래 그림은 NOR 게이트로 구현한 NOT, AND, OR 게이트이다.

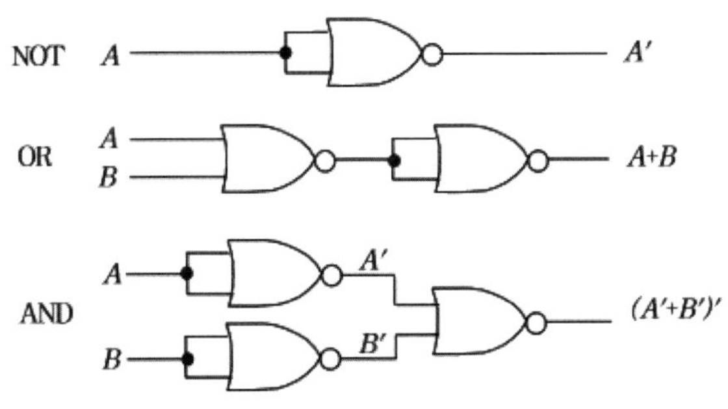

NOT 연산자는 입력들을 묶으면

$$(A+A)'=A'$$

로 구된다. OR 동작과 AND 동작도 다음과 같이 나타낸다.

$$A+B=((A+B)')'$$
$$AB=((A+A)'+(B+B)')'$$

▶ 사용하지 않는 핀 처리

AND 게이트에서 사용하지 않는 핀 C를 어디에 연결시킬 것인가에 대한 선택은 시스템 요소(system factor)에 관계된다. C를 +5[V]에 연결하는 것은 시스템에서 팬아웃(fanout)과 무관하며, C를 A(또는 B)에 연결하는 것은 이 게이트에 의해 구동할 수 있는 부하(load)를 증가시킨다. 게이트들은 단지 다른 게이트들의 제한된 수만큼 연결할 수 있는데, 이 제한된 수를 팬아웃(fanout)이라 한다. 아래 회로는 A를 C에 연결한 상태를 나타낸다.

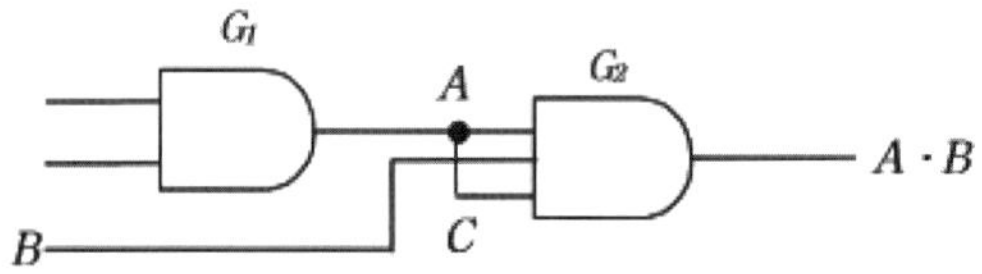

(a) AND 게이트에서 사용하지 않는 입력 핀 처리

OR 게이트에서 사용하지 않는 입력 핀은 0[V]에 C를 연결하는 것은 가장 간단한 방법이다. 아래 그림은 C를 A에 연결한 상태를 보여준다. 게이트 G1은 다음 게이트 G2의 입력 두 개를 구동시킨다.

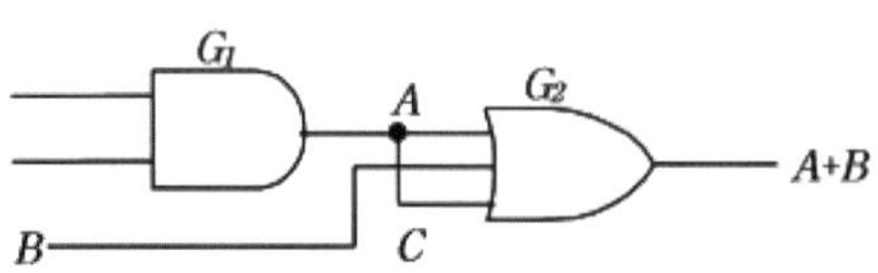

(b) OR 게이트에서 사용하지 않는 입력 핀 처리

▶ De Morgan's Law

드모르간의 법칙에 의한 등가회로들

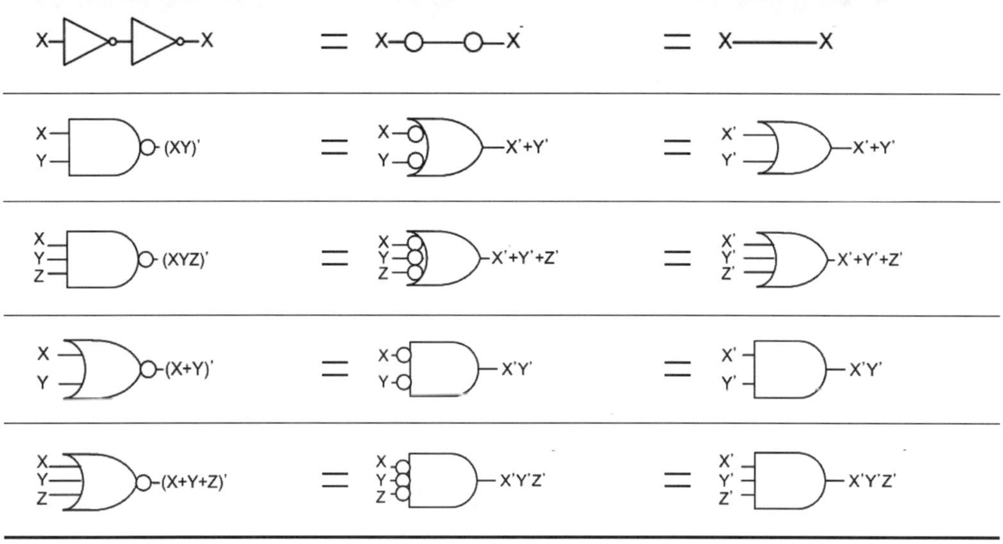

▶ XOR와 XNOR 의 등가 회로

XOR	XNOR

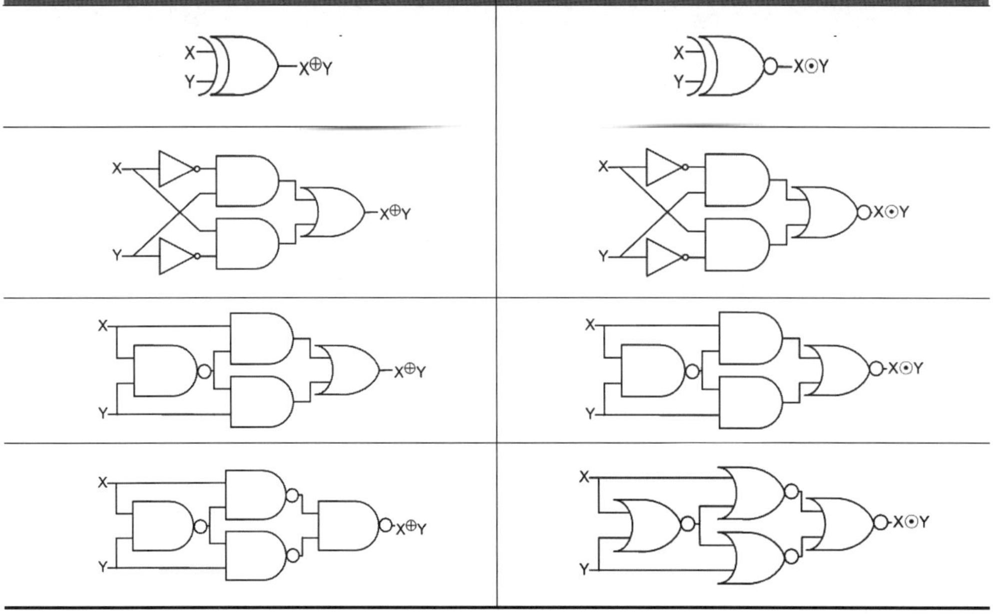

▶ NAND Gate만으로 된 회로의 구현

Step	F = WX +YZ	곱의 합 형태의 논리식
1	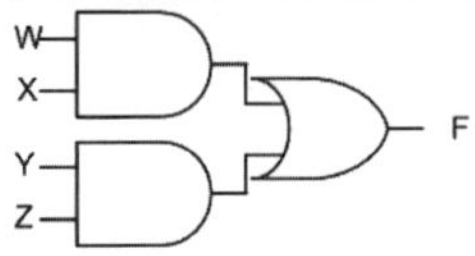	AND-OR 형태의 회로도
2	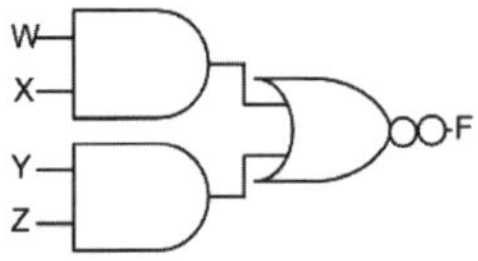	출력선 F에 인버터 2개를 삽입
3	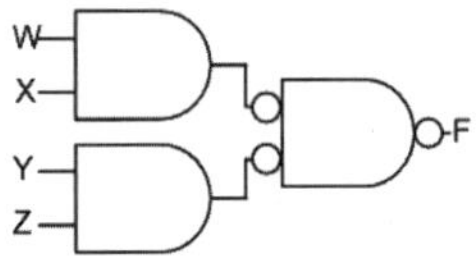	인버터 하나가 OR를 통과하면서 AND로 변환됨
4	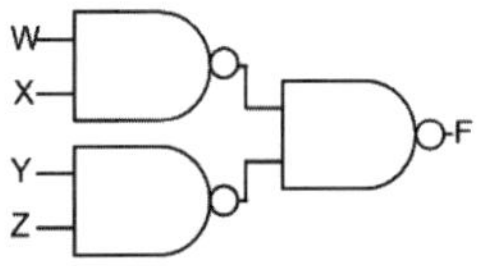	OR 게이트의 입력단에 있는 인버터를 좌측 AND의 출력단으로 이동한다 NAND 게이트만 사용한 회로 완성

▶ NOR Gate만으로 된 회로의 구현

Step	F = (W+X)(Y+Z)	합의 곱 형태의 논리식
1	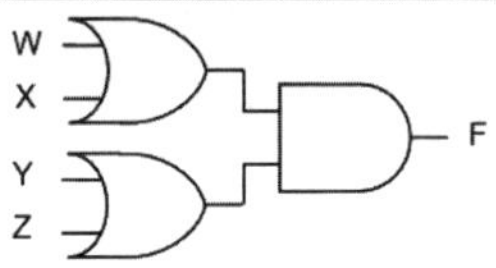	OR-AND 형태의 회로도
2	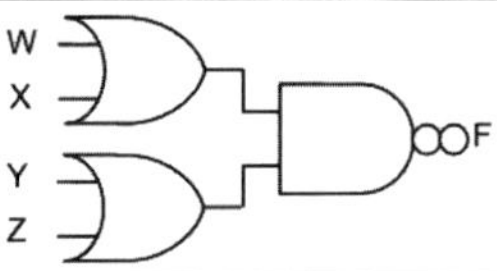	출력선 F에 인버터 2개를 삽입
3	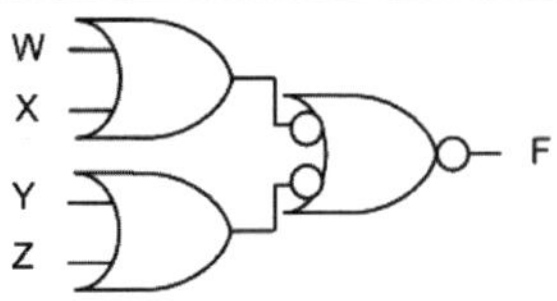	인버터가 AND를 통과하면 OR로 변경된다.
4	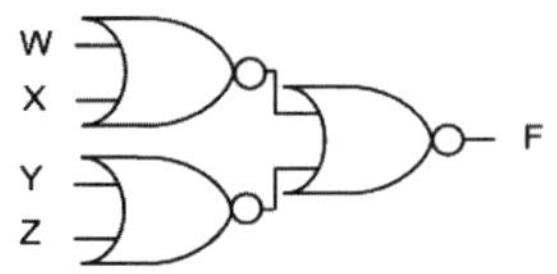	우측 OR 게이트의 입력단에 있는 인버터를 좌측 OR 게이트의 출력단으로 이동한다. NOR 게이트만을 사용한 회로도 완성

예제 2-19 다음 논리회로를 NAND 게이트만으로 구현하여라.

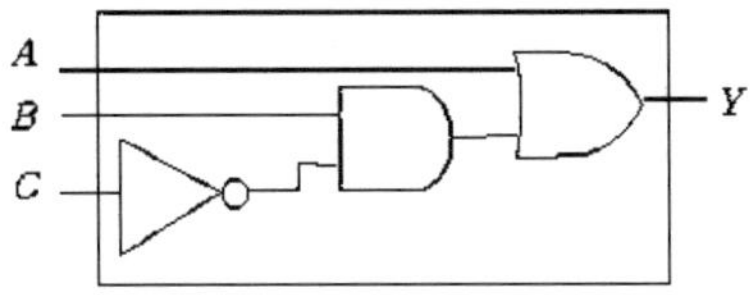

예제 2-20 F=(CD+E)(A+B')을 다단계 NAND 회로로 설계하라.

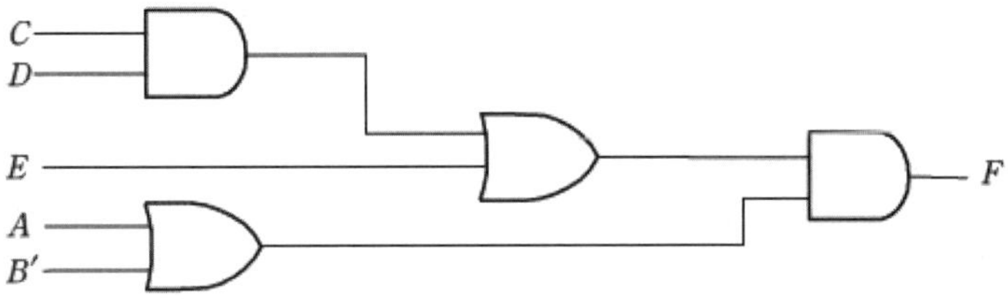

예제 2-21 드모르간의 정리를 이용하여 다음 표현을 간략화 하여라.

(a) $((ABC')' + AB'C)'$

(b) $(A' + B)((A+B)' + C)'$

Chapter

03

부울식의 표현과 간략화

학습목표

부울식의 표현과 간략화에서는 최소항(SOP)과 최대항(POS)의 변환, 논리식→논리회로도 표현, 논리회로노→논리식 표현, 부울식의 간략화 방법을 다룬다.

▶ **논리식의 다양한 표현**

- 진리표 → 논리식으로 변환할 수 있다.
- 논리식 → 논리회로도로 변환할 수 있다.
- 논리회로도 → 논리식으로 변환할 수 있다.
- 논리식 → 진리표로 변환할 수 있다.

▶ **부울식의 표현**

- 곱의 합(Sum of Product, SOP) 형태의 표현법을 이용해 논리식을 작성하고 논리회로도를 구성할 수 있다.
- 합의 곱(Product of Sum, POS) 형태의 표현법을 이용해 논리식을 작성하고 논리회로도를 구성할 수 있다.
- 논리식을 최소항과 최대항으로 상호 변환할 수 있다.
- 표준형으로 논리식을 표현할 수 있다.

▶ **부울식의 간략화 방법**

- 대수적인 방법을 이용해 논리식을 간략화할 수 있다.
- 콘센서스의 정리를 이해한다.
- 카르노 맵 방법을 이용해 논리식을 간략화할 수 있다.
- 퀸-맥클러스키 방법에서 주항 결정, 주항 선택을 이용해 논리식을 간략화할 수 있다.

제3장. 부울식의 표현과 간략화

3.1 논리식의 다양한 표현

- 진리표(Truth Table)

  참, 거짓을 나타내는 변수값 0, 1의 모든 가능한 조합과 이들 각각에 대한 관련 함수의 결과 값을 0, 1(또는 참, 거짓)로 나타낸 스위칭 함수 또는 진리 함수의 연산 결과를 정리한 표를 말한다. 진리표는 일반적으로 입력 변수의 값을 왼쪽에 출력 변수의 값을 오른쪽에 표시한다.

- 논리식(Boolean Function/Equation)

  영국의 수학자 George Boole이 창안한 대수 이론에 따른 연산식으로 n개의 논리 변수가 취하는 논리 값이 대응하는 함수(mapping) 관계를 나타낸 식을 말한다. 논리식은 부울대수에서 사용하는 연산자를 이용하여 표시한 식을 말하며 모든 논리식은 전개하거나 인수분해하고 간략화를 통해 정규형으로 표현할 수 있다.

- 논리회로도(Logic Diagram, Schematic)

  논리 심볼를 사용해서 논리함수를 소자에 의한 연결 방법으로 나타낸 선도 또는 논리식에 근거하여 논리연산자 상호 간의 접속을 그림으로 표현한 관계도를 말한다.

<table>
<tr><th>진리표</th><th>논리식</th><th>논리회로도</th></tr>
<tr><td>
<table>
<tr><th colspan="2">입력</th><th>출력</th></tr>
<tr><th>X</th><th>Y</th><th>F</th></tr>
<tr><td>0</td><td>0</td><td>0</td></tr>
<tr><td>0</td><td>1</td><td>1</td></tr>
<tr><td>1</td><td>0</td><td>1</td></tr>
<tr><td>1</td><td>1</td><td>0</td></tr>
</table>
</td><td>$F = X'Y + XY'$</td><td>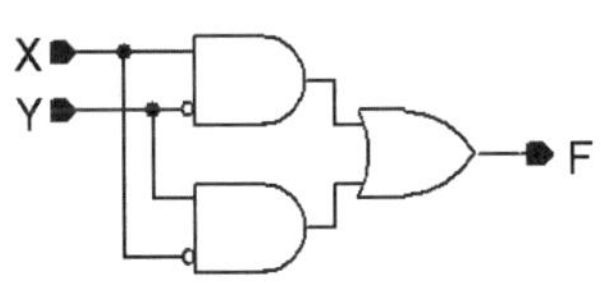
</td></tr>
</table>

1) 진리표 → 논리식

다음에 주어진 진리표를 논리식으로 변화하여라.

입력			출력	
x	y	z	F	
0	0	0	0	
0	0	1	①	x′y′z
0	1	0	0	+
0	1	1	0	
1	0	0	①	xy′z′
1	0	1	0	+
1	1	0	0	
1	1	1	①	xyz

$$F = x'y'z + xy'z' + xyz$$

진리표를 논리식으로 변환하는 경우 출력 값이 1인 것만을 식으로 표현한다.

출력 값이 참인 것 중 입력 변수의 값이 0이면 입력 변수명에 보수로 "′"를 표시하고, 그렇지 않고 1이면 그냥 변수명만 표시한다.

같은 방법으로 출력 값이 1인 것을 모두 식으로 표시하고, 이들을 OR 연산자로 연결하여 곱의 합(Sum of Product)의 형태로 표시하면 된다. 작성한 식의 검증은 진리표의 입력 값을 논리식에 대입해 논리 계산을 하여 진리표와 동일한 출력 결과가 나오는지 확인하면 된다.

2) 논리식 → 논리회로도

다음에 주어진 논리식을 논리회로도로 변환하여라.

논리식을 논리회로도로 바꾸는 방법은 자칫 잘못하면 너무 복잡하게 되거나 누락되는 경우가 있으므로 주의하기 바란다. 먼저 입력 변수들을 표기하고 수직으로 연결선을 그려준다. 만일 보수를 사용하는 경우 추가로 수직으로 NOT이 있는 입력 선을 그리고 해당 변수에 연결시킨다.

그리고 논리식의 연산자 중 AND 개수만큼 오른쪽에 그림을 그린 후 식에 맞추어 입력 선을 연결한다. 마지막으로 OR를 그리고 AND의 출력을 OR의 입력으로 연결하면 된다.

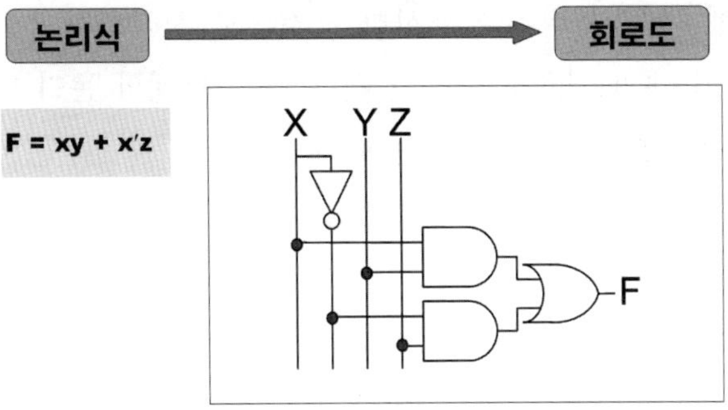

만일 주어진 식에 괄호로 묶인 상태로 보수를 취할 때는 해당 연산기호 출력에 NOT을 붙이면 된다.

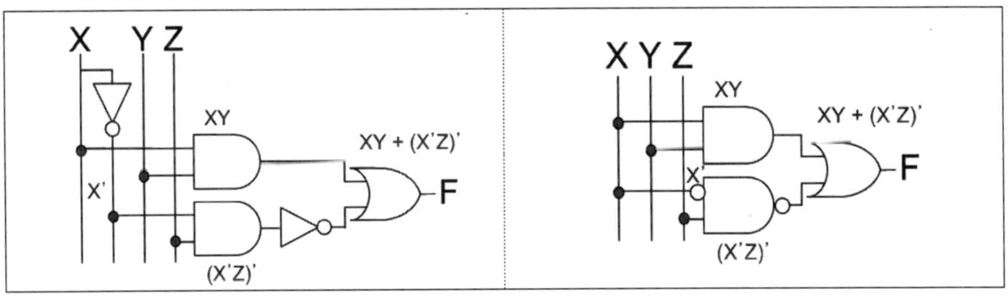

3) 논리회로도 → 논리식

다음에 주어진 논리회로도를 논리식으로 변환하여라.

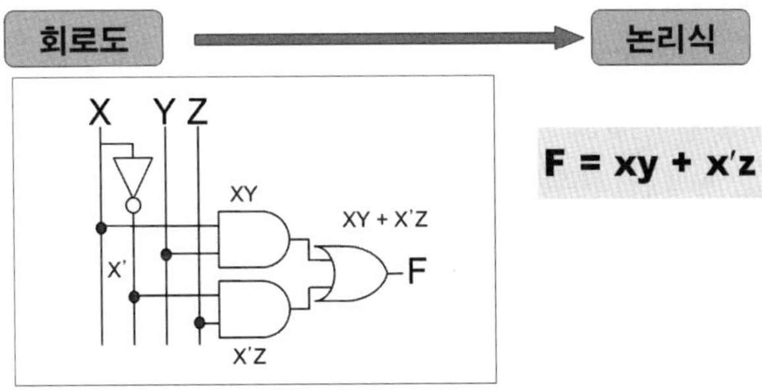

논리회로도를 이용하여 논리식을 추출하는 과정은 위 그림과 같이 각 논리 연산 기호마다 입력 변수에 따른 논리식을 표시하는 것으로 시작한다.

논리회로도가 여러 개의 기호로 연속된 경우 다음 단계의 논리 기호에 입력단의 식을 포함한 식을 작성함으로써 완성할 수 있다.

4) 논리식 → 진리표

다음에 주어진 논리식을 진리표로 변환하여라.

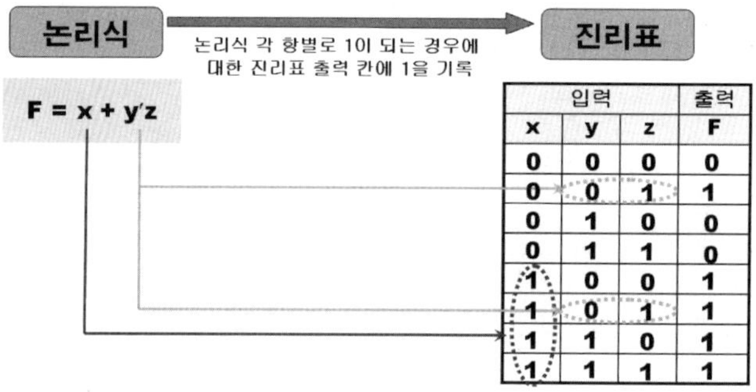

논리식에 의한 진리표의 작성은 주어진 변수 x, y, z를 기준으로 표를 작성하고, 입력 값을 식에 대입하여 출력 값을 계산하면 된다.

주어진 식에 입력 변수는 x, y, z 3개이므로 $2^3=8$ 행의 진리표를 작성한다.

입력란은 3자리의 2진수를 생각하면서 000부터 111까지 모든 경우의 값을 채운다.

결과 값은 주어진 논리식을 곱의 형태 단위로 구분하여 논리식이 참을 갖는 조건을 찾아 하나씩 진리표의 출력란에 표시하면 된다.

F = x + y′z의 경우 x가 참인 경우 F는 참이므로 x가 1인 경우의 출력 값을 모두 1로 채운다. 그리고 y′z가 참인 경우를 계산한다. y′z가 참이려면 y=0이고 z=1이므로 진리표에서 y=0이고 z=1인 경우의 출력 값을 모두 1로 채운다. 그리고 나머지 출력 값은 모두 0으로 채우면 진리표 작성이 끝난다.

3.2 부울식의 표현

부울식은 표준식(canonical expression)또는 비표준식(noncanonical expression)으로 나타내는데 보통 표준식으로 표현하며 두가지 형태가 있다.

표준식
곱의 합(Sum of Product, SOP)식 : AND 연산자 항들을 OR 연산자로 연결
합의 곱(Product of Sum, POS)식 : OR 연산자 항들을 AND 연산자로 연결

1) 곱의 합(Sum of Product, SOP)식

논리연산에서는 한 변수 x에 대해서 값을 할당하면 x=1 또는 x=0이 되므로 이들은 정상적인 형태 x와 보수를 취한 형태 x′로 표시할 수 있다.

예를 들어서 2개의 x, y 변수를 가질 경우에는 x′y′, x′y, xy′, xy의 4가지 입력 조합이 가능하며, 변수가 3개이면 8가지 조합을 가질 수 있다. 따라서 논리 변수가 n개인 경우는 정상적인 형태와 보수를 취한 형태를 결합하여 최대 2^n개의 서로 다른 입력 조합을 가질 수 있다. 이와 같이 AND 연산으로 결합된 입력 변수들의 조합을 최소항(minterm)이라고 한다.

최소항은 m_j의 형식으로 표기하며 j는 해당되는 최소항의 2진수와 등가인 10진수의 값이다. 최소항은 0부터 (2^n-1)까지의 번호를 부여하여 구분하고, 해당되는 변수의 값이 0이면 보수를 취한 x′ 형태가 되고, 1이면 정상적인 형태 x로 나타난다.

어떤 부울 함수의 값이 1인 변수들의 최소항을 구하여 그것을 OR 연산으로 표현함으로써 대수식을 구할 수 있다. 예를 들어 논리함수 F1은 세 변수 x, y, z가 000, 011, 100, 111일 경우에만 함수값이 1이라면 각각에 해당하는 최소항은 x′y′z′(m_0), x′yz(m_3), xy′z′(m_4), xyz(m_7)이고, 각 최소항은 해당 x, y, z을 OR 한 것이 함수 F1이 된다. 따라서 최소항의 합을 표현한 F1은 아래와 같다.

$$F_1 = x'y'z' + x'yz + xy'z' + xyz$$
$$= m_0 + m_3 + m_4 + m_7$$

이와 같이 부울함수는 최소항들의 합(OR)의 형태로 표현이 가능하며, 아래와 같이 간단히 표기하기도 한다.

$$F_1(x,y,z) = \Sigma(0,\ 3,\ 4,\ 7)$$

여기서 괄호 안의 문자는 최소항을 표기할 때 사용되는 변수들이고 Σ는 OR 연산을 의미하며 숫자는 최소항을 나타낸다. 이는 모든 부울 함수들을 최소항들의 합(OR)의 형태로 나타낼 수 있음을 의미한다. 따라서 n개의 변수는 서로 다른 2^n개의 최소항을 생성하므로 모든 부울 함수는 이러한 최소항들의 합으로 표현할 수 있으며, 최소항의 합으로 표현된 최소항들은 진리표상에서 함수값이 1인 항들이다.

표준형의 변환 방법은 세 개의 곱항들(xy', x'yz', xz)에서 xy', xz은 입력 변수들을 모두 포함하지 않았음으로 최소항들이 입력 변수들을 모두 포함하도록

$$F(x,y,z) = xy' + x'yz' + xz$$

다음과 같은 형태의 부울식으로 변환하는 방법이다.

$$F(x,y,z) = xy'z + xy'z' + x'yz' + xyz$$

이 식을 표준곱의 합(canonical SOP, CSOP)식이라고 부른다.

즉, 표준형 변환이란 표준형이 아닌 형태의 SOP식을 표준형으로 변환하자는 것이다. 표준형이 아닌 형태란 곱항이 모든 입력 변수들을 포함하지 않는 SOP식을 말하며 비표준곱의 합(noncanonical SOP, NSOP)식이라고 한다. 다시 말하면 표준형 변환은 NSOP식을 CSOP식으로 변환하는 것이다. 이것은 곱항에 포함되지 않는 입력 변수, 예를 들면 입력 변수들이 x, y, z라고 할 때 x변수가 곱항에 포함되어 있지 않다면 그 곱항에(x+x')를 곱해준다. 즉

$$y'z = y'z(x+x') = xy'z + x'y'z$$

으로 변형될 수 있으므로 NSOP식이 CSOP으로 변환된다. NSOP식

$$f(x,y,z) = xy' + x'z + xy'z$$

를 CSOP식으로 확장하면

$$f(x,y,z)=xy'(z+z')+x'z(y+y')+xy'z$$
$$=xy'z+xy'z'+x'yz+x'y'z+xy'z$$
$$=xy'z+xy'z'+x'yz+x'y'z$$

가 된다. 위 식에서 xy'z와 같이 중복된 항은 제거할 수 있다.

아래 표는 3변수에 대한 최소항들을 나타낸 것이다.

변 수			최소항(minterm)	
x	y	z	논리식	기호
0	0	0	x' y' z'	m_0
0	0	1	x' y' z	m_1
0	1	0	x' y z'	m_2
0	1	1	x' y z	m_3
1	0	0	x y' z'	m_4
1	0	1	x y' z	m_5
1	1	0	x y z'	m_6
1	1	1	x y z	m_7

2) 합의 곱(Product of Sum) 식

최소항의 경우와 비슷한 방법으로 입력변수들의 조합을 OR 연산으로 결합된 각각의 항을 최대항(maxterm)이라 한다.

예를 들어서 어떤 최소항이 x′y′z′일 경우 최소항과 최대항은 서로 보수 관계를 가지므로 최대항은 x+y+z가 된다. 최대항은 해당되는 변수의 값이 0이면 변수는 정상상태이고, 1이면 보수를 취한 상태가 된다. 따라서 최대항은 최소항의 보수를 나타낸다.

어떤 부울함수의 보수는 진리표상에서 함수값이 0인 최소항들을 OR 연산자로 묶어주면 되므로 F1의 보수 F1′는 다음과 같다.

F1은

$$F_1 = x'y'z'+x'yz+xy'z'+xyz$$
$$= m_0+m_3+m_4+m_7$$

F1′는

$$F_1' = x'y'z + x'yz' + xy'z + xyz' = m_1 + m_2 + m_5 + m_6$$

F1′에 대해서 보수를 다시 취하면 다음과 같은 함수 F1을 구할 수 있다.

$$F_1 = (x'y'z + x'yz' + xy'z + xyz')' = (x+y+z')(x+y'+z)(x'+y+z')(x'+y'+z) = M_1 \bullet M_2 \bullet M_5 \bullet M_6$$

이와 같이 논리함수 F1은 최대항들의 적(AND)의 형태로 표현이 가능하며, 아래와 같이 간단히 표기할 수 있다.

$$F_1(x,y,z) = \Pi(1,\ 2,\ 5,\ 6)$$

여기서 Π는 최대항의 AND 연산을 의미하며 숫자는 최대항을 나타낸다.

일반적으로 부울 함수를 최대항의 곱으로 표현하기 위해서는 우선 함수를 $x+yz=(x+y)(x+z)$의 정리를 사용하여 OR 항의 곱의 형태로 만든다. 그 다음에 각 항에서 빠진 변수를 그 항에 XX′의 형태로 추가한 후 OR 연산을 수행하고 다시 앞의 정리를 사용하여 OR 항의 곱의 형태로 바꾸면 된다.

합의 곱 형태에서의 표준식 변환 방법에서는 $xx'=0$을 사용 할 수 없으므로 NPOS 식을 CPOS식으로 변환하기 위해서는 드모르간 정리를 사용하여 함수 f의 역 즉, f′를 만들어야 한다.

그 경우 결과 식은 SOP 형식이 될 것이다. 그런 다음 CPOS식으로 변환하기 위해 드모르간 정리를 이용한다. 다음 NPOS 형식의

$$f(x,y,z)=(x+y'+z)(x'+y)$$

부울식에서 역함수는 다음과 같이 변환된다.

$$f'(xyz)=((x+y'+z)(x'+y))'$$
$$=((x+y'+z))'+((x'+y))'$$
$$=x'yz'+xy'$$
$$=x'yz'+xy'(z+z')$$
$$=x'yz'+xy'z+xy'z'$$

다시 역함수를 구하면

$$f(x,y,z)=(f'(x,y,z))'$$
$$=(x'yz'+xy'z+xy'z')'$$
$$=(x'yz')'(xy'z)'(xy'z')'$$
$$=(x+y'+z)(x'+y+z')(x'+y+z)$$

가 된다.

아래 표는 3변수에 대한 최대항들을 나타낸 것이다.

변 수			최대항(maxterm)	
x	y	z	항	기호
0	0	0	x + y + z	M_0
0	0	1	x + y + z'	M_1
0	1	0	x + y' + z	M_2
0	1	1	x + y' + z'	M_3
1	0	0	x' + y + z	M_4
1	0	1	x' + y + z'	M_5
1	1	0	x' + y' + z	M_6
1	1	1	x' + y' + z'	M_7

3) 최소항과 최대항 변환

최소항의 합으로 표현된 함수의 보수(Complement)는 원래의 함수에서 빠진 최소항들의 합으로 나타낼 수 있다.

예를 들어 함수 F가

$$F_1(x,y,z) = \Sigma(0,3,4,7)$$

F1′는

$$F_1'(x,y,z) = \Sigma(1,2,5,6) = m_1+m_2+m_5+m_6$$

이다. 다시 F′의 보수를 구하면 F가 되고, De Morgan의 정리에 의해

$$\begin{aligned} F_1 &= (m_1+m_2+m_5+m_6)' \\ &= m_1' \bullet m_2' \bullet m_5' \bullet m_6' \\ &= M_1 \bullet M_2 \bullet M_5 \bullet M_6 \\ &= \Pi(1,\ 2,\ 5,\ 6) \end{aligned}$$

이다.

즉, F1(A,B,C)=Σ(0,3,4,7)=Π(1, 2, 5, 6) 이다.

아래 표는 3변수에 대한 최소항과 최대항들을 나타낸 것이다.

변 수			최소항(minterm)		최대항(maxterm)		논리함수	
x	y	z	논리식	기호	항	기호	F_1	F_2
0	0	0	x' y' z'	m_0	x + y + z	M_0	1	0
0	0	1	x' y' z	m_1	x + y + z'	M_1	0	1
0	1	0	x' y z'	m_2	x + y' + z	M_2	0	1
0	1	1	x' y z	m_3	x + y' + z'	M_3	1	0
1	0	0	x y' z'	m_4	x' + y + z	M_4	1	0
1	0	1	x y' z	m_5	x' + y + z'	M_5	0	1
1	1	0	x y z'	m_6	x' + y' + z	M_6	0	1
1	1	1	x y z	m_7	x' + y' + z'	M_7	1	0

예제 3-1 $F = A\overline{B}CD + \overline{A}\,\overline{B}\,\overline{C}D + AB\overline{C}$를 최소항 형식으로 나타내어라.

$$F = A\overline{B}CD + \overline{A}\,\overline{B}\,\overline{C}D + AB\overline{C}(D + \overline{D})$$

$$F = A\overline{B}CD + \overline{A}\,\overline{B}\,\overline{C}D + AB\overline{C}D + AB\overline{C}\,\overline{D}$$

예제 3-2 $F = m_0 + m_2 + m_4$에서 변수가 3개일 때 최소항 형식 F를 최대항 형식으로 나타내어라.

$m_0 = \overline{A}\,\overline{B}\,\overline{C}$, $m_2 = \overline{A}B\overline{C}$, $m_4 = A\overline{B}\,\overline{C}$라고 할 때

$$F = \overline{A}\,\overline{B}\,\overline{C} + \overline{A}B\overline{C} + A\overline{B}\,\overline{C}$$

$$\overline{F} = \overline{\overline{A}\,\overline{B}\,\overline{C} + \overline{A}B\overline{C} + A\overline{B}\,\overline{C}}$$

$$= \overline{\overline{A+B+C} + \overline{A+\overline{B}+C} + \overline{\overline{A}+B+C}}$$

$$= (A+B+C)\cdot(A+\overline{B}+C)\cdot(\overline{A}+B+C) = M_0\,M_2\,M_4$$

$$\overline{\overline{F}} = M_1\,M_3\,M_5\,M_6\,M_7$$

예제 3-3 3개의 변수를 가진 최대항 $F = M_1 M_3 M_6$를 최소항 형식으로 나타내어라.

$$\overline{F} = \overline{M_1\,M_3\,M_6} = \overline{M_1} + \overline{M_3} + \overline{M_6} = m_6 + m_3 + m_1$$

$$\overline{\overline{F}} = F = \overline{m_6 + m_4 + m_1} = m_0 + m_2 + m_4 + m_5 + m_7$$

4) 표준 형식

표준형(standard form)에서는 함수의 각 항이 곱의 합(SOP:sum of product)이나 합의 곱(POS:Product of sum) 형태로 표현한 식을 이야기한다.

정준 형식에서 최소항과 최대항은 모든 변수의 리터럴을 포함하고 있으므로 일반적으로 최소의 리터럴을 갖는 표현이라 할 수 없다. 부울함수의 또 하나의 표현 방식으로 표준 형식(standard form)이 있으며 이 형식에서는 각 항은 임의의 리터럴 수를 가질 수 있다. 표준 형식에는 곱의 합(sum of product)과 합의 곱(product of sum)의 두 가지가 있으며, 여기서 곱은 AND를 의미하고 합은 OR를 의미한다.

▶ 곱의 합(SOP)

곱으로 나타낸 AND 항을 OR으로 연결하여 표현한다.

$$F1 = x'y'z' + x'yz + xy'z' + xyz$$

▶ 합의 곱(POS)

합으로 나타낸 OR 항을 AND로 연결하여 표현한다.

$$F2=(x'+y'+z)(x'+y+z')(x+y'+z)(x+y+z')$$

부울식의 표현을 정리하면 다음과 같다.

정준형식	최소항의 합	$F_1(x,y,z)=\sum(0,\ 3,\ 4,\ 7)$
	최대항의 곱	$F_1(x,y,z)=\Pi(1,\ 2,\ 5,\ 6)$
표준형식	곱의 합	$F_1(x,y,z)=x'y'z'+x'yz+xy'z'+xyz$
	합의 곱	$F_1(x,y,z)=(x'+y'+z)(x'+y+z')(x+y'+z)(x+y+z')$

부울함수가 위의 두 가지의 어느 형식에도 포함되지 않은 경우도 있지만 부울대수의 공리나 정리를 사용하여 쉽게 표준 형식으로 변형할 수 있다.

예를 들어 F3 =(AB+CD)(A'B'+C'D')는 분배법칙을 이용하여 괄호를 제거하면 다음과 같이 표준 형식으로 바꿀 수 있다.

$$\begin{aligned} F_3 &= ABA'B'+ABC'D'+A'B'CD+CDC'D' \\ &= \underline{A}B\underline{A'}B'+ABC'D'+A'B'CD+\underline{C}D\underline{C'}D' \\ &= 0+ABC'D'+A'B'CD+0 \\ &= ABC'D'+A'B'CD \end{aligned}$$

예제 3-4 다음 부울식을 표준형으로 변환하여라.

$$f(A,B,C)=AB'+A'C+AB'C$$

예제 3-5 아래 진리표에 대한 부울식을 구하고 논리회로도를 그려라.(SOP방식)

입력			출력	입력			출력
A	B	C	Y	A	B	C	Y
0	0	0	0	1	0	0	0
0	0	1	0	1	0	1	0
0	1	0	0	1	1	0	1
0	1	1	1	1	1	1	0

예제 3-6 아래 진리표를 POS(합의 곱 형태) 방식으로 부울식을 구하고 논리회로를 그려라.

입력			출력
A	B	C	Y
0	0	0	1
0	0	1	1
0	1	0	1
0	1	1	0
1	0	0	0
1	0	1	1
1	1	0	1
1	1	1	1

예제 3-7 위와 같은 진리표에서 합의적 형식으로 논리식을 구하고 NOR 게이트를 사용하여 논리도를 그려라.

$f_1 = f_2 = f_5 = f_6 = 1$ 이고, $f_0 = f_3 = f_4 = f_7 = 0$ 에서

$$X = (f_0 + M_7)(f_1 + M_6)(f_2 + M_5)(f_3 + M_4)(f_4 + M_3)$$

$$(f_5 + M_2)(f_6 + M_1)(f_7 + M_0) = M_7 \cdot M_4 \cdot M_3 \cdot M_0$$

$$= (A + B + C)(A + \overline{B} + \overline{C})(\overline{A} + B + C)(\overline{A} + \overline{B} + \overline{C})$$

$$X = \overline{\overline{(A + B + C)(A + \overline{B} + \overline{C})(\overline{A} + B + C)(\overline{A} + \overline{B} + \overline{C})}}$$

$$= \overline{\overline{A + B + C} + \overline{A + \overline{B} + \overline{C}} + \overline{\overline{A} + B + C} + \overline{\overline{A} + \overline{B} + \overline{C}}}$$

예제 3-8

3개의 변수를 가진 진리표에서 적의합 형식으로 표시한 논리식을 구하고 NAND 게이트를 사용하여 논리도를 그려라.

10진수	$A\ B\ C$	f_i
0	0 0 0	0
1	0 0 1	1
2	0 1 0	1
3	0 1 1	0
4	1 0 0	0
5	1 0 1	1
6	1 1 0	1
7	1 1 1	0

$f_1 = f_2 = f_5 = f_6 = 1$에서

$$X = \overline{A}\,\overline{B}C + \overline{A}B\overline{C} + A\overline{B}C + AB\overline{C} = \overline{\overline{\overline{A}\,\overline{B}C + \overline{A}B\overline{C} + A\overline{B}C + AB\overline{C}}}$$

$$= \overline{\overline{\overline{A}\,\overline{B}C} \cdot \overline{\overline{A}B\overline{C}} \cdot \overline{A\overline{B}C} \cdot \overline{AB\overline{C}}}$$

예제 3-9

다음 조건을 만족시키는 4변수의 논리 함수를 적의 합으로 표시하고 다시 이것을 간략화하여라.

$$f_0 = f_1 = f_2 = f_4 = f_9 = f_{10} = f_{11} = f_{15} = 1$$

$$X = m_0 + m_1 + m_2 + m_4 + m_9 + m_{10} + m_{11} + m_{15}$$

$$= \overline{A}\,\overline{B}\,\overline{C}\,\overline{D} + \overline{A}\,\overline{B}\,\overline{C}D + \overline{A}\,\overline{B}C\overline{D} + \overline{A}B\overline{C}\,\overline{D} + A\overline{B}\,\overline{C}D + A\overline{B}C\overline{D}$$

$$+ A\overline{B}CD + ABCD = \overline{A}\,\overline{C}\,\overline{D}(\overline{B} + B) + \overline{B}\,\overline{C}D(\overline{A} + A)$$

$$+ ACD(\overline{B} + B) + \overline{B}C\overline{D}(\overline{A} + A)$$

$$= \overline{A}\,\overline{C}\,\overline{D} + \overline{B}\,\overline{C}D + ACD + \overline{B}C\overline{D}$$

3.3 부울식의 간략화(simplifying) 방법

- 대수적인 방법(algebraic method),
- 카르노 맵 방법(Karnaugh Map method),
- 퀸-맥클러스키 방법(Quine-McCluskey method)이 대표적이다.

부울함수로부터 논리회로를 구현할 경우, 회로의 복잡성은 부울함수의 수식의 복잡성과 밀접한 관계를 가진다. 논리회로의 입력 변수뿐만 아니라 게이트의 수가 많아지면 회로가 커지고, 복잡성이 증가하게 된다. 이러한 문제점을 해결하기 위하여 부울함수의 입력 변수와 항의 개수를 최소화시키는 과정을 수행하는데 이를 부울 함수의 간략화라 한다.

간략화의 장점

$$
\begin{aligned}
F &= A'B'C'+A'B'C+AB'C'+AB'C+ABC \\
&= A'B'(C'+C)+AB'(C'+C)+ABC && \underline{(C + C' = 1)} \\
&= A'B'+AB'+ABC \\
&= B'(A'+A)+ABC \\
&= B'+ABC && \underline{(A + A'B' = A+B',\ A + A'B = A+B)} \\
&= (B'+A)(B'+B)(B'+C) \\
&= (B'+A)(B'+C) \\
&= B'B'+B'C+AB'+AC \\
&= B'(1+C+A)+AC \\
&= B'+AC
\end{aligned}
$$

$F = A'B'C+A'B'C+AB'C'+AB'C+ABC$

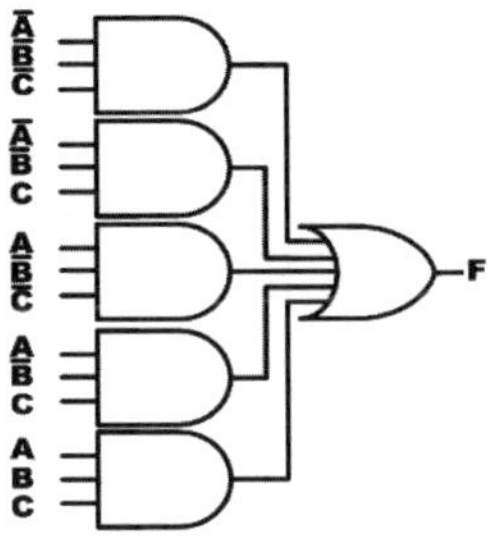

$F = B' + AC$

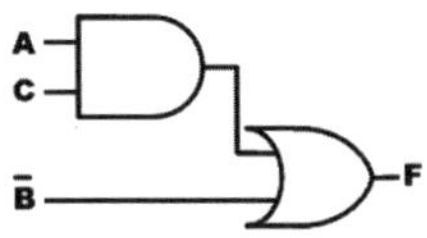

1) 대수적 간략화(Algebraic simplification)

부울함수에 대하여 등가인 최소화된 식을 얻는 방법을 간소화(Simplication) 또는 간략화(minimization)라고 한다. 부울대수의 가설 및 정리를 이용하여 간소화하는 것을 대수적 간략화라 한다. 간략화된 논리함수가 더 이상의 가설과 정리가 적용되지 않을 때 이 함수는 최적으로 간략화되었음을 의미한다.

부울함수를 간략화하면 논리회로 구현 시 필요한 소자의 수를 최소화할 수 있으며, 아울러 논리식을 표현할 때 문자의 수가 최소화되는 것이다. 논리식에서 문자는 논리회로 구현 시 입력으로 사용되며 연산자에 의하여 연결된다. 따라서 문자와 항의 개수가 적은 표현이 가장 좋은 부울함수의 표현법이라고 할 수 있다.

이러한 대수적 간략화에는 아래와 같은 방법이 주로 사용된다.

- 항 결합

  두 개의 항을 결합하여 하나의 항으로 만들기 위한 정리를 말한다.

$$xy + xy' = x(y + y') = x \cdot 1 = x$$

- 항 제거

  중복된 항들을 제거하기 위하여 사용되는 정리를 말한다.

$$x + xy = x(1 + y) = x \cdot 1 = x$$

- 문자 제거

  중복된 문자들을 제거하기 위하여 사용되는 정리를 말한다.

$$x + x'y = (x + x') \cdot (x + y) = 1 \cdot (x + y) = x + y$$

- 중복 항 첨가

  함수식의 의미가 변하지 않도록 주의하여, 적절한 항들을 함수식에 첨가시킨다. 즉, xx'를 함수에 + 하거나 $x+x'$를 함수에 • 하거나 또는 xy 를 x에 + 하는 등의 방식이다. 이렇게 항들을 첨가하는 이유는 첨가된 항을 이용하여 다른 항을 결합 또는 제거하기 위해서이다.

$$\begin{aligned} xy'z + xyz + x'yz &= xy'z + xyz + xyz + x'yz \\ &= xz(y'+y) + yz(x+x') \\ &= xz + yz \end{aligned}$$

대수적인 간략화 방법은 근본적으로 관찰(observation)에 의해 이루어지며, 간략화 과정에서 다음 단계를 예측할 수 있는 특정한 규칙이 없기 때문에 개인적인 역량에 따라 간략화 정도에 큰 차이가 있다. 그러므로 더 복잡한 식의 간략화를 위해서는 좀 더 체계적인 방법을 사용해야 한다.

▶ 콘센서스(Consensus)의 정리

콘센서스 이론에 의하면 부울대수식에 콘센서스 항을 더하여도 식의 값이 변하지 않는다. 이것은 부울대수식의 여러 가지 공리들과 정리들을 적용시키면서 논리의 간소화를 얻어낼 수 있는 것이 목적이다. 결국 콘센서스 이론은 부울식을 최소화하는 데 유리하다. 예를 들어 AB+BC+A′C 형태에서 BC 항은 여분으로 제거될 수 있으므로 AB+A′C로 간소화된다.

아래 식은 간소화하는 과정이다.

$$
\begin{aligned}
AB+BC+A'C &= AB+(A+A')BC+A'C \\
&= (AB+ABC)+(A'C+A'BC) \\
&= AB(1+C)+A'C(1+B) \\
&= AB+A'C
\end{aligned}
$$

여기서 제거된 항(BC)를 콘센서스 항이라 한다. 한 변수(A)가 한 항(AB)에, 그 변수의 보수(A′)가 다른 항(A′C)에 표현되는 두 항이 있을 때 콘센서스 항은 나머지 변수들의 곱(Product; BC)으로 이루어진다.

콘센서스 정리를 이용하여 얻어진 결과는 항들이 제거되는 순서에 따라 달리 표현될 수 있다.

$$A'C'D + A'BD + BCD + ABC + ACD'$$

[방법 1]

두 항 A′BD 와 ABC 의 콘센서스 항인 BCD 가 원래의 식에 존재하므로 제거시킨다.

$$A'C'D + A'BD + ABC + ACD'$$

존재하는 콘센서스 항이 더 이상 없으므로 간소화를 종료시킨다.

[방법 2]

두 항 $A'C'D$ 와 BCD 의 콘센서스 항인 $A'BD$가 원래의 식에 존재하므로 제거시킨다.

$$A'C'D + BCD + ABC + ACD'$$

또, 두 항 BCD와 ACD'의 콘센서스 항인 ABC가 식에 존재하므로 제거시켜 아래와 결과를 얻는다.

$$A'C'D + BCD + ACD'$$

$F = ABCD + B'CDE + A'B' + BCE'$를 콘센서스 이론을 이용하여 간략화하면 콘센서스 항 $ACDE$, $A'CE'$ 중에서 원 함수에 $ACDE$를 추가하면

$F = ABCD + B'CDE + A'B' + BCE' + ACDE$와 같이 된다.

$ABCD$ 와 $B'CDE$ 항은 콘센서스 항이므로 제거할 수 있다.

그러므로

$$F = A'B' + BCE' + ACDE$$

로 최소화된다.

	Logic Function	Reduced Function
1	$F = AB'C + ABC$	$F = AC(B+B') = AC$
2	$F = AB'C'D + AB'C'D'$	$F = AB'C'(D+D') = AB'C'$
3	$F = AB'C + A'B'C$	$F = (A+A')B'C = B'C$
4	$F = A'B'C' + A'B'C$	$F = A'B'(C'+C) = A'B'$
5	$F = A'B'C + ABC'$	$F = A'B'C + ABC'$
6	$F = A'B'CD' + A'B'C'D'$	$F = A'B'(C+C')D' = A'B'D'$
7	$F = A'BC' + ABC'$	$F = (A'+A)BC' = BC'$
8	$F = BC'D + B'C'D$	$F = (B+B')C'D = C'D$
9	$F = A'BD + A'B'D + ABC$	$F = A'(B+B')D+ABC = A'D+ABC$
10	$F = AB'C + AB'C' + ABD$	$F = AB'(C+C')+ABD = AB' + ABD$

예제 3-10 다음 부울식을 콘센서스 정리를 이용하여 간략화하여라.

$$f = ABC + A'DE + BCDE$$

예제 3-11 다음 부울식을 콘센서스 정리를 이용하여 간략화하여라.

$$f = A'C'D + A'BD + BCD + ABC + ACD'$$

▶ **드모르간 정리(De Morgan's theorem)**

드모르간 정리는 부울식을 간략히 하는데 사용될 수 있다. 드모르간 정리를 적용하는 방법은 다음과 같다.

① 연산자(operator)(AND 또는 OR)로 연결된 항으로 구성된 식에 프라임(′)(또는 바(bar))이 있다면 프라임을 부분으로 나누고 연산자를 바꾼다(AND에서 OR로, OR에서 AND로).

② 이와 비슷하게, 만약 연산자로 연결된 항들에 프라임이 있다면 프라임을 결합하고 연산자는 바꾼다(AND에서 OR로, OR에서 AND로).

다음 부울식을 간소화하면

$$\begin{aligned} f(A,B,C,D) &= [[(ABD+(BC'D)')B'C]+A'C]' \\ &= [(ABD+(BC'D)')B'C]'\ (A'C)' \\ &= [(ABD+(BC'D)')'+(B'C)'](A+C') \\ &= [(ABD)'(BC'D)+(B+C')](A+C') \\ &= [(A'+B'+D')(BC'D)+(B+C')](A+C') \end{aligned}$$

항을 곱하면(단, BB′=0 그리고 DD′=0임)

$$f(A,B,C,D)=(A'BC'D+B+C')(A+C')$$
$$=AB+A\ C'+\ A'BC'D+BC'+\ C'$$

다시 그룹화하면 다음과 같이 간략화된다.

$$f(A,B,C,D)=AB+C'(A+\ A'BD+B+1)$$
$$=AB+C'$$

드모르간 정리는 다양한 항에 걸쳐서 여러 방법으로 대부분의 부울식에서 응용된다.

2) 카르노맵에 의한 간략화(Karnaugh Map simplification)

1953년 카르노(M. Karnaugh)는 모든 최소항을 최소로 커버(minimal closed cover) 할 수 있는 기하학적인 방법(Geometrical Method)을 발표하였다.

이 방법은 베이치(E. W. Veitch, 1592)에 의하여 구상되었다. 즉, 진리표를 그레이 코드(Gray Code)로 나타낸 변수들의 조합을 2진법 순서로 나열하여 도표(Chart)로 간략화시키는 개념이다. 그 후 카르노에 의해 부울함수의 간략화 방법이 수정되었기 때문에 베이치 다이어그램(Beitch Diagram)또는 카르노맵(Karnaugh Map) 혹은 K-Map이라고 한다. 이 카르노맵 방법은 진리표를 그림 모양으로 나타낸 것이며, 벤 다이어그램(Venn Diagram)을 확장한 것으로 볼 수 있다.

카르노맵은 여러 개의 네모꼴로 구성되어 있고, 이러한 네모꼴들은 각기 하나의 최소항(minterm)을 나타낸다. 따라서 어떠한 부울함수도 최소항의 합(Sum Of Minterm) 형태로 표현할 수 있으므로 함수 내의 최소항들이 차지하고 있는 네모들로 이루는 면적을 맵에서 직관적으로 간략화시킬 수 있다. 또한 같은 맵이라도 맵의 다양한 형태에 따라 다른 대수적 표현을 유도할 수 있으며, 이들 중 가장 간단한 것을 선택하게 된다. 다양한 함수 형태 중에서 항이 가장 적고 문자수가 가장 적은 합의 곱(POS)이나 곱의 합(SOP) 형태로 된 것을 가장 간소화된 대수적 표현이라 할 수 있다. 이 방법은 적은 수의 변수(5개 이하)들을 가진 부울함수를 간략화시키는데 편리하다. 맵은 n개의 2진 변수들에 대한 모든 조합들을 나타내는 사각형(square)들의 배열로 이루어진다. 즉, 변수의 수를 n이라 하면 K-map은 2^n개의 셀(cell)을 가지게 되며, 이 셀들은 2^n개의 최소항(최대항)과 각각 대응된다.

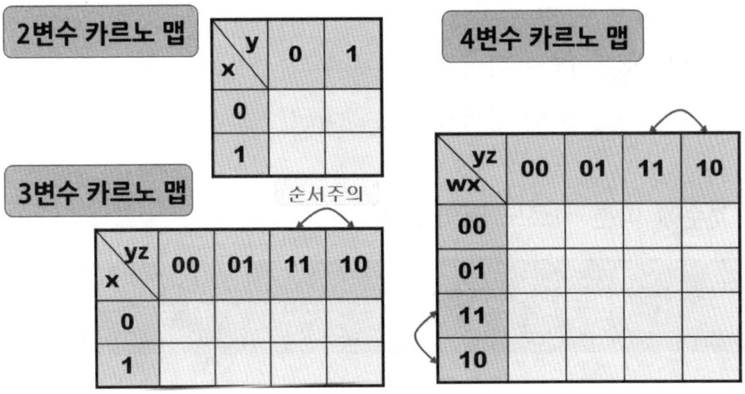

각 행(row)과 열(column)에 표시한 0과 1은 변수 x와 y에 대한 값을 나타낸다.

x와 y값이 0일 때는 보수가 되며 1일 때는 보수 부호가 붙어 있지 않다.

맵상의 셀들은 최소항 $m_0=x'y'$, $m_1=x'y$, $m_2=xy'$, $m_3=xy$와 일지하게 된다.

맵 방법에서 결합되는 인접한 사각형 셀의 개수는 2의 지수(2^n) 개로 묶어야 한다.

맵 방법에서의 간략화를 위한 기본 개념은 가능한 한 많은 수의 인접한 사각형을 결합하도록 하여 보다 작은 수의 변수만을 갖는 항을 얻고자 하는 것이다.

2변수의 맵에 있어서 하나의 사각형은 2개의 변수로 구성된 항을 나타낸다.

그러나 2개의 인접한 사각형이 결합하면 한 항은 1개의 변수만을 갖게 된다.

예를 들어 인접한 두 칸들이 모두 1의 값을 가진다면 그 칸들에 대응되는 항들은 한 변수의 값만 다르며, 이 경우에 그 두 항들은 그 변수를 제거함으로써 합쳐질 수 있다. 만약, 4개의 인접한 사각형들이 전체의 맵을 둘러싼 경우 이것은 논리 1과 같다.

논리함수를 카르노맵으로 간소화하는 방법은 다음과 같다.

- 논리식을 표준형으로 나타낸다.
- 카르노맵 해당 칸에 1이라고 기입한다.
- 수직, 수평으로 인접된 1의 항을 루프(loop)로 둘러싼다. 루프로 둘러 싼 항의 수는 2^n개이어야 하며, 루프는 최대가 되도록 하여 간소화한다.

- 카르노맵의 같은 단 양 끝에 있는 1의 항은 합하여 하나의 루프를 만들어 간소화 한다.
- 1은 여러 번 사용해도 되지만 반드시 한 번은 사용하여야 한다.
- 각각의 루프로부터 SOP 형식의 논리식을 구한다.
- 0의 항이 적을 때는 POS 형식을 이용하여 간소화하는 것이 유리하고, 1의 항이 적을 때는 SOP 형식을 이용하여 간소화하는 것이 유리하다.

▶ **변수의 개수에 따른 카르노 맵의 모양**

<table>
<tr><th>변수의 갯수</th><th>정준 형식</th><th>표준 형식</th></tr>
<tr><td>$2^2 = 4$</td>
<td><table>
<tr><td>x \ y</td><td>0</td><td>1</td></tr>
<tr><td>0</td><td>m_0</td><td>m_1</td></tr>
<tr><td>1</td><td>m_2</td><td>m_3</td></tr>
</table></td>
<td><table>
<tr><td>x \ y</td><td>0</td><td>1</td></tr>
<tr><td>0</td><td>$x'y'$</td><td>$x'y$</td></tr>
<tr><td>1</td><td>xy'</td><td>xy</td></tr>
</table></td></tr>
<tr><td>$2^3 = 8$</td>
<td><table>
<tr><td>x \ yz</td><td>00</td><td>01</td><td>11</td><td>10</td></tr>
<tr><td>0</td><td>m_0</td><td>m_1</td><td>m_3</td><td>m_2</td></tr>
<tr><td>1</td><td>m_4</td><td>m_5</td><td>m_7</td><td>m_6</td></tr>
</table></td>
<td><table>
<tr><td>x \ yz</td><td>00</td><td>01</td><td>11</td><td>10</td></tr>
<tr><td>0</td><td>$x'y'z'$</td><td>$x'y'z$</td><td>$x'yz$</td><td>$x'yz'$</td></tr>
<tr><td>1</td><td>$xy'z'$</td><td>$xy'z$</td><td>xyz</td><td>xyz'</td></tr>
</table></td></tr>
<tr><td>$2^4 = 16$</td>
<td><table>
<tr><td>wx \ yz</td><td>00</td><td>01</td><td>11</td><td>10</td></tr>
<tr><td>00</td><td>m_0</td><td>m_1</td><td>m_3</td><td>m_2</td></tr>
<tr><td>01</td><td>m_4</td><td>m_5</td><td>m_7</td><td>m_6</td></tr>
<tr><td>11</td><td>m_{12}</td><td>m_{13}</td><td>m_{15}</td><td>m_{14}</td></tr>
<tr><td>10</td><td>m_8</td><td>m_9</td><td>m_{11}</td><td>m_{10}</td></tr>
</table></td>
<td><table>
<tr><td>wx \ yz</td><td>00</td><td>01</td><td>11</td><td>10</td></tr>
<tr><td>00</td><td>$w'x'y'z'$</td><td>$w'x'y'z$</td><td>$w'x'yz$</td><td>$w'x'yz'$</td></tr>
<tr><td>01</td><td>$w'xy'z'$</td><td>$w'xy'z$</td><td>$w'xyz$</td><td>$w'xyz'$</td></tr>
<tr><td>11</td><td>$wxy'z'$</td><td>$wxy'z$</td><td>$wxyz$</td><td>$wxyz'$</td></tr>
<tr><td>10</td><td>$wx'y'z'$</td><td>$wx'y'z$</td><td>$wx'yz$</td><td>$wx'yz'$</td></tr>
</table></td></tr>
</table>

• 진리표와 카르노맵의 대응 관계

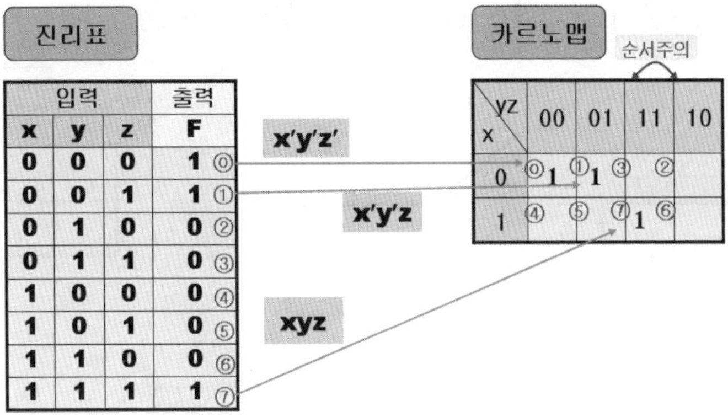

• 카르노 맵에서 인접한 네모칸의 관계

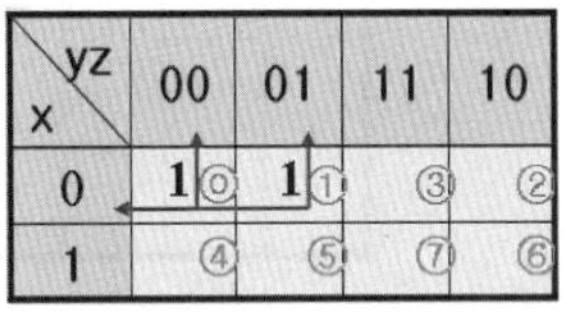

$$\overset{0}{x'y'z'} + \overset{1}{x'y'z} = x'y'(z'+z) = x'y'$$

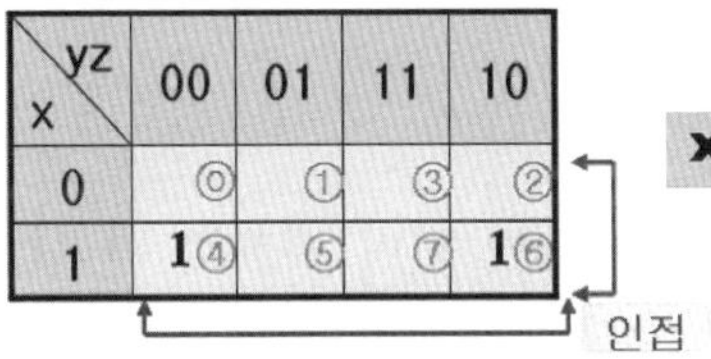

$$\overset{4}{xy'z'} + \overset{6}{xyz'} = xz'(y'+y) = xz'$$

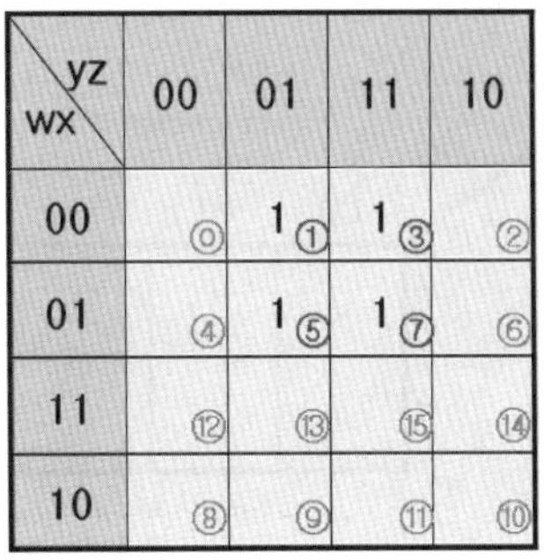

$$\overset{1}{w'x'y'z} + \overset{3}{w'x'yz} + \overset{5}{w'xy'z} + \overset{7}{w'xyz}$$

$$= w'x'(y'+y)z + w'x(y'+y)z$$

$$= w'x'z + w'xz$$

$$= w'(x'+x)z$$

$$= w'z$$

▶ **카르노맵을 이용한 간략화**

단계 1 : 변수 개수에 따른 카르노맵을 그린다

단계 2 : 논리식을 1로 하는 카르노맵 네모칸에 1을 기록한다

단계 3 : 1이 들어있는 인접한 칸들끼리 그룹화한다.

단계 4 : 각 그룹의 논리식을 OR 로 연결하여 최종 논리식을 구한다.

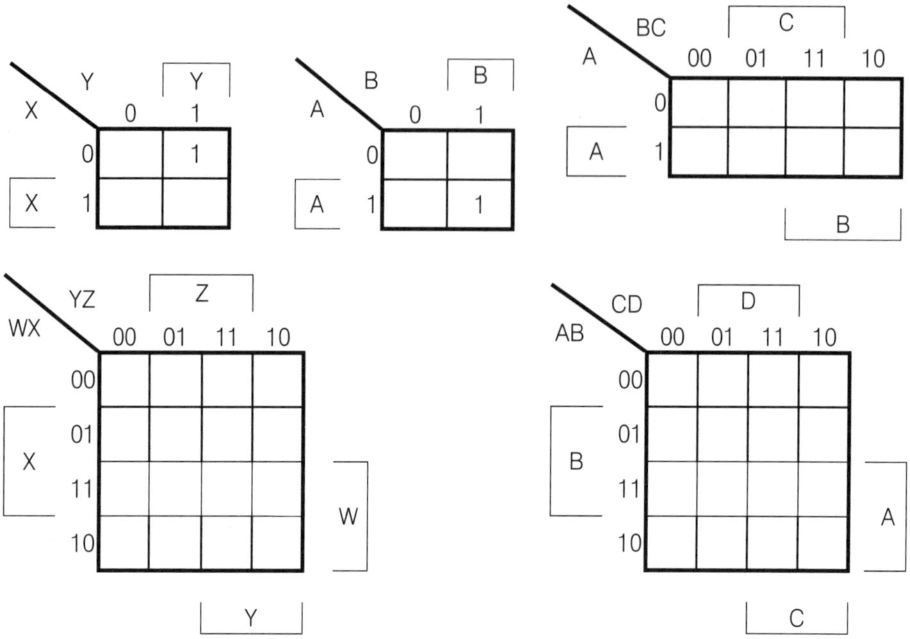

▶ 카르노맵에 번호 부여

논리식을 간략화 할 때 카르노맵에 번호를 부여하는 것이 때때로 편리하다. 3변수 맵에 대한 번호는 아래와 같이 부여된다.

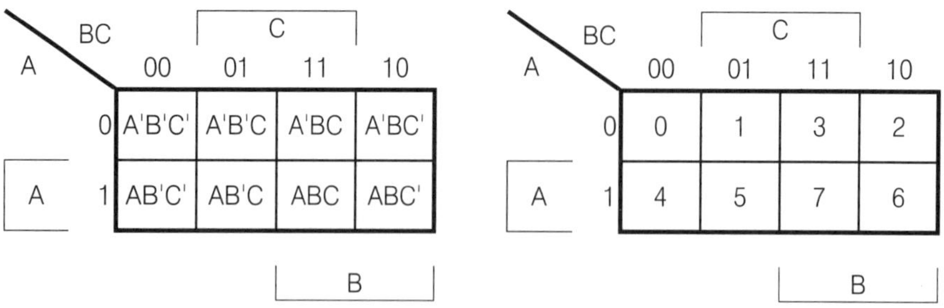

위 카르노맵에 대한 형태는 대수학적 기호를 써서 다시 표시하면 다음과 같다.

$$f(A,B,C)=\sum(0,1,2,3,4,5,6,7)$$

4변수 부울식은 16개의 사각형을 가진 카르노맵에 다음과 같이 번호를 부여 할 수 있다.

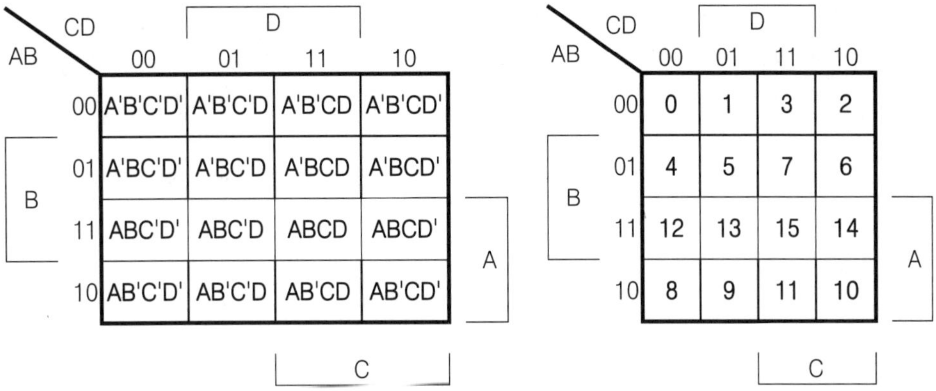

위 카르노맵에 대한 형태는 대수학적 기호를 써서 다시 표시하면 다음과 같다.

$$f(A,B,C)=\sum(0,1,2,3,4,5,6,7,8,9,10,11,12,13,14,15)$$

▶ **무정의 조건(Don't care condition)**

카노르노맵에는 한 가지 특성이 더 있다. 경우에 따라 변수들의 조합들 중에는 그 입력 조건이 절대 발생하지 않는 경우가 있다. 따라서 그에 대응되는 출력도 발생되지 않는 것들이 있다. 이 입력 조건들을 '무정의 조건(don't care condition)'라 하며, 간략화를 위하여 인접한 칸들을 그룹으로 묶을 때, 이들은 1 또는 0 중에서 간략화에 도움이 되는 어떤 값으로도 사용될 수 있다.

예. 0~5의 값이 입력되는 장치에서 입력 값이 3이면 1을 출력하는 회로를 설계하라.

무성의 조건의 표시는 x 또는 d로 표시하며, 간소화 시 1/0으로 취급할 수 있으며 아래 그룹에서는 x를 1로 취급하여 간략화하였다.

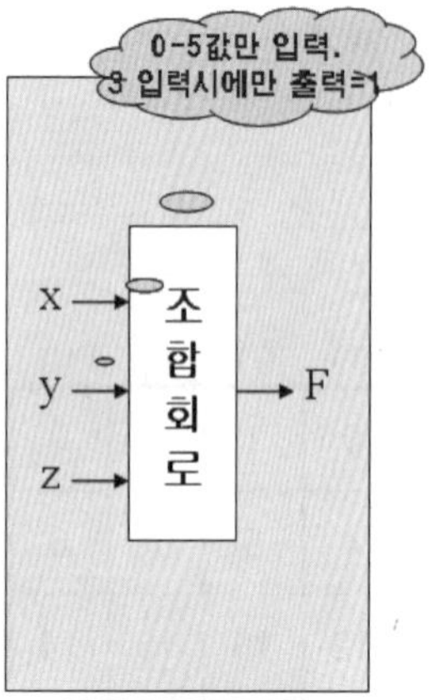

블록도

입력			출력	
x	y	z	F	
0	0	0	0	⓪
0	0	1	0	①
0	1	0	0	②
0	1	1	1	③
1	0	0	0	④
1	0	1	0	⑤
1	1	0	x	⑥
1	1	1	x	⑦

진리표

무정의 조건

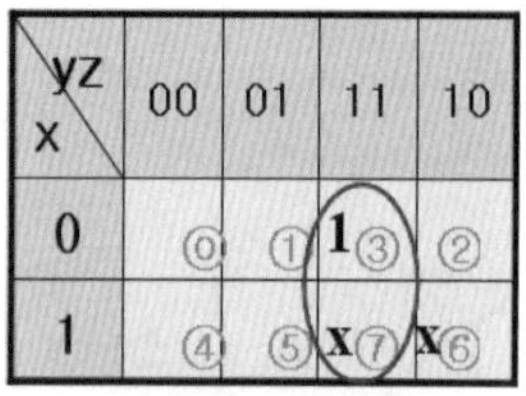

F = yz

카르노맵과 논리식

아래 카르노맵에서는 무정의 조건(don't care condition)을 사용해서 그룹화하는 다양한 형태를 나타낸다.

3개의 변수를 사용한 예

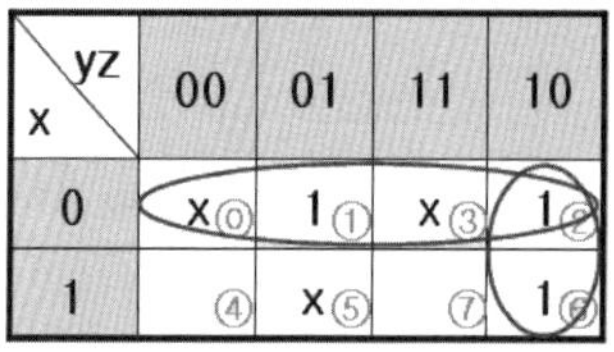

F = yz' + x'

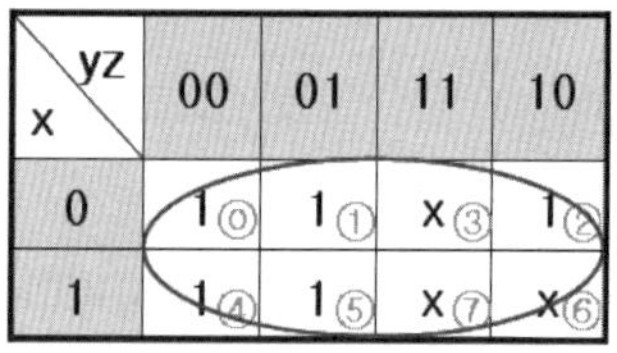

F = 1

4개의 변수를 사용한 예

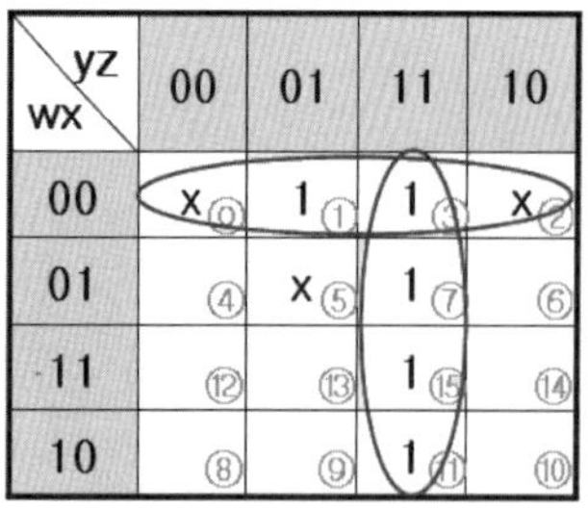

F = yz + w'x'

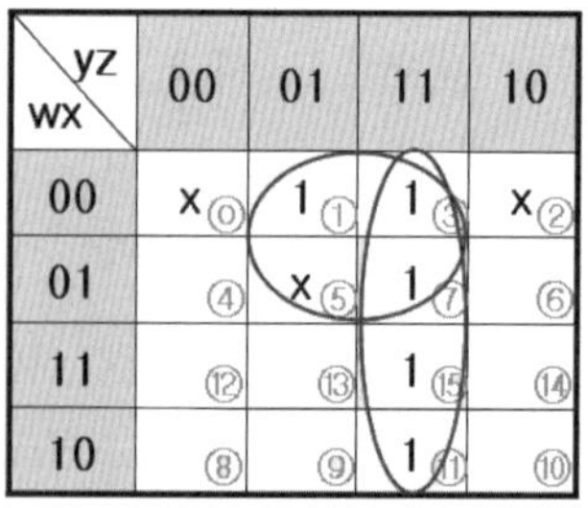

F = yz + w'z

예제 3-12 아래와 같은 진리표를 이용하여 카르노맵을 완성하여라.

최소항	$A\ B\ C$	X
m_0	0 0 0	0
m_1	0 0 1	0
m_2	0 1 0	1
m_3	0 1 1	1
m_4	1 0 0	1
m_5	1 0 1	0
m_6	1 1 0	1
m_7	1 1 1	1

변수 $n = 3$의 경우로 A, B, C의 위치를 바꾸어 카르노도에 표시하면 아래 그림 (a), (b), (c)와 같다.

C \ AB	00	01	11	10
0		1	1	1
1		1	1	

A \ BC	00	01	11	10
0			1	1
1	1		1	1

BC \ A	0	1
00		1
01		
11	1	1
10	1	1

예제 3-13 아래와 같은 진리표로부터 카르노맵을 작성하여라.

최소항	A B C D	X
m_0	0 0 0 0	1
m_1	0 0 0 1	1
m_2	0 0 1 0	1
m_3	0 0 1 1	1
m_4	0 1 0 0	0
m_5	0 1 0 1	0
m_6	0 1 1 0	0
m_7	0 1 1 1	0
m_8	1 0 0 0	0
m_9	1 0 0 1	0
m_{10}	1 0 1 0	0
m_{11}	1 0 1 1	0
m_{12}	1 1 0 0	1
m_{13}	1 1 0 1	1
m_{14}	1 1 1 0	1
m_{15}	1 1 1 1	1

예제 3-14 다음 논리식을 카르노맵에 표시하여라.

$$X = \overline{A}\,\overline{B}CD + AB + \overline{A}\,\overline{B}\,\overline{C}$$

$$X = \overline{A}\,\overline{B}CD + AB(C+\overline{C})(D+\overline{D}) + \overline{A}\,\overline{B}\,\overline{C}(D+\overline{D})$$

$$= \overline{A}\,\overline{B}CD + (ABC + AB\overline{C})(D+\overline{D}) + \overline{A}\,\overline{B}\,\overline{C}D + \overline{A}\,\overline{B}\,\overline{C}\,\overline{D}$$

$$= \overline{A}\,\overline{B}CD + ABCD + ABC\overline{D} + AB\overline{C}D + AB\overline{C}\,\overline{D} + \overline{A}\,\overline{B}\,\overline{C}D +$$

$$\overline{A}\,\overline{B}\,\overline{C}\,\overline{D} = m_3 + m_{15} + m_{14} + m_{13} + m_{12} + m_1 + m_0$$

CD \ AB	00	01	11	10
00	1		1	
01	1		1	
11	1		1	
10			1	

AB \ CD	00	01	11	10
00	1	1	1	
01				
11	1	1	1	1
10				

예제 3-15 변수가 4개(A, B, C, D)인 논리식 F가 다음과 같을 때 이를 카르노맵에 나타내어라.

F(A, B, C, D) = $\sum$ (1, 5, 7, 8, 10, 12, 14)

$$F(A, B, C, D) = \sum(1, 5, 7, 8, 10, 12, 14)$$

$$= m_1 + m_5 + m_7 + m_8 + m_{10} + m_{12} + m_{14}$$

$$= \overline{A}\,\overline{B}\,\overline{C}D + \overline{A}B\overline{C}D + \overline{A}BCD + A\overline{B}\,\overline{C}\,\overline{D} + A\overline{B}C\overline{D}$$

$$+ AB\overline{C}\,\overline{D} + ABC\overline{D}$$

CD \ AB	00	01	11	10
00	1		1	1
01	1	1	1	
11	1	1	1	
10			1	1

AB \ CD	00	01	11	10
00		1		
01		1	1	
11	1			1
10	1			1

예제 3-16 아래 표와 같은 진리표로부터 카르노맵을 완성하고 간략화 하여라.

A B C D	X
0 0 0 0	0
0 0 0 1	1
0 0 1 0	0
0 0 1 1	1
0 1 0 0	0
0 1 0 1	1
0 1 1 0	0
0 1 1 1	1
1 0 0 0	1
1 0 0 1	0
1 0 1 0	1
1 0 1 1	0
1 1 0 0	1
1 1 0 1	0
1 1 1 0	1
1 1 1 1	0

CD \ AB	00	01	11	10
00			1	1
01	1	1		
11	1	1	1	
10			1	1

$$X = A\overline{D} + \overline{A}D$$

예제 3-17 다음 식으로 주어진 논리함수 X에서 카르노맵을 이용하여 X 함수를 구하여라.

$$X = A\overline{B}\,\overline{C}D + A\overline{B}\,\overline{C}\,\overline{D} + AB\overline{C}D + AB\overline{C}\,\overline{D} +$$
$$\overline{A}BCD + \overline{A}B\overline{C}D + \overline{A}\,\overline{B}CD + \overline{A}\,\overline{B}C\overline{D} + \overline{A}\,\overline{B}\,\overline{C}D$$

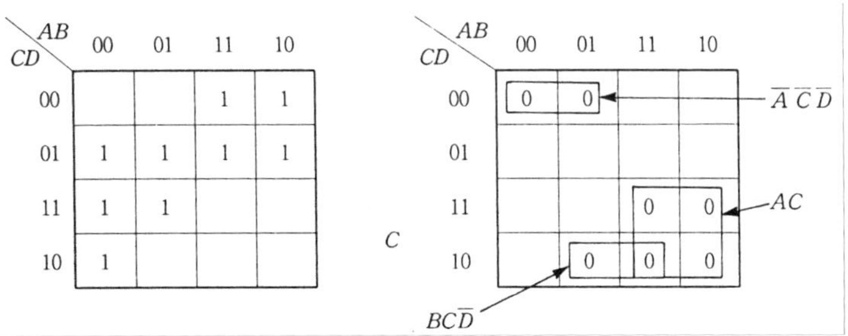

$$\overline{X} = AC + BC\overline{D} + \overline{A}\,\overline{C}\,\overline{D}$$

예제 3-18 아래 그림과 같은 카르노맵을 NOR만으로 실현하고 또 NAND만으로도 실현한 다음 각각의 논리도를 그려라.

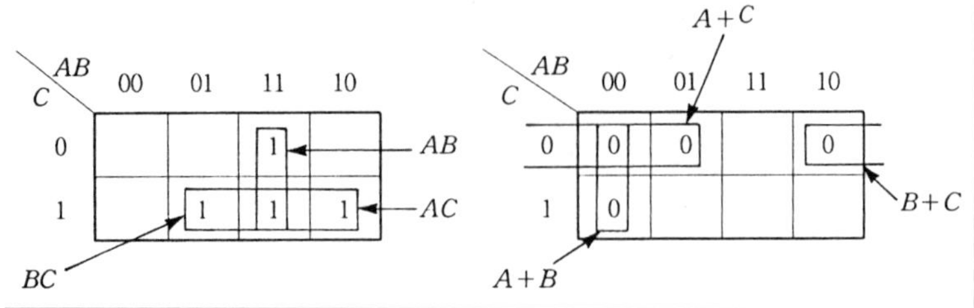

최소항형식 $X = \overline{\overline{AB + AC + BC}}$ (NAND꼴)

$= \overline{\overline{AB} \cdot \overline{AC} \cdot \overline{BC}}$

최대항형식 $X = \overline{\overline{(A+B) \cdot (B+C) \cdot (A+C)}}$ (NOR꼴)

$= \overline{\overline{A+B} + \overline{B+C} + \overline{A+C}}$

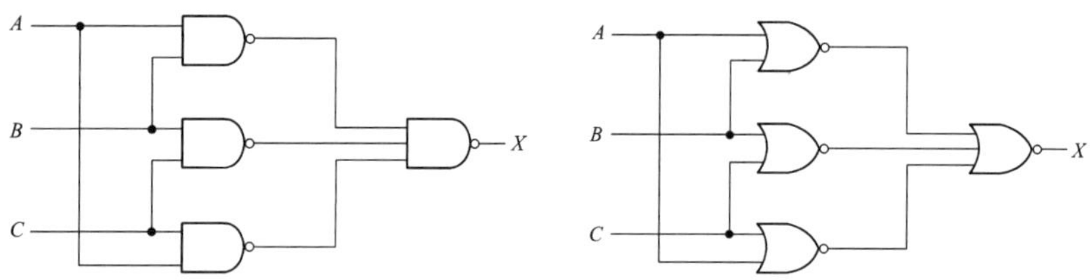

예제 3-19 다음 부울함수를 간략화하여라.[단 무시된 입력항(don't care input)의 상태는 0, 2, 5이고 $d(w, x, y, z) = \sum(1, 3, 7, 11, 15)$라 한다.]

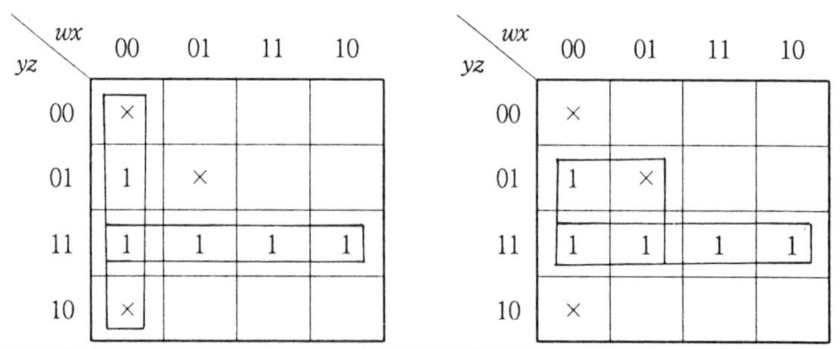

$F(w, x, y, z) = \bar{w}\bar{x} + yz$ $F(w, x, y, z) = \bar{w}z + yz$

예제 3-20 무시항을 갖는 아래 진리표에 대해 카르노맵을 사용하여 간략화하시오.

A B C	f
0 0 0	0
0 0 1	1
0 1 0	1
0 1 1	0
1 0 0	×
1 0 1	×
1 1 0	1
1 1 1	0

예제 3-21 BCD-3초과 코드 변환기 진리표를 완성하고, don't care를 포함시켜 간략화한 후 코드 변환기 논리회로도를 설계하여라.

10진수	BCD A B C D	3초과 W X Y Z
0	0 0 0 0	
1	0 0 0 1	
2	0 0 1 0	
3	0 0 1 1	
4	0 1 0 0	
5	0 1 0 1	
6	0 1 1 0	
7	0 1 1 1	
8	1 0 0 0	
9	1 0 0 1	

예제 3-22 X= A'B'C+A'BC+ABC'+ABC 식을 간소화하고 논리회로도를 설계 하여라.

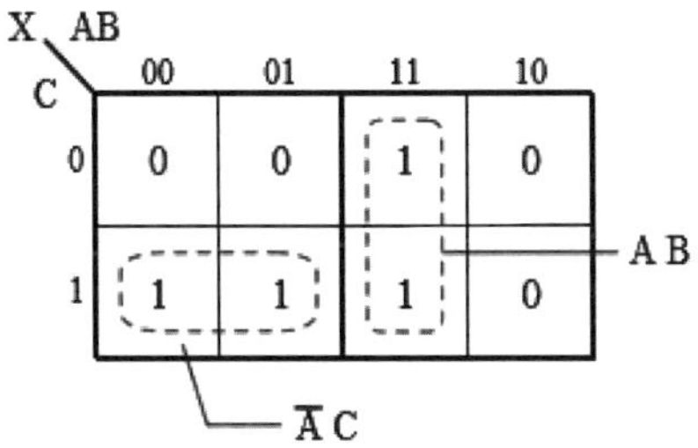

예제 3-23 1단위의 8421코드 중 3으로 나누어지는 수만을 검출하는 논리회로를 설계하여라.

10진수	8421코드 A B C D	출 력
0	0 0 0 0	1
1	0 0 0 1	0
2	0 0 1 0	0
3	0 0 1 1	1
4	0 1 0 0	0
5	0 1 0 1	0
6	0 1 1 0	1
7	0 1 1 1	0
8	1 0 0 0	0
9	1 0 0 1	1
10 ~ 15	×	×

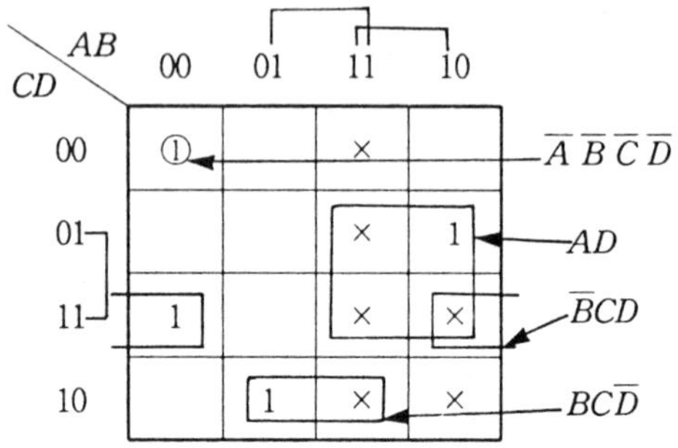

$$F(ABCD) = AD + \overline{B}CD + BC\overline{D} + \overline{A}\,\overline{B}\,\overline{C}\,\overline{D}$$

3) 퀸-맥클러스키(QM: Quine-McKluskey)의 간략화

부울대수의 간략화를 위한 카르노맵 방법은 기하 구조적인 특성 때문에 변수의 수가 3~4개 경우에 적합하다. 그러나 5개 이상의 변수들에 대하여 카르노맵을 사용하면 매우 복잡하게 되므로 최적화된 부울함수를 구하기가 매우 어렵게 된다. 만약, 변수의 수가 5개 이면 최소항의 수는 사각형의 수와 일치해야 하므로 16개의 사각형을 가진 2개의 도표가 필요하며, 변수의 수가 6개이면 16개의 사각형을 가진 4개의 도표가 필요하다.

카르노맵보다 더 간단하고 체계적인 방법으로 부울함수의 간략화를 위한 방법이 퀸-맥클러스키 방법이며, 도표에 의해서 간략화를 행하므로 Tabular 방법, 도표법이라고도 한다. 이 방법은 변수의 수와 관계없이 간략화가 가능한 장점이 있으나 사람에 의한 계산 과정은 복잡하므로 컴퓨터 프로그램을 이용하여 부울식을 자동적으로 간략화시키는데 적합하다.

퀸-맥클러스키의 간략화 방법은 최적의 곱의 합(SOP)의 형태를 얻기 위하여 최소항들의 결합에 의해서 리터럴 수를 줄여나가는 과정을 반복하면 되는데, 이 과정은 크게 두 단계로 나눌 수 있다.

① $X+XY'=X$의 정리를 적용하여 각항에 있는 리터럴의 수를 최대로 줄인다. 이때 얻어진 결과의 항을 주항(prime implicate)이라 한다.
② 주항표(prime implicate table)를 사용하여 최소화된 함수를 형성하고 있는 주항을 선택하고, 선택된 항들을 OR하여 최소의 리터럴 수를 갖는 간략화된 함수를 얻는다.

▶ 주항의 결정

QM 절차를 적용하기 위해서는 부울함수는 적의 합의 형태로 표현되어야 한다. 이 방법에 있어서 주항의 결정은 $XY+XY'=X$의 정리를 이용하면 된다. 주항을 찾기 위해서 각각의 최소항들은 오직 한 변수만 다른 항들과 비교된다. 즉, 임의의 두 최소항의 비교에서 단지 한 변수만이 다르다면 그들은 서로 다른 한 변수는 제거되고 나머지 변수로 구성된 새로운 적의 항을 얻는다.

예를 들어서 두 개의 최소항 $AB'CD'$와 $AB'CD$에 대한 2진수의 표현은 각각 1010과 1011이 되므로 서로 다른 한 변수(비트)가 제거된 항인 101－ ($AB'C$를 의미함)를 얻을 수 있다. 여기서 '－'는 제거된 변수를 나타낸다. 이러한 방법을 이용해서 모든 최소항에 대해서 비교를 행하여 새로운 적의 항을 얻는다. 이러한 비교 과정은 새롭게 구해진 모든 항에 대해서도 반복한다. 이러한 과정을 반복한 후에 조합되지 않는 모든 항과 남아 있는 항이 주항이 된다.

비교의 과정 중에 요구되는 비교의 횟수를 줄이기 위해서 1의 개수가 같은 최소항끼리 그룹화를 행하고, 1의 개수의 차이가 1인 모든 그룹에 대해서 각 최소항끼리 비교한다.

예를 들어서 다음과 같은 함수 F가 주어졌을 때, 최소항의 합으로 표현되는 F의 모든 주항을 구해보자.

$$F(A,B,C,D)=\sum(0,\ 1,\ 2,\ 5,\ 6,\ 7,\ 8,\ 9,\ 10,\ 14)$$

함수 F의 모든 주항을 결정하기 위해서는 다음과 같은 단계에 의해서 수행된다.

[단계 1]

모든 최소항들을 2진수로 표현하여 1의 개수[보수화된 변수들(complemented variables)의 개수]에 따라 4개의 그룹으로 정렬한다. 표의 (열 I)에서 각 그룹들은 수평선에 의해서 구분하며, 각 항은 보수화되지 않은 비트는 1로, 보수화된 비트는 0으로 표시되었다.

또한, 각 그룹 다음의 숫자는 각 항을 10진수로 표현한 것이다.

[단계 2]

인접한 두 개의 그룹(그룹 0과 그룹 1, 그룹 1과 그룹 2, 그룹 2와 그룹 3) 각각에 대해서 두 항씩 비교를 계속하여 한 개의 비트 값만 다르고 나머지 비트 값들은 같은 항들을 찾는다. 한 개의 비트 값만 서로 다른 두 개의 항들을 찾을 때마다 그 항들의 옆에 점검 표시(✓) 하고, 단지 다른 비트 값을 제거한 후 생성된 새로운 항들을 새로운 표(열 II)에 추가한다.

예를 들어서 그룹 0의 항(0000)과 그룹 1의 항(0001)을 비교하여 한 개의 비트 값이 제거된 새로운 항 000－을 열 II에 추가하였고, 그 옆에 ✓를 삽입하였다. 이때 X+X=X이기 때문에 한 항은 한 번 이상 사용이 가능하다. 그리고 (0, 1)은 이 두 항의 결합관계를 십진수로 나타낸 것이다.

이런 과정은 모든 항들에 대하여 반복하여 수행하면 (열 II)에 나타난 결과를 얻을 수 있다.

[단계 3]

(열 III)의 최소항들은 (열 II)와 같은 방법으로 생성되며, 여기서 두 항의 비교 조건은 －의 위치가 동일한 같은 것에 한다. 예를 들어서 그룹 0의 000－와 그룹2의 100－를 비교하여 결과의 최소항 －00－을 (열 III)에 표시한다. 이런 비교 과정은 위에서 설명한 조건을 만족하는 항들이 없어질 때까지 계속된다. (열 III)의 결과를 보면 서로 같은 최소항들이 존재하는데 이것은 결합 순서가 다른 경우에 발생하므로 이들 중 하나는 제거한다(×로 표시됨).

(열 III)의 최소항들은 더 이상 결합이 불가능하므로 주항의 결정 과정은 여기서 끝나게 된다. 이 표에서 *는 상호 결합이 수행되지 않은 최소항들을 나타낸다.

I			II		III	
그룹 0	0	0000 ✔	(0, 1)	000- ✔	* (0, 1, 8, 9)	-00-
			(0, 2)	00-0 ✔	* (0, 2, 8,10)	-0-0
그룹 1	1	0001 ✔	(0, 8)	-000 ✔	× (0, 8, 1, 9)	-00-
	2	0010 ✔			× (0, 8, 2,10)	-0-0
	8	1000 ✔	* (1, 5)	0-01		
			(1, 9)	-001 ✔	* (2, 6,10,14)	--10
그룹 2	5	0101 ✔	(2, 6)	0-10 ✔	× (2,10, 6,14)	--10
	6	0110 ✔	(2,10)	-010 ✔		
	9	1001 ✔	(8, 9)	100- ✔		
	10	1010 ✔	(8,10)	10-0 ✔		
그룹 3	7	0111 ✔	* (5, 7)	01-1		
	14	1110 ✔	* (6, 7)	011-		
			(6,14)	-110 ✔		
			(10,14)	1-10 ✔		

일단 위에서 설명한 과정이 완료되면, 원래 표현식에 있던 많은 항들이 제거되고, *로 표시된 항은 더 이상 다른 항들과 결합이 불가능하므로 주항이 된다. 따라서 이러한 주항들을 함수로 표현하면 다음과 같다.

$$F=A'C'D+A'BD+A'BC+B'C'+B'D'+CD'$$

이 함수의 각 항들은 최소수의 리터럴들을 가지고 있지만, 항의 개수는 최소라 할 수 없다. 왜냐하면, 컨센서스(Consensus) 정리를 이용하여 여분 항(redundant)을 제거하면 아래와 같은 최적화된 표현식을 얻을 수 있기 때문이다.

$$F=B'C'+CD'+A'BD$$

컨센서스 정리는 부울대수식으로부터 여분 항을 제거하여 간략화된 부울함수를 얻는데 이용된다. 예를 들어서 함수 $F=XY+X'Z+YZ$ 가 주어졌을 때 여분항 YZ 를 제거하면 $F=XY+X'Z$라는 등가식을 얻을 수 있다.

주항 맵(도표)을 사용하면 식에 나타난 함수의 여분 항을 제거하여 최적화된 함수를 얻을 수 있다.

▶ **주항의 선택**

최소의 주항 집합의 선택은 주항 도표를 이용하면 된다. 표에서 제거되지 않은 주항들(* 표시)을 이용하여 아래와 같은 주항 맵을 만들 수 있다.

주항 도표의 각 행(row)에는 표에 ✓로 표시된 주항들을 표시하고, 각 열(column)에는 함수의 최소항을 표시한다.

이때 열에 있는 최소항이 행에 있는 주항에 포함되면, 그 행과 열이 만나는 지점에 ×표를 한다.

예를 들어서 주항 B′C′는 최소항 0, 1, 8, 9의 합으로 되어 있으므로 1행에서 이들 최소항에 ×가 표시되어 있다. 그 다음에, 한 열에 ×표시가 한 개뿐인 경우에는 그 ×에 원 ⊗을 표시하고, 그 주항 앞에 점검 표시(✓)를 붙힌다. 이때 ✓로 표시된 주항을 필수 주항(essential prime implicate)이라 하며, 선택된 필수 주항에 포함된 최소항이 있는 각 열에 점검 표시를 붙인다. 따라서 이 도표에서 필수 주항은 B′C′와 CD′가 되며, 이들 주항들은 간략화된 식의 최소항에 반드시 포함되어야 한다.

하나의 필수 주항이 함수의 표현에 사용되면 필수 주항에 포함된 최소항들은 고려할 필요가 없으므로 해당하는 주항의 행과 포함된 모든 최소항의 열(✓로 표시된 열)을 지운다. 이에 대한 결과는 아래 표에 나타낸다.

주항 \ 최소항		0	1	2	5	6	7	8	9	10	14
✔(0, 1, 8, 9)	B'C'	×	×					×	⊠		
(0, 2, 8,10)	B'D'	×		×				×		×	
✔(2, 6,10,14)	CD'			×		×				×	⊠
(1, 5)	A'C'D		×		×						
(5, 7)	A'BD				×		×				
(6, 7)	A'BC					×	×				
		✔	✔	✔		✔		✔	✔	✔	✔

주항 \ 최소항		5	7
(0,2,8,10)	B'D'		
(1, 5)	A'C'D	×	
* (5, 7)	A'BD	×	×
(6, 7)	A'BC		×

이 간략화된 주항 도표로부터 5와 7을 제외한 필수 주항이 간략화된 함수의 모든 최소항에 포함됨을 알 수 있다. 그러나 이러한 2개의 항도 하나 또는 그 이상의 주항을 선택하여 포함시켜야 한다. 여기에서는 A′BD가 남은 두 개의 열을 포함하므로 이것을 선택한다. 그래서 적의 합의 형태로 표현된 최소의 주항들을 갖는 간략화된 함수는 다음과 같이 나타낼 수 있다.

$$F = B'C' + CD' + A'BD$$

간략화된 이 함수는 컨센서스 정리를 이용한 간략화된 함수식과 동일하다는 것을 알 수 있다.

▶ **다음 함수를 간략화하여라.(1차에 간략화되는 경우)**

$$\begin{aligned} A &= w'x'y'z' + w'x'yz' + w'x'yz + wx'yz' + w'xyz + wx'y'z' + wx'y'z \\ &= 0000 + 0010 + 0011 + 0101 + 0111 + 1000 + 1001 \\ &= \Sigma(0,\ 2,\ 3,\ 5,\ 7,\ 8,\ 9) \end{aligned}$$

진리표		적항		1과 0의 표시
항번호	W X Y Z	항번호	W X Y Z	
0	0 0 0 0	0	0 0 0 0	행에 1이 없음
2	0 0 1 0	2	0 0 1 0	행에 1이 1개 있음
3	0 0 1 1	8	1 0 0 0	
5	0 1 0 1	3	0 0 1 1	행에 1이 2개 있음
7	0 1 1 1	5	0 1 0 1	
8	1 0 0 0	9	1 0 0 1	
9	1 0 0 1	7	0 1 1 1	행에 1이 3개 있음

적항		제 1 단계 간략화		제 2 단계 간략화	
항번호	W X Y Z	항번호	W X Y Z	항번호	W X Y Z
0	0 0 0 0	0, 2	0 0 − 0		
2	0 0 1 0	0, 8	− 0 0 0		
8	1 0 0 0	2, 3	0 0 1 −		
3	0 0 1 1	8, 9	1 0 0 −		
5	0 1 0 1	3, 7	0 − 1 1		
9	1 0 0 1	5, 7	0 1 − 1		
7	0 1 1 1				

W X Y Z		[0] 0000	[2] 0010	[3] 0011	[5] 0101	[7] 0111	[8] 1000	[9] 1001
0 0 − 0		✔	✔					
− 0 0 0		✔					✔	
0 0 1 −			✔	✔				
1 0 0 −	*						✔	✔
0 − 1 1				✔		✔		
0 1 − 1	*				✔	✔		
		✔	✔	✔	✔	✔	✔	✔

A = W'X'Z'+W'X'Y+WX'Y'+W'XZ

▶ 다음 함수를 간략화하여라.(2차에 간략화되는 경우)

F(a, b, c, d, e) = {1, 5, 8, 9, 13, 22, 23, 24, 30, 31}

- 맵 방법에 의한 간략화

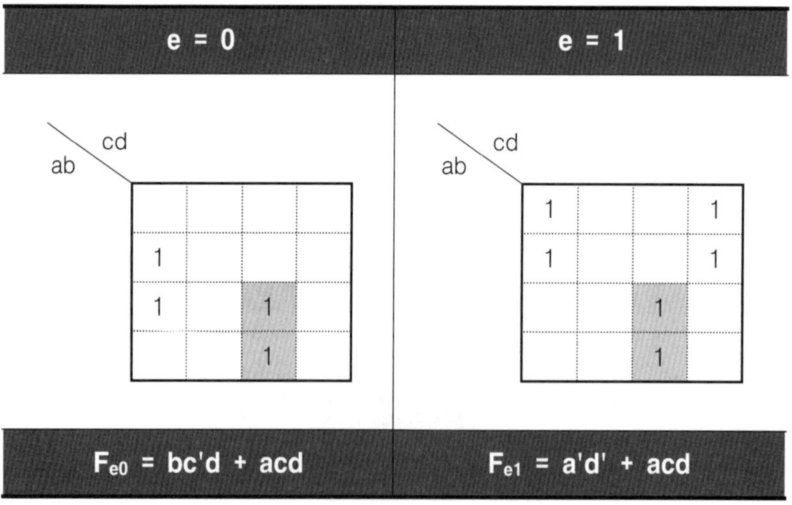

F_{e0} = bc'd + acd	F_{e1} = a'd' + acd

F = bc'de' + a'd'e + acd

• 도표방식 (어떤 값이 어떻게 묶였는지 명확히 표시하시오)

진리표			적항			제 1 단계 간략화			제 2 단계 간략화	
1	00001		1	00001		1, 5	00-01		1, 5	00-01
5	00101		8	01000		1, 9	0-001		1,5,9,13	0--01
8	01000		5	00101		8, 9	0100-		8, 9	0100-
9	01001		9	01001		8, 24	-1000		8, 24	-1000
13	01101	⇨	24	11000	⇨	5, 13	0-101	⇨	22,23	1011-
22	10110		13	01101		22,23	1011-		22,23,30,31	1-11-
23	10111		22	10110		22,30	1-110			
24	11000		23	10111		23,31	1-111			
30	11110		30	11110						
31	11111		31	11111						

abcde		[1] 00001	[5] 00101	[8] 01000	[9] 01001	[13] 01101	[22] 10110	[23] 10111	[24] 11000	[30] 11110	[31] 11111
00-01		✔	✔								
0--01	*	✔	✔		✔	✔					
0100-				✔	✔						
-1000	*			✔					✔		
1011-							✔	✔			
1-11-	*						✔	✔		✔	✔
		✔	✔	✔	✔	✔	✔	✔	✔	✔	✔

F = bc'de' + a'd'e + acd

예제 3-24 다음 함수의 간략화를 테이블법에 의하여 구하여라.

$$F(A,\ B,\ C,\ D) = \sum(0,\ 1,\ 2,\ 8,\ 10,\ 11,\ 14,\ 15)$$

본래의 최소항		제1 감축		제2 감축
1의 그룹	최소항			
0	m_0 0 0 0 0 √	0과 1그룹	*0, 1 0 0 0 × 0, 2 0 0 × 0 √ 0, 8 × 0 0 0 √	*0, 2, 8, 10 ×0×0 0, 8, 2, 10 ×0×0
1	m_1 0 0 0 1 √ m_2 0 0 1 0 √ m_8 1 0 0 0 √	1과 2그룹	2, 10 × 0 1 0 √ 8, 10 1 0 × 0 √	*10,11,14,15 1×1× 10,14,11,15 1×1×
2	m_{10} 1 0 1 0 √	2와 3그룹	10, 11 1 0 1 × √ 10, 14 1 × 1 0 √	
3	m_{11} 1 0 1 1 √ m_{14} 1 1 1 0 √	3과 4그룹	11, 15 1 × 1 1 √ 14, 15 1 1 1 × √	
4	m_{15} 1 1 1 1 √			

진성주항(*)	주항 \ 최소항	0	1	2	8	10	11	14	15
*	0, 1	×	×						
*	0, 2, 8, 10	×		×	×	×			
*	10, 11, 14, 15					×	×	×	×
			√	√	√		√	√	√

진성주항은 (0, 1), (0, 2, 8, 10), (10, 11, 14, 15)가 된다.

셋째, 진성주항의 임의의 최소항을 2진수로 나타내고 간략화된 최종 논리식을 구한다.

진성주항 (0, 1)에서

```
       A B C D
0  →   0 0 0 0 ┐
               ├ →
1  →   0 0 0 1 ┘
```

진성주항 (0, 2, 8, 10)에서

```
       A B C D
0  →   0 0 0 0 ┐
2  →   0 0 1 0 │
               ├ →
8  →   1 0 0 0 │
10 →   1 0 1 0 ┘
```

진성주항 (10, 11, 14, 15)에서

		A	B	C	D	
10	→	1	0̸	1	0̸	
11	→	1	0̸	1	1̸	→ AC
14	→	1	1̸	1	0̸	
15	→	1	1̸	1	1̸	

따라서 간략화된 논리식은

$$F(A,\ B,\ C,\ D) = A'\,B'\,C' + B'D' + AC$$

예제 3-25 다음 함수의 간략화를 테이블법에 의하여 구하여라.

$$f(A,B,C,D) = \sum(0,1,4,8,11) + d(5,9,10,12,13)$$

10진 \ 변수	$ABCD$	f
0	0 0 0 0	1
1	0 0 0 1	1
4	0 1 0 0	1
5	0 1 0 1	d
8	1 0 0 0	1
9	1 0 0 1	d
10	1 0 1 0	d
11	1 0 1 1	1
12	1 1 0 0	d
13	1 1 0 1	d

don't care 항은 주항을 구하기 위한 감축 과정에 참여시키므로 표와 같이 감축표 최소항 배열에 포함된다.

<table>
<tr><th rowspan="2">1의 그룹</th><th colspan="2">최소항</th><th rowspan="2">1의 그룹</th><th colspan="2">제1 감축</th><th rowspan="2">1의 그룹</th><th colspan="2">제2 감축</th><th rowspan="2">1의 그룹</th><th colspan="2">제3 감축</th></tr>
<tr><th>$A\ B\ C\ D$</th><th>검표</th><th>$A\ B\ C\ D$</th><th>검표</th><th>$A\ B\ C\ D$</th><th>검표</th><th>$A\ B\ C\ D$</th><th>검표</th></tr>
<tr><td>0</td><td>0 0 0 0</td><td>∨</td><td rowspan="2">0</td><td rowspan="2">0 0 0 -
0 - 0 0
- 0 0 0</td><td rowspan="2">∨
∨
∨</td><td rowspan="2">0</td><td rowspan="2">0 - 0 -
- 0 0 -
- - 0 0</td><td rowspan="2">∨
∨
∨</td><td>0</td><td>- - 0 -</td><td>○</td></tr>
<tr><td>1</td><td>0 0 0 1
0 1 0 0
1 0 0 0</td><td>∨
∨
∨</td><td></td><td></td><td></td></tr>
<tr><td>2</td><td>0 1 0 1
1 0 0 1
1 0 1 0
1 1 0 0</td><td>∨
∨
∨
∨</td><td rowspan="2">1</td><td rowspan="2">0 - 0 1
- 0 0 1
0 1 0 -
- 1 0 0
1 0 0 -
1 0 - 0
1 - 0 0</td><td rowspan="2">∨
∨
∨
∨
∨
∨
∨</td><td>1</td><td>- - 0 1
- 1 0 -
1 0 - -
1 - 0 -</td><td>∨
∨
○
∨</td><td></td><td></td><td></td></tr>
<tr><td>3</td><td>1 0 1 1
1 1 0 1</td><td>∨
∨</td><td></td><td></td><td></td><td></td><td></td><td></td></tr>
<tr><td></td><td></td><td></td><td>2</td><td>- 1 0 1
1 0 - 1
1 - 0 1
1 0 1 -
1 1 0 -</td><td>∨
∨
∨
∨
∨</td><td></td><td></td><td></td><td></td><td></td><td></td></tr>
</table>

위의 감축표로부터 구하여진 주항에서 진성주항을 구하기 위해 선별표를 작성하는데 이때 don't care 항은 선별표의 최소항 배열에서 제외시킨다.

<table>
<tr><th colspan="2">최소항 / 주항</th><th>0000</th><th>0001</th><th>0100</th><th>1000</th><th>1011</th></tr>
<tr><td rowspan="3">8,9,10,11
0,1,4,5,8,9,12,13</td><td>A B C D</td><td>0</td><td>1</td><td>4</td><td>8</td><td>11</td></tr>
<tr><td>1 0 - -</td><td></td><td></td><td></td><td>×</td><td>⊗</td></tr>
<tr><td>- - 0 -</td><td>⊗</td><td>×</td><td>×</td><td>×</td><td></td></tr>
</table>

위의 선별표에서 동일한 열상에 진성주항의 행과 교차점이 2개 이상 있으면 이것에 해당하는 주항은 절대 제거 가능 주항이 되므로 선별과정에서 제거되어 간소화된 논리함수 $f(A, B, C, D)$는 진성주항, 즉 × 표시가 하나만 있는 행의 주항만 존재하게 된다.

이때 구해진 진성주항들은 선별표에 참여하였던 모든 최소항들을 나타낼 수 있어야 올바르게 간소화된 결과식이 된다.

$$f(A, B, C, D) = \overline{C} + A\overline{B}$$

Chapter

04

조합논리회로

학습목표

조합논리회로에서는 조합논리회로설계, 비교기. 가산기, 감산기, 곱셈기, 디코더, 인코더, 멀티플렉서, 디멀티플렉서, 7-Segment-BCD 표시회로에 대한 내용을 다룬다.

- ▶ 조합논리회로설계 : 조합논리회로의 논리적인 알고리즘을 구성하고 논리 회로도를 설계 할 수 있다.
- ▶ 조합논리회로의 분석 : 주어진 논리도로부터 시작하여 부울함수와 진리표를 구하고, 그 회로 동작을 기술할 수 있다.
- ▶ 비교기 : 두 수를 비교하여 한 수가 다른 수에 비하여 더 큰지, 작은지, 또는 같은지를 결정하는 회로를 설계할 수 있다.
- ▶ 가산기 : 반가산기, 전가산기, 직·병렬 가산기, 캐리 가산기, BCD 가산기의 회로를 설계할 수 있다.
- ▶ 감산기 : 반감산기, 전감산기, BCD 감산기, 가·감산기의 회로를 설계할 수 있다.
- ▶ 곱셈기 : 곱셈기의 회로를 설계할 수 있다.
- ▶ 디코더 : 3*8 디코더, 4*16 디코더 회로를 설계할 수 있다.
- ▶ 인코더 : 인코더 회로를 설계할 수 있다.
- ▶ 멀티플렉서 : 멀티플렉서 회로를 설계할 수 있다.
- ▶ 디멀티플렉서 : 디멀티플렉서 회로를 설계할 수 있다.
- ▶ 7-Segment-BCD 표시회로 : BCD 코드를 10진 숫자로 직접 볼 수 있는 회로를 설계할 수 있다.

제4장. 조합논리회로

일반적으로 디지털 논리회로는 조합회로와 순차회로로 구분할 수 있다.

조합회로는 과거의 입력에 상관없이 오직 현재 입력 값의 조합에 의해서만 출력 값이 결정되는 회로를 말한다.

순차회로는 현재의 입력뿐만 아니라 회로 내부에 기억된 상태 값(과거의 입력에 의해 결정됨)에 따라 출력 값이 결정되는 회로를 말한다.

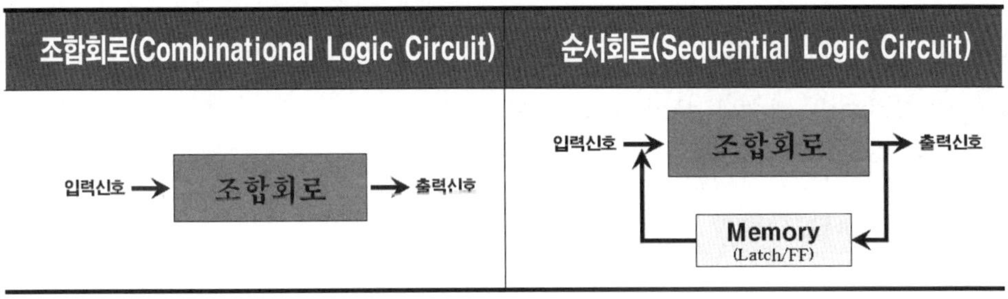

순차회로의 대표적인 예로는 우리 주위에서 흔히 볼 수 있는 커피 자동판매기를 예로 들 수 있다. 커피 자동판매기는 먼저 돈을 입력하면 입력된 총금액을 기억하고 있다가 다음에 커피 선택 버튼을 누르면 선택된 커피의 값이 그동안 입력되었던 총 금액보다 작거나 같을 경우 커피를 출력하게 된다.

순차회로의 또 다른 예로는 지하철 승차권 판매기가 있다. 지하철 승차권 판매기는 먼저 행선지 버튼을 누르고 다음에 그에 맞는 돈을 입력하면 승차권이 출력되기도 하고, 먼저 돈을 입력한 후에 행선지 버튼을 누르면 승차권이 출력되기도 한다.

행선지 버튼을 먼저 누르는 경우에는 판매기 회로가 행선지를 기억하고 있다가 돈이 입력될 때 행선지까지의 금액과 입력된 금액을 비교하여 승차권 출력 여부를 결정한다. 만일, 돈이 먼저 입력되면 입력된 금액을 기억하고 있다가 행선지 버튼이 입력될 때 행선지까지의 금액과 그동안 입력되었던 금액을 비교하여 승차권 출력 여부를 결정한다.

이와 같이 순차회로는 먼저 발생한 입력에 따른 상태를 기억하고 다음에 또 다른 입력이 들어오면 이 입력과 내부에 기억하고 있는 상태를 고려하여 출력이 결정된다.

4.1 조합논리회로의 설계

조합회로는 n개의 입력 변수에 대하여 2^n개의 입력신호의 조합이 존재하며 2^n개의 입력 데이터를 부울함수의 집합에 의해서 논리적으로 처리하고 출력 값을 생성하는 회로를 이야기한다. 이러한 논리회로의 설계(Design)는 어떤 문제를 정의하고 다양한 논리 연산자나 기호를 이용하여 그 문제를 처리하는 논리적인 알고리즘을 구성하고 이를 논리회로도로 작성하는 과정을 말한다.

- 문제 및 설계규격 정의
- 입/출력변수의 개수와 문자 기호 할당
- 입출력 관계를 나타내는 진리표 작성
- 출력식에 대한 간략화 및 논리식 작성
- 논리회로도 작성
- 검증(시뮬레이션) 및 구현

조합논리회로에 대한 진리표는 입력란과 출력란으로 구성된다. n개의 입력 변수에 대한 입력란에는 2^n개의 가능한 0과 1의 2진 조합으로 구성된다. 출력에 대한 2진값은 기술한 문제를 살펴봄으로 결정된다. 각 출력은 모든 타당한 입력 조합에 따라 1 또는 0이 된다.

조합논리회로를 설계하려면 제일 먼저 구현하고자하는 디지털 시스템을 명확히 기술하고 그 특성을 표현해야 한다. 그 다음 기술한 내용에 따라 입력 변수와 출력 변수를 결정한다.

입력이 n 개이고 출력이 m 개로 결정되고 입력과 출력에 대해서 변수를 할당한다. 그 다음 입력과 출력 함수에 대한 진리표를 작성한다. 그리고 일어날 수 없는 입력조합을 골라 무정의 조건으로 취급한다.

다음 단계에서는 진리표로부터 출력 부울함수를 구한다. 이때 카르노맵이나 테이블 방법 등을 사용하여 부울함수를 간략화한다. 간략화 방법은 어떠한 기준이나 제한에 의거해 여러 가지의 단순화 기준을 고려하야 선택한다. 그리고 단순화된 부울함수를 구하면 그 함수에 따라 논리회로도를 구성한다.

논리회로를 설계할 때 고려해야 할 제한 요소를 보면 게이트 수의 최소화, 하나의 게이트에 대하여 입력 수의 최소화, 논리회로를 통과할 때 걸리는 최소 전파 시간, 게이트 상호 간에 상호 접속 수의 최소화, 각 게이트의 구동 능력 등이 있다. 그러나 이러한 조건들을 동시에 만족시킬 수는 없다.

그리고 이러한 조건은 응용 회로에 따라 기준의 중요성이 결정되므로 이러한 중요성에 따라 필요한 기준을 만족시키는 방향으로 회로를 설계한다.

▶ 문제 분석과 변수의 정의

원하는 조합논리회로를 얻기 위해서는 설계 초기 단계에서부터 해결하고자 하는 문제점을 정확히 파악하여야 한다. 설계하고자 하는 논리회로는 다수의 입력과 출력을 갖는 블랙박스로 표현하여 설계를 시작한다. 이때 회로의 기능과 구현 방법 등을 고려하여 입력과 출력변수의 수를 결정한다.

변수의 수가 결정되면 각 변수에 대해서 1개 이상의 문자(대문자 또는 소문자)를 할당한다. 예를 들어, 다음과 같이 연산을 수행하는 문제가 주어졌을 경우에 대해서 생각해보자.

① 0+0=0　　② 0+1=1　　③ 1+0=1　　④ 1+1=10

① ② ③의 세 가지 경우에 대한 연산 결과는 1비트로 구성되지만, ④의 연산 결과는 2비트로 구성된다. 이러한 연산을 수행하기 위해서는 피가수(augend)와 가수

(addend)로 구성된 2비트의 입력 변수와 합과 자리올림수로 구성된 2비트의 출력 변수를 요구한다.

이때 2개의 입력 변수를 기호 x와 y로 지정하고, 출력 변수를 S(Sum)와 C(Carry)로 지정함으로써 단계 1은 완료된다.

▶ **진리표(Truth Table)의 작성**

변수의 수가 결정되면 각 변수를 이용하여 진리표를 작성하게 된다. 조합회로에 대한 진리표는 입력란과 출력란으로 되어 있다.

입력란에 있는 1과 0은 n개의 입력 변수에 대한 2^n개의 서로 다른 2진 조합으로 구성된다. 그러므로 진리표는 2^n개의 입력 신호의 조합들에 대한 m개의 출력신호 값들로 나열할 수 있다.

출력에 대한 2진 값은 주어진 문제를 검토함으로써 결정된다. 이때 출력은 입력의 조합으로 1이나 0의 값을 가지며 경우에 따라서는 0 또는 1의 값으로 정의되는 무정의 조건을 포함할 수도 있다.

회로의 입출력 관계를 나타내는 진리표를 부정확하게 작성하면 정해진 사양을 만족시킬 수 없는 조합회로를 만들게 되므로 정확한 진리표 작성이 중요하다.

이제 앞에서 설명한 4가지의 덧셈 연산의 입력과 출력 비트에 대해서 지정된 기호를 이용하면 반가산기의 기능을 정확히 표현할 수 있는 진리표를 작성할 수 있다.

입력		출력	
A	B	CARRY	SUM
0	0	0	0
0	1	0	1
1	0	0	1
1	1	1	0

캐리(자리올림수) 출력은 2개의 입력 비트가 동시에 1이면 1이 되고, 그렇지 않으면 0이 된다. 합의 출력 SUM은 두 입력 값이 서로 다를 때만 1이 된다.

▶ 출력식의 대한 간략화 및 논리식 작성

입출력 변수를 사용하여 진리표를 만든 후, 진리표로부터 각 출력에 대하여 부울 함수를 유도한다. 유도된 함수는 대수적 방법, 맵 방법 또는 도표 방법들 중 한 개의 방법을 선택하여 간략화를 행한다.

- 대수적인 방법

  진리표를 이용한 출력값이 1인 경우만을 곱의합 형태의 부울식으로 구성한다.

$$CARRY = AB$$

$$SUM = A'B + AB' = A \oplus B$$

- 카르노맵을 이용한 방법

  진리표의 내용을 카르노맵으로 구성하고 간략화한다.

A \ B	0	1
0	0	1
1	1	0

SUM = AB' + A'B

A \ B	0	1
0	0	0
1	0	1

CARRY = AB

▶ 논리회로도 작성

이러한 과정이 끝나면, 설계자는 부울함수로부터 각종 표준 논리 게이트(AND, OR, NOT 등)들의 상호 접속에 의해서 논리회로를 쉽게 구현할 수 있다. 지금까지 설명한 부울식을 이용하여 반가산기에 대한 회로를 논리도로 구현하면 그림과 같다.

CARRY = AB

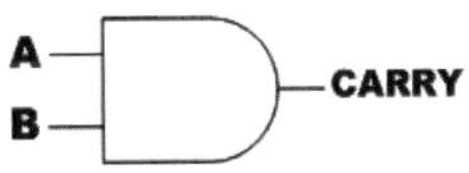

SUM = A'B+AB' = A⊕B

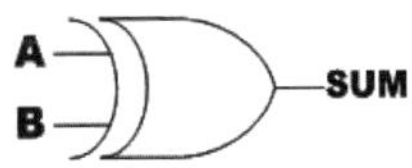

▶ 검증(시뮬레이션)

논리회로도의 검증은 게이트가 적은 경우 직접 계산을 통하여 확인할 수 있으나 게이트 수가 증가하면 수작업에 의한 계산은 한계를 느낀다. 그리고 실제로 사용되는 논리회로는 계층적인 설계를 통하여 수십에서 수백 수천 개 이상으로 구성된다.

많은 수의 게이트로 구성된 회로의 검증은 시뮬레이터란 소프트웨어를 사용하거나 아니면 직접 하드웨어를 제작하여 동작시켜야 한다. 그러나 하드웨어 제작은 많은 비용과 노력이 필요하므로 대부분은 시뮬레이터를 이용하여 간단히 소프트웨어적인 검증을 수행한다. 그런 후 결과가 처음에 정의한 것과 일치할 때 실제 하드웨어로 제작한다.

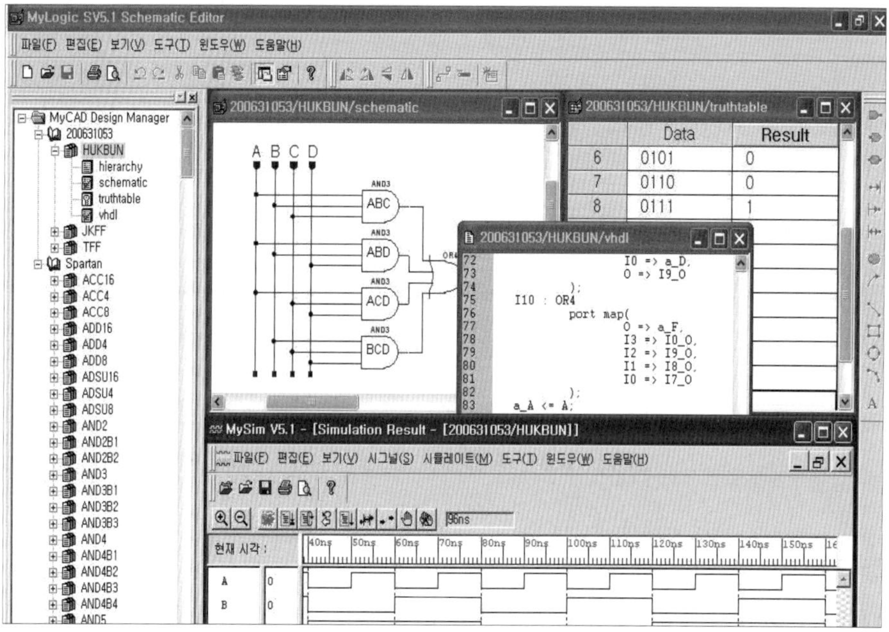

예제 4-1

조합논리회로에서 입력의 2진수 값이 3 미만이면 출력이 "1", 3 이상이면 출력이 "0"이 되는 회로를 설계하라.

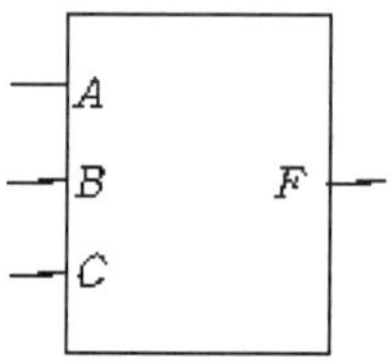

4.2 조합논리회로의 분석

조합회로의 설계는 주어진 명세로부터 부울함수의 간략화를 거쳐 논리회로도를 유도하게 된다. 이와는 달리 조합회로의 분석은 설계 순서와 반대로 진행된다. 즉, 주어진 논리회로도로부터 시작하여 부울함수와 진리표를 구하고, 그 회로 동작을 기술하면 된다.

조합회로의 논리회로도로부터 출력 부울함수를 구하고 최종적으로 회로의 동작 기술을 얻기 위한 단계는 다음과 같다.

[단계 1] 주입력(primary input)을 함수로 하는 모든 게이트의 출력에 임의의 기호를 붙이고, 각 게이트의 부울함수를 구한다.

[단계 2] 다음 단에도 임의의 기호를 입력으로 하는 각 게이트의 출력에 서로 다른 임의의 기호를 지정하고, 각 게이트에 대한 부울함수를 구한다.

[단계 3] 주어진 회로의 주출력(primary output)을 얻을 때까지 단계 2를 반복한다.

[단계 4] 주입력만을 갖는 입력변수를 얻을 때까지 정의된 함수들을 대입하여 주출력에 대한 부울함수를 구한다.

[단계 5] 부울함수에 따라 진리표를 작성하고, 회로 동작을 분석한다.

입력 A, B, C와 2개의 출력 F1과 F2를 갖는 조합회로의 부울함수를 유도해 보자.

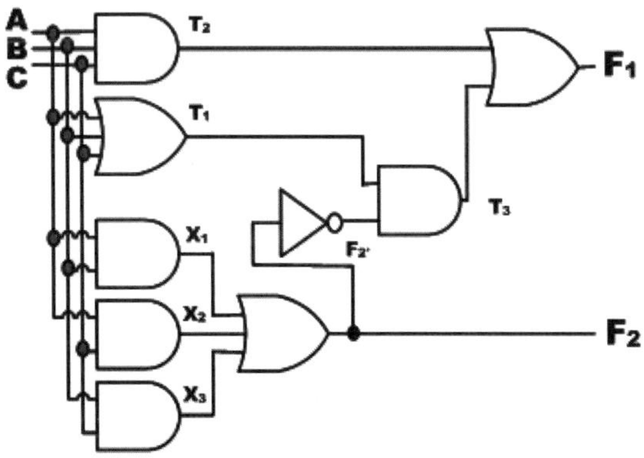

먼저 입력의 게이트 출력은 T_1, T_2, X_1, X_2, X_3 이고 부울함수는 다음과 같다.

$$T_1 = A + B + C$$
$$T_2 = ABC$$
$$X_1 = AB$$
$$X_2 = AC$$
$$X_3 = BC$$

여기서 $F_2 = X_1 + X_2 + X_3$ 이므로 F_2를 구하면 다음과 같다.

$$F_2 = AB + AC + BC$$

다음에 이미 정의된 기호의 함수로 되어 있는 게이트 출력은 다음과 같다.

$$F_1 = T_3 + T_2$$
$$T_3 = F_2'\ T_1$$

출력 부울함수 F_1과 F_2를 얻기 위해서는 다음과 같다.

$$\begin{aligned} F_1 = T_3 + T_2 = F_2'T_1 + ABC \\ &= (AB + AC + BC)'(A + B + C) + ABC \\ &= (A' + B')(A' + C')(B' + C')(A + B + C) + ABC \\ &= (A' + B'C')(AB' + BB' + B'C + AC' + BC' + CC') + ABC \\ &= (A' + B'C')(AB' + B'C + AC' + BC') + ABC \\ &= A'BC' + A'B'C + AB'C' + ABC \end{aligned}$$

이 부울함수로부터 진리표를 유도하면 회로에 대한 기능을 검토할 수 있다. 진리표는 출력 부울함수 F_1과 F_2를 이용하여 쉽게 작성할 수 있다. 이 예에서는 회로가 변수 A, B, C를 입력으로 하는 전가산기로서 F_1은 합을 위한 출력이고, F_2는 캐리를 위한 출력임을 알 수 있다.

조합회로의 분석은 논리회로도로부터 진리표를 직접 얻을 수도 있다. 그림의 논리회로도에서 입력변수는 A, B, C이므로 $8(2^n)$개의 가능한 조합을 구성하여 표와 같은 진리표를 만들 수 있다.

입력			출력					
A	B	C	F_2	F_2'	T_1	T_2	T_3	F_1
0	0	0	0	1	0	0	0	0
0	0	1	0	1	1	0	1	1
0	1	0	0	1	1	0	1	1
0	1	1	1	0	1	0	0	0
1	0	0	0	1	1	0	1	1
1	0	1	1	0	1	0	0	0
1	1	0	1	0	1	0	0	0
1	1	1	1	0	1	1	0	1

진리표에서 F_2는 입력 A, B, C 중에서 임의의 조합 2개 또는 3개의 입력이 1과 같을 경우 1을 갖게 되며, F_2'는 F_2의 보수의 값을 갖는다.

T_1와 T_2에 대한 진리표는 각각 입력변수의 OR 및 AND 함수이다.

T_3의 값은 T_1과 F_2'의 AND 함수이므로 이 두 변수가 1일 경우만 1이 된다.

F_1은 T_2와 T_3에 대한 OR함수이다.

표의 진리표에서 F_1과 F_2는 각각 Sum와 Carry에 대응하므로 그림의 논리회로는 전가산기와 동일하다는 것을 쉽게 알 수 있다.

4.3 비교기(Comparator)

크기 비교기(comparator)는 두 수를 비교하여 한 수가 다른 수에 비하여 더 큰지, 작은지, 또는 같은지를 결정하는 조합회로이다.

즉, A와 B의 두 양수를 상대적으로 크기를 비교하여, 수행 결과를 A>B, A=B, 아니면 A<B 인지를 나타내게 된다.

그런데 A, B가 n비트로 구성되었을 경우 이 회로는 진리표상에서 2^{2n}개의 기입항을 갖게 되므로, 비트 수 n이 커지게 되면 회로 구성은 상당히 복잡하게 된다.

먼저 두 개의 양수 A, B를 입력 변수로 하여 출력에서 두 수의 상대적 크기를 비교하기 위한 크기 비교기를 나타내면 아래와 같다.

두 수의 크기를 비교해서 A=B인 경우의 논리식은 아래와 같으며

$$출력 = AB + A'B' = A_n \odot B_n$$

진리표와 회로도는 다음과 같다.

입 력		출 력			
A	B	A>B	A=B	A<B	논리식
0	0	0	1	0	A' B'
0	1	0	0	1	A B'
1	0	1	0	0	A' B
1	1	0	1	0	A B

(a) 진리표

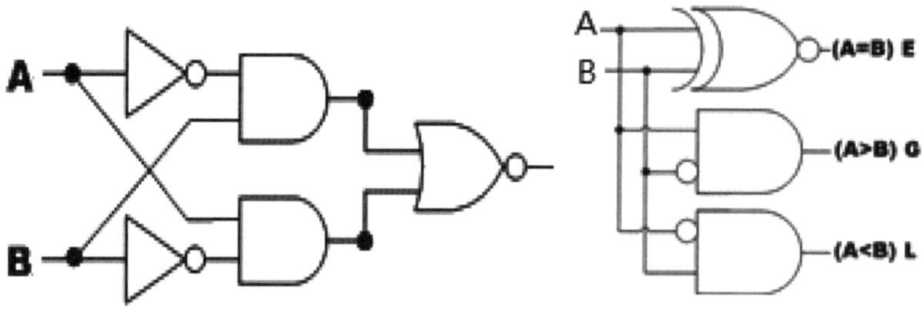

(b) 회로도

다음, 4비트를 갖는 두 개의 양수 A와 B에 대해서 생각해 보자. 여기서 A와 B는 각각 비트 스트링(bit string) $A_3A_2A_1A_0$과 $B_3B_2B_1B_0$을 나타낸다. 두 수의 크기를 결정하기 위해서 $A_3=B_3$, $A_2=B_2$, $A_1=B_1$ 그리고 $A_0=B_0$를 동시에 만족하면 두 개의 수 A_n, B_n는 같게 되고, 그렇지 않으면 다른 경우가 된다. 이때 $A_n=B_n$ (단, n=0, 1, 2, 3)인 경우는 A_n와 B_n가 동일한 비트 값을 갖는 경우이므로 n번째 비트 값은 아래와 같이 표현할 수 있다.

$$출력(A=B) = A_nB_n + A_n'B_n' = A_n \odot B_n$$

다음은 4비트의 크기 결과 즉, E, G, L 출력 들을 구해보자.

A=B 가 1이 되기 위한 조건은 $A_i=B_i$가 1이거나 $A_i=B_i$ 가 0이 되는 경우 즉, A와 B가 같으면 1이 되고 그렇지 않으면 0이 된다. 따라서 모든 x_i 변수들이 1이어야 하므로 x_i 변수를 AND 연산하면 된다.

따라서 두 수 A=B인 경우의 관계식 E는 아래와 같이 표현할 수 있다.

$$E = X_3 \cdot X_2 \cdot X_1 \cdot X_0$$

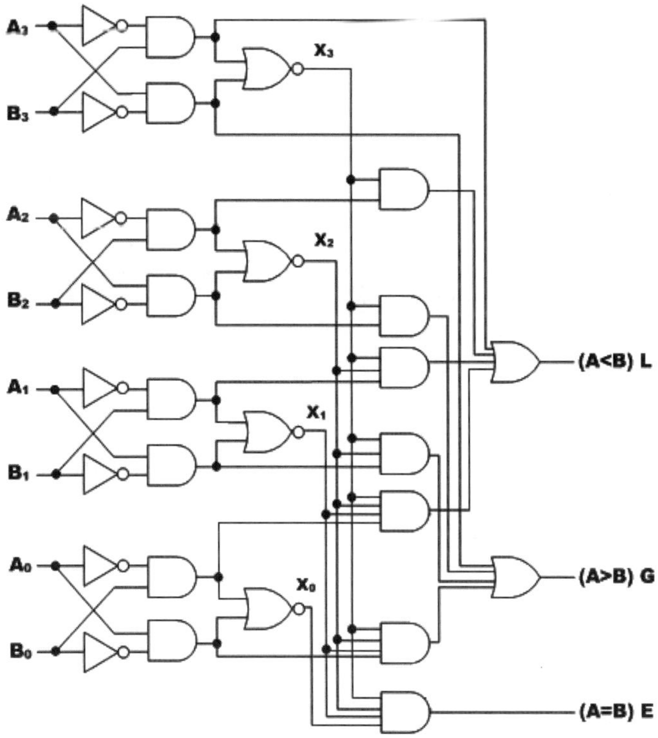

A > B와 A < B의 결정은 최상위 비트(MSB: Most Significant Bit)로 부터 차례로 두 개의 비트 A, B를 비교하면 된다. 즉, $A_3 > B_3$이면 $A_2A_1A_0$와 $B_2B_1B_0$에 관계없이 A > B의 조건을 만족하게 되고, $A_3 < B_3$이면 A < B의 조건을 만족하게 된다. 만약, A_3와 B_3가 같으면 ($A_3=B_3$) 그 다음 낮은 자릿수의 비트 쌍을

비교(A_2와 B_2)하면 된다. 만약, 이 비트 쌍이 같을 경우는 비트 쌍이 서로 같지 않을 때까지 비교를 계속하면 된다.

예를 들어 $A_3=0$이고 $B_3=1$일 경우에는 $A_3 < B_3$이 되므로 A < B가 된다.

두수 A, B에 대해서 A > B인 경우는 아래와 같은 논리 함수로 표현할 수 있다.

$$G = A_3B_3' + x_3A_2B_2' + x_3x_2A_1B_1' + x_3x_2x_1A_0B_0'$$

여기서 G 는 A > B를 나타낸다.

비슷한 방법으로 A < B인 경우는 아래와 같은 논리 함수로 표현할 수 있다.

$$L = A_3'B_3 + x_3A_2'B_2 + x_3x_2A_1'B_1 + x_3x_2x_1A_0'B_0$$

여기서 L은 A < B를 나타낸다. 위의 두 식에서 G와 L로 표시되는 출력 값은 각각 A > B 또는 A < B인 경우 1이 된다.

4비트 입력 A_n와 B_n 그리고 세 개의 출력 E, G, L로 구성된 비교기는 아래와 같다.

입력 비교				출 력		
A_3 , B_3	A_2 , B_2	A_1 , B_1	A_0 , B_0	E	G	L
$A_3 > B_3$	×	×	×	0	1	0
$A_3 < B_3$	×	×	×	0	0	1
$A_3 = B_3$	$A_2 > B_2$	×	×	0	1	0
$A_3 = B_3$	$A_2 < B_2$	×	×	0	0	1
$A_3 = B_3$	$A_2 = B_2$	$A_1 > B_1$	×	0	1	0
$A_3 = B_3$	$A_2 = B_2$	$A_1 < B_1$	×	0	0	1
$A_3 = B_3$	$A_2 = B_2$	$A_1 = B_1$	$A_0 > B_0$	0	1	0
$A_3 = B_3$	$A_2 = B_2$	$A_1 = B_1$	$A_0 < B_0$	0	0	1
$A_3 = B_3$	$A_2 = B_2$	$A_1 = B_1$	$A_0 = B_0$	1	0	0

다음은 74LS85 IC의 4비트 크기 비교기이며, 출력은 $A=B$, $A>B$, $A<B$인지를 나타낸다. IC 핀 배치는 아래 그림과 같으며, 핀들은 기능에 따라 분류된다. 종속 입력(cascading input) 단자인 2, 3과 4번 핀은 4비트 이상의 입력을 갖는 회로에서 IC를 확장하기 위해 사용되는 확장 입력이다.

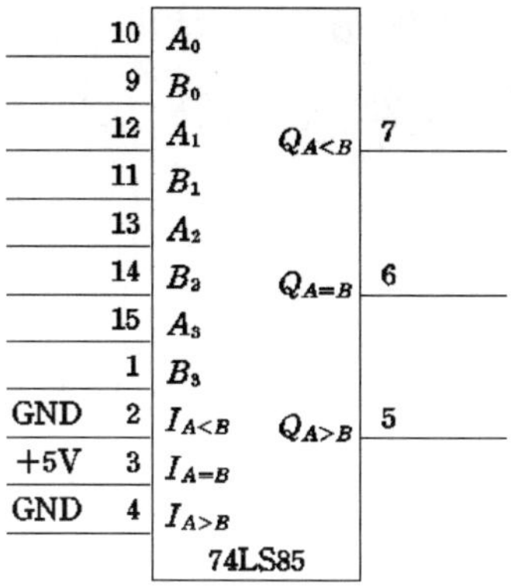

4비트 비교기로 사용할 때 2번과 4번 핀($I_{A>B}$와 $I_{A<B}$)은 접지되어야 하고, 3번 핀($I_{A=B}$)은 high이어야 한다.

아래 표는 74LS85의 진리표를 나타낸다.

Comparing Inputs				Cascading Inputs			Outputs		
A3, B3	A2, B2	A1, B1	A0, B0	A > B	A < B	A = B	A > B	A < B	A = B
A3 > B3	X	X	X	X	X	X	H	L	L
A3 < B3	X	X	X	X	X	X	L	H	L
A3 = B3	A2 > B2	X	X	X	X	X	H	L	L
A3 = B3	A2 < B2	X	X	X	X	X	L	H	L
A3 = B3	A2 = B2	A1 > B1	X	X	X	X	H	L	L
A3 = B3	A2 = B2	A1 < B1	X	X	X	X	L	H	L
A3 = B3	A2 = B2	A1 = B1	A0 > B0	X	X	X	H	L	L
A3 = B3	A2 = B2	A1 = B1	A0 < B0	X	X	X	L	H	L
A3 = B3	A2 = B2	A1 = B1	A0 = B0	H	L	L	H	L	L
A3 = B3	A2 = B2	A1 = B1	A0 = B0	L	H	L	L	H	L
A3 = B3	A2 = B2	A1 = B1	A0 = B0	L	L	H	L	L	H
A3 = B3	A2 = B2	A1 = B1	A0 = B0	X	X	H	L	L	H
A3 = B3	A2 = B2	A1 = B1	A0 = B0	H	H	L	L	L	L
A3 = B3	A2 = B2	A1 = B1	A0 = B0	L	L	L	H	H	L

H = HIGH Level, L = LOW Level, X = Don't Care

이 IC는 입력으로 두 개의 4비트 수 $A_3A_2A_1A_0$와 $B_3B_2B_1B_0$를 비교하고, 입력되는 4비트 수의 상대적인 크기에 따라 5, 6 또는 7번 출력을 high로 한다.

만약 4비트 수 A가 B보다 크다면 출력 $Q_{A>B}$는 high가 되고, A와 B가 같다면 출력 $Q_{A=B}$는 high가 되고, A가 B보다 작다면 출력 $Q_{A<B}$는 high가 된다.

표에서 최상위 줄은 만약 A_3가 B_3보다 크고 다른 데이터 입력과 종속 연결된 입력(cascading input)이 고려되지 않으면 A는 B보다 커야 하며, 출력 $A>B$는 high가 된다. A_3가 B_3보다 작다면 A는 B보다 작으며, 출력 $A<B$는 high가 된다. 진리표의 세 번째와 네 번째 줄에서 A_3와 B_3가 같으면 A_2와 B_2를 비교한다. 그러면 출력은 그에 따라서 설정된다. 최하위 세 줄은 $A_3A_2A_1A_0$와 $B_3B_2B_1B_0$가 같을 때 출력이 어떻게 되는가를 보여준다.

예제 4-2 아래 74LS85 IC에 입력에 A=1101과 B=1011이 주어질 경우, 출력 값을 적으시오.

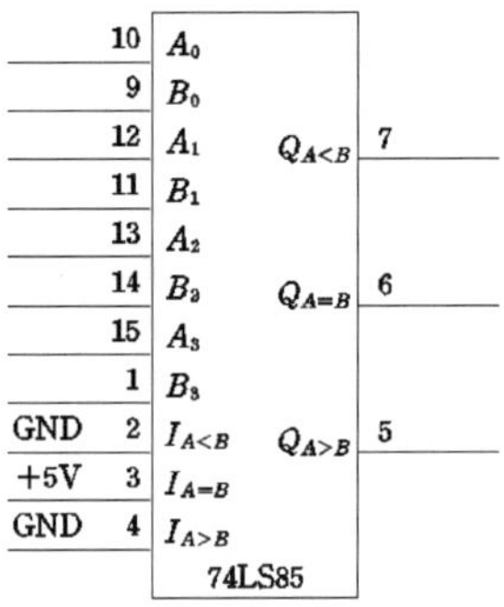

4.4 가산기(Adder)

1) 반가산기(Half Adder)

1+1의 연산 결과는 2진수 10인 2비트로 구성되므로 이때 최상위 비트(MSB: Most Significant Bit)인 1을 자리올림수(carry)라 한다. 이러한 연산은 2개의 비트를 입력으로 하여 덧셈한 결과를 출력 값으로 얻을 수 있으므로 아래와 같이 진리표를 통하여 논리식을 간단하게 표시할 수 있다.

A	B	CARRY		SUM	
0	0	0	A · B	0	A'B+AB' =A⊕B
0	1	0		1	
1	0	0		1	
1	1	1		0	

위 논리식을 이용하여 논리회로도를 표시하면 다음과 같으며 1bit Data 2개의 덧셈을 처리하는 회로를 반가산기(HA: Half Adder)라 한다.

반가산기를 카르노맵을 이용하여 간략화하면 다음과 같다.

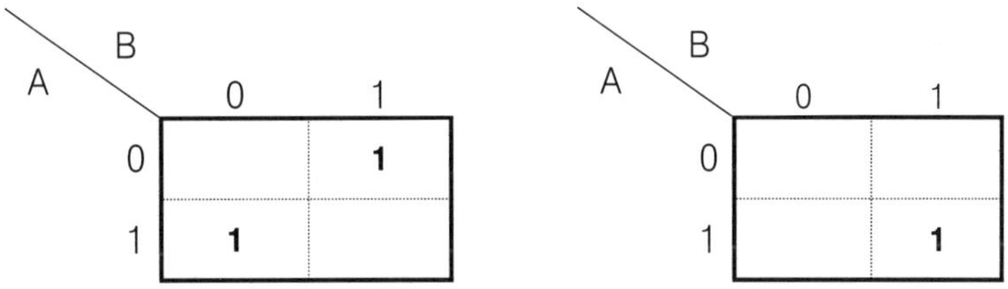

CARRY = A'B+AB'

SUM = AB

논리식은 AND 게이트, OR 게이트 그리고 AND 게이트와 XOR 게이트를 이용하여 나타낼 수 있다.

2) 전가산기(Full Adder)

1bit Data 3개를 입력받아 덧셈 연산을 수행하고 2개의 출력 값(Sum과 Carry)을 생성하는 조합회로를 전가산기(FA: Full Adder)라고 한다.

전가산기의 결과는 입력변수 x, y, z의 3비트에 대해서 덧셈 연산을 수행하기에 출력은 00에서 11까지의 범위를 가진다. 전가산기에서도 반가산기와 마찬가지로 2비트의 출력을 지정하기 위해서 자리올림값 Carry와 합의 값 Sum이 필요하다. 그리고 이제는 입력변수가 3개로 늘어나 출력 값의 경우의 수가 $2^3 = 8$개로 직관적인 논리식을 생각하기 어렵다.

이와 같이 경우의 수가 많아져 직관적으로 논리식을 유추하기 어려운 상태에서 논리회로도를 그리기 위해서는 제일 먼저 회로의 동작을 진리표로 작성하고 그 진리표를 이용하여 논리식을 추출하여 정리하는 방법을 사용한다.

A	B	C	CARRY		SUM	
0	0	0	0		0	
0	0	1	0		1	A'B'C
0	1	0	0		1	A'BC'
0	1	1	1	A'BC	0	
1	0	0	0		1	AB'C'
1	0	1	1	AB'C	0	
1	1	0	1	ABC'	0	
1	1	1	1	ABC	1	ABC

진리표에서 출력 값이 1인 경우에 대해 논리식을 추출하면

$$\begin{aligned} \text{CARRY} &= A'BC+AB'C+ABC'+ABC \\ &= AB+BC+AC \end{aligned}$$

$$\text{SUM} = A'B'C+A'BC'+AB'C'+ABC$$

와 같이 표시할 수 있다.

AND 및 OR 게이트를 이용하여 전가산기를 나타내면 다음과 같다.

SUM = AB'C'+A'B'C+ABC+A'BC'	CARRY = AC+BC+AB
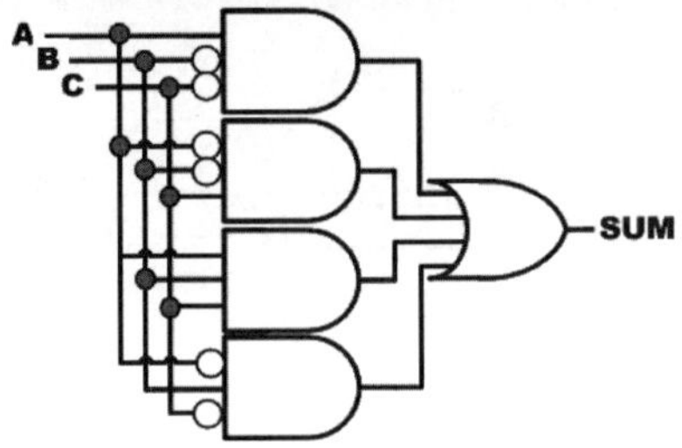	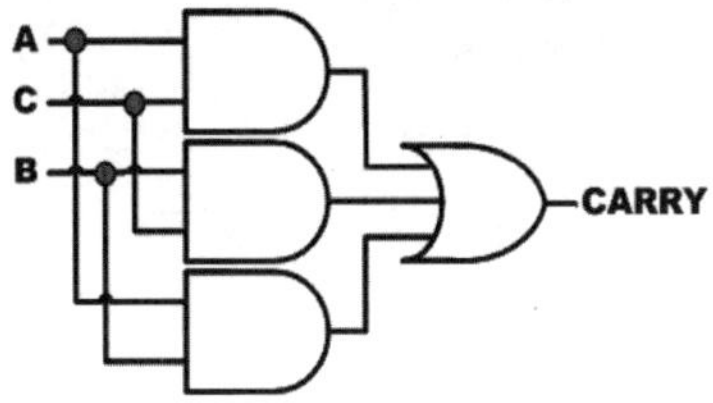

카르노맵을 이용한 방법으로 간략화를 수행하면 다음과 같다.

A \ BC	00	01	11	10
0		**1**		**1**
1	**1**		**1**	

SUM = AB'C'+A'B'C+ABC+A'BC'

A \ BC	00	01	11	10
0			**1**	
1		**1**	**1**	**1**

CARRY = AC+BC+AB

이들을 대수적인 방법으로 간략화를 수행하면 다음과 같다.

$$\begin{aligned}
\text{CARRY} &= A'BC + AB'C + ABC' + ABC \\
&= C(A'B+AB') + AB(C'+C) \\
&= C(A\oplus B)+AB \\
\text{SUM} &= A'B'C+A'BC'+AB'C'+ABC \\
&= C'(AB'+A'B)+C(AA'+AB+A'B'+BB') \\
&= C'(AB'+A'B)+C(A'B+AB')' \\
&= C'(A\oplus B)+C(A\oplus B)' \\
&= C\oplus(A\oplus B)
\end{aligned}$$

카르노맵으로 표시된 SUM은 모든 값들이 떨어져 있어 더 이상 간략화할 수 없는 것으로 보이지만, 이것은 XOR의 카르노맵과 같은 상태로 직관적으로 부울식을 A⊕B⊕C로 유도할 수도 있다.

그리고 전가산기의 논리식을 이용하여 논리회로도를 표현하면 다음과 같다.

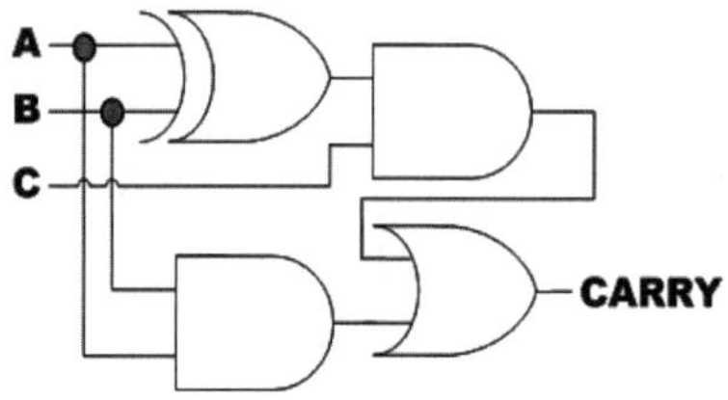

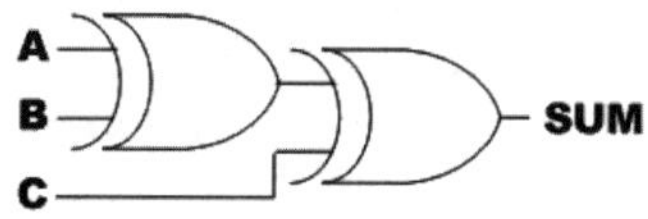

반가산기를 이용하여 전가산기를 구성하면 SUM과 CARRY는 아래와 같다.

$$
\begin{aligned}
S &= A'B'C + A'BC' + AB'C' + ABC \\
&= A \oplus B \oplus C \\
C_o &= A'BC + AB'C + ABC' + ABC \\
&= (A \oplus B)C + AB
\end{aligned}
$$

반가산기를 이용한 전가산기의 블록도와 논리회로도는 아래와 같다.

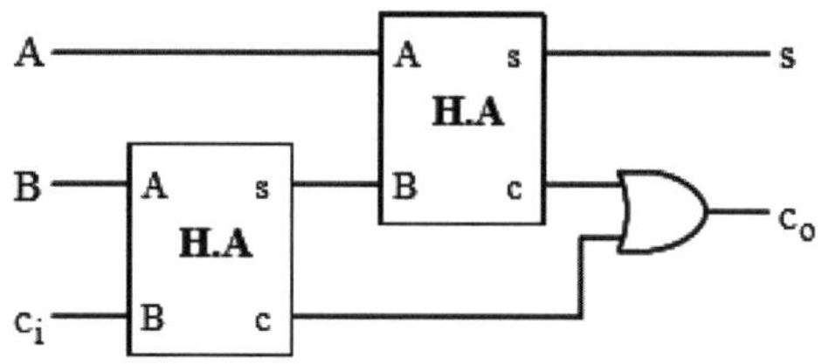

(a) 전가산기 블록도

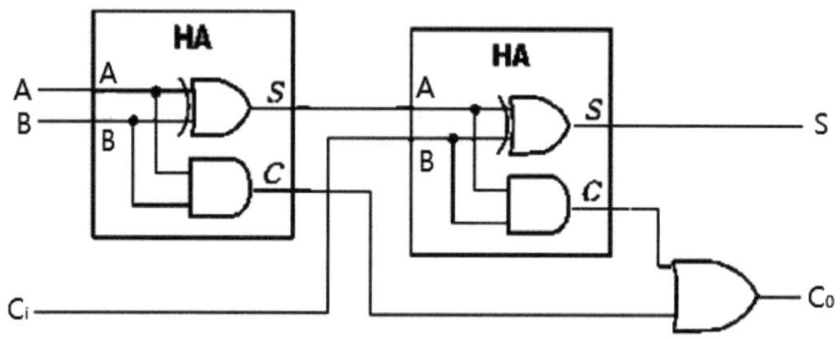

(b) 전가산기 회로도

▶ 다양한 가산기 회로들

구 분	논리회로도	동작 설명
반가산기 (HA)	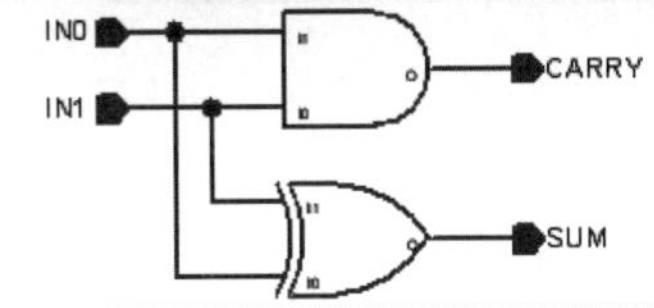	1bit Data 2개를 입력받아 더하기 연산을 수행한다. 1+1=10
전가산기 (FA)	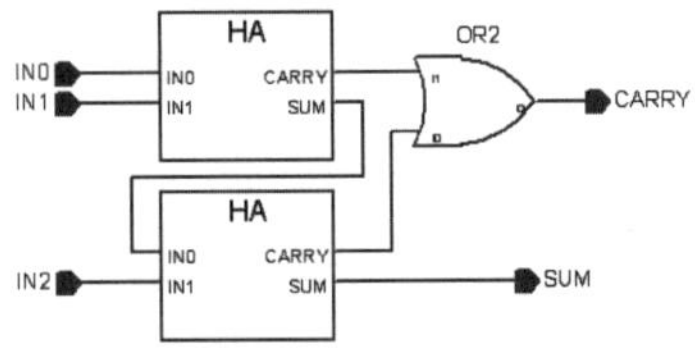	1bit Data 3개를 입력받아 더하기 연산을 수행한다. 1+1+1=11
가산기 응용 (DA)	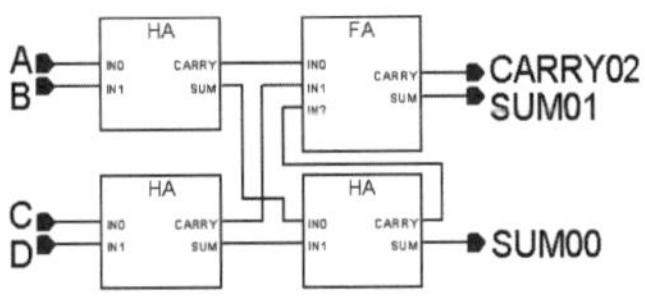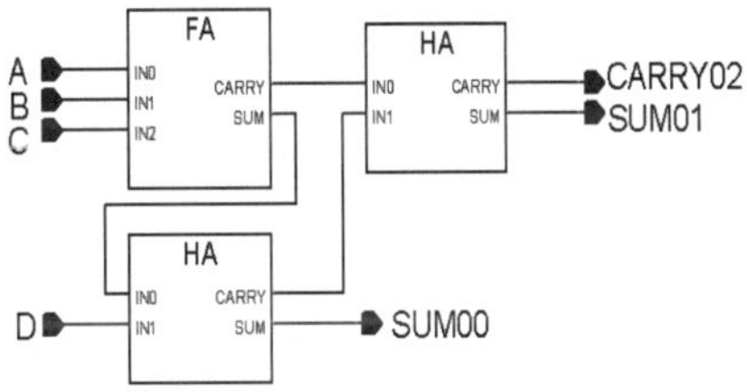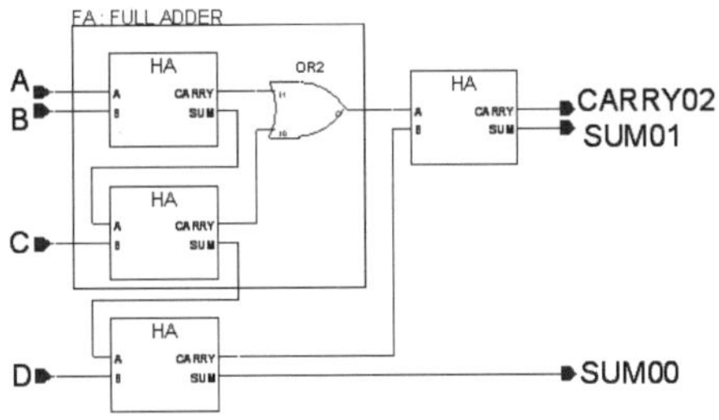	1bit Data 4개를 입력받아 더하기 연산을 수행한다. 반가산기(HA)와 전가산기(FA)를 조합하여 다양한 Bit의 덧셈 연산을 수행한다. 1+1+1+1=100
가산기 응용 (DDA)	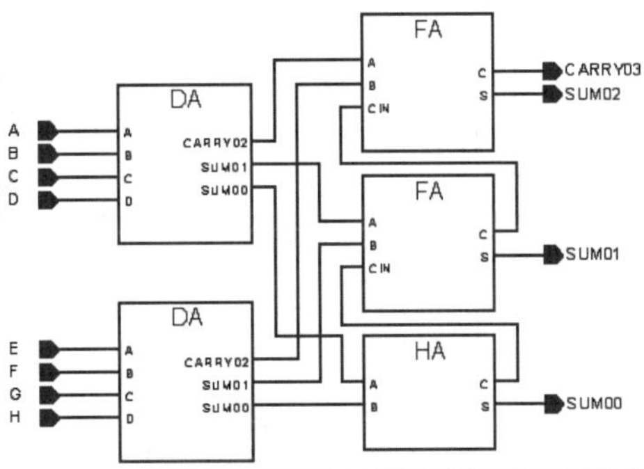	1bit Data 8개를 입력받아 더하기 연산을 수행한다. 1+1+1+1+1+1+1+1=1000

예제 4-3 전가산기의 진리표와 논리식을 쓰고 반가산기 2개, OR Gate 1개를 사용하여 전가산기 논리회로도를 설계하여라.

X	Y	Ci	S	Co
0	0	0		
0	0	1		
0	1	0		
0	1	1		
1	0	0		
1	0	1		
1	1	0		
1	1	1		

3) 2진 직 · 병렬 가산기

n비트로 구성된 2진수 A와 B에 대한 덧셈은 직렬 가산기(Serial Adder)와 병렬 가산기(Parallel Adder)에 의해서 실행할 수 있다.

직렬 가산기는 A와 B에 있는 비트의 쌍을 직렬로 전가산기의 입력으로 인가하여 가산기의 합을 만들어내는 회로이다. 이때 한 쌍의 비트로부터 기억된 출력 캐리는 캐리 저장기에 저장되며, 다음 쌍의 비트에 대한 입력 캐리로서 이용된다.

직렬 가산기는 회로의 구성이 간단하지만 두 개의 비트를 직렬로 연산하므로 비트의 길이만큼 연산 시간이 소요되는 단점이 있다.

직렬 가산기의 구성은 아래와 같다.

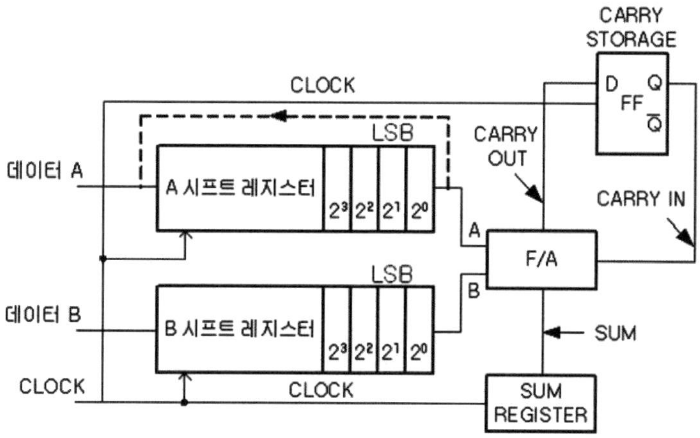

병렬 가산기는 n개의 전가산기를 사용하며 A, B의 모든 비트를 동시에 입력으로 인가하여 연산을 수행한다. 한 개의 전가산기로부터 나온 출력 캐리는 다음 단의 전가산기의 입력 캐리로 인가된다. 병렬 가산기는 각 비트마다 전가산기를 설치하여 모든 비트를 병렬로 연산하는 회로이다. 따라서 n비트 2진 병렬 가산기를 구현하기 위해서는 n개의 전가산기가 필요하게 된다.

2비트의 병렬 가산기의 블록도와 회로도는 아래와 같다.

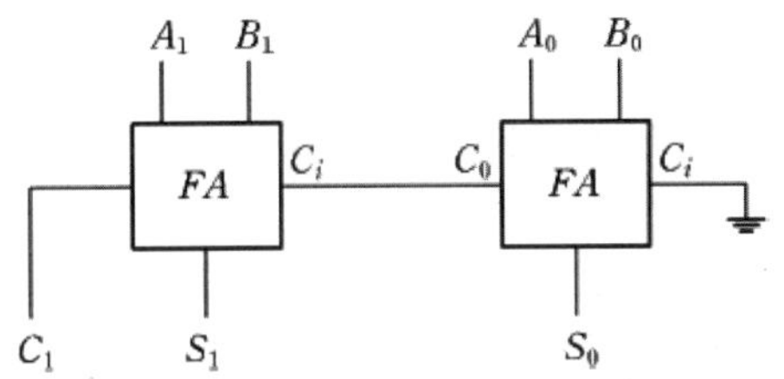

(a) 2비트 병렬 가산기 블록도

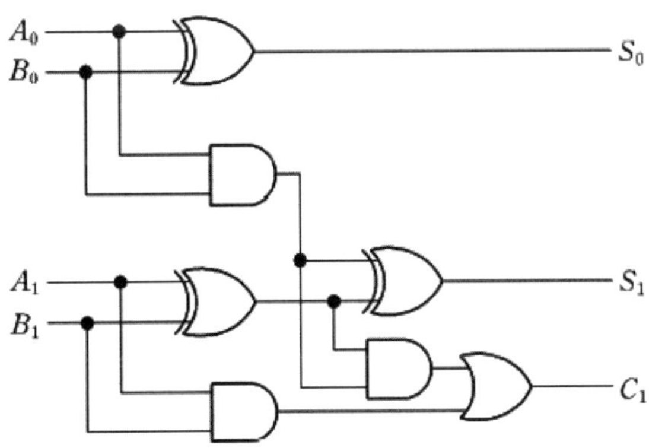

(b) 2비트 병렬 가산기 회로도

아래 그림은 4개의 전가산기로 구성된 4비트 2진 병렬 가산기(binary parallel adder)를 나타낸다. 피가수 A와 가수 B의 모든 비트들이 동시에 입력되며 전가산기의 출력 캐리는 바로 왼쪽 전가산기의 입력으로 인가된다. 이 회로에서 연산 결과인 합의 비트는 출력 S에 나타난다. 또한, C_0는 두 번째 FA의 입력 캐리이며, C_3는 네 번째 FA의 출력 캐리이다.

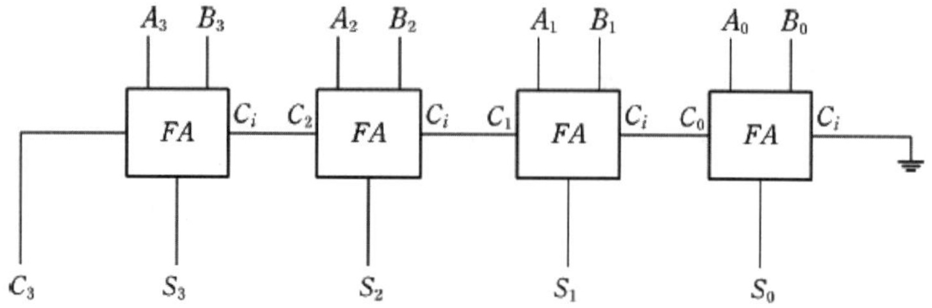

고전적인 방법에 의해서 4비트 2진 병렬 가산기를 설계하려면, 이 가산기의 입력은 입력 캐리를 포함하여 모두 9개가 필요하므로 $2^9=512$개의 입력 조합을 가진 진리표를 작성해야 하므로 회로가 매우 복잡하게 된다.

예제 4-4

74LS83을 이용하여 A=5(10)와 B=7(10)을 더한 경우의 논리 데이터를 그림에 기입하여라.

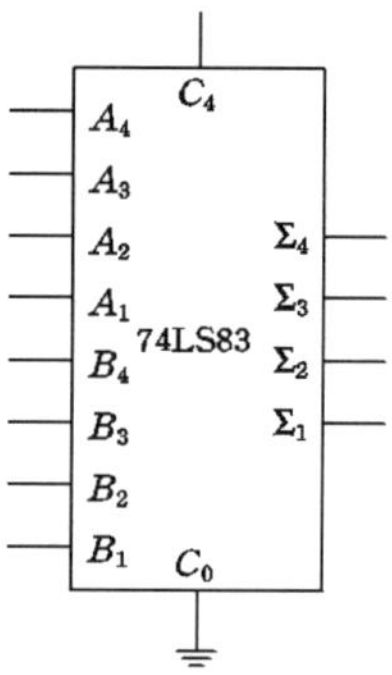

예제 4-5

74LS83을 이용하여 8비트 가산기를 구성하고 A=110(10) B=97(10)을 더한 경우의 논리 데이터를 그림에 기입하여라.

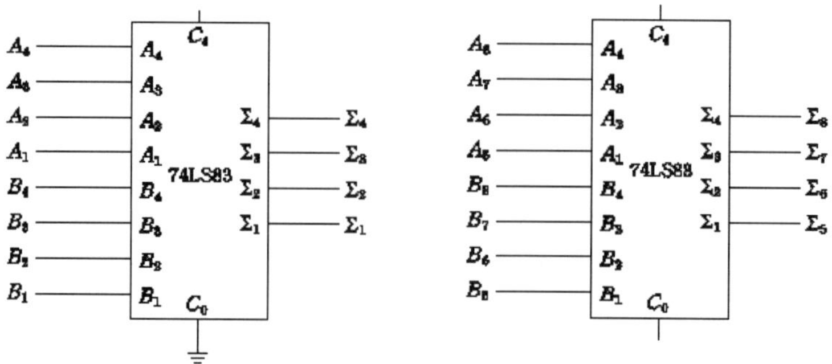

4) 리플 캐리 가산기

리플 캐리 가산기(ripple carry adder)는 4개의 전가산기를 직렬로 연결하여 덧셈 연산을 수행하는 회로이다.

여기에 사용된 전가산기는 그림과 같이 3개의 AND 게이트와 OR 및 EX-OR 게이트가 2단계(two-level)로 구성되어 있다.

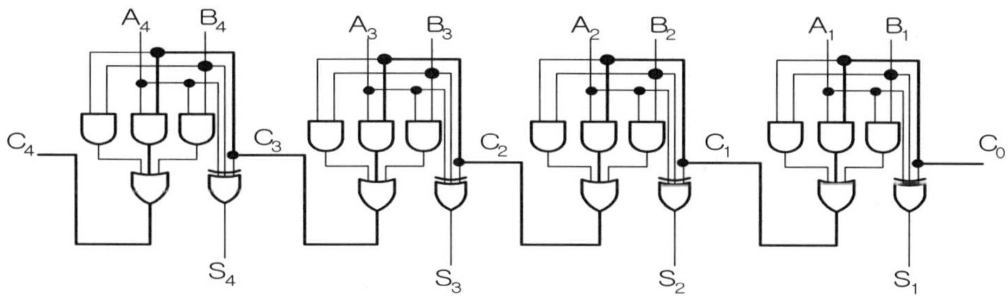

이 회로에서 A와 B는 각각 피가수와 가수를 나타내며, C는 캐리를 나타낸다.

첫 단 전가산기의 C_0와 마지막 단 C_4는 각각 입력 캐리와 출력 캐리를 나타내며, C_n(n=0, 1, 2, 3, 4)은 다음 단의 전가산기로 보내어진다.

이와 같이 캐리가 전가산기의 오른쪽 단에서 왼쪽 단으로 전파되기 때문에 이를 리플 캐리 가산기라 한다.

이 가산기는 각 단에서 만들어지는 캐리들에 따라 총 지연 시간은 변화할 수 있으므로 합 S_n(n=1, 2, 3, 4)을 구하는 시간은 캐리 비트의 유무에 의해서 결정된다.

만약, 두 수가 더해지고 두 단 사이에 캐리가 없다면 합의 출력을 얻는 데 필요한 가산 시간은 단 한 개의 전가산기를 통하는 전파 시간과 동일하다.

그러나, n비트의 가산기가 각 단에서 모두 캐리를 갖고 있다면 캐리 비트가 가산기를 통과하는 데 걸리는 최대 전파 지연 시간(propagation delay time)은 2nsec가 된다.

여기서 지연 시간은 AND와 OR게이트에 대한 지연 시간을 나타낸다.

리플 캐리 가산기는 비교적 적은 게이트로서 가산 회로를 실현할 수 있으므로 시스템을 값싸게 구현할 수가 있으나 가산 속도가 느린 단점을 가지고 있다.

5) 앞 보기 캐리를 가진 가산기

앞에서도 설명한 것처럼 리플 캐리 가산기에 필요한 합의 출력을 얻는 데 필요한 시간은 전가산기의 모든 단을 통과하는 캐리의 전파 지연 시간에 영향을 받는다.

이 캐리의 전파 지연을 제거함으로써 가산기의 연산 속도를 향상시키기 위해 설계된 가산기를 앞 보기 캐리를 가진 가산기(look-ahead carry adder)라 한다.

이 방법은 전가산기가 갖고 있는 함수인 캐리 발생(carry generate)과 캐리 전파(carry propagate)를 사용하고 있다.

여기에서 캐리 발생 함수를 G_i라 하고, 캐리 전파를 P_i라 정의한다.

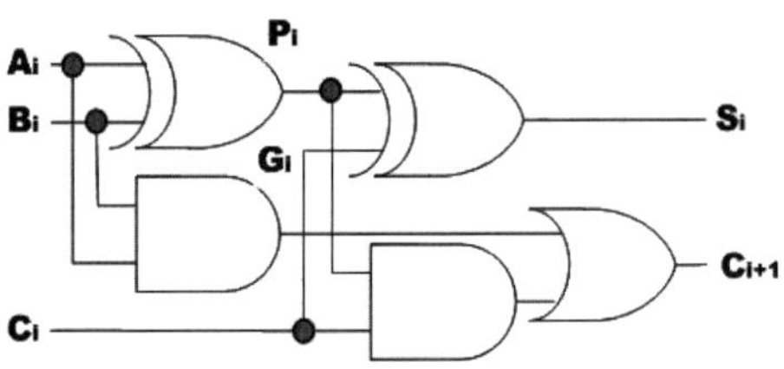

함수 G_i는 출력 캐리가 전가산기에 의해서 발생하며, 캐리는 두 입력 비트 A와 B가 1일 때만 생성된다. 이를 위한 조건은 다음과 같다.

$$G_i = A_iB_i (i = 0,\ 1,\ 2,\ \cdots,\ n-1)$$

입력 캐리가 전파되는 조건은 두 입력 중 1개의 비트가 1인 경우가 되므로 조건은 다음과 같다.

$$P_i = A_i \oplus B_i$$

이때 합 S_i와 캐리 C_i는 다음과 같이 표시된다.

$$S_i = P_i \oplus C_i \qquad C_{i+1} = G_i + P_iC_i$$

만약 앞 보기 캐리를 가진 3비트 전가산기를 구현할 경우(전가산기의 각 단을 FA_1, FA_2, FA_3로 표시함) 전가산기의 첫단(FA_1)에 대한 출력 캐리를 캐리 발생 항(term)과 캐리 전파 항으로 표현하면 다음과 같은 관계식을 얻을 수 있다.

$$C_1 = G_0 + P_0C_0$$

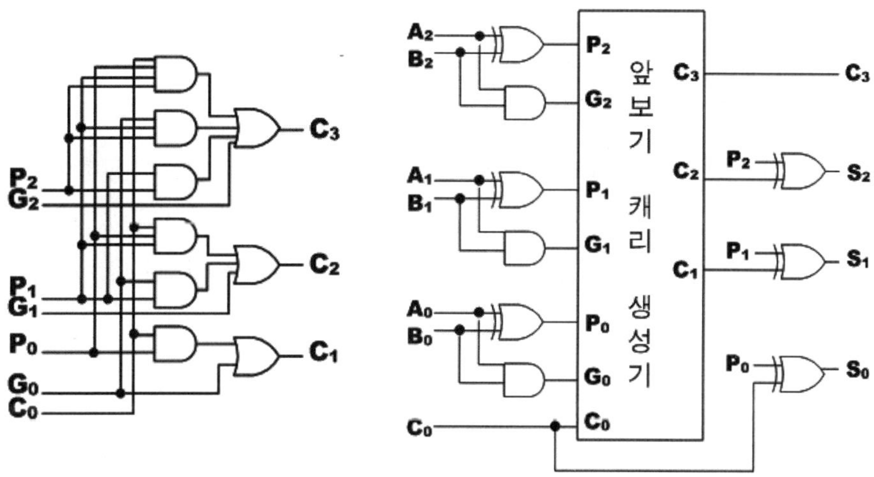

식에서 알 수 있듯이 FA_1의 출력 캐리 C_1이 1이 되는 조건은 캐리 발생 G_0가 1이거나 캐리 전파 P_0와 입력 캐리 C_0가 모두 1인 경우이다.

i=1인 경우 가산기 FA_2의 출력 캐리를 구하면 아래와 같은 식을 얻을 수 있다.

$$\begin{aligned} C_2 &= G_1 + P_1C_1 \\ &= G_1 + P_1(G_0 + P_0C_0) \\ &= G_1 + P_1G_0 + P_1P_0C_0 \end{aligned}$$

동일한 방법으로 i=2인 경우 FA_3의 출력 캐리를 구하면 아래식과 같다.

$$\begin{aligned} C_3 &= G_2+P_2C_2 \\ &= G_2+P_2(G_1+P_1G_0+P_1P_0C_0) \\ &= G_2+P_2G_1+P_2P_1G_0+P_2P_1P_0C_0 \end{aligned}$$

위 식에서 알 수 있듯이 C_3는 C_1과 C_2가 동시에 생성되므로 전파를 위해서 C_1과 C_2를 기다릴 필요가 없다.

따라서 앞 보기 캐리를 가진 가산기의 경우, 첫 번째 레벨 EX-OR와 AND 게이트는 각각 P_i 변수와 G_i 변수를 만들어 낸다.

이를 일반화시키면 C_{i+1}를 구하는 관계식은 다음 식과 같다.

$$C_{i+1} = G_i + P_iG_{i-1} + P_iP_{i-1}G_{i-2} + P_iP_{i-1}P_{i-2}G_{i-3} + \cdots$$
$$+ P_iP_{i-1}P_{i-2}\cdots P_1G_0 + P_iP_{i-1}P_{i-2}\cdots P_1P_0C_0$$

식은 곱의 합(SOP) 형태로 되어 있으므로 2단계 회로를 이용하여 모든 출력 캐리를 생성할 수 있다. 그러므로 모든 출력 캐리는 단지 2개의 게이트 레벨에 대해서 지연을 가진 후에 생성되며, 추가되는 비트의 수와 무관하게 된다.

6) BCD 가산기

디지털 컴퓨터는 2진수에 대해서만 산술 연산이 가능하므로 십진수 연산을 수행하기 위해서는 먼저 십진수의 입력을 2진수로 바꾸어 연산을 행한 다음 다시 그 결과를 십진수로 변환하여 출력을 만들어야 한다.

이와 같은 방법으로 십진수의 덧셈 연산을 수행하는 산술 연산회로를 BCD(Binary Coded Decimal number) 가산기라 한다.

BCD로 두 개의 십진수에 대해서 덧셈을 수행할 경우, 입력은 9를 넘을 수 없으므로 출력은 9+9+1보다 클 수 없다. 여기서 1은 입력 캐리를 나타낸다.

BCD 형태의 두 수를 4비트 2진 가산기로 입력시킬 경우 가산기의 합은 표와 같이 2진수로 표시되며, 그 값의 범위는 0~19가 된다.

표에서 K는 출력 캐리이며 Z_8, Z_4, Z_2, Z_1은 병렬 가산기의 합을 나타낸다.

예를 들어 8+6의 연산에서 BCD 코드로 된 이 두 수가 4비트 병렬 가산기의 입력으로 인가될 경우, 출력 값은 $14(1110)_2$이 된다. 이 값은 BCD 코드의 형태가 아닌 단순한 2진수의 형태를 갖게 된다.

2진 합					보정된 BCD 합					10진수
K	Z_8	Z_4	Z_2	Z_1	C	S_8	S_4	S_2	S_1	S_1
0	0	0	0	0	0	0	0	0	0	0
0	0	0	0	1	0	0	0	0	1	1
0	0	0	1	0	0	0	0	1	0	2
0	0	0	1	1	0	0	0	1	1	3
0	0	1	0	0	0	0	1	0	0	4
0	0	1	0	1	0	0	1	0	1	5
0	0	1	1	0	0	0	1	1	0	6
0	0	1	1	1	0	0	1	1	1	7
0	1	0	0	0	0	1	0	0	0	8
0	1	0	0	1	0	1	0	0	1	9
0	1	0	1	0	1	0	0	0	0	10
0	1	0	1	1	1	0	0	0	1	11
0	1	1	0	0	1	0	0	1	0	12
0	1	1	0	1	1	0	0	1	1	13
0	1	1	1	0	1	0	1	0	0	14
0	1	1	1	1	1	0	1	0	1	15
1	0	0	0	0	1	0	1	1	0	16
1	0	0	0	1	1	0	1	1	1	17
1	0	0	1	0	1	1	0	0	0	18
1	0	0	1	1	1	1	0	0	1	19

그러므로 10진수 9보다 큰 2진 합(binary sum)이 2진 가산기의 출력에 나타나면 정확한 BCD 값을 얻기 위해서 이 출력 값을 보정(correction)해 주어야 한다.

BCD 가산기에 사용되는 일반적인 보정 방법은 출력 값이 9를 초과할 경우에는 2진 합에 십진수 6(0110)을 더하는 것이다. 이러한 예를 설명하면 다음과 같다.

```
                          BCD
                               1000
                          +    0110
        십진수                 ------
             8
        +    6                 1110   부정확함
        ------            +    0110   6을 더함
                               ------
            14
                       0001    0100   결과값(BCD)
```

보정된(corrected) BCD 합은 표에서 알 수 있듯이 1001보다 작거나 같은 2진수의 합은 BCD의 합과 동일하다. 그러나 1001보다 큰 2진수의 합은 2진수의 합에 0110을 더해야만 정확한 BCD 합을 얻을 수 있다. BCD 합으로 변환을 위한 보정회로는 표로부터 구할 수 있다. 2진수의 합이 K=1일 경우에 보정이 필요하다. 그리고 보정이 필요한 1010부터 1111 까지의 수는 Z_8 값이 1이다. 역시 Z_8의 값이 1인 1000과 1001을 그 수들과 구별하기 위해서 Z_4와 Z_2의 값을 고려한다. 즉, 2진수의 합이 각각 $Z_8=1$, $Z_4=1$인 경우와 $Z_8=1$, $Z_2=1$일 때 보정이 필요하다. 따라서 보정 및 출력 캐리를 위한 부울 함수는 다음과 같이 유도할 수 있다.

$$C = K + Z_8Z_4 + Z_8Z_2$$

2개의 4비트 2진 가산기와 보정회로를 논리회로로 구현한 BCD 가산기의 블록도는 그림과 같다.

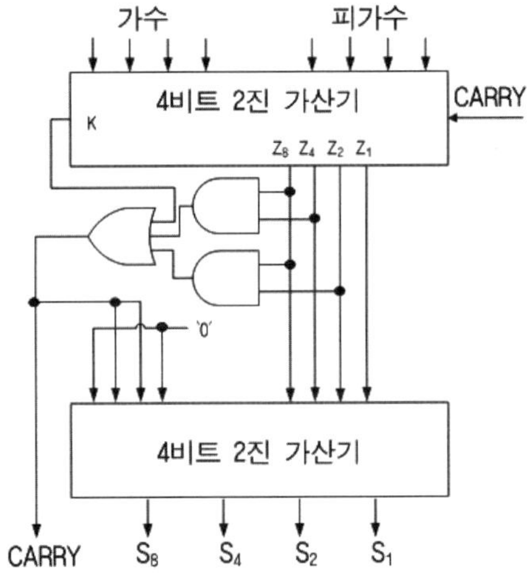

BCD 가산기의 블록도

그림에서 알 수 있듯이 2진수의 합에서 출력 캐리(C)가 없을 때는 어떤 값도 더해지지 않고 상단의 4비트 병렬 가산기에 발생된 출력이 그대로 하단의 병렬 가산기를 통해 출력된다. 그러나 상단의 병렬 가산기에서 캐리가 발생할 때는 하단의 병렬 가산기에서 0110을 더하여 정확한 BCD 출력을 얻을 수 있다.

4.5 감산기(Subtractor)

1) 반감산기(Half Subtractor)

감산기(Subtracter)는 두 비트의 뺄셈을 수행하여 그 차(D : Difference)를 구하고, 피감수(minuend) 비트가 감수(subtrahend) 비트보다 작을 때 바로 앞의 비트로부터 1을 빌려오는 빌림수(B : Borrow)를 나타내는 논리회로이다.

감산기 또한 가산기와 마찬가지로 전감산기와 반감산기로 나누어지는데 전감산기는 그 전단에 1을 빌려 주었는지에 대한 것이 고려된 경우이고, 1을 빌려 오기만 할 뿐 그 전단에 빌려줌은 고려하지 않는 것은 반감산기이다.

반감산기(HS : Half Subtracter)는 두 비트의 뺄셈을 수행하여 그 차와 1을 빌려왔는지를 나타내는 출력을 가진 논리회로이다. 즉, 피감수와 감수의 상대적인 크기를 비교한다. 1 비트의 감수와 피감수의 감산을 하면 결과는 다음과 같다.

조건	계산식	빌림수:Borrow	차:Difference
X ≧ Y	0 − 0 = 0	0	0
	1 − 0 = 1	0	1
	1 − 1 = 0	0	0
X 〈 Y	0 − 1 ➜ 10 − 01 = 11	1	1

X-Y는 감산을 수행하기 위해 X와 Y의 상대적인 크기를 비교해야만 한다.

X≧Y인 경우에는 위와 같이 단순한 감산이 이루어진다. 그러나 X<Y인 경우, 즉 0-1인 경우에는 앞자리의 비트로부터 1을 빌려야 한다. 빌린 1은 2진수로서 2와 같으므로 피감수와 더해져 2+0이 되므로 결과 B(Borrow)가 1이 되고, 2-1을 수행하여 D(Difference)는 1이 된다.

반감산기를 구현하기 위해서는 먼저 입력변수로는 X(피감수), Y(감수), 그리고 출력 변수로 차(Difference) D, 빌림수(Borrow) B를 할당한다.

반감산기의 진리표는 다음과 같다.

X(minuend)	Y(subtrahend)	B(borrow)	D(difference)
0	0	0	0
0	1	1	1
1	0	0	1
1	1	0	0

위 진리표에 의해 논리식을 추출하면

$$B = X'Y, \quad D = X'Y + XY' = X \oplus Y$$

가 된다.

함수식을 보면 반감산기의 D는 반가산기의 S와 동일하다는 것을 알 수 있다.

그리고 반가산기는 C=XY인데 반감산기는 B=X′Y이다. 그러므로 반가산기의 자리올림수를 결정하는 회로에서 X 를 X′로 바꿀 경우 출력 C와 반감산기의 B는 동일하므로 반감산기의 논리도는 반가산기의 논리회로도에서 X를 X′로 바꾸어 쉽게 구현할 수 있다.

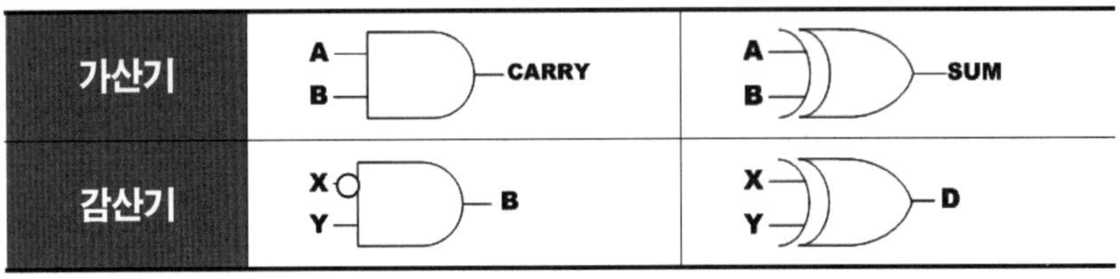

반감산기를 카르노맵을 이용하여 간략화하면 다음과 같다.

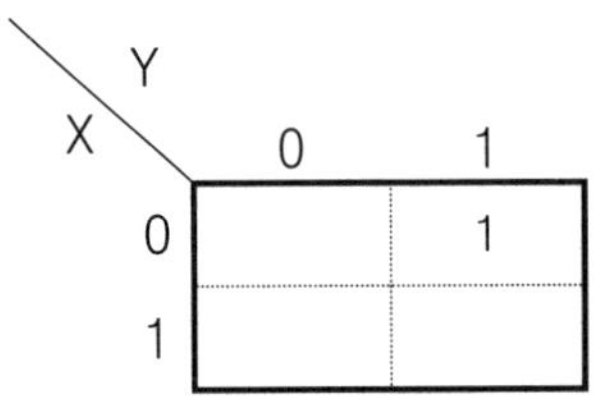

B = X'Y

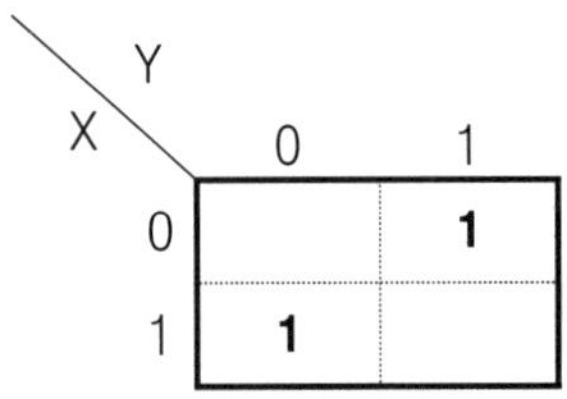

D = X⊕Y

논리식을 AND, NOT 및 OR 게이트 그리고 XOR 게이트를 이용하여 나타내면 다음과 같다.

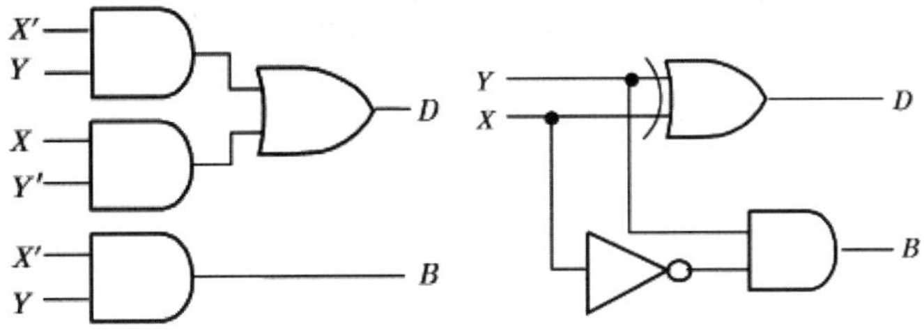

예제 4-6 반감산기의 진리표를 쓰고 논리식, 논리 회로도를 설계하여라.

X	Y	D	B
0	0		
0	1		
1	0		
1	1		

2) 전감산기(Full Subtractor)

전감산기(FS : Full Subtracter)는 바로 전단의 위치에 빌려준 1, 즉, 입력 변수 Z를 하나 더 고려하여 두 비트의 뺄셈을 수행하는 논리 호로이다. 따라서 입력변수가 반감산기보다 하나 더 추가된다. 다음 표의 Z는 빌려준 상태를 표시한다. 두 출력변수 B와 D의 값은 X, Y, Z의 결과에 따라서 1 또는 0이 된다.

입력 Z(전단에 빌려준 상태)가 0이면 반감산기와 동일하게 된다. 예를 들어, (X, Y, Z) = (0, 0, 1)일 경우 전단에 1을 빌려 준 상태, 즉, Z=1이므로 바로 앞의 비트로부터 1을 빌려와서 X는 2가 된다. 그러므로 D=2-0-1=1이 되어 (D, B)=(1, 1)이 된다.

(X, Y, Z)=(0, 1, 1)일 때에도 앞의 비트로부터 1을 빌려와야 하므로 B=1이고, X 는 2가 더해져 D는 2-1-1=0에 의해 0이 된다.

(X, Y, Z)=(1, 0, 1)일 때 X-Y-Z=0이므로 B=0, D=0가 된다. 그리고 (X, Y, Z)=(1, 1, 1)이면 앞의 비트로부터 1을 빌려 X는 2가 더해져 3이 되므로 D=1, B=1이 된다.

Input			Output	
X (minuend)	Y (subtrachend)	Z (previous borrow)	B (borrow)	D (difference)
0	0	0	0	0
0	0	1	1	1
0	1	0	1	1
0	1	1	1	0
1	0	0	0	1
1	0	1	0	0
1	1	0	0	0
1	1	1	1	1

Difference = X'Y'Z + X'YZ' + XY'Z' + XYZ

Borrow = X'Y'Z + X'YZ' + X'YZ + XYZ
= X'Z(Y' + Y) + X'Y(Z' + Z) + (X' + X)YZ
= X'Z + X'Y + YZ

AND와 OR 게이트를 이용하여 전감산기를 나타내면 다음과 같다.

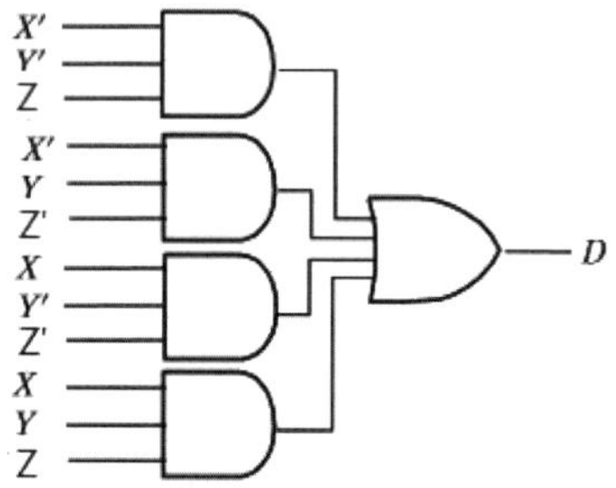

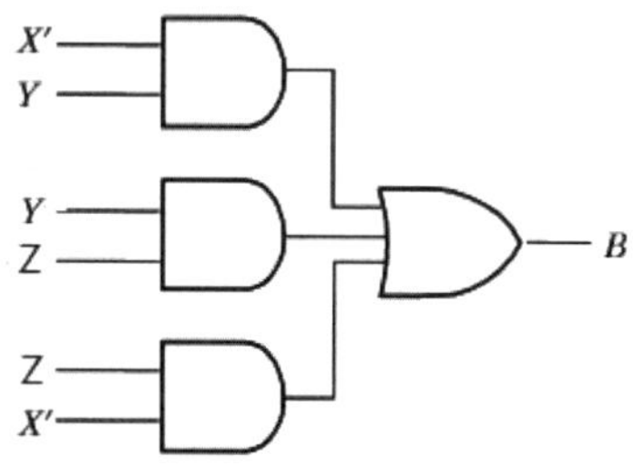

전감산기를 카르노맵을 이용하여 간략화하면 다음과 같다.

X \ YZ	00	01	11	10
0		1		1
1	1		1	

D = X'Y'Z+X'YZ'+XY'Z'+XYZ

X \ YZ	00	01	11	10
0		1	1	1
1			1	

B = X'Z+X'Y+YZ

위 진리표로부터 논리식을 추출하면

$$\begin{aligned}
\text{Difference} &= X'Y'Z + X'YZ' + XY'Z' + XYZ \\
&= (X'Y' + XY)Z + (X'Y + XY')Z' \\
&= (X \odot Y)Z + (X \oplus Y)Z' \\
&= (X \oplus Y)'Z + (X \oplus Y)Z' \\
&= (X \oplus Y) \oplus Z \\
\text{Borrow} &= X'Y'Z + X'YZ' + X'YZ + XYZ \\
&= (X'Y' + XY)Z + X'Y(Z + Z') \\
&= (X'Y' + XY)Z + X'Y
\end{aligned}$$

전감산기는 2개의 반감산기와 1개의 OR 게이트를 이용하여 설계된다.

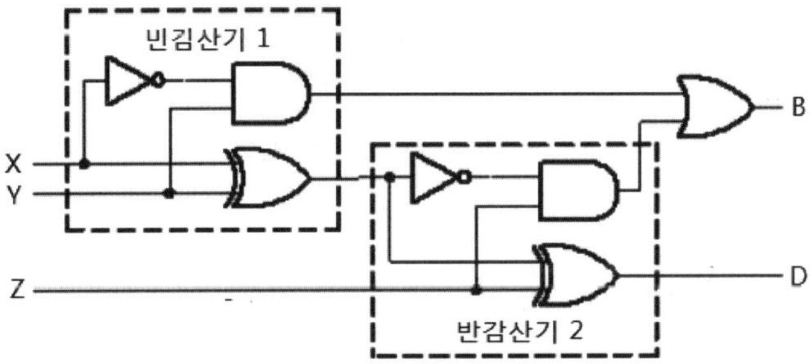

다양한 감산기 회로들

구분	논리회로도	동작 설명
반감산기 (HS)	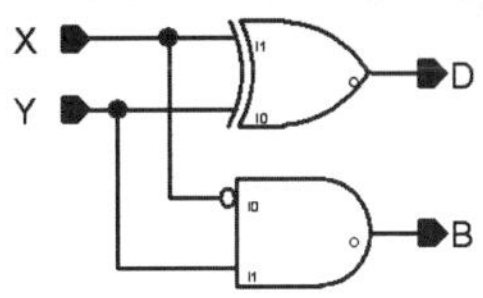	1bit Data 2개를 입력받아 뺄셈 연산을 수행한다. 1−1=00
전감산기 (FS)	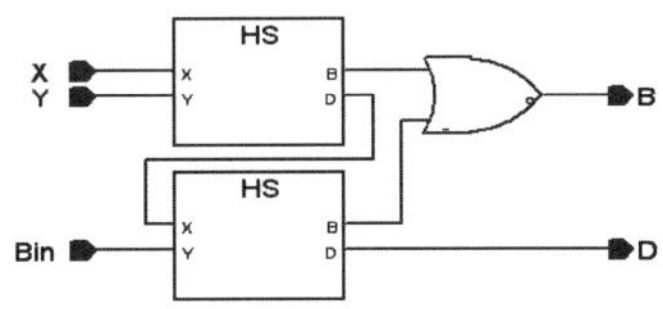	1bit Data 3개를 입력받아 뺄셈 연산을 수행한다. 1−1−1=11
감산기 응용 (DS)	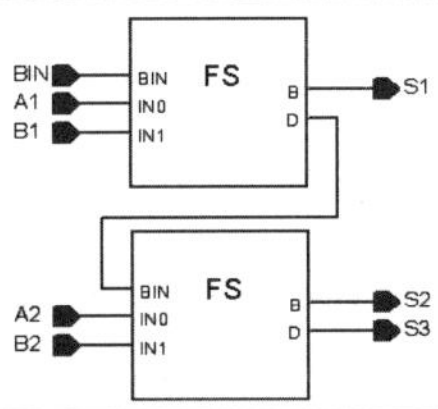	2bit Data 2개를 입력받아 뺄셈 연산을 수행한다. 111−11=100

일반적으로 뺄셈은 보수의 덧셈으로 변환하여 수행할 수 있다. 예를 들어 뺄셈 A-B는 A+(B의 2보수)와 같이 B에 대한 2의 보수(2′s complement)를 취하여 A에 더함으로써 계산할 수 있다. 따라서 실제 회로에서는 주로 감산기를 별도로 설계하지 않고 가산기를 감산기로 사용한다.

3) BCD 감산기

두 개의 십진수의 뺄셈 연산은 BCD 감산기를 이용하여 직접 수행할 수 있다. 감수에 대하여 9의 보수나 10의 보수를 취한 후 피감수에 더함으로써 감산을 더욱 더 효율적으로 수행할 수 있다.

BCD는 자기(self) 보수 코드가 아니므로 9의 보수는 각 코드의 보수를 취해도 얻을 수 없다. BCD로 표현된 십진수에 있어서 9의 보수를 얻기 위해서는 보정을 행한 후, 각 비트에 대해서 보수를 취하면 된다.

BCD에서 보수를 얻는 보정의 방법에는 두 가지가 있다.

첫 번째 방법은 감수의 각 비트에 대해서 보수를 취한 후에 $(1010)_2(=10_{10})$를 더한다. 이때 발생한 캐리는 없애주면 된다.

두 번째 방법은 피감수에 $(0110)_2=(6)_{10}$를 더한 뒤에 각 비트를 보수화한다.

위에서 설명한 두 가지 방법을 이용하여 7의 보수를 구하라.

[방법 1]

BCD 0111에 대해서 각 비트의 보수를 취하면 1000이 된다. 여기에 $(1010)_2$을 더한 뒤 캐리를 없애면 9의 보수 $(2)_{10}=(00010)_2$을 얻게 된다. 이 방법은 $(15-7)+10=(9-7)+16$의 형태와 같다고 볼 수 있다. 여기서 16은 캐리를 뜻하므로 캐리를 없애주면 9−7의 값을 얻게 된다.

[방법 2]

0111을 0110에 더하면 1101이 되고 각 비트의 보수를 취하면 9의 보수 $(2)_{10}=(00010)_2$을 얻을 수 있다. 이 방법은 $15-(7+6)=(15-6)-7=9-7$의 형태가 된다.

BCD의 9의 보수는 조합회로에 의해 얻어질 수 있으며, 이 회로를 BCD 가산기와 결합하면 BCD 가산기-감산기가 된다. 감수(가수)를 4개의 2진 변수 B_8, B_4, B_2, B_1으로 표시하고, 덧셈과 뺄셈을 수행하는 모드 비트를 M이라고 가정한다.

이때 M=0이면 덧셈을, M=1이면 뺄셈을 수행하게 된다. 2진 변수 X_8, X_4, X_2, X_1은 9의 보수회로의 출력을 뜻한다. 진리표를 이용하여 9의 보수회로를 구현하기 위한 함수를 구하면 다음과 같다.

$$x_1 = B_1M' + B_1'M$$

$$x_2 = B_2$$

$$x_3 = B_4M' + (B_4'B_2 + B_4'B_2')M$$

$$x_4 = B_8M' + B_8'B_4'B_2'M$$

그림은 두 개의 BCD 수를 받아 가/감산을 수행할 수 있는 연산회로를 나타낸다.

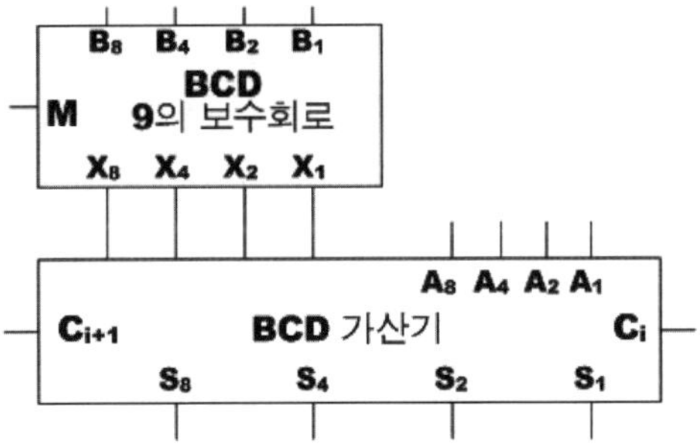

여기서 M=0일 때는 S의 출력은 A+B가 되고, M=1이면 S의 출력은 A와 B의 9의 보수와의 합이다. 이때 십진수의 차는 M=1이고, 입력 캐리 C_1=1에 의해서 구할 수 있다.

4) 가산기 - 감산기

2진수의 감산은 인버터를 이용하여 감수에 대한 1의 보수를 만들고, 입력 캐리를 통하여 1을 더하면 된다.

2진 감산기(binary subtractor)로 14에서 9를 빼는 연산을 해보면

10진수 감산	2진수 감산	1의 보수 가산	2의 보수 가산
피감수 14 감 수 - 9 ----------- 5	1 1 1 0 - 1 0 0 1 ----------- 0 1 0 1	1 1 1 0 + 0 1 1 0 ----------- 1 0 1 0 0 + 1 ----------- 0 1 0 1	1=Cin 1 1 1 0 + 0 1 1 0 ----------- 1 0 1 0 1 제거 ----------- 0 1 0 1

즉 감수를 2의 보수로 변환하고 피감수와 덧셈 연산하고 최상위 자리올림수는 제거한다.

```
     C2 C1 C0  1 = Ci : 자리올림수
     A3 A2 A1  A0     : 피감수
 +   B3 B2 B1′ B0′    : B의 1의 보수
---------------
 C3  S3 S2 S1  S0     : 결과
 제거
```

전가산기와 NOT 게이트를 이용하여 회로를 구성하면 다음과 같다.

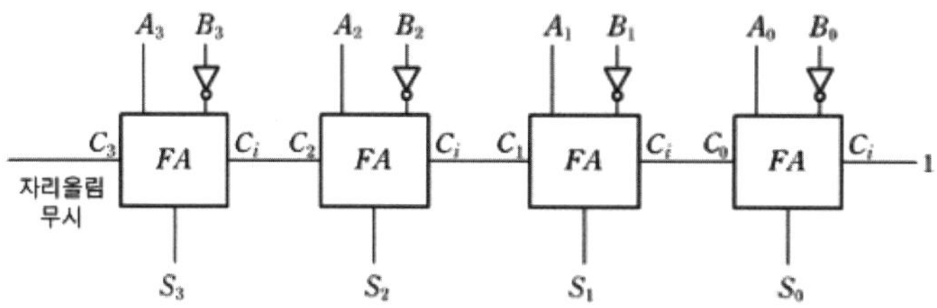

2진 가산과 감산 연산을 수행하기 위해서는 모드 입력 C_{in}을 이용한다. $C_{in}=0$이면 이 회로는 가산기로서 동작하고, $C_{in}=1$이면 감산기로서 동작한다. 즉, C_{in}이 0이면, EX-OR의 출력은 B가 되므로 FA의 입력은 $A+B+0(C_0=0)$이 되어 가산기로서 동작하게 된다.

한편, $C_{in}=1$일 경우에는 EX-OR의 출력은 B′가 되므로 FA의 입력은 $A+B'+1(C_0=1)$이 되므로 감산기로서 동작하게 된다.

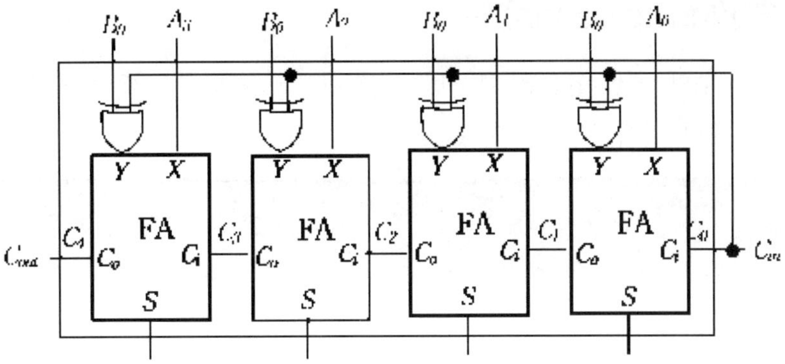

$C_{in} = 0$ 이면 B⊕0=B, $C_{in} = 1$ 이면 B⊕1=B′

2진 가감산기는 하나의 2진 가산기를 이용하여 가산과 감산을 동시에 수행할 수 있는 회로이다. 2진수의 감산은 감수에 대해서 2의 보수를 취하여 피감수와 더하면 된다. 아래 그림은 각 전가산기에 Exclusive-OR(EX-OR) 회로를 연결하여 구성된 4비트 2진 가감산기를 시뮬레이션 한 결과를 보여준다.

2진 가감산기	시뮬레이션 출력
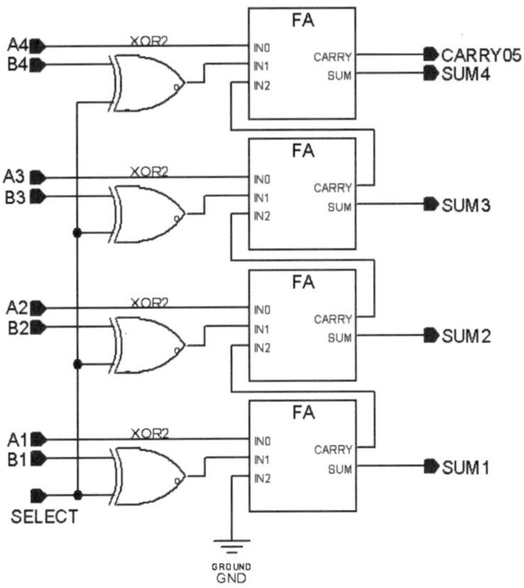	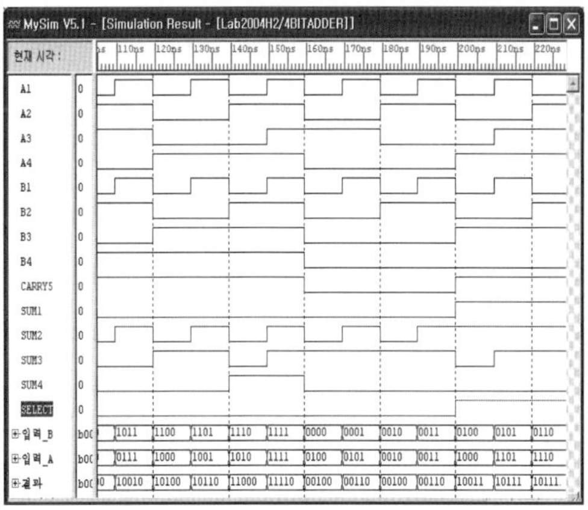

4.6 곱셈기(Multiplication)

두 개의 2진수의 곱셈 연산은 한꺼번에 곱 비트(product bit)를 형성하는 조합회로에 의해서 이래와 같이 구성할 수 있다.

입력A		입력B		출력M				A*B=M
A_1	A_0	B_1	B_0	M_3	M_2	M_1	M_0	
0	0	0	0	0	0	0	0	0*0=0
0	0	0	1	0	0	0	0	0*1=0
0	0	1	0	0	0	0	0	0*2=0
0	0	1	1	0	0	0	0	0*3=0
0	1	0	0	0	0	0	0	1*0=0
0	1	0	1	0	0	0	1	1*1=1
0	1	1	0	0	0	1	0	1*2=2
0	1	1	1	0	0	1	1	1*3=3
1	0	0	0	0	0	0	0	2*0=0
1	0	0	1	0	0	1	0	2*1=2
1	0	1	0	0	1	0	0	2*2=4
1	0	1	1	0	1	1	0	2*3=6
1	1	0	0	0	0	0	0	3*0=0
1	1	0	1	0	0	1	1	3*1=3
1	1	1	0	0	1	1	0	3*2=6
1	1	1	1	1	0	0	1	3*3=9

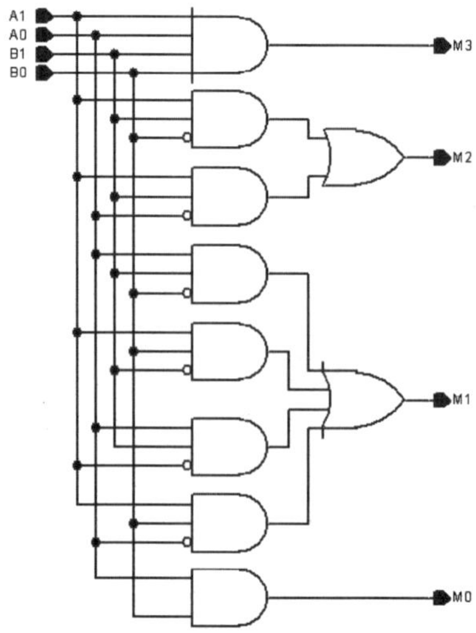

$$M_3=A_1A_0B_1B_0$$

$$M_2=A_1B_1B_0'+A_1A_0'B_1$$

$$M_1=A_0B_1B_0'+A_1B_1'B_0+A_1'A_0B_1+A_1A_0'B_0$$

$$M_0=A_0B_0$$

또 다른 방법은 배열 승산을 이용하는 방법이 있다.

곱셈에서 승수(multiplier)는 b_1b_0이고, 피승수(multiplicand)는 a_1a_0라 하고 결과는 $c_3c_2c_1c_0$로 표시할 때 다음과 같이 곱셈 연산을 수행할 수 있다.

		b_1	b_0
	×	a_1	a_0
		a_0b_1	a_0b_0
	a_1b_1	a_1b_0	
c_3	c_2	c_1	c_0

처음 발생하는 부분 곱(partial product)은 b_1b_0에 a_0를 곱하면 얻을 수 있다.

만약, 두 비트 모두가 1이면 결과가 1이고, 그렇지 않으면 0이 되므로 이러한 관계는 AND 게이트에 의해서 실현이 가능하다.

두 번째 발생하는 부분곱은 b_1b_0에 대해서 a_1을 곱하고 이를 처음의 부분곱에 더하면 된다. 따라서 이 경우는 두 개의 AND 와 두 개의 반가산기를 사용하면 된다.

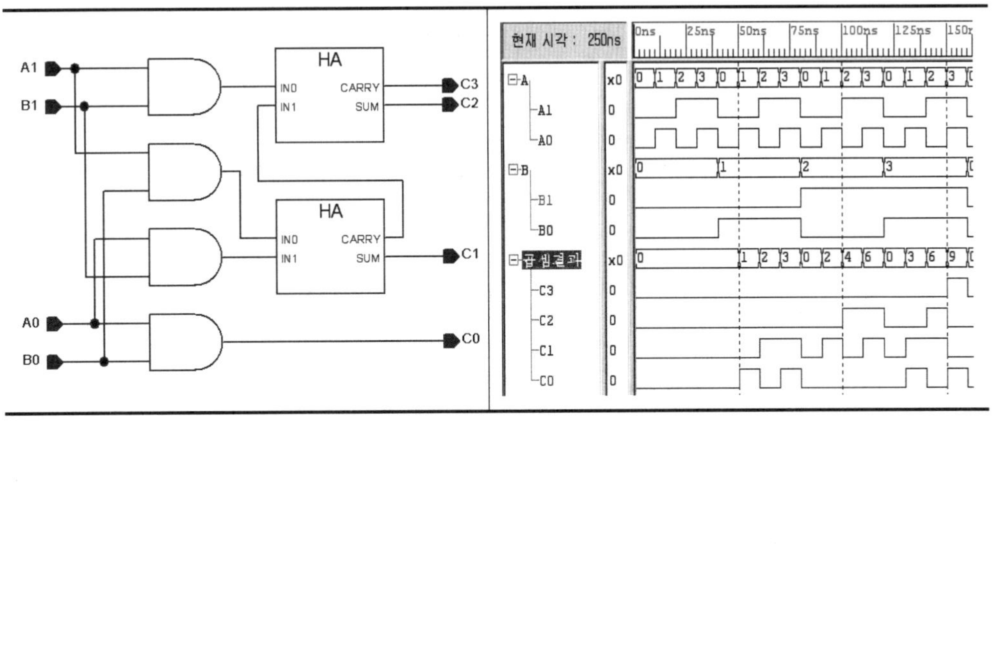

만약, 더 많은 부분 곱이 존재한다면 두 비트와 이전의 캐리(previous carry)를 더해야 하므로 승수의 비트 수와 비례하는 여러 단계의 AND 게이트가 필요하다.

예를 들어, 승수가 j 비트이고, 피승수가 k 비트이면, j+k 개의 곱을 얻기 위해서는 j*k 개의 AND 게이트와 (j−1)개의 k 비트가 필요하게 된다.

위 그림은 2비트의 곱셈 연산을 수행하기 위한 배열 곱셈기(array multiplier)를 나타낸다.

4.7 디코더(Decoder)

디코더(decoder)는 코드화된 2진수 값을 다른 등가 값으로 변환하는 회로이다.

디코더는 코드화된 n비트의 2진수 값을 입력으로 하여 최대 2^n비트로 구성된 정보를 출력할 수 있다.

n*m 디코더는 n개의 입력선의 2진 정보를, m개의 출력선으로 변환하는 회로이며, m과 n은 $m \leq 2^n$인 조건을 갖는다.

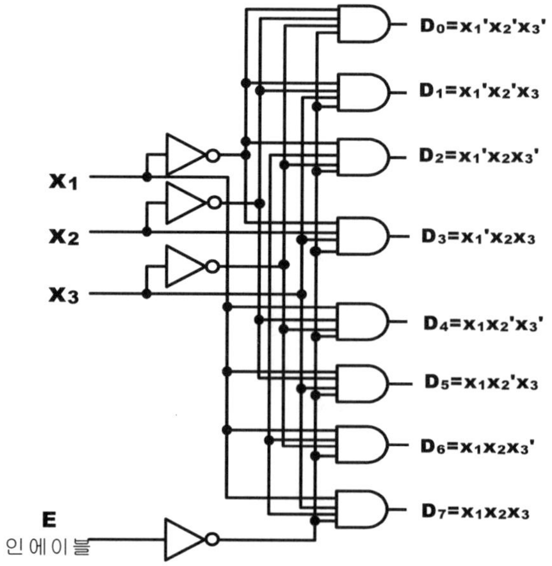

3*8 디코더

디코더의 기본적인 특성은 서로 배타적(mutually exclusive)이라 할 수 있다. 왜냐하면, 주어진 입력 조합(input combination)에 대해서 단지 한 개의 출력만이 1을 갖기 때문이다. 그러므로 디코더는 각각의 입력조합에 대해서 유일한(unique) 출력 코드를 생성한다.

그림은 3*8 디코더는 3개의 입력 변수에 대해서 8개의 모든 최소항을 만들어 낸다. 입력 변수의 각 비트 조합에 대해서 8개의 출력선 중의 한 개가 반드시 1을 가지고 있다. E=1이면 이 회로는 disable되어 모든 출력은 0이 된다. E=0이면 디코더는 enable되며, 세 개의 입력에 대해서 여덟 개의 출력을 생성하는 디코더의 진리표는 다음과 같다.

입력			출력							
x_1	x_2	x_3	D_0	D_1	D_2	D_3	D_4	D_5	D_6	D_7
0	0	0	1	0	0	0	0	0	0	0
0	0	1	0	1	0	0	0	0	0	0
0	1	0	0	0	1	0	0	0	0	0
0	1	1	0	0	0	1	0	0	0	0
1	0	0	0	0	0	0	1	0	0	0
1	0	1	0	0	0	0	0	1	0	0
1	1	0	0	0	0	0	0	0	1	0
1	1	1	0	0	0	0	0	0	0	1

표의 각 출력은 3개의 입력 변수에 대해서 8개의 최소항들 중 하나를 가지며 오직 하나의 출력만이 1이 된다. 예를 들어서 $D_0(D_0=x_1'x_2'x_3')$가 1이면, 나머지 출력 $D_n(n=1, 2, \cdots, 7)$은 0이 되고, $D_7(D_7=x_1x_2x_3)$가 1이면, 출력 $D_n(n=0, 2, \cdots, 6)$은 0이 된다.

따라서 디코더는 n개의 2진 입력 변수들에 대하여 2^n개의 서로 다른 최소항을 출력하는 회로가 된다.

만약, 그림에 있는 AND 게이트를 NAND로 대치한다면, 각 출력은 보수(complement)가 되므로 최대항을 얻을 수 있다. 이때 enable 입력에 있는

inverter는 제거되어야 한다.

일반적으로 n*m 디코더는 n개의 인버터와 m개의 n-입력(n-input) 디코딩 게이트가 요구된다. 만약 m < 2^n이면 n-입력보다 적은 게이트를 가지고 회로를 설계할 수 있다.

n*m 디코드의 블럭도는 다음 그림과 같다.

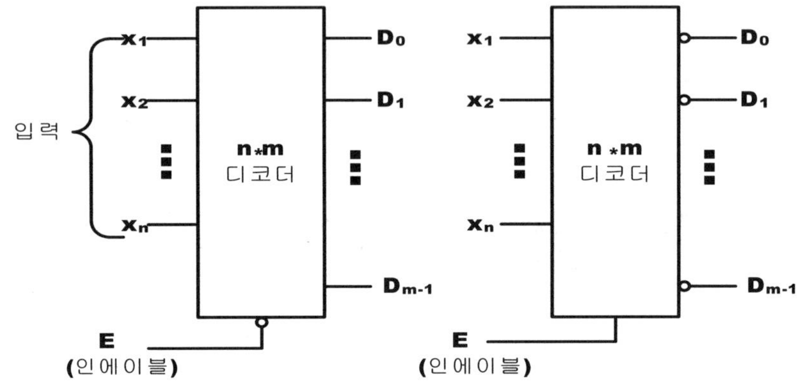

(a) non inverted를 가진 디코더　　(b) inverted를 가진 디코더

출력선에 나타난 조그만 원은 디코더가 최대항의 생성을 의미한다.(active-low outputs). 상용 디코더는 일반적으로 회로의 동작을 제어하기 위하여 enable(E) 입력을 가진다. 그림 (a)와 (b)는 각각 E=0와 E=1일 때 디코더가 동작하게 된다.

1) BCD 코드를 10진수로 바꾸는 BCD-10진 디코더를 설계하여라.

이 회로의 입력은 10진 0~9의 값을 4bit의 2진수로 나타낸다.

x_1x_2 \ x_3x_4	00	01	11	10
00	D_0	D_1	D_3	D_2
01	D_4	D_5	D_7	D_6
11	X	X	X	X
10	D_8	D_9	X	X

$D_0 = x_1'x_2'x_3'x_4'$	$D_5 = x_2x_3'x_4$
$D_1 = x_1'x_2'x_3'x_4$	$D_6 = x_2x_3x_4'$
$D_2 = x_2'x_3x_4'$	$D_7 = x_2x_3x_4$
$D_3 = x_2'x_3x_4$	$D_8 = x_1x_4'$
$D_4 = x_2x_3'x_4'$	$D_9 = x_1x_4$

4개의 입력 변수는 16개의 조합을 구성할 수 있기에 6개(10~15)의 무정의 조건이 존재하게 된다.

이 디코더는 BCD에 대응하는 값 0~9를 출력하기 위해 각 출력당 1개씩 모두 10개의 맵을 구성해야 하며 이를 간단히 구성한 카르노맵은 위와 같다.

여기서 D0, D1, …, D9는 출력 변수이며, X는 무정의 조건을 나타낸다.

이 식을 이용하여 BCD-10진 디코더를 설계하면 다음과 같은 BCE-10진 디코더의 논리회로도를 얻을 수 있다.

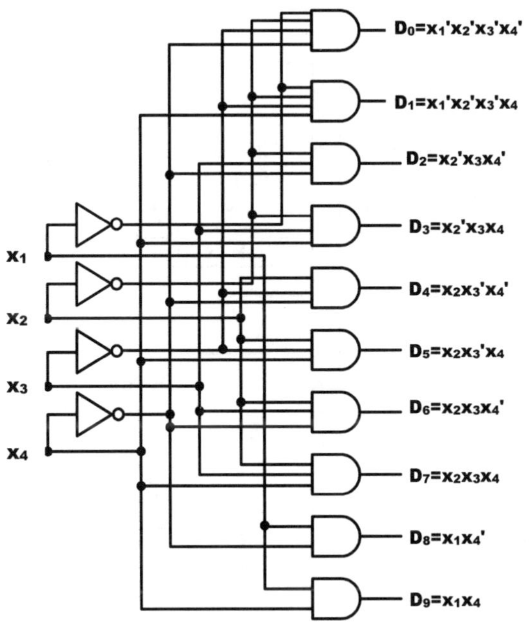

BCD-10진 디코더

이 회로에서는 10개의 AND 게이트 중에서 단지 두 개의 게이트만이 4개의 입력을 요구한다.

여분의 항(redundancy term)들과 최소항들을 함께 결합하면 AND 게이트의 입력 수는 감소되지만, 여분의 항들로 인해 입력에 따라서 오류를 가진 출력이 발생될 수도 있다.

2) 두 개의 3*8 디코더를 이용하여 4*16 디코더 구성

그림은 두 개의 3*8 디코더로 구성된 4*16 디코더를 나타낸다.

입력 변수는 x_1, x_2, x_3, x_4이며, x_1이 MSB가 된다.

$x_1=0$이면 하위 디코더는 disable되어 x_1, x_2, x_3, x_4의 비트 조합은 0000에서 0111까지의 범위를 가지므로 이 경우, 상위 디코더가 enable된다.

그러나 $x_1=1$이면 상위 디코더가 disable되어 하위 디코더가 enable되므로 비트 조합은 1000에서 1111까지의 범위를 가진다.

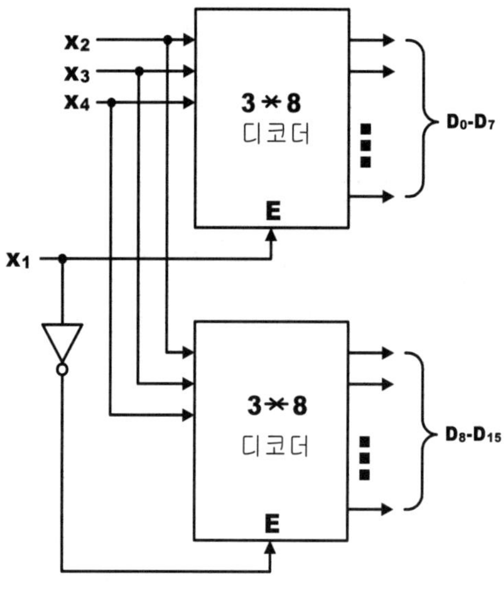

두 개의 3*8 디코더를 이용한 4*16 디코더

디코더는 n개의 입력 변수에 대해서 2^n개의 서로 다른 출력(최소항)이 생성된다.

부울함수는 최소항의 합(sum of minterm)으로 표현되므로 $n*2^n$ 디코더와 m개의 OR 게이트를 이용하여 n개의 입력과 m개의 출력을 갖는 조합회로를 구성할 수 있다.

3) 디코더와 2개의 OR 게이트를 사용하여 전가산기 구성

최소항의 합의 함수를 갖는 전가산기 회로는 다음과 같은 2개의 출력 함수를 갖는다.

$$S(x,y,z) = \sum(1,\ 2,\ 4,\ 7)$$
$$C(x,y,z) = \sum(3,\ 5,\ 6,\ 7)$$

이 함수는 3개의 입력 변수와 2^3개의 최소항을 가지므로 3*8 디코더를 사용하여 전가산기를 구성할 수 있다. 먼저 위의 함수는 디코더를 이용하여 8개의 최소항을 만들고, 이 OR 게이트를 사용하여 최소항의 합을 구해서 회로를 구현하면 된다.

그림은 디코더를 이용한 전가산기의 구현을 나타낸다.

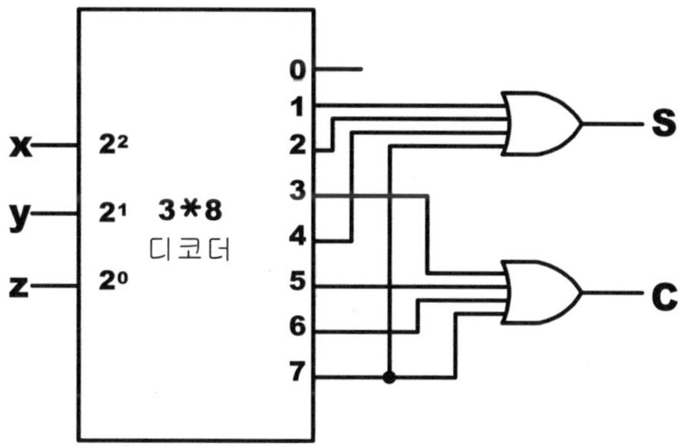

그림에서 합의 출력 S에 대한 OR 게이트는 4개의 최소항(1, 2, 4, 7)의 합으로 이루어지며, 캐리 출력 C는 최소항 3, 5, 6, 7의 합으로 구성된다.

디코더를 이용하여 많은 수의 최소항으로 표시되는 함수를 설계하려면 다중입력(multiple-input) OR 게이트가 요구된다.

예제 4-7 BCD 코드를 10진수로 변환하는 디코더를 설계하여라.

w x y z	D_0 D_1 D_2 D_3 D_4 D_5 D_6 D_7 D_8 D_9
0 0 0 0	1 0 0 0 0 0 0 0 0 0
0 0 0 1	0 1 0 0 0 0 0 0 0 0
0 0 1 0	0 0 1 0 0 0 0 0 0 0
0 0 1 1	0 0 0 1 0 0 0 0 0 0
0 1 0 0	0 0 0 0 1 0 0 0 0 0
0 1 0 1	0 0 0 0 0 1 0 0 0 0
0 1 1 0	0 0 0 0 0 0 1 0 0 0
0 1 1 1	0 0 0 0 0 0 0 1 0 0
1 0 0 0	0 0 0 0 0 0 0 0 1 0
1 0 0 1	0 0 0 0 0 0 0 0 0 1

yz \ wx	00	01	11	10
00	D_0	D_4	×	D_8
01	D_1	D_5	×	D_9
11	D_3	D_7	×	×
10	D_2	D_6	×	×

최소항 10~15까지, 즉 1010~1111은 BCD 코드에서 오차(Error)에 속하므로 무시된 입력항(don't care)으로 카르노맵에서 '×'표로 나타낸다.

각 출력항의 논리함수는 다음과 같다.

$D0=w'x'y'z'$ $D4=xy'z'$ $D8=wz'$

$D1=w'x'y'z$ $D5=xy'z$ $D9=wz$

$D2=x'yz'$ $D6=xyz'$

$D3=x'yz$ $D7=xyz$

예제 4-8 2×4 디코더의 진리표가 아래와 같을 때 논리도를 설계하여라.

B A	Y0 Y1 Y2 Y4
0 0	1 0 0 0
0 1	0 1 0 0
1 0	0 0 1 0
1 1	0 0 0 1

예제 4-9 3×8 디코더 2개를 사용하여 4×16 디코더를 설계하여라.

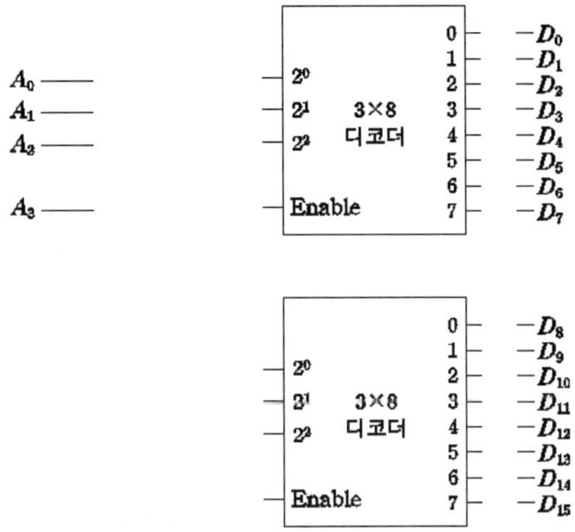

예제 4-10 enable 입력을 갖는 2×4 디코더의 진리표를 보고 회로를 설계하여라.

$\overline{E}$	A_1	A_0	$\overline{D_3}$	$\overline{D_2}$	$\overline{D_2}$	$\overline{D_1}$
1	×	×	1	1	1	1
0	0	0	1	1	1	0
0	0	1	1	1	0	1
0	1	0	1	0	1	1
0	1	1	0	1	1	1

$$\overline{D_0} = \overline{\overline{E}\,\overline{A_1}\,\overline{A_0}}$$

$$\overline{D_1} = \overline{\overline{E}\,\overline{A_1}\,A_0}$$

$$\overline{D_2} = \overline{\overline{E}A_1\overline{A_0}}$$

$$\overline{D_3} = \overline{\overline{E}A_1A_0}$$

4.8 인코더(EnCoder)

인코더(encoder)는 10진수와 같이 코드화되지 않은 정보를 입력 변수로 하여 이를 부호(Code)화하여 출력하는 조합회로이다. 따라서 인코더는 2^n개 비트로 구성된 정보를 받아서 n 비트의 2진수로 바꿔주는 회로로 디코더와 반대 기능을 가지는 조합회로이다.

인코더는 m개의 입력과 n개의 출력을 가지며, m과 n은 $m \leq 2^n$인 조건을 갖는다. 출력은 m개의 입력 변수에 대한 2진 코드를 생성한다.

이때 입력들은 서로 배타적이다. 즉, 여러 개의 입력 변수들 중 단지 한 개의 입력만이 1이 되어야 한다.

만약, 어떤 인코더가 8개의 입력선과 3개의 출력선을 갖는다면 다음과 같은 진리표를 작성할 수 있다.

입 력								출 력			
D_0	D_1	D_2	D_3	D_4	D_5	D_6	D_7	x	y	z	값
1	0	0	0	0	0	0	0	0	0	0	0
0	1	0	0	0	0	0	0	0	0	1	1
0	0	1	0	0	0	0	0	0	1	0	2
0	0	0	1	0	0	0	0	0	1	1	3
0	0	0	0	1	0	0	0	1	0	0	4
0	0	0	0	0	1	0	0	1	0	1	5
0	0	0	0	0	0	1	0	1	1	0	6
0	0	0	0	0	0	0	1	1	1	1	7

표에서 알 수 있듯이 3개의 출력은 8개의 서로 다른 수를 나타내는 8개의 입력과 대응하는 비트를 가지고 있다. 즉, 입력 값과 출력 값의 관계가 1 : n이거나 n : 1이 성립되면 안된다. 출력 함수 x는 입력 변수 D_4, D_5, D_6 그리고 D_7에 대해서는 1을 갖는다. 또한 출력 함수 y는 D_2, D_3, D_6, D_7에 대해서는 1이며, z는 D_1, D_3, D_5, D_7에 대해서 1을 갖는다. 따라서 출력함수 x, y, z는 다음과 같은 식으로 표현할 수 있다.

$$x = D_4 + D_5 + D_6 + D_7$$
$$y = D_2 + D_3 + D_6 + D_7$$
$$z = D_1 + D_3 + D_5 + D_7$$

이러한 출력 함수를 이용하면 x, y, z을 출력선으로 하고 3개의 OR 게이트로 구성된 인코더의 논리도를 그릴 수 있다.

8*3 인코더는 아래 그림과 같다.

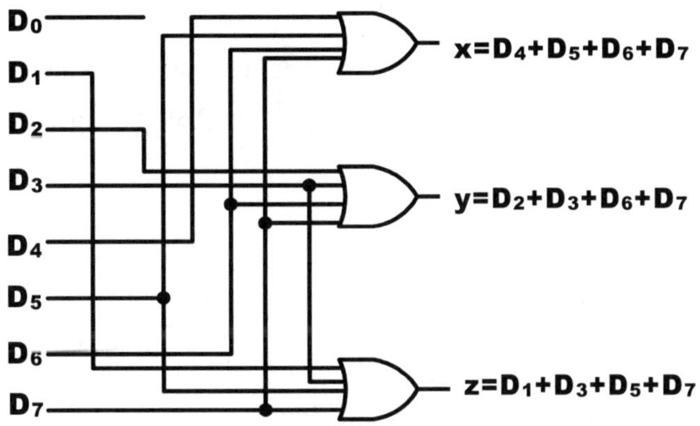

지금까지는 어느 시점에서 단지 한 개의 입력만이 존재할 때 인코더의 설계에 대해서 살펴보았다. 그러나 8개의 입력 중에서 두 개 이상의 입력이 동시에 1이 될 경우도 발생할 수 있다. 예를 들어 표에서 D_3와 D_6이 동시에 1을 갖는 경우 출력 함수 x, y, z는 1의 값을 가지게 된다. 이것은 D_3나 D_6로 나타낼 수 없으며, 이때 입력은 D_7으로 잘못 해석할 수 있다.

이러한 문제점은 첨자가 큰 것에 우선순위(priority)를 두어 한 입력선만 선택하게 함으로써 해결할 수 있다. 즉, D_3와 D_6가 동시에 1이 되었을 때 우선순위는 D_3보다 D_6가 높으므로 이 경우의 출력은 110이 된다. 이와 같이 우선순위 함수를 고려한 인코더를 우선순위 인코더(priority encoder)라 한다.

아래 표는 4*2 우선순위 인코더에 대한 진리표를 나타내며, x는 무정의 조건으로서 0 또는 1을 나타낸다.

D_0	D_1	D_2	D_3	x	y	V
0	0	0	0	X	X	0
1	0	0	0	0	0	1
X	1	0	0	0	1	1
X	X	1	0	1	0	1
X	X	X	1	1	1	1

4*2 우선순위 인코더

D_0D_1 \ D_2D_3	00	01	11	10
00	X	1	1	1
01		1	1	1
11		1	1	1
10		1	1	1

$x = D_2 + D_3$

D_0D_1 \ D_2D_3	00	01	11	10
00	X	1	1	
01	1	1	1	
11	1	1	1	
10		1	1	

$y = D_3 + D_1D_2'$

표에서는 D3(D3=1)가 우선순위가 가장 높기 때문에 다른 입력 값(D0, D1, D2)은 무시되고 출력 x, y는 공히 1이 된다. 한편 유효 출력 지시기(valid-output indicator)인 V는 입력 값들이 1일 경우만 1을 가지며, 입력 값이 0일 경우는 두 출력 x, y는 사용할 수 없음을 나타낸다.

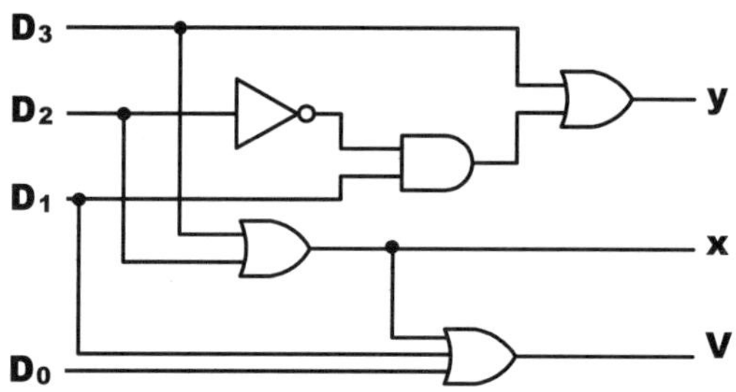

예제 4-11 8×3 인코더의 논리도가 아래와 같을 때 진리표를 완성하여라.

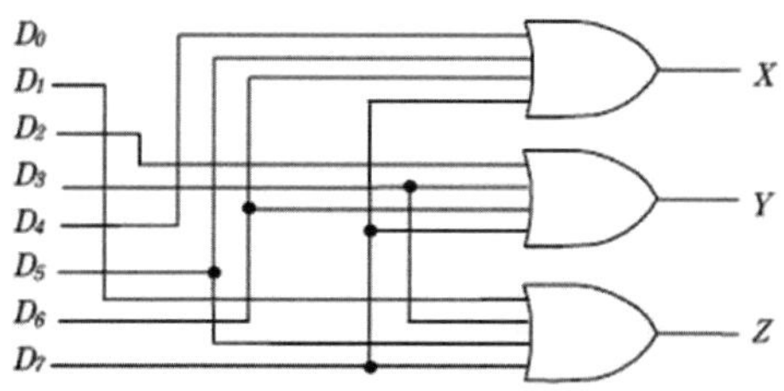

D0 D1 D2 D3 D4 D5 D6 D7	X Y Z

4.9 멀티플렉서(Multiplexer)

다수의 입력 정보를 소수의 신호선(signal line) 혹은 채널(channel)을 이용하여 전송하는 기법을 멀티플렉싱(multiplexing)이라 한다. 2^n*1 멀티플렉서는 2^n 입력 중에서 하나의 2진 정보를 선택하여 단일 출력선으로 연결하는 회로이다.

이러한 이유로 인하여 멀티플렉서를 데이터 선택기(data selector)라 한다.

멀티플렉서는 2^n의 입력선과 n개의 선택선(select line), 그리고 한 개의 출력선을 가지며, 입력선의 선택은 선택선의 값에 따라 결정된다. 즉, 많은 입력 정보 중에서 하나를 선택하기 위해서 선택선이 사용되며, 선택선이 n개이면 멀티플렉서의 입력수는 최대 2^n개를 갖는다.

(a) 논리회로도

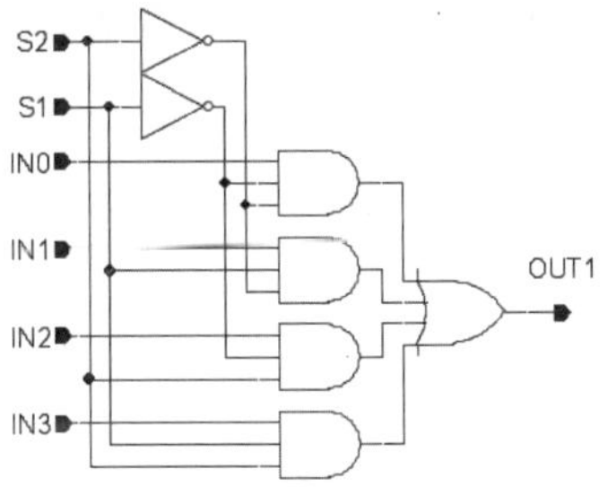

(b) 블럭도

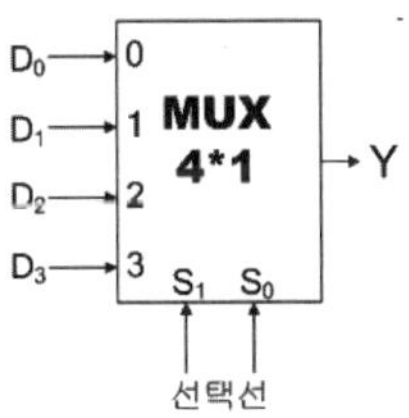

(c) 기능표

선택		출력
S_1	S_0	Y
0	0	D_0
0	1	D_1
1	0	D_2
1	1	D_3

4개의 입력선 D_0, D_1, D_2, D_3는 각각 4개의 AND 게이트 입력으로 연결되어 있으며, 선택선은 특정한 게이트를 선택하는 데 이용된다. 따라서 선택선 S_1, S_0에 의해서 4개의 입력 중에서 한 개가 선택되고 선택된 AND 게이트는 OR 게이트의 입력으로 인가되므로 원하는 출력을 얻을 수 있다. 예를 들어, $S_1S_0=11$이면 D_3가 선택되어 선택된 D_3가 출력 Y에 나타나게 된다. 이와 같은 회로의 동작 예는 그림 (c)의 기능표에 나타나 있다.

16*1 멀티플렉서의 경우도 비슷하다.

만약 선택선의 비트 조합(bit combination)이 $S_3S_2S_1S_0=1110$이면, 입력선 D_{14}가 선택되고, 이 데이터는 출력 Y로 연결된다.

그림으로부터 4*1 MUX는 다음 식과 같이 완전한 출력 함수를 얻을 수 있다.

$$Y = \underline{S_1'S_0'}D_0 + \underline{S_1'S_0}D_1 + \underline{S_1S_0'}D_2 + \underline{S_1S_0}D_3$$

비슷한 방법으로 8*1 MUX는 다음과 같은 출력 함수를 얻을 수 있다.

$$Y = \underline{S_2'S_1'S_0'}D_0 + \underline{S_2'S_1'S_0}D_1 + \underline{S_2'S_1S_0'}D_2 + \underline{S_2'S_1S_0}D_3 + \underline{S_2S_1'S_0'}D_4 + \underline{S_2S_1'S_0}D_5 + \underline{S_2S_1S_0'}D_6 + \underline{S_2S_1S_0}D_7$$

일반적으로 2^n*1 MUX의 출력은 다음과 같이 표시할 수 있다.

$$\sum_{k=0}^{2^n-1} m_k D_k$$

여기서 m_k는 변수 S_{n-1}, S_{n-2}, …, S_1, S_0에 대한 제 k의 최소항을 나타낸다. 상용 MUX는 보통 동작을 제어하기 위해서 enable(E) 또는 strobe와 같은 추가 입력선이 필요하다. E=1이면 출력은 disable 되고, E=0이면 회로는 MUX와 동일한 기능을 갖는다.

MUX는 일반적인 논리 모듈(universal logic module)로서 사용할 수 있다. 즉, 2^n*1 MUX를 이용하여 n+1 또는 그 보다 적은 변수로 함수를 구현할 수 있다.

만약 부울함수가 n+1개의 변수를 가졌다면 n개의 변수는 MUX의 선택선으로 사용해야하며, 나머지 한 개의 변수는 MUX의 입력으로 사용하면 된다. 여기서 나머지 한 개의 변수를 A라 하면 MUX의 입력들은 A, A′, 0, 1이 된다.

MUX를 이용하여 아래에 주어진 함수를 구현하라.

$$F(A,B,C) = \Sigma(1,\ 3,\ 5,\ 6)$$

이 함수는 3개의 변수를 가지므로 2^{3-1}*1 MUX로 이 함수를 구현할 수 있다. 즉, 3개의 변수를 가진 함수에 대해서 2^2=4가 되어 4*1의 MUX로 구현이 가능하다. 만약, 4개의 변수인 경우에는 2^3=8이 되어 8*1의 MUX로써 구현이 가능하다.

함수를 구현하기 위해서 첫 번째 단계는 식을 이용하여 진리표(그림 (b))를 작성한다.

이 진리표는 세 개의 변수를 가지고 있으며, n개의 변수(B와 C)는 선택선으로 사용한다고 가정한다. 이때 B는 s_1에, C는 s_2에 연결한다.

다음에는 구현표를 작성한 후, 이 구현표를 이용하여 최종적으로 함수를 구현하면 된다.

이때 구현표는 다음과 같은 방법으로 작성한다.

- 구현표의 상단에는 MUX의 입력신호 D_0, D_1, D_2, D_3를 순서적으로 열거한다.
- 그 밑에는 모든 최소항을 2행(row)으로 나열한다. 즉, 첫째 행에는 A가 보수화된 모든 최소항을, 둘째 행에는 보수화되지 않은 A를 가진 모든 최소항(10진수)을 기입한다(그림 (c)).
- F=1 인 모든 최소항에 대해서 원을 표시한다.

MUX의 입력 단자를 결정하기 위하여 다음과 같은 규칙을 적용한다.

- 한 열에 있는 2개의 최소항에 원이 있지 않으면 대응하는 MUX의 입력으로 0을 인가한다.
- 한 열에 있는 2개의 최소항에 원이 그려져 있으면 대응하는 MUX의 입력으로 1을 인가한다.
- 한 열의 위쪽의 항(top minterm)에 원이 그려져 있고, 아래쪽의 항에는 원이 그려져 있지 않으면 입력변수의 보수(A′)를 대응하는 MUX의 입력으로 인가한다.
- 한 열의 위쪽의 항(top minterm)에 원이 그려져 있지 않고, 아래쪽의 항에는 원이 그려져 있으면 입력 변수(A)를 대응하는 MUX의 입력으로 인가한다.

이와 같은 규칙을 구현표에 적용하면 그림 (c)와 같은 구현표를 얻을 수 있다. 그리고 이 구현표에 의해서 식의 함수를 4*1 MUX로 구현할 수 있다.

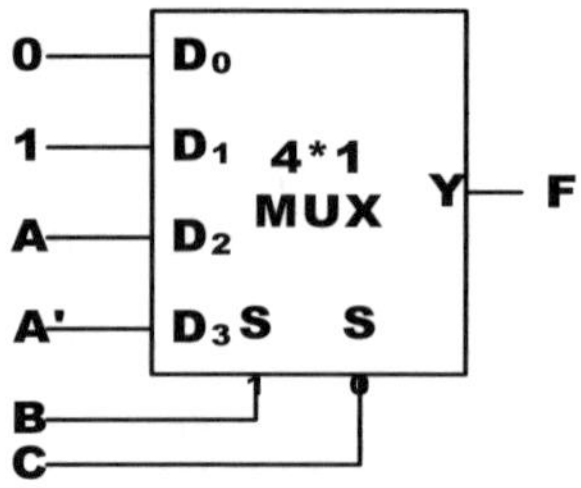

(a) MUX의 구현

최소항	A	B	C	F
0	0	0	0	0
1	0	0	1	1
2	0	1	0	0
3	0	1	1	1
4	1	0	0	0
5	1	0	1	1
6	1	1	0	1
7	1	1	1	0

(b) 진리표

	D_0	D_1	D_2	D_3
A'	0	①	2	③
A	4	⑤	⑥	7
	0	1	A	A'

(c) 구현표

예제 4-12 아래에서 B를 입력변수로 하고, A, C를 선택선으로 사용하는 멀티플렉서 회로를 설계하여라.

최소항	A B C	F
0	0 0 0	0
1	0 0 1	1
2	0 1 0	0
3	0 1 1	1
4	1 0 0	0
5	1 0 1	1
6	1 1 0	1
7	1 1 1	0

	I_0	I_1	I_2	I_3
B'	0	①	4	⑤
B	2	③	⑥	7
	0	1	B	B'

(b) 실현표

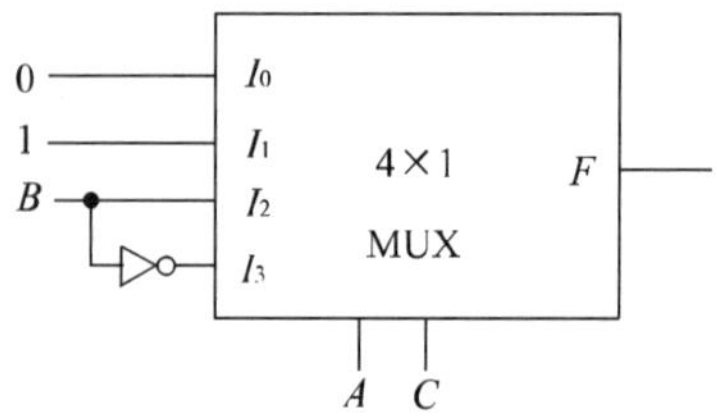

(c) MUX 실현

예제 4-13

$F(A, B, C, D) = \sum(0, 1, 3, 4, 8, 9, 15)$ 와 같은 부울함수에서 B를 입력변수로 하고, A, C, D를 선택선으로 사용하는 멀티플렉서 회로를 설계하여라.

변수 \ 입력단	I_0	I_1	I_2	I_3	I_4	I_5	I_6	I_7
B'	⓪	①	2	③	⑧	⑨	10	11
B	④	5	6	7	12	13	14	⑮
	1	B'	0	B'	B'	B'	0	B

(a) 실현표

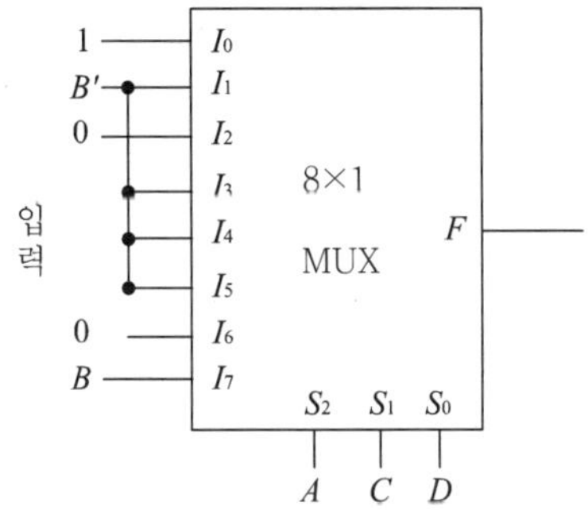

(b) MUX 실현

4.10 디멀티플렉서(DeMultiplexer)

디멀티플렉서(DeMUX : demultiplexer)는 멀티플렉서와 반대의 기능을 가지는 회로이며, 데이터 분배기라고도 한다.

디멀티플렉서는 하나의 입력선으로부터 정보를 받아 2^n개의 가능한 출력선 중의 하나로 정보를 출력하며, 이때의 출력 정보는 n개의 선택선에 의해서 제어된다.

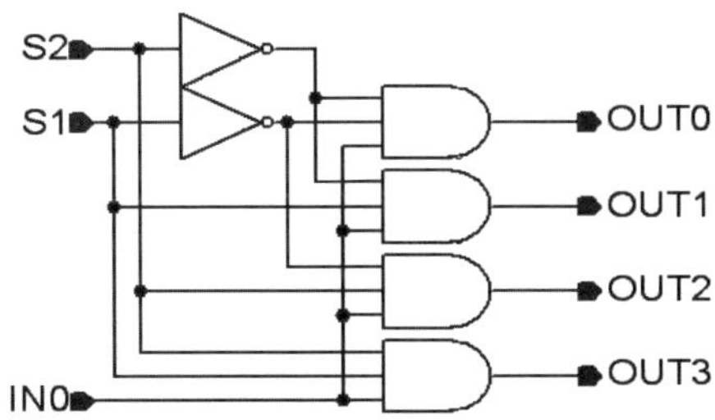

디코더는 회로의 동작을 제어하기 위해 한 개 이상의 인에이블(enable) 입력을 가지고 있으며, 인에이블을 가진 디코더는 디멀티플렉서로서 사용할 수 있다.

그림은 인에이블 입력을 가진 2*4 디코더를 나타낸다.

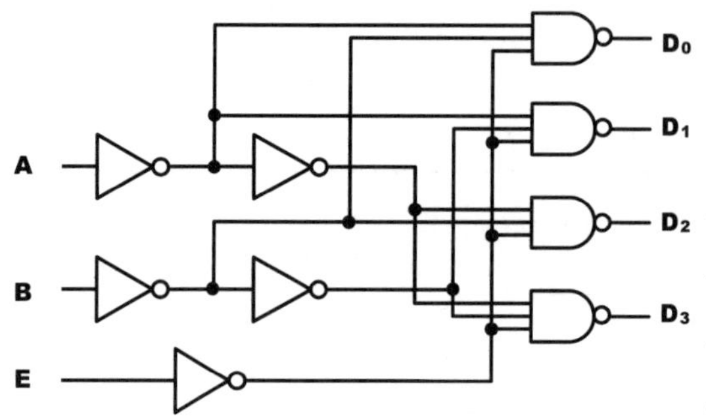

(a) 인에이블 입력을 가진 2*4 디코더의 논리회로

E	A	B	D_0	D_1	D_2	D_3
1	X	X	1	1	1	1
0	0	0	0	1	1	1
0	0	1	1	0	1	1
0	1	0	1	1	0	1
0	1	1	1	1	1	0

(b) 진리표

만약, 인에이블이 1이면, 디코더의 모든 출력은 입력 A와 B의 값에 관계없이 1이 된다. E가 0이면, 이 회로는 보수화된 출력을 갖는 디코더로서 동작하게 된다. 그림 (b)의 진리표는 이 디코더에 대한 입출력 관계를 나타낸다. 이 디코더는 단지 E=0일 때만 동작하며, 출력은 0의 상태에 있을 때만 선택된다. 이 진리표에서 X는 무정의 조건을 나타낸다.

그림의 디코더에 대한 블럭도는 그림 (a)와 같으며, 이 디코더는 E=0일 때 보수로 표현된 출력을 생성한다.

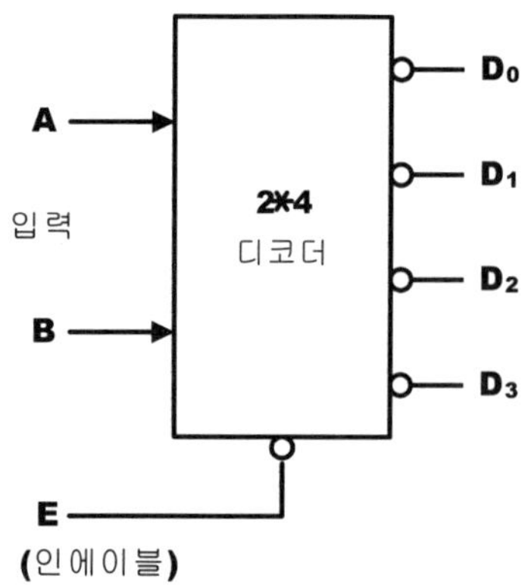

(a) 인에이블을 가진 디코더

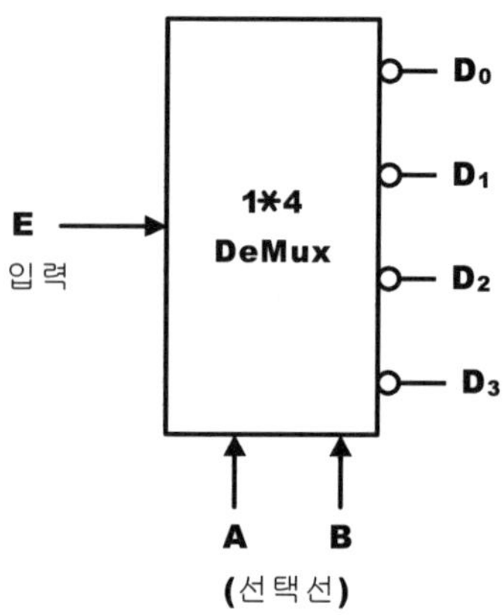

(b) 디멀티플렉서

그림 (a)의 디코더에서 인에이블선으로 사용된 E를 정보 입력선으로 취하고 A와 B를 선택선으로 취하면 이 디코더는 그림 (b)와 같이 디멀티플렉서의 기능을 갖는 회로로 사용할 수도 있다.

예를 들어, 선택선 AB=01이면, 그림 (b)의 진리표로부터 출력 D_1에서는 입력 E와 동일한 값(0)을 얻을 수 있다. 이때 다른 모든 출력들은 1의 값을 가진다.

이와 같이 인에이블 입력을 가진 디코더는 디멀티플렉서와 동작이 동일하므로 이러한 디코더를 디코더/디멀티플렉서(decoder/ demultiplexer)라 한다.

예제 4-14 1×4 디멀티플렉서(SN74155)를 이용하여 3×8 디코더를 만들어라.

8출력을 가진 디멀티플렉서는 3개의 선택 입력이 필요하다. 그림과 같이 2개의 선택 입력은 그대로 IC의 A, B 입력에 접속하고, 세번째 선택 입력 C는 strobe 입력 단자를 이용하는데 strobe 입력 1G와 2G 사이에 inverter를 삽입한다.

선택 입력 C가 L일 때 1Y0~1Y3으로 출력되며, C를 H로 하면 2Y0~2Y3으로 출력된다.

데이터 입력을 2C 단자에 접속할 때 inverter를 삽입한다. 왜냐하면 2C 단자는 부논리 입력에서 동작하기 때문이다. 예를 들면 데이터 입력이 H이고, 선택 입력 C, B, A가 101일 때 2Y1 출력만 L로 되고, 다른 모든 출력은 H로 된다.

SN74155 디멀티플렉서를 3×8 디코더로 만들려면 데이터 입력 단자를 H로 하면 되고, 선택 입력 A, B , C에 2진수를 인가하면 부논리의 8진 출력을 얻을 수 있다.

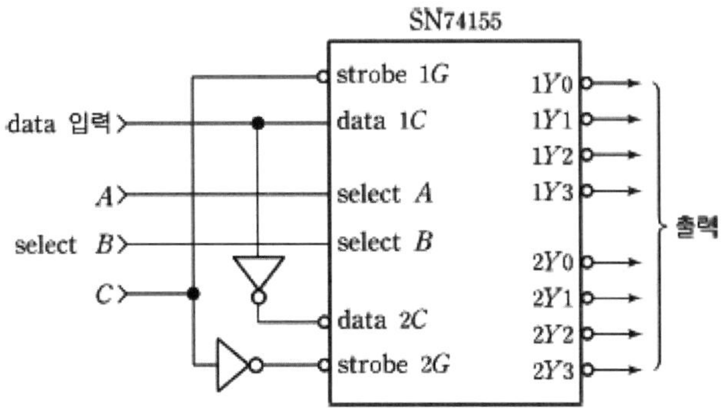

4.11 7-Segment-BCD 표시회로

7-세그먼트에 의한 BCD 코드의 10진 표시는 아래 표에 나타난 것과 같다. 이 장치는 BCD 코드를 10진 숫자로 직접 볼 수 있게 하는 장치로서 이전에 사용한 방법과 동일한 단계를 거쳐 조합회로를 구성할 수 있다.

도표 내 숫자	A B C D	a b c d e f g
0	0 0 0 0	1 1 1 1 1 1 0
1	0 0 0 1	0 1 1 0 0 0 0
2	0 0 1 0	1 1 0 1 1 0 1
3	0 0 1 1	1 1 1 1 0 0 1
4	0 1 0 0	0 1 1 0 0 1 1
5	0 1 0 1	1 0 1 1 0 1 1
6	0 1 1 0	0 0 1 1 1 1 1
7	0 1 1 1	1 1 1 0 0 0 0
8	1 0 0 0	1 1 1 1 1 1 1
9	1 0 0 1	1 1 1 0 0 1 1

단, 카르노맵에 의해 간략화된 출력함수 a, b, c, d, e, f, g를 직접회로로 구성하여 표시할 수도 있고, TTL 7447을 사용하여 BCD 입력을 출력(a, b, c, d, e, f, g) 으로 뽑아 7-세그먼트에 연결할 수도 있는데 이와 같이 조합회로가 집적되어 하나의 소자가 감당하는 것을 MSI(medium scale integrated)라 한다.

이 7 segment display 소자는 7개의 display용 LED로 구성되어 있으며, 숫자를 표시할 수 있는 기능을 가지고 있다. 또한 저전압, 저전류로 동작하므로 IC에 의하여 직접 구동할 수 있다.

아래 그림과 같이 LED를 8자의 형태로 배열하고, BCD 입력에 대응하는 10진수를 표시할 수 있게 한 것이 7 segment display이다. 예를 들어 BCD 입력이 4라면 b, c, f, g의 LED가 점등하여 숫자를 표시하도록 되어 있다.

그래서 BCD 입력에서 7 segment를 점등하여 숫자를 표시시키기 위한 구동용 IC가 만들어져 있다.

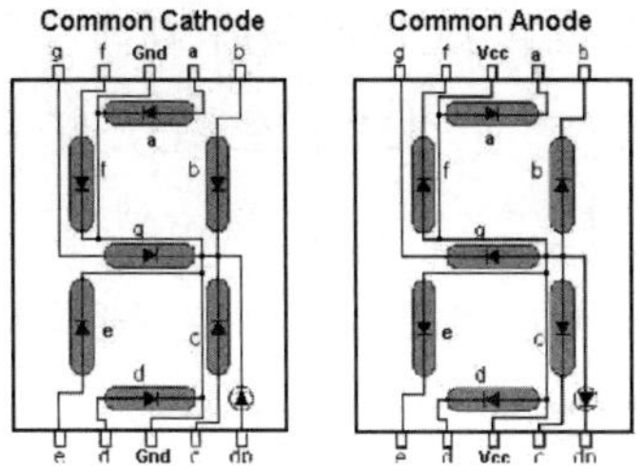

(a) 7 Segement

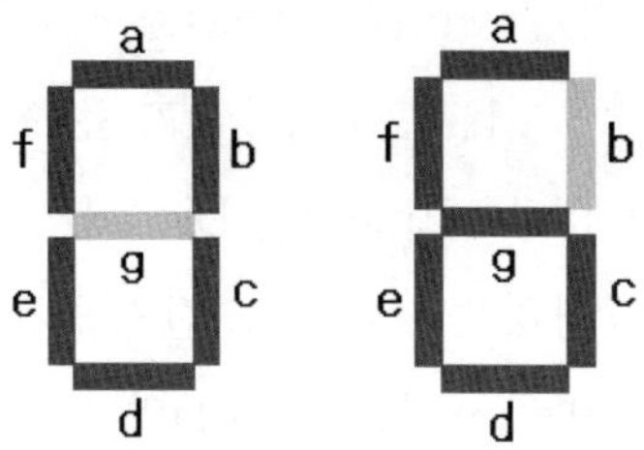

(b) 세그먼트로 표시된 10진수 0, 6

구동용 전용 IC로서는 SN7447, SN7448가 대표적이다.

SN7447 출력 구조는 오픈 컬렉터 출력으로 되어 있어 400mA의 sink 전류를 흘릴 수 있으며, 내압은 15V로 되어 있다.

아래 그림과 같이 이 IC를 7 segment LED에 접속해 주면 BCD 입력을 직접 숫자로 볼 수 있다.

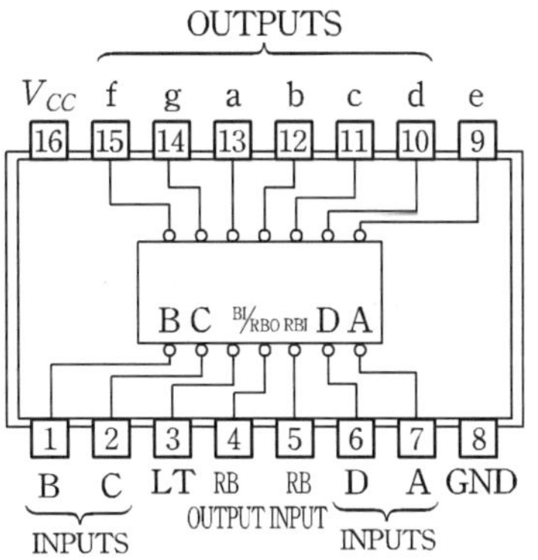

(a) SN7447의 핀 배치

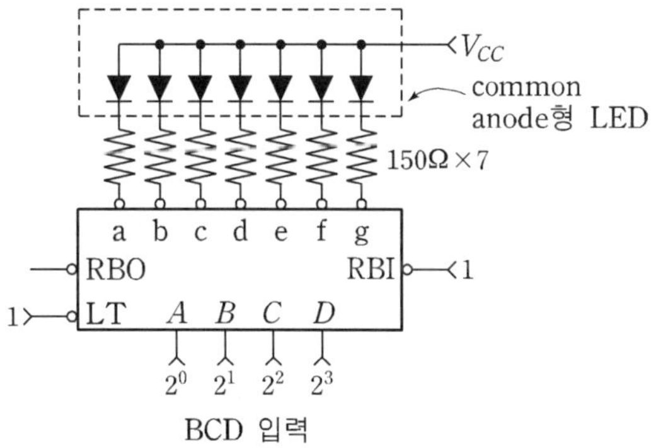

(b) SN7447 사용법

위 그림에서 LED와 직렬로 들어가 있는 저항 150Ω은 LED의 전류 제한용이며, 또한 이것에 사용되고 있는 7 segment LED는 common anode형(FND 507)이다.

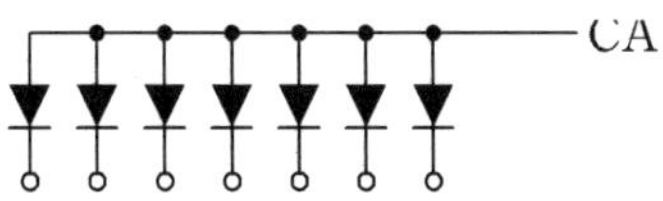

(a) Common Anode형

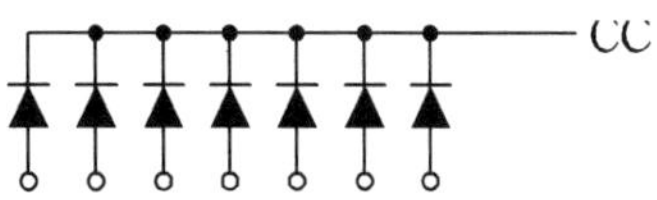

(a) Common Cathode형

anode 측을 하나로 묶은 것을 common anode 형이라 하고, cathode 측을 하나로 묶은 것을 common cathode 형이라 한다. SN7447은 부논리 출력 IC이기 때문에 common anode 형의 7 segment LED를 사용한 것이다. 그리고 BCD 입력에 대해서 7 segment 구동 출력 a , b, c, d, e, f, g가 정논리로 출력되는 전용 디코더 IC로는 SN7448이 있다.

LED란 Light Emitting Diode를 말하며, 순방향으로 수 mA~30mA 정도의 전류를 흘리면 발광하는 소자, 즉 전기에너지를 광에너지로 변환하는 반도체 소자이다.

LED를 발광시키려면 LED와 직렬로 저항을 연결하고, 이 저항 값을 바꾸어 전류를 제어함으로써 LED의 휘도를 바꿀 수 있다. 이 저항은 전류 제어용 저항이라 하며, R의 값은 다음과 같이 구하여진다.

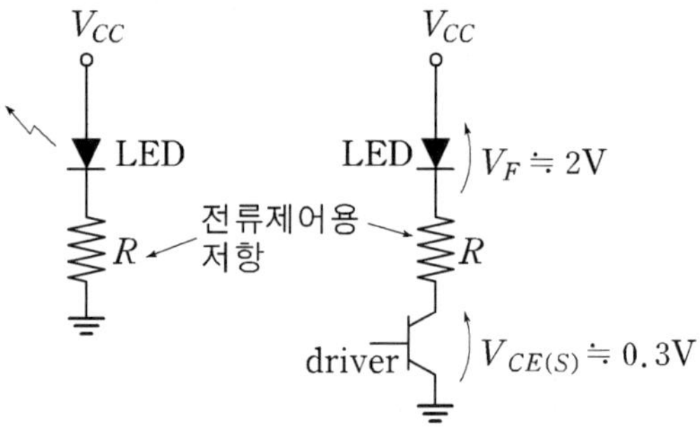

LED ON 상태에서 TR V_{CE}에 0.3V의 전압 강하가 있고, LED의 순방향 전압 강하 V_F는 1.6~2V이므로 LED를 흐르는 전류 I는

$$I = \frac{V_{cc} - V_F - (V_{CE})_{sat}}{R}$$

로 된다.

여기서 LED 전류를 10mA, 전압 강하를 하면 Vcc=5V인 경우 저항 R은

$$I = \frac{V_{cc} - V_F - (V_{CE})_{sat}}{R} = \frac{5V - 2V - 0.3V}{10mA} = 270\Omega$$

이 된다.

그리고 7 segment LED는 7개의 LED를 사용하고 있으므로 4자리의 10진수를 표시하는 경우 개당 소비 전류를 10mA로 계산하여도 4×7×10mA =280mA가 되어 큰 전류가 흐르게 되는 것을 알 수 있다.

다음 SN7448 IC는 출력 회로가 open collector 출력이 아니고, Vcc와 콜렉터 사이에 2kΩ의 pull up 저항이 들어 있어서 아래 그림과 같이 구동용 트랜지스터의 베이스에 직결하여 대전류 용량의 디스플레이를 점등할 수 있는 특징이 있다.

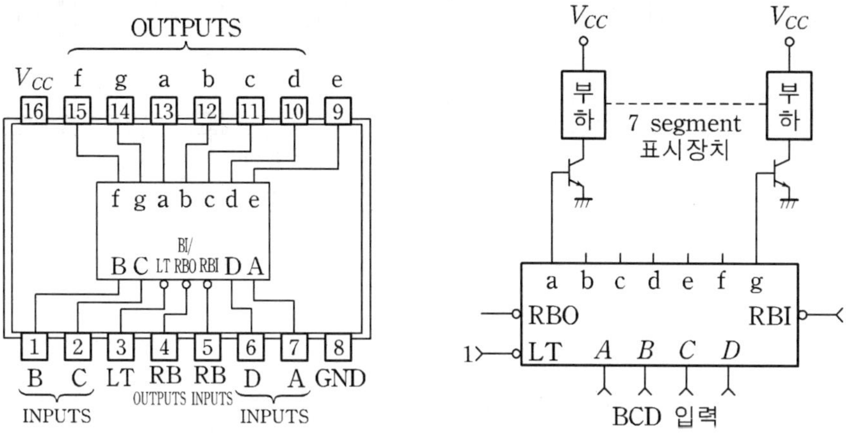

(a) SN7448의 핀 배치　　　(b) SN7448 사용법

- LT(Lamp Test) : 이 단자를 L로 하면 모든 LED가 점등되며, 7 segment LED가 정상인가의 여부를 알 수 있다.
- RBI(Ripple Blanking Input) : 이 단자를 L로 하면 입력이 0의 수일 때 0 표시가 없어진다.
- RBO(Ripple Blanking Output) : 이 단자는 모든 LED의 표시를 지웠다는 것을 알려 주는 출력 단자이다.

LT는 문자 그대로 LED의 고장 여부를 체크하는 단자이기 때문에 L로 하였을 때 LED가 점등하지 않으면 불량품이다.

RBI와 RBO는 reading 0 surplus 기능을 수행시키기 위하여 이용되는 단자이다.

4자리의 숫자 표시를 하는 경우 0098이라고 표시하는 것이 아니라 상위 두 자리의 0을 없애고, 98이라고 표시하는 것이다. 이와 같이 상위 자리의 0을 없애는 기능을 reading 0 surplus라 한다. reading 0 surplus 할 필요가 없을 때에는 모든 RBI 입력에 Vcc를 인가해 주면 된다. RBO 단자는 동시에 BI(Blanking Input) 단자로도 사용되는데 이 단자를 L로 하면 모든 LED가 지워지게 된다.

FND 사용을 위한 조합논리 회로 구성 즉, BCD 입력에 대한 출력(a, b, c, d, e, f, g)을 뽑기 위한 간략화 방법은 아래와 같다.

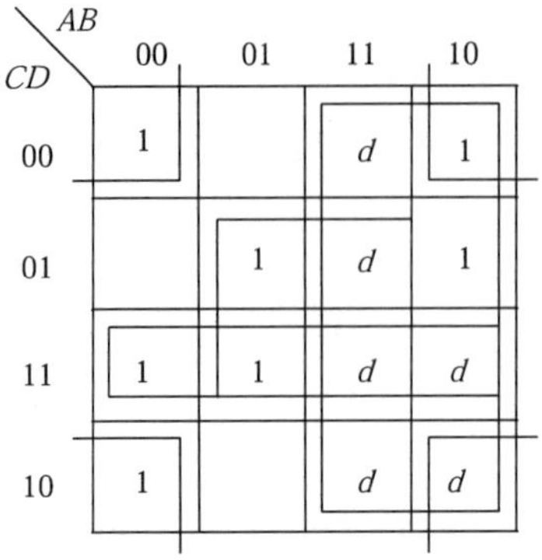

a=A+C+BD+B′D′

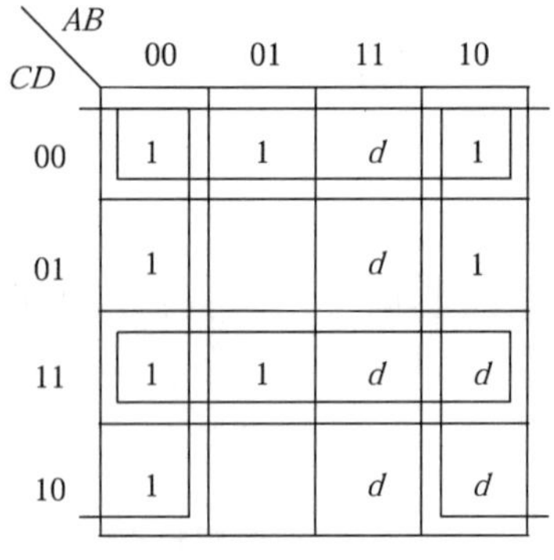

b=B′+CD+C′D′

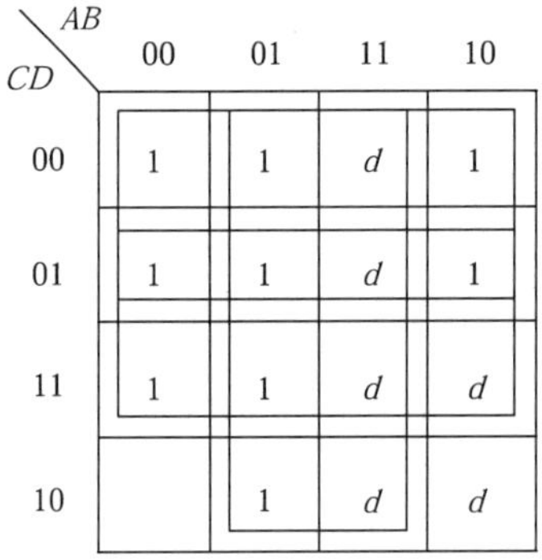

c=C′+D+B

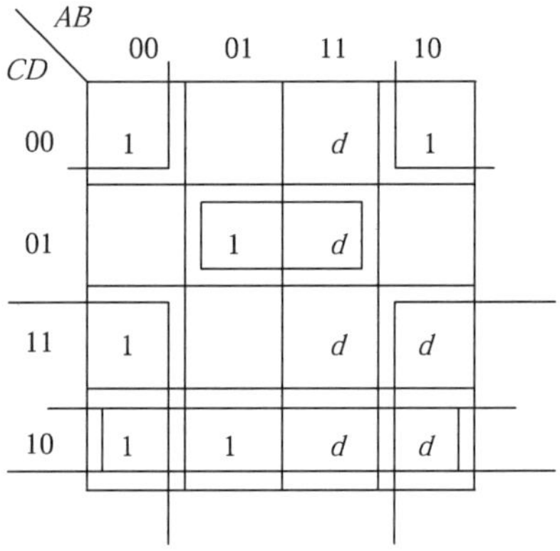

d=B′D′+CD′+B′C+BC′D

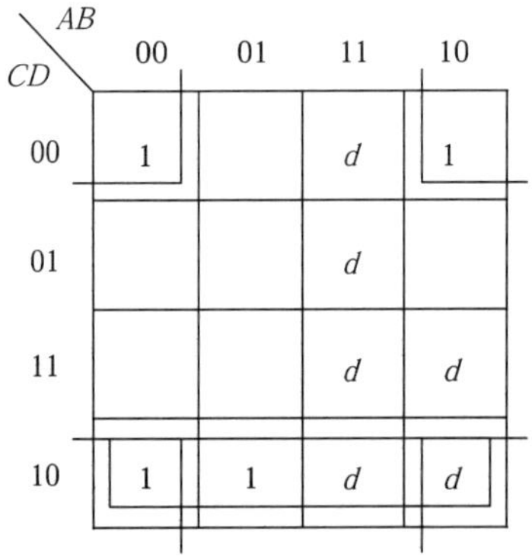

e=B′D′+CD′

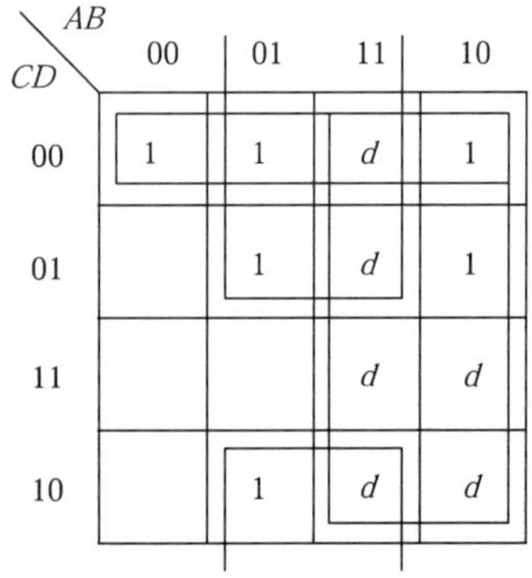

f=C′D′+BD′+BC′+A

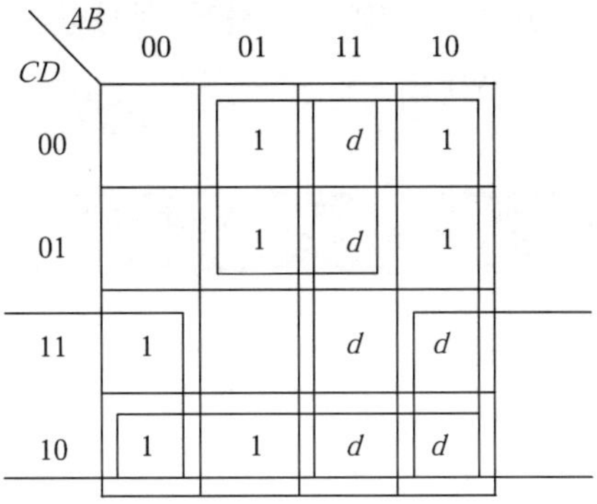

$g = A + BC' + B'C + CD'$

$a = A + C + BD + B'D' = A + C + (B \oplus D)'$

$b = B' + C'D' + CD$

$c = B + C' + D$

$d = B'D' + CD' + B'C + BC'D$

$e = B'D' + CD'$

$f = A + BC' + C'D' + BD' = A + BC' + (C' + B)D'$

$g = A + BC' + CD' + B'C$

이렇게 하여 출력 a, b, c, d, e, f, g를 A, B, C, D로 나타내면 조합회로가 된다.

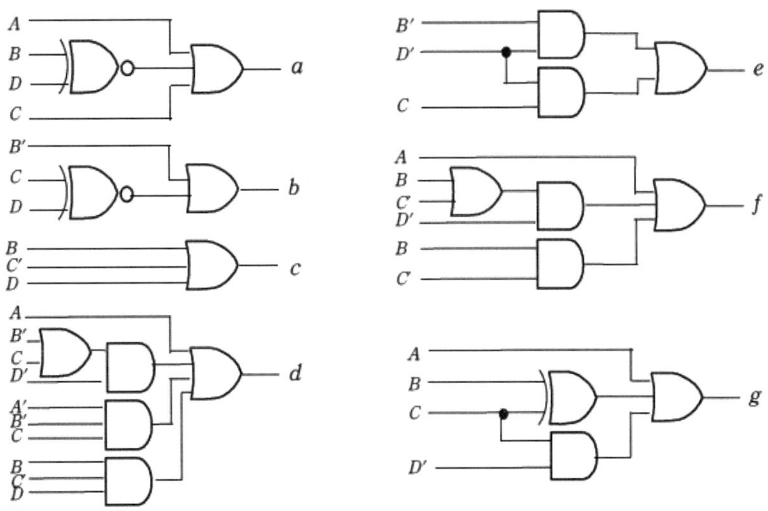

예제 4-15 7-segment에서 10진 숫자에 대응하는 LED를 켜기 위한 표의 빈칸을 채워라

10진 출력	A B C D	점등하는 segment
0	0 0 0 0	a, b, c, d, e, f
1	0 0 0 1	
2	0 0 1 0	
3	0 0 1 1	a, b, d, e, g
4	0 1 0 0	
5	0 1 0 1	
6	0 1 1 0	c, d, e, f, g
7	0 1 1 1	a, b, c
8	1 0 0 0	a, b, c, d, e, f, g
9	1 0 0 1	a, b, c, f, g

예제 4-16 7-segment 표시용 코드 작성 시 입력은 A, B, C, D로 하고 출력은 a, b, c, d, e, f, g로 할 때 이들 중 출력 a, c, e, g에 대한 논리식을 구하고 논리도를 그려라.

(a) a에 대한 논리식을 구하고 논리도를 그려라.

(b) b에 대한 논리식을 구하고 논리도를 그려라.

(c) c에 대한 논리식을 구하고 논리도를 그려라.

(d) d에 대한 논리식을 구하고 논리도를 그려라.

Chapter

05

순차논리회로

학습목표

순차논리회로에서는 순차논리회로 신호, Latch & Flip Flop(SR F/F, JK F/F, T F/F, D F/F), 주/종 플립플롭, 플립플롭의 여기표에 대한 내용을 다룬다.

▶ **순차논리회로**

- 시간의 변화에 따라 0과 1값을 주기적으로 반복하는 클럭(Clock) 신호를 이해한다.

▶ **Latch & Flip Flop**

- NAND와 NOR을 이용한 Latch 회로의 동작표, 타이밍 챠트를 이해한다.
- SR F/F의 논리회로도, 동작표, 타이밍챠트를 이해한다.
- JK F/F의 논리회로도, 동작표, 타이밍챠트를 이해한다.
- T F/F의 논리회로도, 동작표, 타이밍챠트를 이해한다.
- D F/F의 논리회로도, 동작표, 타이밍챠트를 이해한다.

▶ **주/종 플립플롭**

- 주/종 플립플롭의 시간 특성을 이해한다.
- 주/종 플립플롭의 동작표, 타이밍챠트를 이해한다.

▶ **플립플롭의 여기표**

- RS F/F → JK F/F으로 변환할 수 있다.
- RS F/F → D F/F으로 변환할 수 있다.
- JK F/F → T F/F으로 변환할 수 있다.

제5장. 순차논리회로

5.1 순차(순서)논리회로

지금까지는 조합논리회로에 대하여 설명하였다. 조합논리회로는 한 순간의 입력 값에 따라 출력 값이 결정되는 구조의 논리회로이다. 그러나 실제로 많은 디지털 시스템은 특별한 목적의 데이터를 기억하고 이 기억된 값과 새로 입력된 값을 연산하여 다음 값을 생성하는 순차논리회로로 구성되어 있다.

순차논리회로에서는 현재 회로 내에 저장되어 있는 값을 현재(t) 상태(Current State)라고 하고 새로운 입력 값에 의하여 생성되어 다음(t+1)에 출력돼 회로 내에 저장되는 값을 다음 상태(Next State)라고 한다.

그리고 이러한 회로 내부에 값이 변하는 것을 전이(Transition) 라고 한다.

순차논리회로는 조합회로 부분과 메모리 소자 부분으로 구성되어 있다. 조합논리회로는 앞에서 설명한 조합회로와 같은 기능을 수행하고, 메모리는 Latch 회로 구조의 기능을 이용하여 만들어진 플립플롭(Flip-Flop)으로 구성되어 1Bit 정보를 저장한다.

순차회로는 외부 입력에 의해 출력이 결정되는 조합회로와 달리 현재 상태와 입력 값에 의해 다음 값이 결정되므로 회로 설계 시 현재 값과 입력 값을 어떻게 조합시켜야하는지를 고려하여 회로를 설계해야 한다. 그리고 출력 값이 변하는 시점을 무엇을 기준으로 하는지 또한 결정해야 한다.

순차회로는 동기식과 비동기식의 두 가지로 구분하는데 동기회로의 동작은 동일한 신호 값에 의하여 전체 회로의 동작이 결정되고, 비동기식 회로의 동작은 입력 신호가 변화되는 순서나 회로 내부적인 변화에 의해 회로의 동작이 결정되는 구조이다.

- 동기식 순서회로(Synchronous Sequential Circuit)
  공통된 클럭 펄스에 의하여 전체 회로가 동작하는 회로

- 비동기식 순서회로(Asynchronous Sequential Circuit)
  공통된 클럭이 아닌 내부적인 신호 변화에 따라 동작하는 회로

1) 클럭(Clock, CLK, CP)

시간의 변화에 따라 0과 1 값을 주기적으로 반복되는 신호를 클럭(Clock)이라 하며, 전체 회로의 동작을 통일시키거나 회로의 동작 속도를 결정하는데 사용된다.

Latch, Flip-Flop을 사용하는 경우 타이밍 관계는 매우 중요하다. 만약, 클럭을 가진 플립플롭(Clocked flip flop)에서 Clock의 전이가 발생했다면 제어 입력에서 인가한 데이터에 대해 플립플롭의 정상적인 출력을 얻기 위해서는 아래에 설명한 타이밍 조건을 고려해야한다.

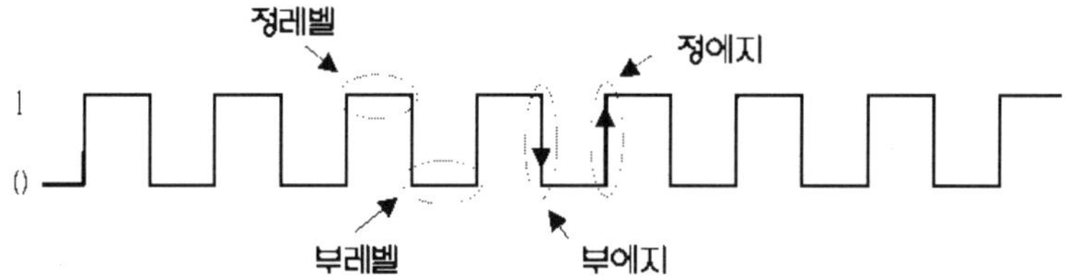

(a) 클럭 신호

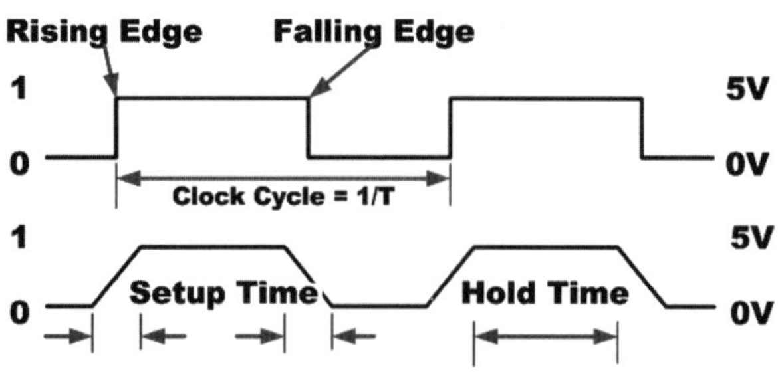

(b) Setup/Hold time

▶ Rising/Falling Edge

클럭 신호의 펄스가 존재하는 곳을 1레벨(level)로, 펄스가 존재하지 않는 곳을 0레벨로 표현한다.

1레벨을 정레벨(positive level) 그리고 0레벨을 부레벨(negative level)이라고 부른다. 1 또는 0레벨에서 순차논리회로가 동기되는 것을 레벨 트리거링(level triggering)이라고 한다.

클럭의 펄스 형태가 바뀌는 곳, 즉. 디지털 신호가 0→1로 변하거나 1→0으로 변하는 경계 지점을 Edge라고 한다. 대부분의 디지털 회로에서 값의 변화를 감지하는 부분으로, 이 부분을 기준으로 값을 인식하고 지정된 동작을 수행한다.

펄스가 0에서 1로 변하는 것을 정에지(positive edge) 그리고 1에서 0으로 변하는 것을 부에지(negative edge)라고 한다. 정에지는 상승에지(rising edge) 또는 리딩에지(leading edge)라고 부르기도 한다. 부에지는 하강에지(falling edge) 또는 트레일링에지(trailing edge)라 부르기도 한다.

▶ Setup time

플립플롭에 신호를 전달하는 데 요구되는 시간은 제로가 아니다. 그러므로 플립플롭의 정상적인 동작을 위해서는 0↔1로 바뀌는 중에는 안정한 입력 데이터 값을 유지해야 하는데, 이때 요구되는 시간 간격인 t_S를 셋업 타임이라 한다. 만약 이러한 타이밍 요구가 만족하지 않으면 플립플롭의 동작은 보증되지 않는다.

▶ Hold time

플립플롭의 정상적인 동작을 위해서는 클럭 전이(0에서 1로)가 일어난 후에도 안정한 입력 데이터 값을 유지해야 하는데, 이때 요구되는 시간 간격인 t_H를 홀드 타임이라 한다. 이러한 타임 요구를 만족하지 않으면 플립플롭은 정상적으로 동작하지 않는다.

즉, 클럭이 발생할 때 이 플립플롭에 대해 정상적인 출력을 얻기 위해서 클럭 전이에 앞서 동기 입력은 t_S시간 동안뿐 만 아니라 클럭 전이 후에도 t_H시간 동안 안정한 상태를 유지해야 한다. IC 플립플롭에서 t_S와 t_H의 단위는 ns(nanosecond)가 된다. 셋업 타임은 보통 5~50ns의 범위를 가지며, 홀드 타임은 0~10ns의 범위를 갖는다.

▶ Rising/Falling Edge 검출기

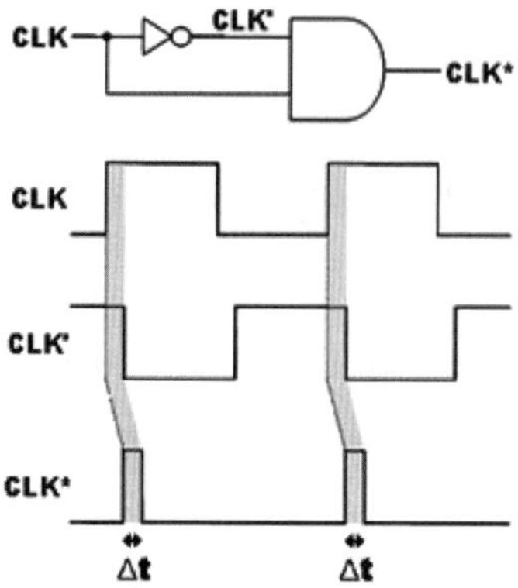

(a) 상승 모서리 검출기

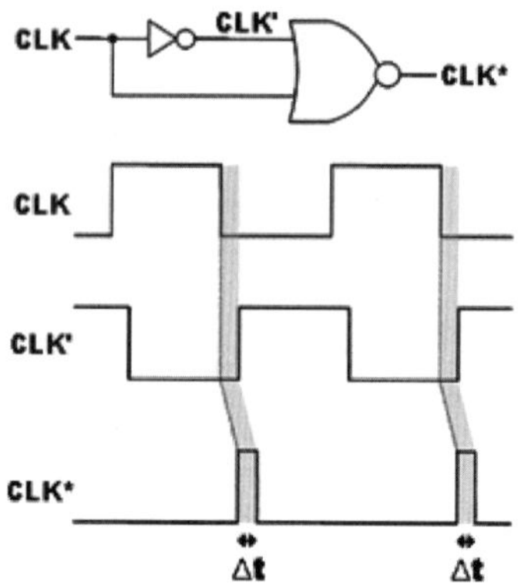

(b) 하강 모서리 검출기

▶ 지연 시간

2입력 AND 게이트는 두 입력들에 각각 1이 입력되면 즉시 출력은 1이 나타나는 회로이지만 실제적으로 입력 변화에 대해서 순간적으로 출력 변화가 일어나지 않는다.

왜냐하면 게이트 내의 트랜지스터 또는 다른 소자들이 입력 변화에 반응하는 데 어느 정도의 지연시간이 요구되기 때문이다. 따라서 게이트는 지연시간을 가지고 입력 변화에 출력 변화가 일어난다.

입력신호가 게이트 내부를 지나 전파된 후 출력신호가 나타나게 되므로 지연시간을 전달 지연시간(propagtion delay time, tp)이라고 한다.

NOT 게이트에서 전달 지연시간은 다음과 같다.

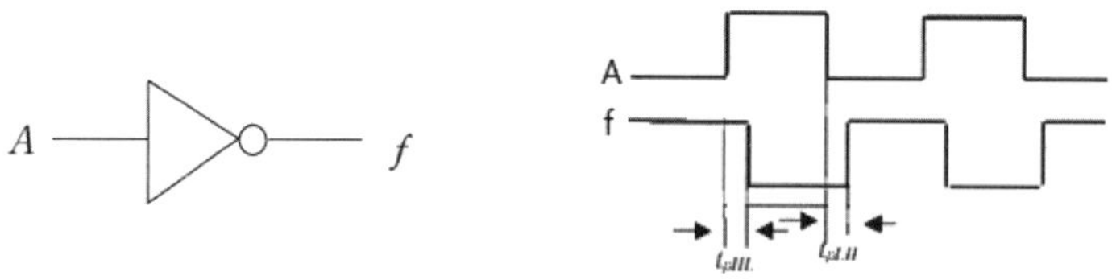

출력이 한 상태에서 다른 상태로 변하기 시작하면 즉시 변하는 것이 아니라 어느 정도 시간 간격이 있게 된다. 즉 상승시간.(rise time)과 하강시간(fall time)이 존재하나 지금은 무시한다.

2개의 게이트로 구성된 논리회로의 전달 지연시간은 아래와 같다.

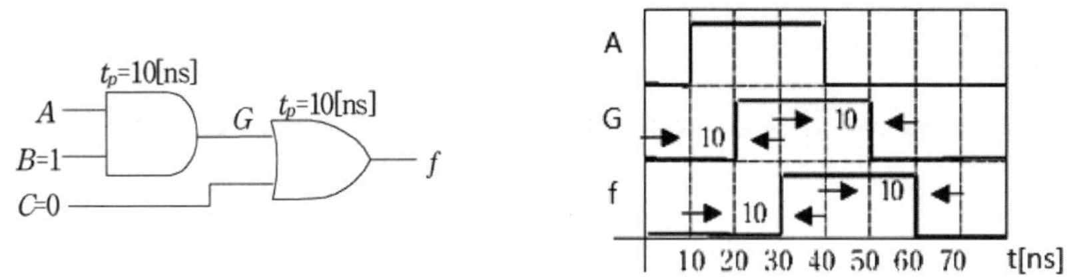

게이트마다 전달 지연시간은 동일하지 않지만 게이트 각각의 전달 지연시간을 tpHL=tpLH=10[ns]로 가정하면 tp=10[ns]가 된다.

회로에서 B=1 그리고 C=0로 입력되고 입력 A는 t=10∼40[ns]에서만 1상태이다. 따라서 AND 게이트의 전달지연시간 후 G는 A신호가 나타나고 OR 게이트의 전달지연시간 후 출력 f는 G신호가 나타난다. 즉, 입력 A는 두 개의 게이트를 지나면서 소요되는 전달 지연시간 20[ns] 후 출력 f신호로 나타난다.

논리 게이트의 전달 지연시간은 수 ns 정도이다. 보통 수 ns의 전달 지연시간은 무시하고 전달지연시간을 고려하지 않은 이상적인 경우로 나타낸다.

2) 스파이크(spike) 신호

스파이크 신호 값이 1인 구간의 길이는 0인 구간의 길이에 비해 상대적으로 매우 짧다. 이와 같이 순간적으로 1의 값이 발생되는 것을 스파이크(spike) 신호 또는 글리치(glitch) 신호라 한다.

(a) Rising Edge Trigger 방식 **(b) Falling Edge Trigger** 방식

일반적으로 순차회로의 동작은 Rising Edge 시점에 이루어진다. 그러나 필요에 따라 Falling Edge 시점에서 동작을 요구할 수 있기 때문에 동작(Trigger)을 구분하여 그림과 같이 표시한다.

3) 클럭 발생기

멀티바이브레이터(multivibrator)는 증폭기의 출력을 서로의 입력측에 피드백시킴으로써 ON·OFF 상태를 번갈아 되풀이하는 발진기로 피드백 결합소자의 구성에 따라 쌍안정(bistable), 단안정(monostable), 비안정(astable) 멀티바이브레이터로 구분된다.

쌍안정 멀티바이브레이터는 결합소자로 모두 저항을 이용하고, 단안정 멀티바이브레이터는 하나는 저항, 하나는 콘덴서를 사용하고, 비안정 멀티바이브레이터는 모두 콘덴서를 사용한다.

단안정 멀티바이브레이터는 한 개의 안정 상태를 가지고 있으며, 출력이 평상시에는 리셋 상태에 있다가 트리거 전압을 인가하면 출력이 세트 상태로 된다. 세트 상태로 된 출력은 저항과 콘덴서에 의해 정해지는 일정 시간이 지나면 다시 원래의 리셋 상태로 돌아간다.

비안정 멀티바이브레이터는 안정 상태를 가지고 있지 않다.

▶ 단안정 멀티바이브레이터

논리회로로 구성된 단안정 멀티바이브레이터 기본 회로는 다음과 같다.

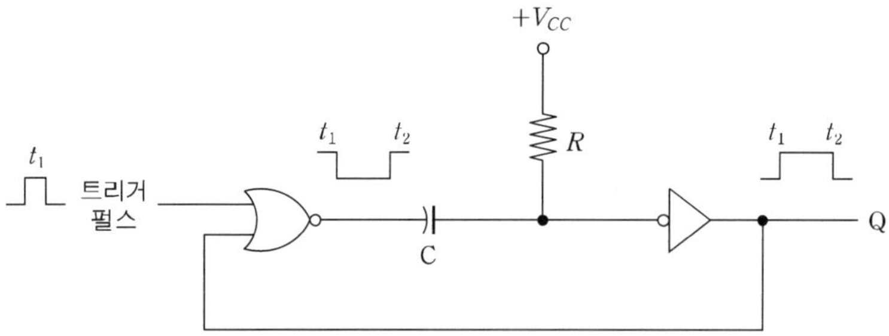

단안정 멀티바이브레이터 회로는 NOR 게이트와 인버터로 구성되며, 트리거 입력과 출력 Q를 가진다. 안정 상태에서 Q는 0 상태에 있고, 트리거 입력이 인가되지 않으면 출력은 계속 0의 상태를 유지하게 된다. 만약 트리거 펄스가 인가되면 출력 Q는 1의 상태로 바뀌어 세트된다. 세트 상태는 일정 시간 T 동안만 유지되다가 T가 지나면 원래의 안정 상태로 리셋된다. 입력 트리거 펄스의 rising edge에서 동작한다고 가정할 경우 출력 Q의 파형은 다음과 같다.

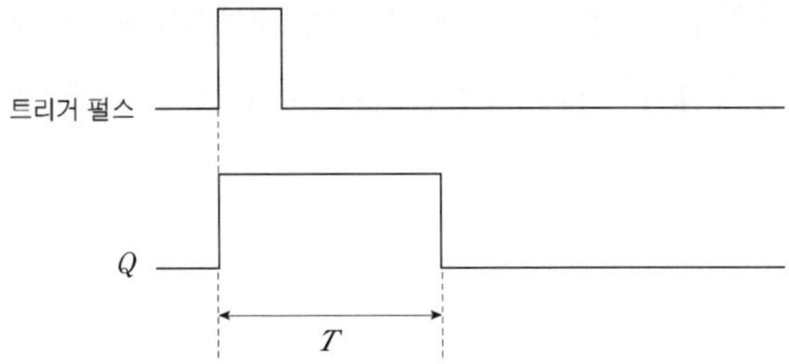

세트 상태의 지속 시간 T는 R과 C의 시정수로 결정된다. C의 용량을 크게 하면 지속 시간 T를 길게 할 수 있고 C의 용량을 작게 하면 T의 시간을 짧게 할 수 있다.

출력 Q는 세트 상태에 있다가 T 시간이 지나 리셋 상태로 돌아온 후 트리거 펄스가 인가되지 않으면 아무런 동작도 하지 않고 리셋 상태를 계속 유지한다.

준안정 시간보다 짧은 트리거 펄스가 여러 번 연달아 입력되더라도 단안정 멀티바이레이터의 출력은 첫 번째 트리거 펄스에만 동작한다.

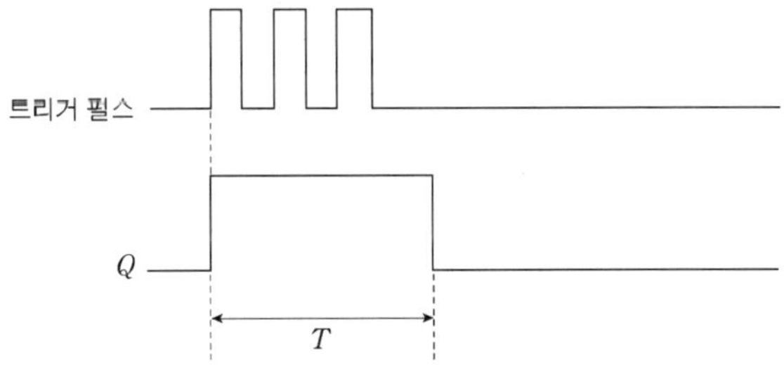

또한 준안정 시간보다 긴 트리거 펄스가 입력되더라도 단안정 멀티바이브레이터의 출력에 영향을 미치는 것은 트리거 펄스의 폭이 아니라 트리거 edge이므로 트리거 edge에 맞추어 출력 Q가 동작한다.

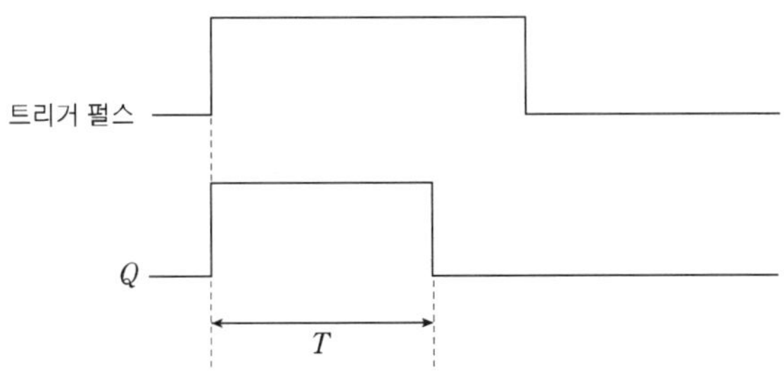

다음은 전용 IC를 사용한 단안정 멀티바이브레이터이다.

555 타이머는 발진회로로 많이 사용되며, 단안정 멀티바이브레이터 혹은 비안정 멀티바이브레이터로 동작한다. 아래 그림은 타이머 IC로 TI사의 NE555의 논리 구조를 나타내었다.

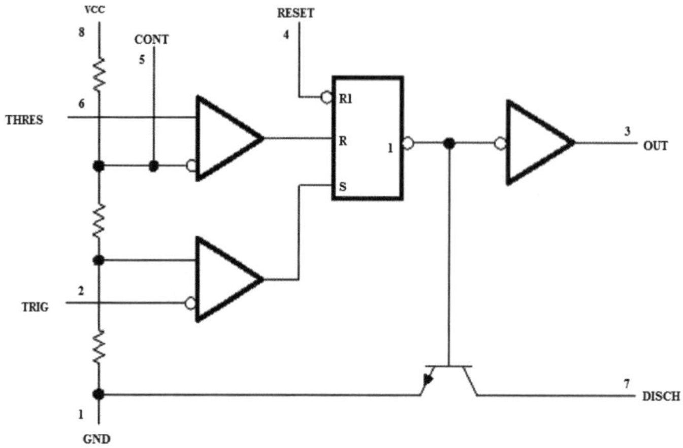

일반적으로 임계치(threshold) 레벨은 Vcc의 2/3이고, 트리거(trigger) 레벨은 Vcc의 1/3이다. 이러한 레벨은 제어(control) 전압을 이용하여 변경될 수 있다. 만약 트리거 입력이 트리거 레벨보다 떨어지면 플립플롭은 세트되고, 출력은 high로 된다. 트리거 입력이 트리거 레벨보다 높고 임계치 레벨보다 높으면 플립플롭은 리셋되고, 출력은 low로 된다.

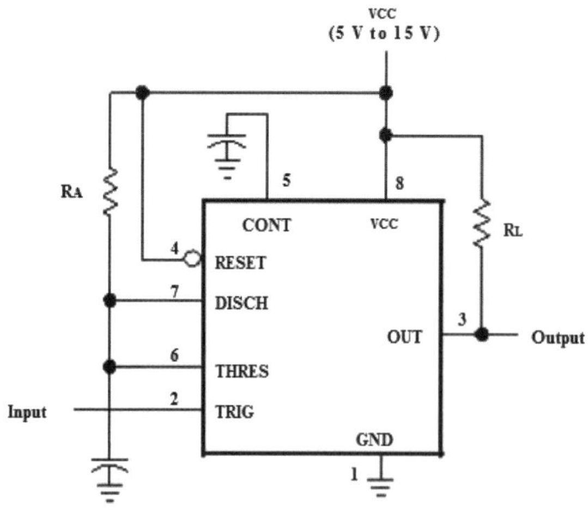

RESET 단자는 모든 다른 입력을 오버라이드 할 수 있고 새로운 타이밍 사이클을 초기화할 때 사용될 수 있다.

RESET이 low로 되면 플립플롭은 리셋되고, 출력이 low로 된다. 출력이 low로 될 때마다 DISCH와 그라운드 사이에 저-임피던스(low-impedance) 경로가 제공된다.

555 타이머가 단안정 멀티바이브레이터로 동작할 경우 위 그림과 같이 구성할 수 있다.

입력이 low이면 TRIG로 인가되는 low 레벨 펄스가 플립플롭을 세트시키고($\overline{Q}$가 low로 된다), 출력을 high로 만든다. 커패시터 C는 커패시터에 인가되는 전압이 THRES 입력의 임계 전압에 이를 때까지 R_A를 통해 충전된다. 만약 TRIG가 high로 되면 임계 비교기의 출력이 플립플롭을 리셋시키고($\overline{Q}$가 high로 된다), 출력을 low로 만들어 C를 방전시킨다.

단안정 멀티바이브레이터의 동작은 TRIG 전압이 트리거 임계치보다 낮을 때 초기화된다. 한번 초기화되면 타이밍 인터벌의 끝에서 TRIG가 high로 될 때만 시퀀스가 종료된다.

출력 펄스의 지속 시간은 다음과 같이 얻을 수 있다.

$$T = 1.1R_A \cdot C[\text{sec}]$$

임계치 레벨과 충전율은 공급전압 Vcc에 비례하므로 T 동안 공급전압이 일정하면 T는 공급전압과 무관하다.

아래 그림은 NE555 타이머의 단안정 모드의 파형을 나타내었다.

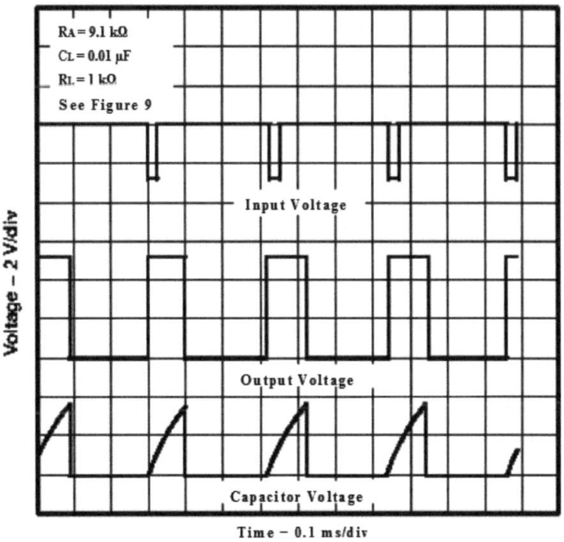

▶ 비안정 멀티바이브레이터

타이머 IC인 NE555가 비안정 멀티바이브레이터로 동작할 경우 아래 그림과 같이 구성할 수 있다. 단안정 멀티바이브레이터 동작회로에 저항 R_B를 추가하고 TRIG 입력과 THRES 입력을 연결하여 주면 된다. 커패시터 C가 R_A와 R_B를 통해 충전하게 되며 방전은 R_B를 통하여 이루어진다.

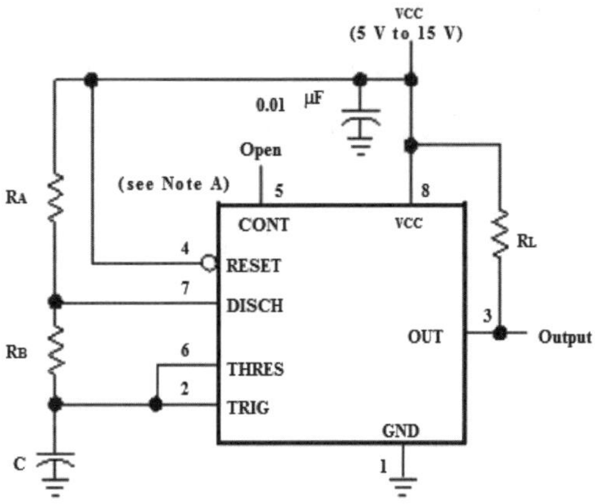

(a) 비안정 멀티바이브레이터 회로 구성

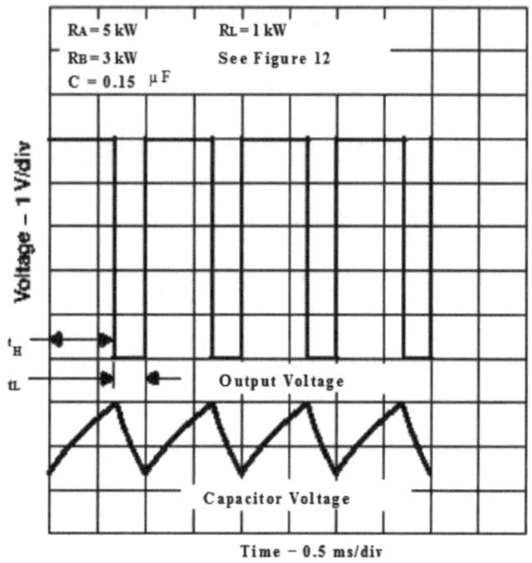

(b) 비안정 멀티바이브레이터 파형

이러한 비안정 연결로 인해 커패시터 C가 임계 전압 레벨(≈$0.67V_{CC}$)과 트리거 전압 레벨(≈$0.33V_{CC}$) 사이를 충전, 방전하도록 되어 있다.

HIGH로 지속되는 시간 t_H와 LOW로 지속되는 시간 t_L는 다음과 같다.

$$t_H = 0.693(R_A + R_B)C$$
$$t_H = 0.693(R_B)C$$

전체 주기는

$$T = t_H + t_L = 0.693(R_A + 2R_B)C$$

주파수는

$$f = \frac{1}{T} = \frac{1.44}{(R_A + 2R_B)C}$$

듀티사이클(duty cycle)은 다음과 같다.

$$\text{듀티사이클} = \left(\frac{R_A + R_B}{R_A + 2R_B}\right) \times 100\%$$

5.2 Latch 와 Flip-Flop

순서회로는 조합회로 부분과 기억소자 부분으로 구성되어 있는데, 이때 사용되는 기억소자는 보통 Latch나 플립플롭(FF : flip-flop)을 사용한다.

이러한 기억소자는 서로 비슷한 특성을 가지고 있지만, 그들의 상태를 변화시키는 방법에 있어서 차이가 있다.

Latch는 클럭 입력과 관계없이 외부 입력이 변화할 때 상태가 변화된다. 그리고 이때 새로운 출력 값은 게이트의 전파 지연시간만큼 지연된다.

이러한 특성을 투명 특성(transparency property)이라 한다. 이에 반해서 플립플롭은 클럭 신호에 의해서 출력 상태가 변화하기 때문에 투명 특성을 가지고 있지 않다.

일반적으로 동기 회로에 있어서 메모리 부분은 플립플롭을, 비동기 회로의 메모리 부분은 Latch에 의해서 구현된다.

Latch/플립플롭은 1Bit 정보(0 또는 1)를 저장할 수 있는 소자이며, Latch/플립플롭이 1의 값을 저장하고 있으면 세트(Set, Q=1, Q′=0), 0을 저장하고 있으면 리셋(Reset, Q=0, Q′=1) 되었다고 한다.

SR Latch는 두 개의 NOR 게이트 또는 두 개의 NAND 게이트로 구현할 수 있다.

▶ NOR를 이용한 RS Latch

그림은 NOR 게이트에 의해서 구현된 SR Latch와 타이밍 챠트를 나타낸다. 타이밍 챠트에서 Q(t)는 현재 상태에서의 출력 값을 나타내며, Q(t+1)은 다음 상태에서의 출력 값을 나타낸다. 이와 같이 두 개의 상태 값을 발생시키는 회로를 쌍안정 멀티바이브레이터(bistable multivibrator)라고 한다.

교차 결합된 두 개의 NOR 게이트로 구성된 이 Latch는 두 개의 입력 S(set)와 R(reset)을 가지며, 두 개의 보수 출력 변수는 Q와 Q′를 가진다.

여기서 이 Latch의 동작은 동작표에 나타나 있다.

이 동작표에 주어진 결과로부터 Latch의 동작은 다음과 같이 요약할 수 있다.

- S=0, R=0인 경우에는 회로의 출력 상태는 변화하지 않고 현재 상태의 값을 유지한다. 따라서 이 조건은 1비트의 데이터를 기억하는 경우를 나타낸다.
- S=1, R=0인 조건은 Latch를 세트(set)하라는 의미를 나타내므로 Q(t+1)=1,

Q′(t+1)=0이 된다.

- S=0, R=1인 조건은 Reset을 의미이므로 Q(t+1)=0, Q′(t+1)=1이 된다.
- R=1, S=1인 경우에는 출력 Q(t+1)=Q′(t+1)이 되어 출력에는 서로 보수 관계의 출력이 나타나지 않으므로 허가할 수 없는 상태가 된다.

(a) 논리회로도

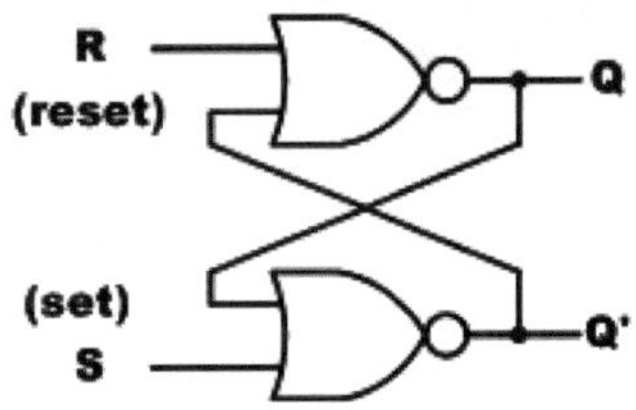

(b) 기호

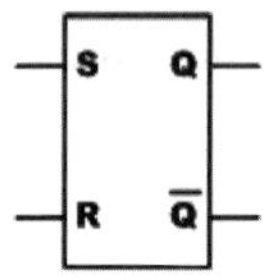

(c) 동작표

입력		출력
S	R	Q(t+1)
0	0	Q(변화없음)
0	1	0
1	0	1
1	1	사용금지

(d) 타이밍 챠트

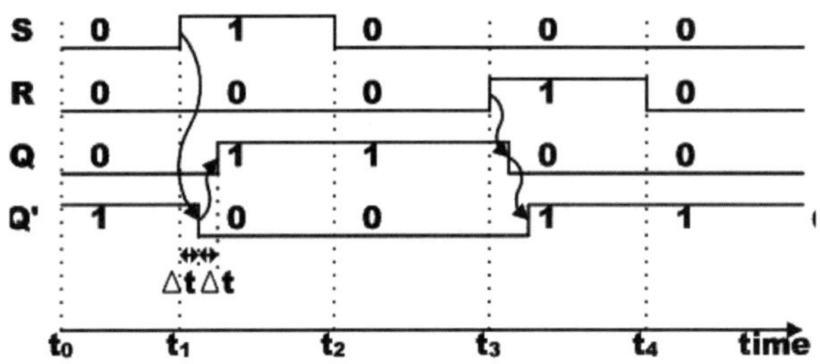

이와 같은 Latch의 동작 상태를 타이밍 챠트로 나타내면 쉽게 이해할 수 있다. 타이밍 챠트에서 S=0, R=0인 조건은 시간 $T_2 \sim T_3$에서 이전의 입력 조건에 의한 출력 상태를 유지하므로(시간 $T_1 \sim T_2$) 논리 1의 데이터를 기억하고 있음을 알 수 있다. 그리고 S=1, R=0일 때 시간 $T_1 \sim T_2$에서 Q(t+1)=1이며, S=0, R=1 일 때 시간 $T_3 \sim T_4$에서 출력 Q(t+1)=0이다.

▶ NAND 를 이용한 RS Latch

RS Latch는 NAND 게이트를 이용하여 구성할 수도 있는데, 아래 그림은 각각 NAND 게이트에 의해서 구현된 SR Latch의 회로도와 동작표를 나타낸다.

(a) 논리회로도

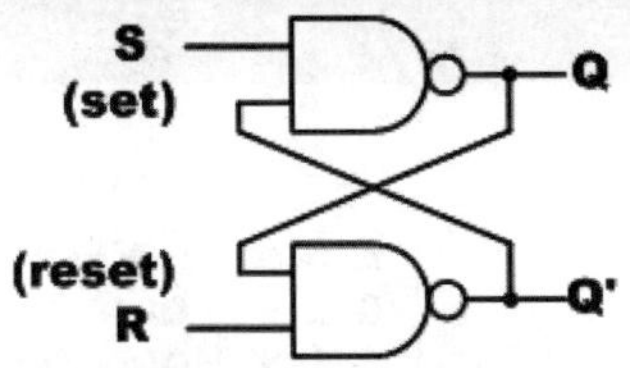

(b) 기호

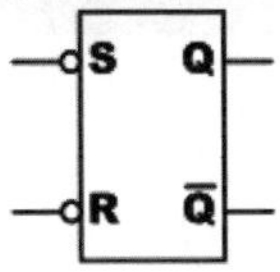

(c) 동작표

입력	출력
S R	Q(t+1)
0 0	사용금지
0 1	1
1 0	0
1 1	Q(변화없음)

(d) 타이밍 챠트

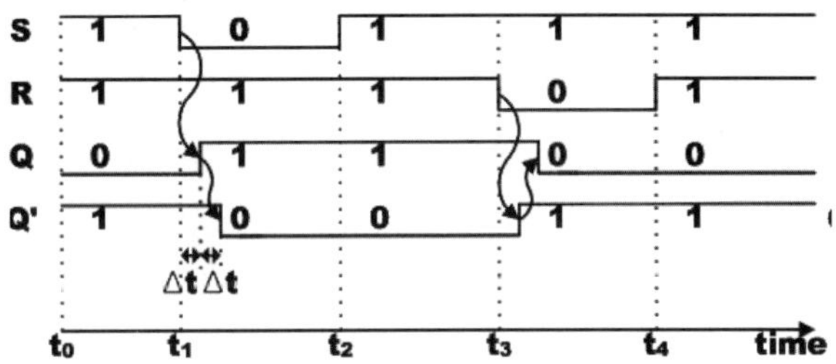

교차 결합된 두 개의 NAND 게이트의 값의 변화는 동작표에 나타나 있으며, NAND 게이트로 구성된 SR Latch의 동작은 NOR 게이트의 경우와 반대로 동작한다. 즉, 입력 조건 S=R=1이면 Latch의 상태는 변화하지 않고 그대로 유지되며, S=R=0이면 두 개의 출력은 모두 1이 되므로 이러한 조건은 Latch의 정상 동작을 위하여 피해야 한다.

▶ Enable 제어 신호를 갖는 SR Latch 회로

- NOR Latch를 이용한 경우

(a) 논리회로도

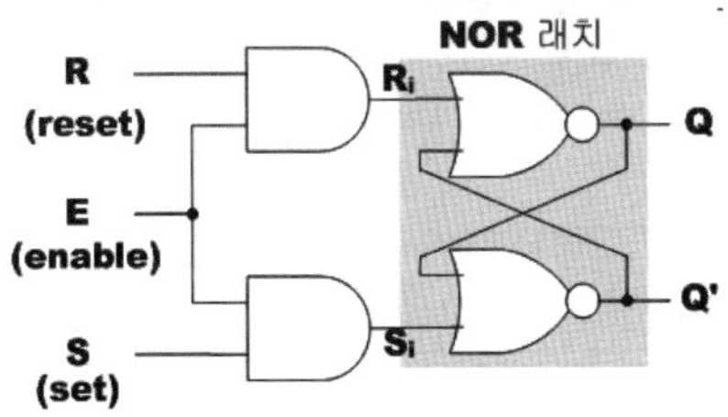

(b) 기호

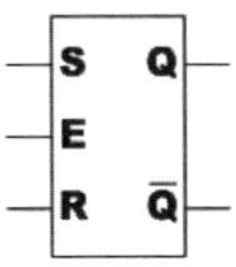

(c) 동작표

입력	출력
E S R	Q(t+1)
0 x x	Q_0(변화없음)
1 0 0	Q_0(변화없음)
1 0 1	0
1 1 0	1
1 1 1	사용금지

- NAND Latch를 이용한 경우

(a) 논리회로도

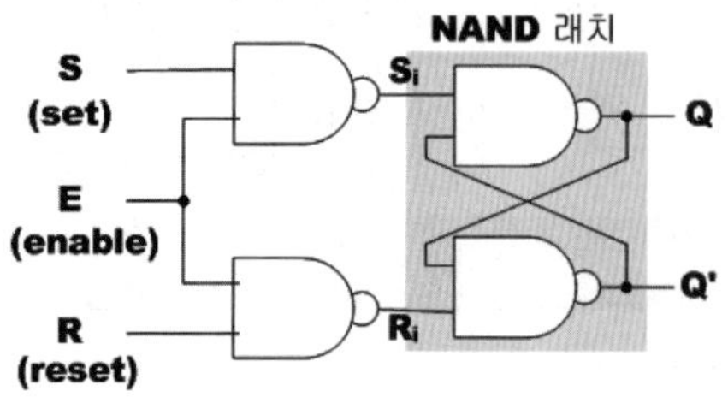

(b) 기호

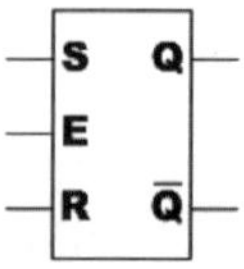

(c) 동작표

입력	출력
E S R	Q(t+1)
0 x x	Q(변화없음)
1 1 1	Q(변화없음)
1 1 0	0
1 0 1	1
1 0 0	사용금지

논리회로에서 Enable이라고 이름 지어진 신호 선은 회로의 동작을 제어하는 역할을 하며 그 값에 따라 연결된 회로의 동작이 결정된다.

1) SR F/F

앞에서 설명한 두 개의 SR Latch는 클럭 펄스(CP: clock pulse) 입력과 무관하게 입력 값의 변화에 따라 동작하므로 비동기 SR 플립플롭(SR Flip Flop)이라 할 수 있다.

그림 (a)는 각각 두 개의 NAND게이트를 이용한 RS Latch에 CP 입력을 추가한 클럭 입력을 가진 RS 플립플롭의 논리회로도를 나타낸다.

(a) 논리회로

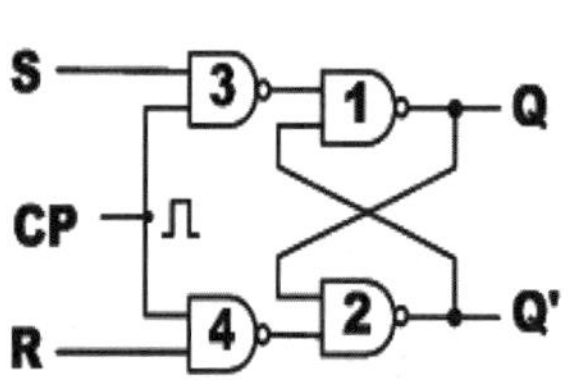

(c) 동작표

CP	Q(t)	S(t)	R(t)	Q(t+1)	설명
1	0	0	0	Q(t)	No Change
	1				
1	0	0	1	0	Reset
	1				
1	0	1	0	1	Set
	1				
1	0	1	1	불확정	Not Allow
	1				

(b) 그래픽 기호	(d) 타이밍 챠트

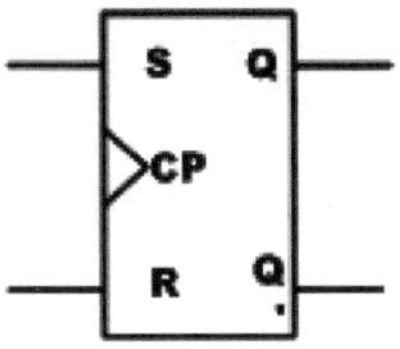

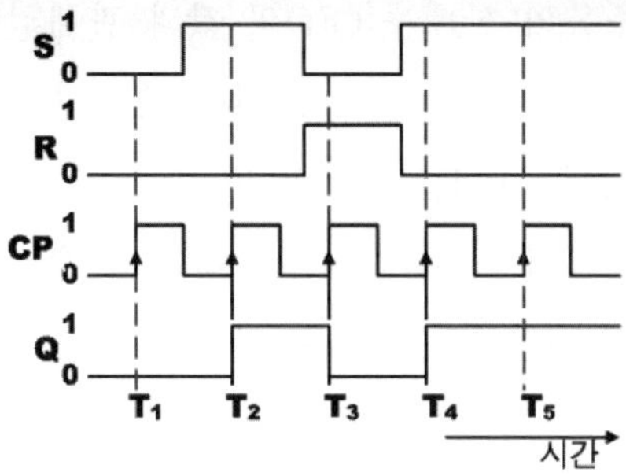

(e) 특성표

CP	Q(t)	S(t)	R(t)	Q(t+1)
1	0	0	0	0
	0	0	1	0
1	0	1	0	1
	0	1	1	−
1	1	0	0	1
	1	0	1	0
1	1	1	0	1
	1	1	1	−

(f) 특성 방정식

Q(t) \ S(t)R(t)	00	01	11	10
0	0	0	x	1
1	1	0	x	1

Q(t+1) = S+R'Q(t)(단, SR≠1)

SR = 0

이 플립플롭은 CP가 1인 동안에만 입력에 응답하며, 입력되는 CP는 일정한 시간마다 반복되는 주기적인 펄스(periodic pulse)이거나 또는 반복성이 없는 비주기적인 펄스(aperiodic pulse)가 된다.

CP=0인 상태에서 두 개의 NAND 게이트의 출력은 S, R과 관계없이 모두 1이 된다. 따라서 출력 Q와 Q′는 변화하지 않고 현재 상태를 기억하게 된다.

그러나 CP=1이면 S, R에서 인가한 입력 값이 그대로 Latch의 입력으로 전달된다. 이러한 입력 조건은 앞에서 설명한 RS Latch의 동작과 동일하다.

이 플립플롭은 S와 R의 4가지 입력 조건에 따라서 다음과 같이 동작한다.

- CP=1, S=0, R=0인 조건

  플립플롭의 상태는 변화하지 않는다. 즉, Q(t)의 값이 0이면, Q(t+1)=0, Q(t)의 값이 1이면, Q(t+1)=1이 된다. 타이밍 챠트에서 T_1의 경우가 이에 속한다.

- CP=1, S=0, R=1인 조건

  플립플롭의 상태는 Q(t)의 값과 관계없이 리셋 상태 즉, Q(t+1)=0이 된다. 타이밍 챠트에서 T_3 경우가 이에 속한다.
- CP=1, S=1, R=0인 조건

  플립플롭의 상태는 Q(t)의 값과 관계없이 세트 상태 즉, Q(t+1)=1이 된다. 타이밍 챠트에서 T_2의 경우가 이에 속한다.
- CP=1, S=1, R=1인 조건

  이 조건에서 출력은 모두 1이 되므로 플립플롭은 정확히 동작하지 않는다. 따라서 플립플롭 출력이 불안정하므로 이러한 입력 조건은 금지된다.

그림 (c)의 동작표는 위에서 설명한 플립플롭의 동작 상태를 요약한 RS 플립플롭의 동작표로 나타낸다. 이 회로에 대한 맵은 동작표를 이용하면 구할 수 있고, 맵으로부터 특성 방정식을 다음과 같이 유도할 수 있다.

$$Q(t+1) = S + R'Q \quad (\text{단, } SR \neq 1)$$
$$SR = 0$$

여기서 SR=0을 특성 방정식에 포함시키는 것은 S=R=1인 조건은 허용될 수 없음을 나타내기 위한 것이다.

이 RS 플립플롭의 동작을 타이밍 챠트로 나타내면 그림 (d)와 같다.

이 타이밍 챠트에서 알 수 있듯이 CP=0인 동안에는 S와 R의 값과 관계없이 출력 Q가 변화하지 않으며, CP=1인 동안에만 S와 R의 입력에 따라 출력 Q가 변화하고 있다.

예제 5-1 RS FF의 특성표를 완성하여라.

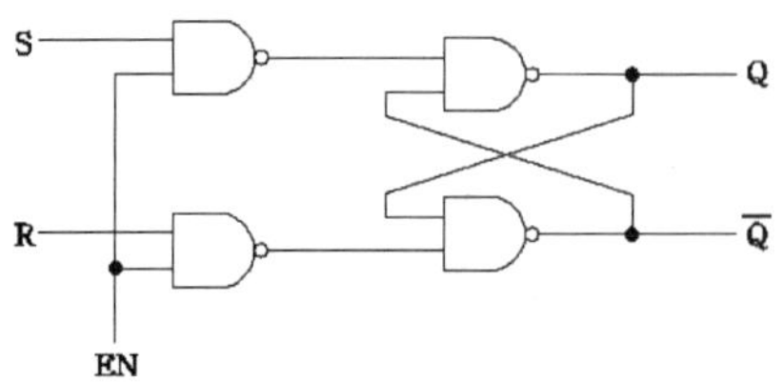

S	R	EN	Q
0	0	0	
0	1	0	
1	0	0	
1	1	0	
0	0	1	
0	1	1	
1	0	1	
1	1	1	

예제 5-2

RS FF에서 다음과 같이 positive edge가 인가될 때 출력파형을 구하여라.

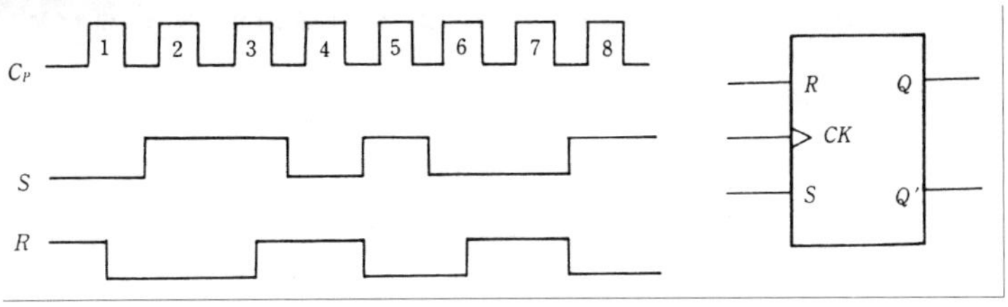

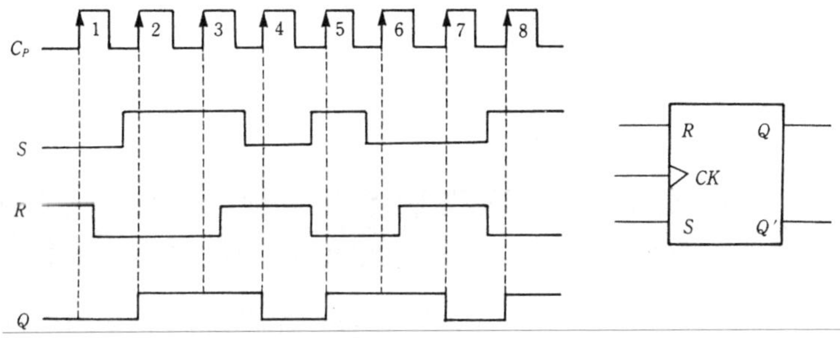

예제 5-3

RS 플립플롭회로에서 negative edge가 인가될 때 출력파형 Q을 구하여라.

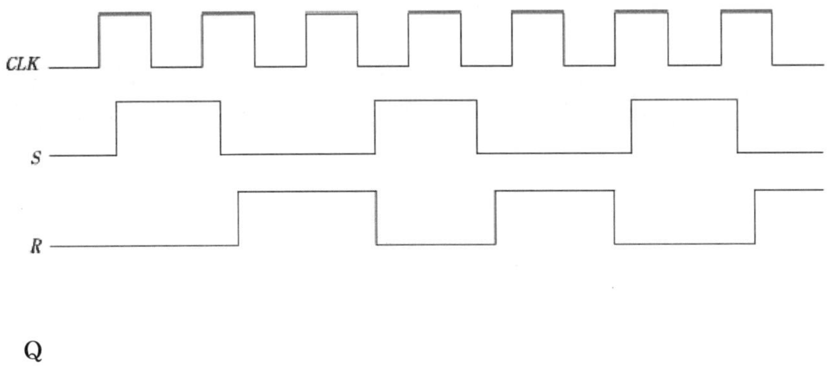

2) JK F/F

JK 플립플롭(JK Flip Flop)은 RS 플립플롭에서 R=1, S=1인 경우 출력이 불안정한 상태가 되는 문제점을 개선하여 이러한 입력 조건에서도 동작하도록 만든 회로이다. JK 플립플롭의 J는 S(set)에, K는 R(reset)에 해당되는 입력이다.

JK 플립플롭의 가장 큰 특징은 J=1, K=1인 경우 이 플립플롭의 출력은 이전의 출력과 보수의 상태로 바뀐다는 점이다. 즉, Q(t)=1이면 Q(t+1)=0이 되며, Q(t)=0이면 Q(t+1)=1이 된다.

그림 (a)와 (b)는 각각 2개의 AND 게이트와 2개의 교차된 쌍 NOR 게이트에 의해서 구성된 JK 플립플롭의 논리회로와 그래픽 기호를 나타낸다.

(a) 논리회로

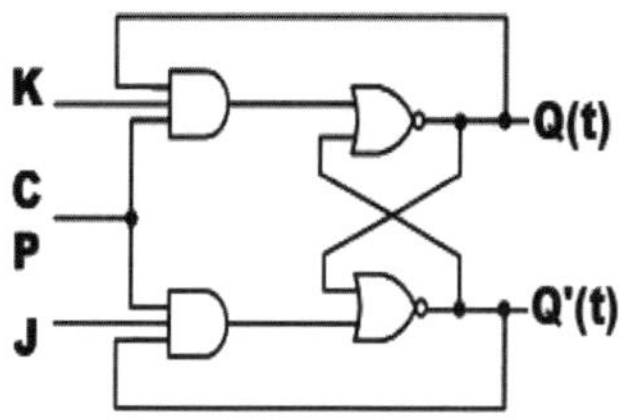

(c) 동작표

CP	Q(t)	J(t)	K(t)	Q(t+1)	설명
1	0	0	0	Q(t)	No Change
	1				
1	0	0	1	0	Reset
	1				
1	0	1	0	1	Set
	1				
1	0	1	1	Q'(t)	Toggle
	1				

(b) 그래픽 기호

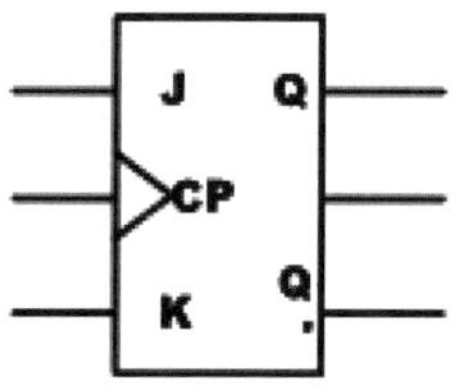

(d) 타이밍 챠트

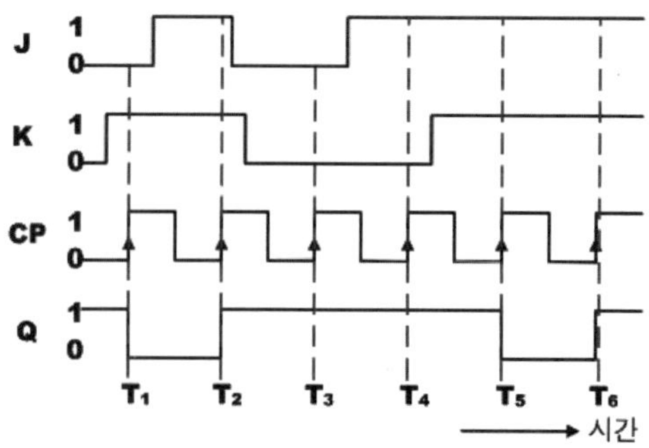

(e) 특성표	(f) 특성 방정식

CP	Q(t)	J(t)	K(t)	Q(t+1)
1	0	0	0	0
	0	0	1	1
1	0	1	0	0
	0	1	1	0
1	1	0	0	1
	1	0	1	1
1	1	1	0	1
	1	1	1	0

Q(t) \ J(t)K(t)	00	01	11	10
0	0	0	1	1
1	1	0	0	1

Q(t+1) = JQ'(t)+K'Q(t)

J=1, K=1일 때 JK 플립플롭의 동작 특성을 살펴보기로 하자.

- J=1, K=1, CP=1이고 Q=1인 경우
  출력 Q는 K와 AND 되고 Q′(Q′=0)는 J와 AND 된다.
  이때 CP=1이면 위쪽의 AND 게이트의 출력은 1이 되고, 아래쪽 AND 게이트의 출력은 0이 되어 플립플롭은 리셋 상태(Q=0)가 된다.
- J=1, K=1, CP=1이고 Q′=1인 경우
  이 조건에서 위쪽의 AND 게이트의 출력은 0이 되고, 아래쪽 AND 게이트의 출력은 1이 되어 플립플롭은 세트 상태(Q=1)가 된다.

따라서 JK 플립플롭의 출력은 J=1, K=1일 때, 현 상태의 보수가 취해지므로 RS 플립플롭에서 S=1, R=1인 금지된 상태를 허용함을 알 수 있다.

그림 (c)는 JK 플립플롭에 대한 동작표를 나타낸다. J=1, K=1일 때에는 항상 현재 상태 Q(t)의 보수가 출력되며, 그 이외의 경우에는 RS 플립플롭과 똑같이 동작한다. 따라서 JK 플립플롭에 대한 특성 방정식을 다음과 같이 유도할 수 있다.

$$Q(t+1) = JQ'(t) + K'Q(t)$$

JK 플립플롭에 대한 동작은 그림 (d)에 나타난 타이밍 차트에 의해서 설명할 수 있다.

① 시간 T_1에서 J=0, K=1, CP=1이므로
JK 플립플롭의 출력은 클리어 되어 Q=0이 된다.

② 입력 J=K=1인 상태에서 두 번째 CP가 시간 T_2에서 발생하면
플립플롭은 반대 상태로 toggle 되므로 Q=1이 된다.

③ 시간 T_3에서 J=K=0 면
플립플롭의 상태는 변화하지 않으므로 이전 상태(Q=1)를 계속 유지하게 된다.

④ 시간 T_4에서 J=1, K=0인 조건은 플립플롭을 세트(Q=1)하게 된다.
그러나 이미 1의 값을 가지고 있으므로 그 값이 계속 유지된다.

⑤ 시간 T_5에서 J=K=1이면 플립플롭은 toggle되어 Q=0이 된다.

이때 플립플롭의 출력은 CP=1인 동안에만 입력 J, K의 입력 조건에 따라 변화함에 주의하라.

예제 5-4 JK FF의 특성표를 완성하여라.

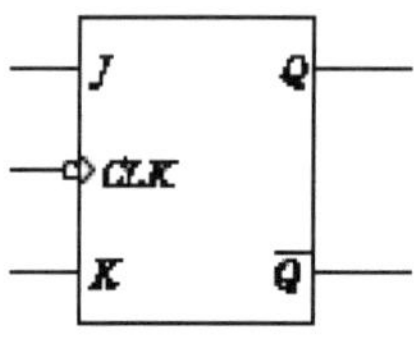

falling edge triggered

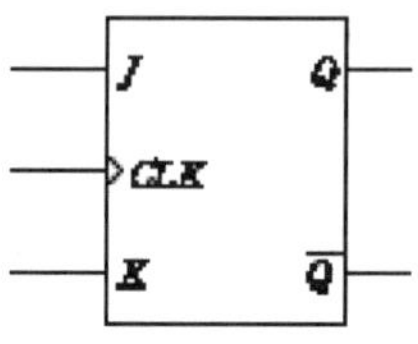

rising edge triggered

J	K	CLK	Q
0	0	↑또는↓	
0	1	↑또는↓	
1	0	↑또는↓	
1	1	↑또는↓	

예제 5-5 다음과 같은 JK FF에 positive edge 입력을 가할 때 Q 출력파형을 구하여라.

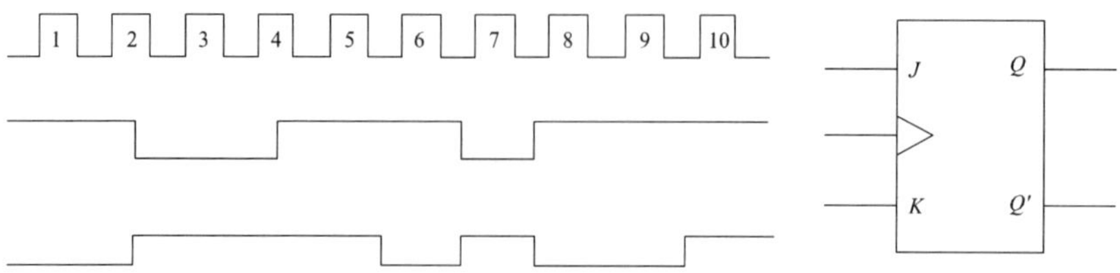

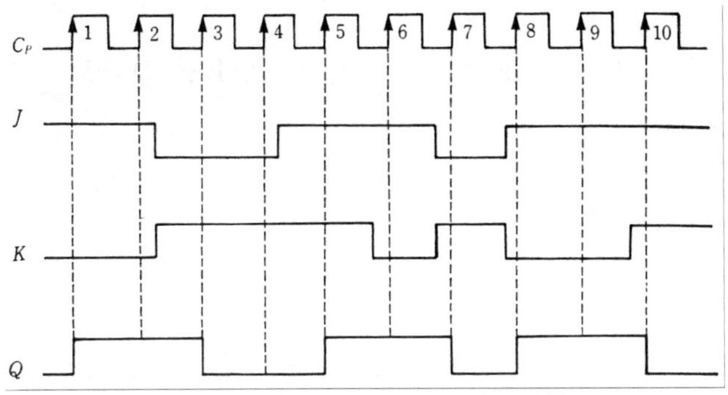

예제 5-6 다음 positive edge 펄스를 JK FF의 입력으로 공급했을 때 출력파형 Q를 구하여라.

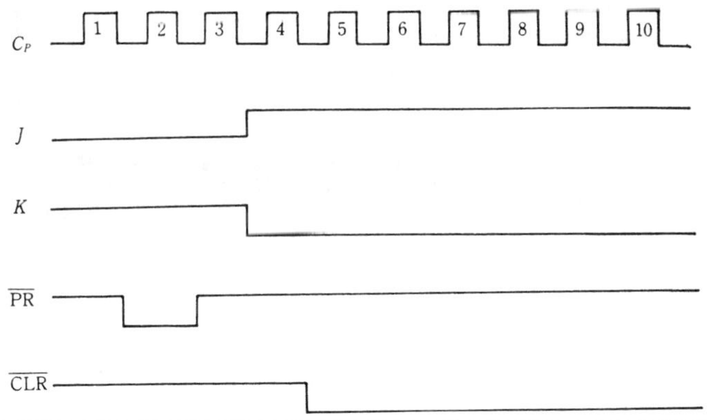

Q

예제 5-7 그림과 같은 JK FF에서 프리셋과 클리어 입력을 가지고 negative edge 펄스를 인가할 때 Q를 구하여라.

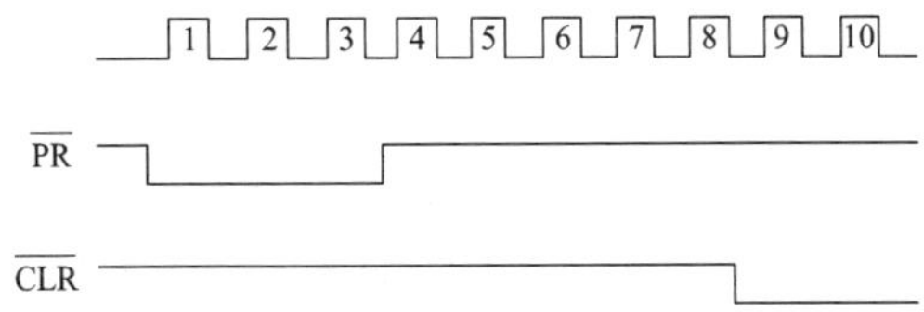

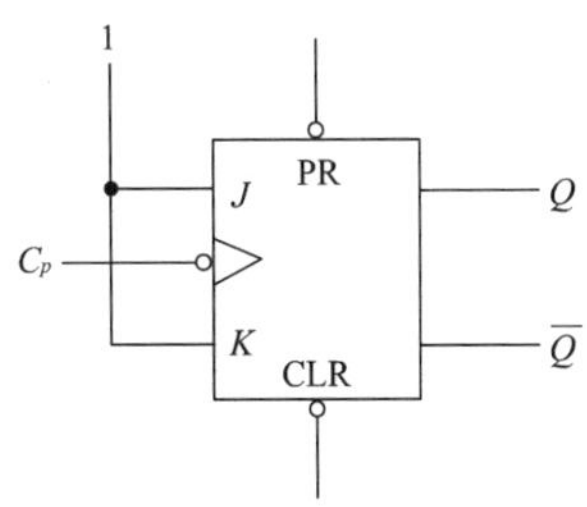

Q

3) T F/F

T 플립플롭(T Flip Flop)은 JK 플립플롭에서 J와 K를 하나로 묶어서 하나의 입력 T로 동작하도록 변형된 형태의 플립플롭이다. 여기서 T는 플립플롭 출력의 toggle (출력 상태의 반전)을 의미한다. 그림 (a)는 각각 T 플립플롭에 대한 논리회로도를 나타낸다.

(a) 논리회로

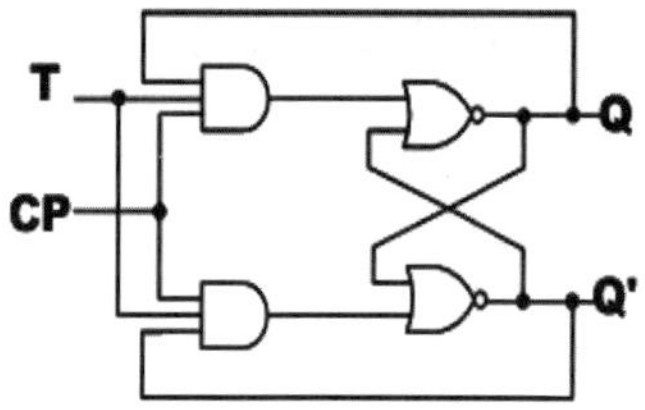

(c) 동작표

CP	Q(t)	T(t)	Q(t+1)	설명
1	0	0	0	No Change
	1		1	
1	0	1	1	Toggle
	1		0	

(b) 그래픽 기호

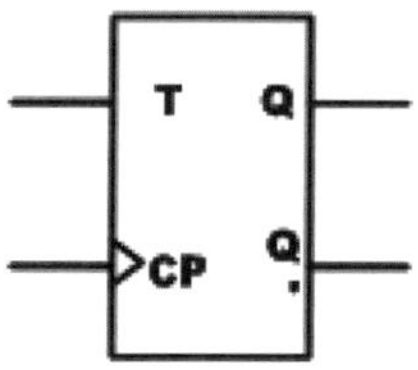

(d) 타이밍 차트

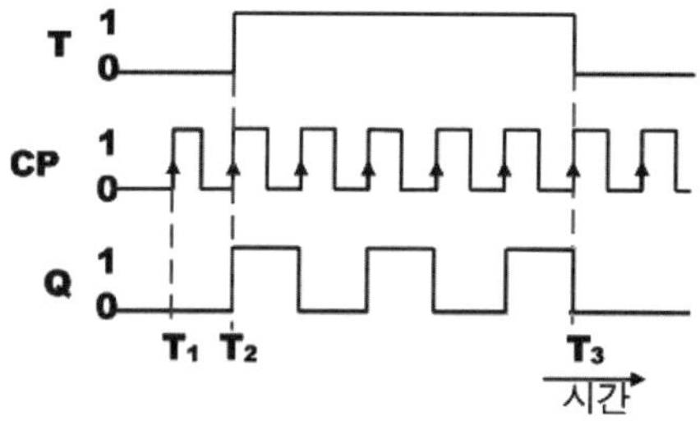

(e) 특성표

CP	Q(t)	T(t)	Q(t+1)
1	0	0	0
	0	1	1
1	1	0	1
	1	1	0

(f) 특성 방정식

Q(t) \ T(t)	00	01
0	0	1
1	1	0

$$Q(t+1) = TQ'(t)+T'Q(t)$$

입력 T=0일 때에는 CP에 관계없이 현재 상태를 유지하며, T=1일 때에는 CP=1인 동안 출력 상태는 현재 상태의 보수로 계속 변화하게 된다.

그림 (c)는 T 플립플롭에 대한 동작표로 나타낸다. T=0이면, Q(t+1)=Q가 되고, T=1이면, Q(t+1)=Q′가 되므로 T 플립플롭에 대한 특성 방정식을 다음과 같이 유도할 수 있다.

$$Q(t+1) = T'Q(t) + TQ(t)'$$

(d)는 T 플립플롭의 동작을 타이밍 챠트로 나타낸 것이다. 입력 T=1인 경우 시간 T2 에서 T3 사이에서 출력 Q의 값은 현재 상태의 보수가 됨을 알 수 있으며, 이때 출력 Q의 상태는 다섯 번 변화하였으므로 다섯 개의 CP가 입력 T에 인가되었다는 것을 알 수 있다.

따라서 T 플립플롭은 일정한 시간 동안 회로에 주기적으로 입력된 클럭의 개수를 셀 수 있는 카운터(counter)의 설계에 유용하게 사용되고 있다.

예제 5-8 T FF이 positive edge trigger 방식으로 동작할 경우 출력파형 Q를 그려라.

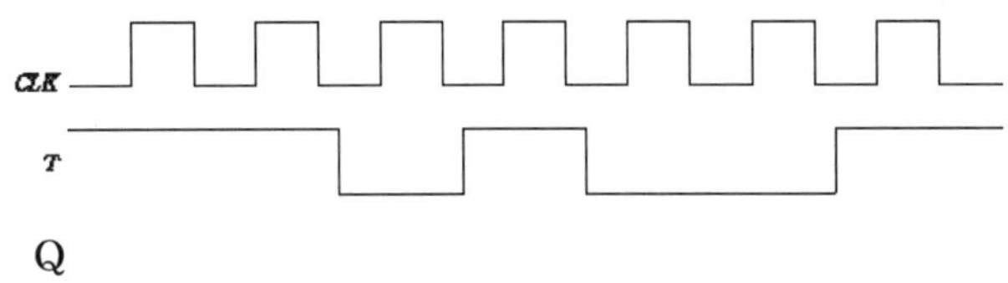

예제 5-9 다음 그림의 클럭 펄스 입력을 인가할 때 출력 Q의 파형을 그려라. (T=1)

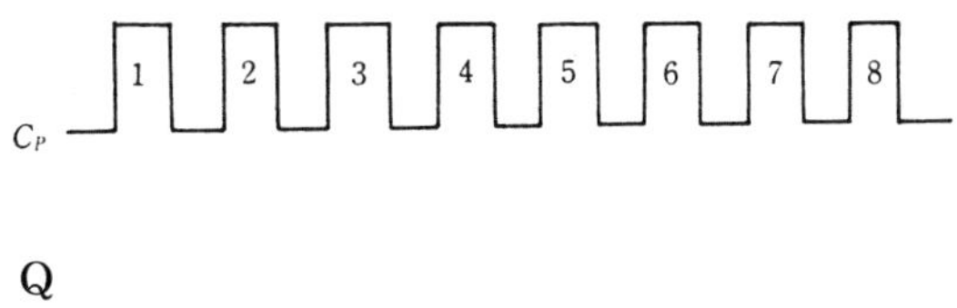

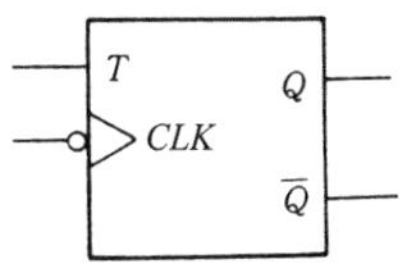

4) D F/F

RS 플립플롭의 변형인 D 플립플롭(D Flip Flop)은 CP에 따라 입력에서 인가한 데이터 비트(1과 0)를 저장하는 데 사용되는 플립플롭이다.

따라서 D 플립플롭은 CP와 단지 1개의 데이터 입력 D를 가지며, 그림 (a)와 (b)는 각각 이 플립플롭에 대한 논리회로와 그래픽 기호를 나타낸다.

(a) 논리회로

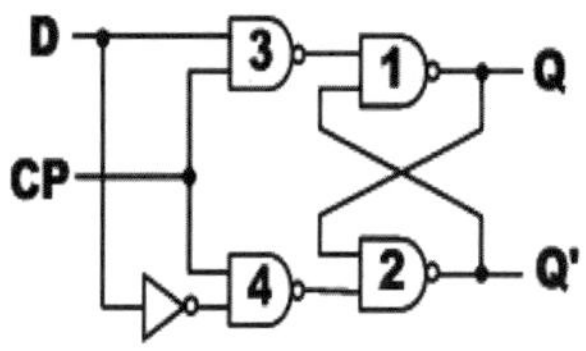

(c) 동작표

CP	Q(t)	D(t)	Q(t+1)	설명
1	0	0	0	Reset
	1			
1	0	1	1	Set
	1			

(b) 그래픽 기호

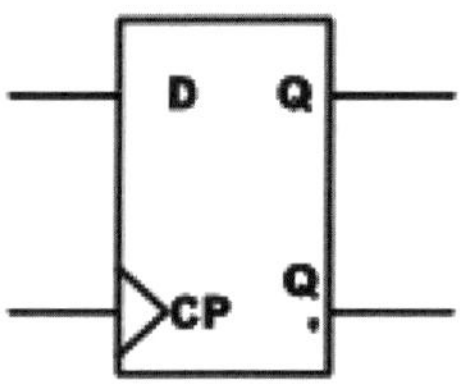

(d) 타이밍 챠트

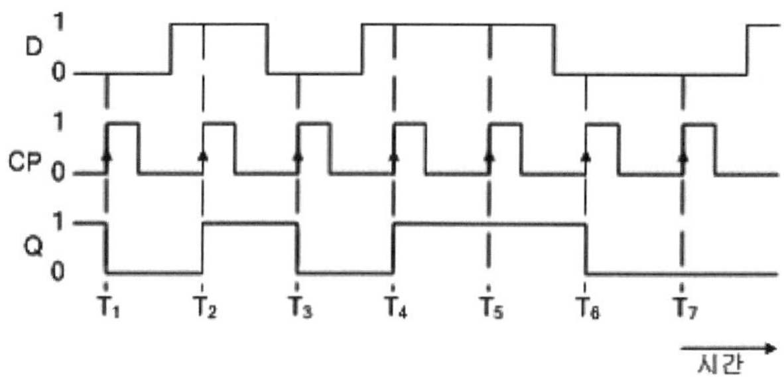

(e) 특성표

CP	Q(t)	D(t)	Q(t+1)
1	0	0	0
	0	1	1
1	1	0	0
	1	1	1

(f) 특성 방정식

Q(t) \ T(t)	00	01
0	0	1
1	0	1

Q(t+1) = D(t)

CP=0인 상태에서 두 개의 NAND 게이트의 출력은 D의 값과 관계없이 모두 1이 되므로 출력 Q와 Q′는 변화하지 않고 현재 상태를 기억하게 된다. 그러나 CP=1이면 두 개의 NAND 게이트의 출력은 입력 D의 값에 따라 변화한다.

따라서 이 플립플롭은 D의 입력 값에 따라 다음과 같이 동작한다.

- CP=1, D=0인 조건
  D의 값이 플립플롭의 출력에 그대로 전달되므로 Q=0이 되어 회로는 리셋 상태가 된다.
- CP=1, D=1인 조건
  D의 값이 플립플롭의 출력에 그대로 전달되므로 Q=1이 되고, 회로는 세트 상태가 된다.

그림 (c)의 동작표는 위에서 설명한 플립플롭의 동작을 요약한 동작표를 나타낸다.

이 동작표에서 알 수 있듯이 출력 Q(t+1)은 Q(t)의 값과 관계없으므로 D 플립플롭에 대한 특성 방정식은 다음과 같이 유도할 수 있다.

$$Q(t+1) = D$$

D 플립플롭의 동작을 타이밍 다이어그램으로 나타내면 그림 (d)와 같다.

CP=0인 동안에는 입력 값과 관계없이 출력 Q에는 변화가 없다. 그러나 CP−1인 동안에는 D 입력이 그대로 출력 Q에 나타냄을 알 수 있다. 타이밍 챠트에서 T_1, T_2 등의 경우가 이에 속한다.

예제 5-10 D F/F의 특성표를 완성하여라.

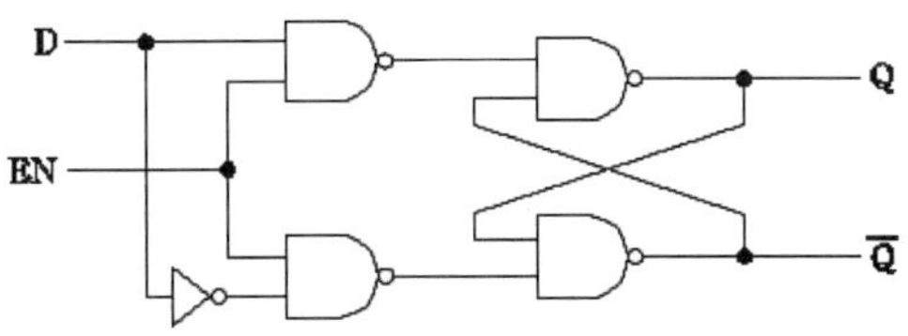

D	EN	Q
0	1	
1	1	
×	0	

예제 5-11 다음과 같은 D 플립플롭의 입력파형에 따른 출력파형 Q을 그려라.

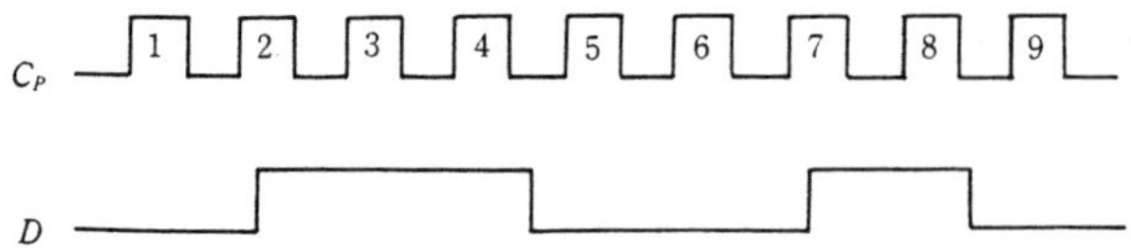

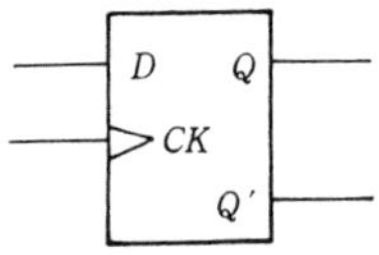

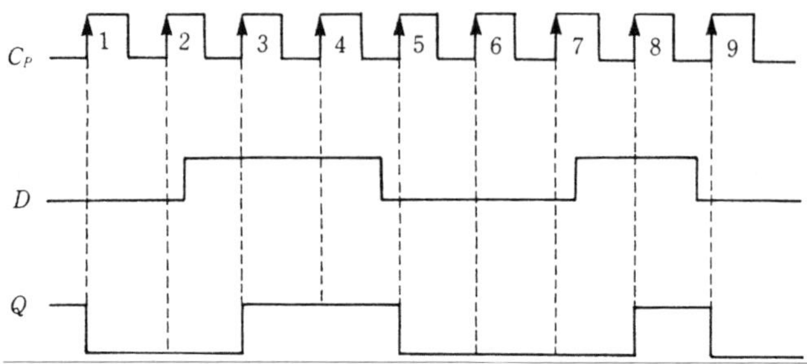

예제 5-12 D-래치 회로의 입력파형에 따른 출력파형을 그려라.

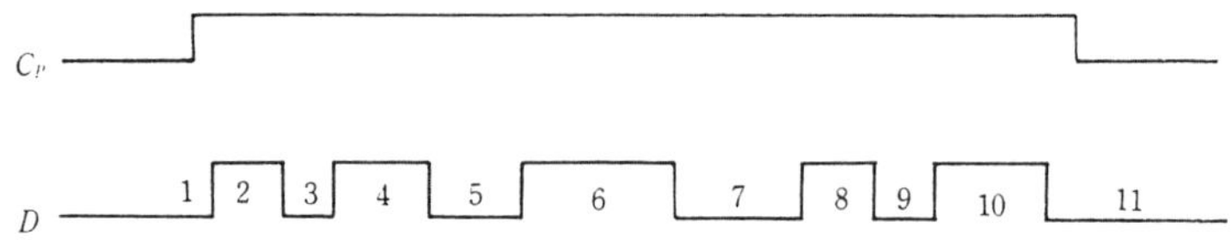

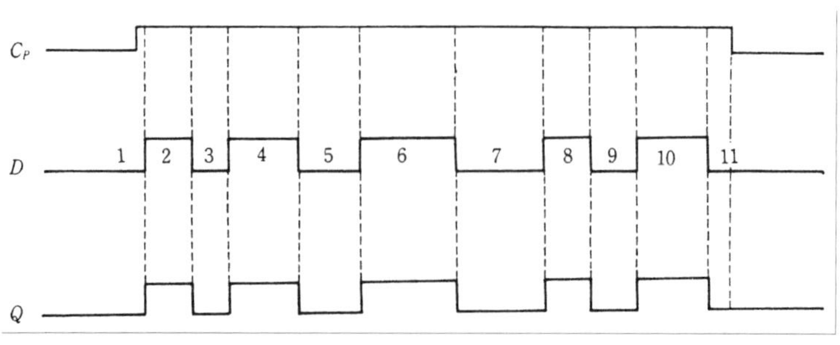

5.3 주/종 플립플롭

1) 플립플롭의 시간 특성

RS 플립플롭을 구성하는 교차 결합 NOR 회로에서 플립플롭의 상태가 0에서 시작한다고 할 때의 타이밍 챠트를 나타내고 있다. t_2에서 입력 S가 0에서 1로 변한다.

이에 따라 Q는 t_2에서 Δt의 지연 후인 t_3에 1이 된다. Δt는 회로가 새로운 상태로 안정되는데 필요한 시간이다.

t_4에 S가 0이 되고 Q에는 아무런 변화가 없다. t_5에 R가 1이 되면 Δt의 지연 후인 t_6에 Q가 0이 된다. t_7에 R는 0이 되고 Q 에는 변화가 없다.

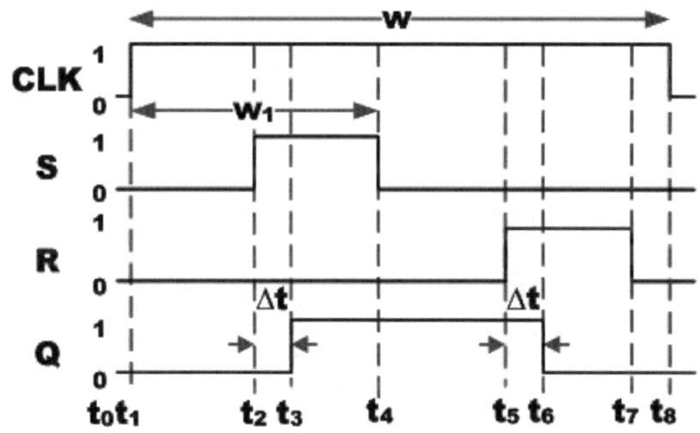

플립플롭이 입력 조건의 변화를 감지하려면 S와 R 입력이 새로운 입력 값을 최소한 Δt만큼 유지하고 있어야 함에 주의한다. 이 시간을 Holding time이라고 한다.

다음을 클록을 고려하여 타이밍 챠트를 다시 살펴보기로 하자.

클록 펄스의 폭은 $w=t_8-t_1$이다. S는 t_2에서 1이 되고, 이에 따라 Q는 Δt 이후인 t_3에 1이 된다. R가 t_5에 1이 될 때 클록 펄스는 아직도 1이므로 t_6에서 Q는 0이 된다.

만일 클록 펄스의 폭이 $w_1=t_4-t_1$이라면 S에 대한 변화만이 감지되었을 것이다.

그러므로 클록 RS 플립플롭의 경우에 입력의 변화에 따라 플립플롭이 상태를 바꿀 수 있도록 하려면 클록 펄스의 폭이 최소한 Δt와 같아야 한다.

클록 펄스의 폭이 Δt보다 클 경우 S와 R의 값은 클록 펄스 중에 한 번 이상 변화되면 안 된다.

왜냐하면 플립플롭의 입력이 변할 때마다 계속 상태를 바꾸게 되지만 마지막 입력 변화만을 저장하게 되기 때문이다. 이와 같이 클록 펄스의 폭은 플립플롭이 정상적으로 동작하는데 있어 매우 중요한 변수가 된다.

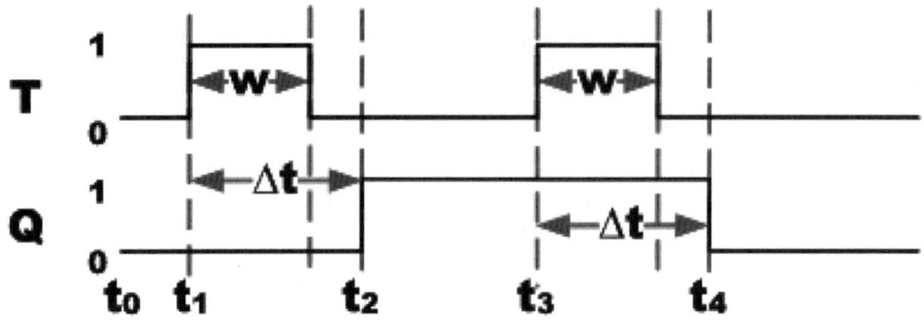

T 플립플롭에 대한 타이밍 챠트를 살펴보자.

t_1에서 T가 1이 되면 Δt 시간 후인 t_2에 원래 상태가 0이던 플립플롭은 1로 상태를 바꾸게 된다.

T 플립플롭 회로는 출력에서 입력으로 귀환경로(feedback path)를 가지고 있으므로 T 입력이 계속 1에 있게 되면(t_2를 지나서도) 출력은 다시 입력으로 귀환되어 플립플롭의 상태를 다시 바꾸게 된다. 이러한 발진 현상을 피하려면 w가 항상 Δt보다 작아야 한다.

클록 펄스의 폭으로 인한 문제들을 피하기 위하여 플립플롭을 펄스 폭 대신 클록 펄스의 전이에 민감하도록 만드는 것이다. 즉, 클록 펄스의 양의 에지나 음의 에지에 동작하도록 한다. 즉, 플립플롭이 클록 펄스의 전이에 응답하도록 RC 미분회로를 플립플롭의 클록 입력에 넣는다.

이 회로를 입력 신호의 순간적인 변화에 응답해서 스파이크 파형을 발생시킨다. 이 회로는 펄스의 양의 에지에서 양의 스파이크 신호가 발생하고, 음의 에지에서 음의 스파이크 신호가 나타나게 된다. 이 때 플립플롭에서 한 극성의 스파이크를 무시하고 다른 극성의 스파이크가 발생할 때 플립플롭이 트리거(trigger) 되도록 설계함으로써 에지 트리거 동작을 시킬 수 있다.

이때 플립플롭에 양의 에지에서 트리거 할 경우, 클록 단자에 세모꼴의 모양을 표시하고 음의 에지에서 트리거 할 경우 원에 세모꼴 모양으로 표시한다. 클록의 펄스폭 문제를 피하는 또 다른 방법은 주/종 플립플롭을 사용하는 것이다.

2) 주/종 플립플롭

주/종 플립플롭(master/slave flip-flop)은 두 개의 독립된 플립플롭으로 구성된다. 그림 (a)에서는 JK 플립플롭의 주(主)/종(從)의 관계를 보여주고 있다.

클록은 회로의 입력을 주(主) 플립플롭의 입력으로부터 분리하여 연결하는 일을 제어하고, 역 클록은 종(從) 플립플롭의 입력을 주(主) 플립플롭의 출력으로부터 분리하고 연결하는 일을 제어한다.

실제로 클록 신호는 0에서 1로 그리고 1에서 0으로 전이하는데 어느 정도의 시간이 필요하며, 타이밍 챠트에 tK와 tF로 표시되어 있다.

클록이 0에서 1로 변하면 A점에서 종(從) 단계가 주(主) 단계에서 분리된다. B점에서 주(主) 플립플롭은 회로의 입력에 연결이 되고 입력에 따라 그 상태가 변화된다.

C점에서 클록이 1에서 0으로 전이됨에 따라 주(主) 단계는 입력으로부터 분리된다. 종속 입력은 주 단계의 출력에 연결된다. 종속 플립플롭은 입력에 따라 그 상태를 변경하고, 종속 단계는 A에서 다시 주(主) 단계와 분리된다.

즉, 주/종 구성은 각 클록 주기에서 많아야 한 번 상태를 변경하며, 클록 펄스 폭으로 인한 경주 조건(rase condition)을 제거한다.

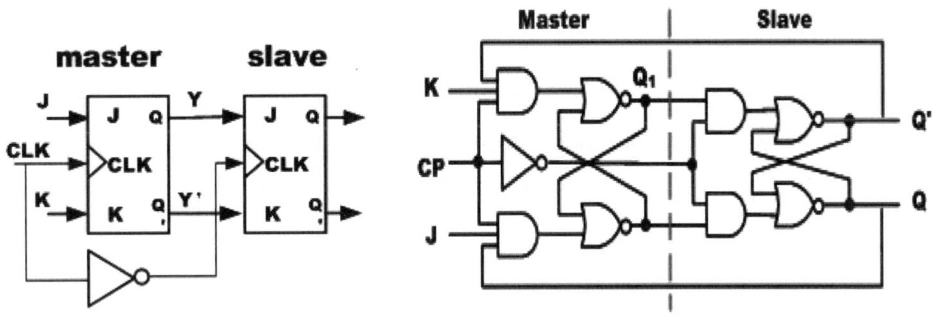

클록 펄스 후 종속 단계가 그 상태를 변경하는 중에도 주/종 플립플롭의 동작에 아무런 영향을 미치지 않고, 주 단계에 대한 입력을 바꿀 수 있다. 왜냐하면, 이러한 변화는 다음의 클록 펄스까지는 마스터에 의하여 감지되지 않기 때문이다.

주/종 플립플롭은 플립플롭의 입력이 그 자신의 출력의 함수일 때 특히 유용하다.

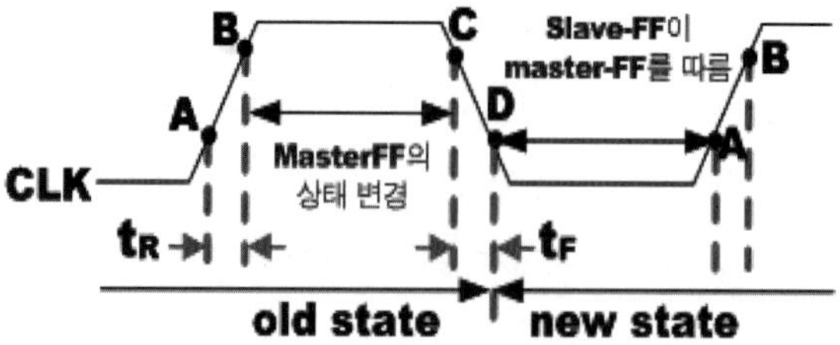

주/종 플립플롭에 대한 타이밍 챠트를 보면 J와 K의 초기 값은 모두 0이다.

플립플롭은 클록 펄스 중에는 상태를 변경해서는 안 된다. 그러나 클록이 1일 때 J 신호선에 돌연한 고장(glitch)이 생기면 주 단계가 세트되고, 이는 다시 종 단계로 전달되어 잘못된 상태를 발생 시킨다.

이는 1의 포착(one's catching) 문제로 알려져 있는데, 모든 입력 변화가 완료되었는지, 클록의 상승 에지 전에 입력이 충분히 안정되었는지를 확인함으로써 피할 수 있다.

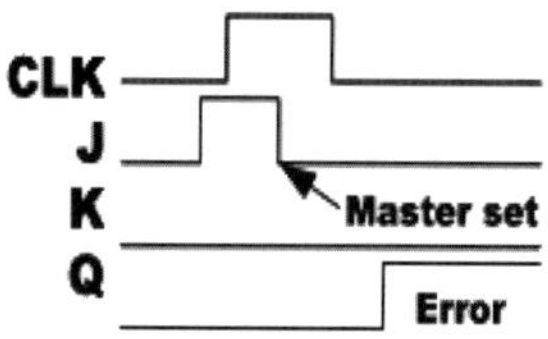

이에 필요한 시간을 설정 시간(setup time, tsetup)이라고 한다. 즉, tsetup > w이어야 하며, 이 때 w는 클록 폭(clock width)이다. 이 조건은 좁은 클록 폭(보장하기 어려움)이나 넓은 설정 시간(플립플롭의 동작 속도를 감소시킴)을 조정함으로써 만족시킬 수 있다. 주/종 플립플롭의 1의 포착 문제 때문에 고속의 동작에는 에지 트리거 플립플롭이 선호되고 있다.

3) 비동기 입력

지금까지 설명한 플립플롭에 있어서 입력 S, R과 D와 같은 입력을 제어 입력(control input)이라 하며, 이러한 입력을 또한 동기 입력(synchronous input)이라고도 부른다. 왜냐하면, 플립플롭의 출력 변화는 Clock에 의해서 좌우되기 때문이다.

따라서 동기 입력 신호는 플립플롭을 트리거(trigger)시키기 위해서 클럭 신호와 함께 사용하여야 한다.

여기서 트리거라 함은 플립플롭의 상태를 변화시키기 위한 순간적인 입력 변화를 말한다.

대부분 Clock을 가진 플립플롭은 동기 입력, 클럭 입력과 독립적으로 동작하는 1개 이상의 비동기 입력(asynchronous input)을 가진다. 이러한 비동기 입력은 다른 입력과 관계없이 임의의 시간에서 플립플롭의 상태를 0 또는 1로 세팅(setting)시키는 데 사용된다.

그림 (a)와 (b)는 각각 Preset(Set)와 Clear(Reset)의 두 개의 비동기 입력을 가진 RS 플립플롭과 그래픽 기호를 나타낸다.

(a) Active-Low RS 플립플롭

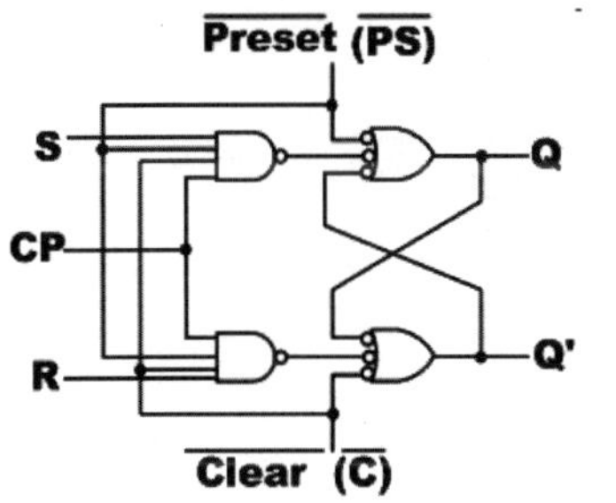

(b) 심볼

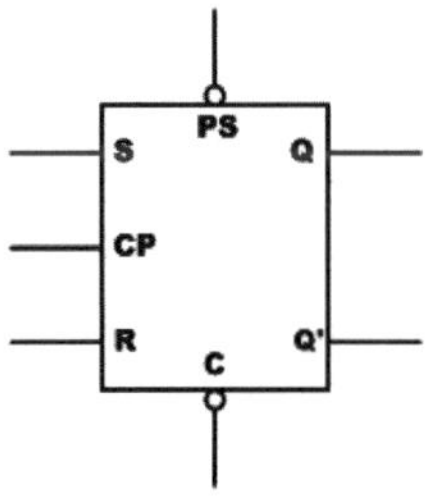

(c) 진리표

Preset	Clear	FF 동작
1	1	클럭에 의한 동작
0	1	Q=1
1	0	Q=0
0	0	사용되지 않음

그래픽 기호에서 두 입력에 버블(bubble)이 붙어 있는 것은 플립플롭이 Active-Low 입력에서 동작한다는 것을 의미한다. 만약, 두 입력에 버블이 붙어있지 않았다면, 이 플립플롭은 Active-High로 동작하게 될 것이다. 그림 (c)은 두 개의 비동기 입력이 플립플롭의 출력에 어떻게 영향을 미치는지를 요약한 진리표를 나타낸다. 진리표에서 Preset=Clear=1인 경우 비동기 입력은 동작하지 않기 때문에 출력 Q는 R, S, CP에 의해서 결정된다. Set=Clear=0인 조건은 결과가 부정확(ambiguous response)하기 때문에 사용하지 않는다.

5.4 플립플롭의 여기표

플립플롭의 특성표는 다음 상태의 정보를 현재 상태와 입력의 함수로 제공하기 때문에 순차회로의 해석에 유용하다. 또한 이러한 특성표를 변형하여 입력 조건에 따라 Q(t)에서 Q(t+1)의 상태를 전이하는 표를 만들 수 있다.

이러한 표를 여기표(Excitation Table) 또는 입력표(Input Table)라고 한다. 이러한 여기표는 순차회로의 설계에서 매우 유용하게 사용된다.

RS 플립플롭에 대한 여기표를 살펴보자. 플립플롭이 상태 0에서 0으로 전이하기 위해서는 상태표가 보인 것처럼 SR=00 또는 01이어야 한다. 즉, RS 플립플롭은 S가 0이고 R이 0 또는 1일 때 0에서 0으로 전이한다. 이 여기 조건은 여기표의 첫 번째 행에 SR=0x로 표시되어 있다.

마찬가지로 0에서 1은 SR=10을, 1에서 0은 SR=01을, 1에서 1은 SR=x0 을 각각 필요로 한다. 즉, 여기표는 가능한 네 가지의 전이를 모두 설명하고 있다. 나머지 세 플립플롭에 대한 여기표도 같은 방법으로 유도할 수 있다.

아래는 플립플롭 네 가지 여기표를 보여준다

Flip Flop		RS F/F	
Q(t)	Q(t+1)	S	R
0	0	0	x
0	1	1	0
1	0	0	1
1	1	x	0

(a) RS 여기표

Flip Flop		D F/F
Q(t)	Q(t+1)	D
0	0	0
0	1	1
1	0	0
1	1	1

(b) D 여기표

Flip Flop		JK F/F	
Q(t)	Q(t+1)	J	K
0	0	0	x
0	1	1	x
1	0	x	1
1	1	x	0

(a) JK 여기표

Flip Flop		T F/F
Q(t)	Q(t+1)	T
0	0	0
0	1	1
1	0	1
1	1	0

(d) T 여기표

1) RS F/F를 D F/F 변환

D 플립플롭 동작을 위한 RS 플립플롭 여기표를 다음과 같이 작성한다.

RS F/F → D F/F				
D	Q(t)	Q(t+1)	S	R
0	0	0	0	×
0	1	0	0	1
1	0	1	1	0
1	1	1	×	0

카르노맵으로 S와 R의 논리식을 구한다.

Q(t) \ D	0	1
0		1
1		×

$S = D$

Q(t) \ D	0	1
0	×	
1	1	

$R = \overline{D}$

S와 R의 논리식을 회로도로 구현한다.

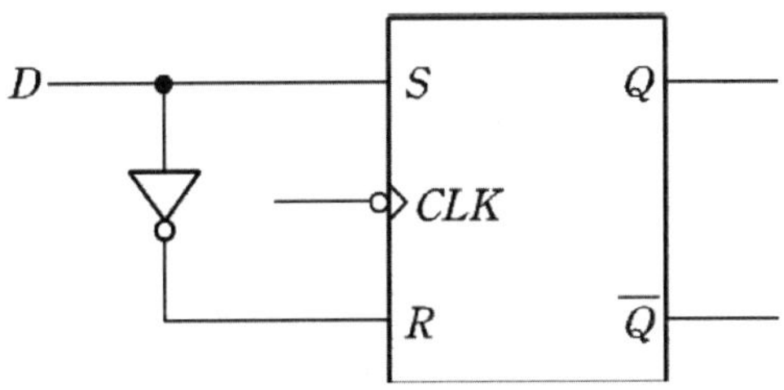

2) RS F/F를 JK F/F로 변환

JK 플립플롭 동작을 위한 RS 플립플롭 여기표를 다음과 같이 작성한다.

RS F/F → JK F/F					
J	K	Q(t)	Q(t+1)	S	R
0	0	0	0	0	×
0	0	1	1	×	0
0	1	0	0	0	×
0	1	1	0	0	1
1	0	0	1	1	0
1	0	1	1	×	0
1	1	0	1	1	0
1	1	1	0	0	1

카르노맵으로 S와 R의 논리식을 구한다.

Q(t) \ JK	00	01	11	10
0			1	1
1	×			×

$$S = J \cdot \overline{Q(t)}$$

Q(t) \ JK	00	01	11	10
0	×	×		
1		1	1	

$$R = K \cdot Q(t)$$

S와 R의 논리식을 회로도로 구현한다.

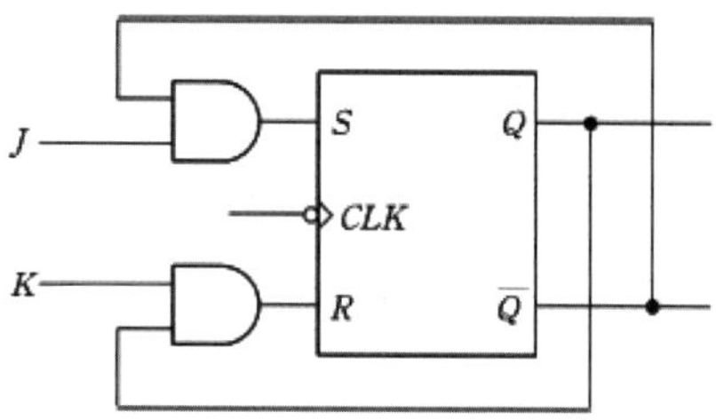

3) RS F/F를 T F/F로 변환

T 플립플롭 동작을 위한 RS 플립플롭 여기표를 다음과 같이 작성한다.

RS F/F → T F/F				
T	Q(t)	Q(t+1)	S	R
0	0	0	0	×
0	1	1	×	0
1	0	1	1	0
1	1	0	0	1

카르노맵으로 S와 R의 논리식을 구한다.

Q(t) \ T	0	1
0		1
1	×	

$S = T \cdot \overline{Q}(t)$

Q(t) \ T	0	1
0	×	
1		1

$R = T \cdot Q(t)$

S와 R의 논리식을 회로도로 구현한다.

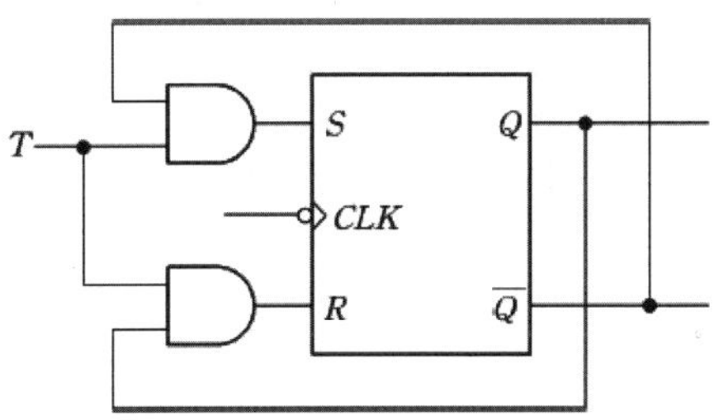

4) JK F/F를 T F/F로 변환

T 플립플롭 동작을 위한 JK 플립플롭 여기표를 다음과 같이 작성한다.

JK F/F → T F/F				
T	Q(t)	Q(t+1)	J	K
0	0	0	0	×
0	1	1	×	0
1	0	1	1	×
1	1	0	×	1

카르노맵으로 J와 K의 논리식을 구한다.

Q(t) \ T	0	1
0		1
1	×	×

$J = T$

Q(t) \ T	0	1
0	×	×
1		1

$K = T$

J와 K의 논리식을 회로도로 구현한다.

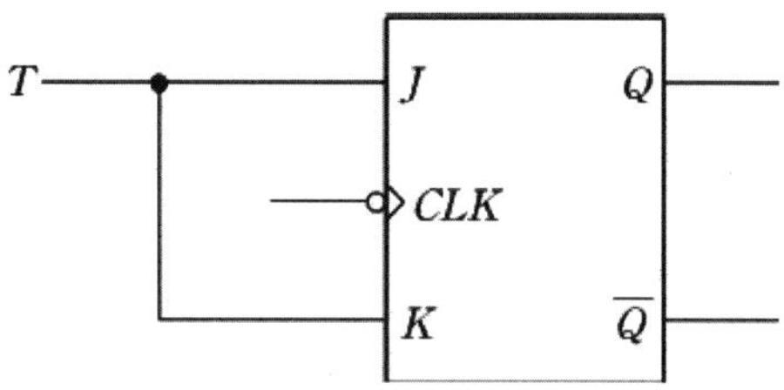

5) JK F/F를 D F/F로 변환

D 플립플롭 동작을 위한 JK 플립플롭 여기표를 다음과 같이 작성한다.

JK F/F → D F/F				
D	Q(t)	Q(t+1)	J	K
0	0	0	0	×
0	1	0	×	1
1	0	1	1	×
1	1	1	×	0

카르노맵으로 J와 K의 논리식을 구한다.

Q(t) \ D	0	1
0		1
1	×	×

$J = D$

Q(t) \ D	0	1
0	×	×
1	1	

$K = \overline{D}$

J와 K의 논리식을 회로도로 구현한다.

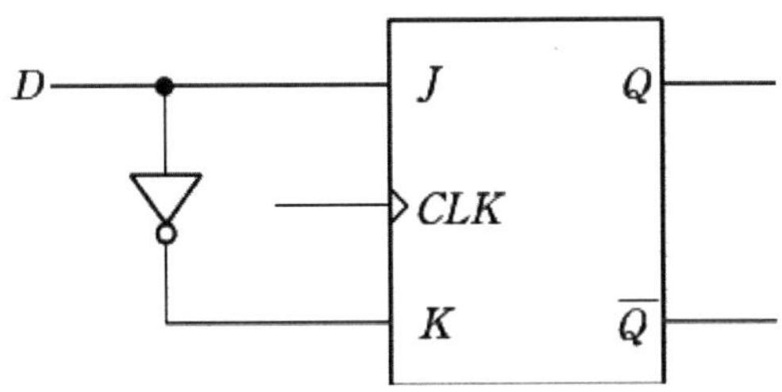

6) T F/F를 JK F/F로 변환

JK 플립플롭 동작을 위한 T 플립플롭 여기표를 다음과 같이 작성한다.

T F/F → JK F/F				
J	K	Q(t)	Q(t+1)	T
0	0	0	0	0
0	0	1	1	0
0	1	0	0	0
0	1	1	0	1
1	0	0	1	1
1	0	1	1	0
1	1	0	×	×
1	1	1	×	×

카르노맵으로 T 논리식을 구한다.

Q(t) \ JK	00	01	11	10
0			×	1
1		1	×	

$$T = J \cdot \overline{Q}(t) + KQ(t)$$

T의 논리식을 회로도로 구현한다.

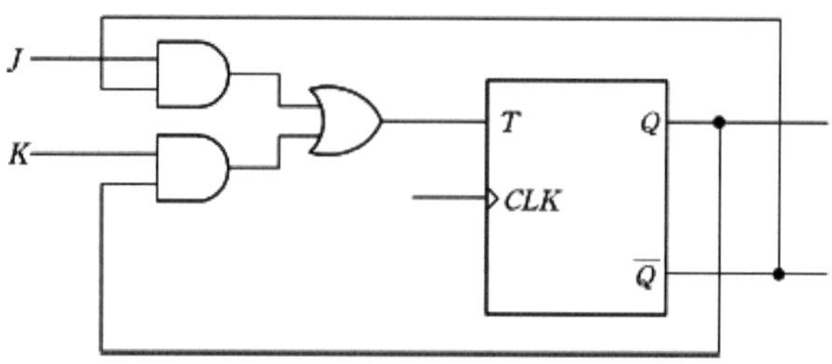

7) T F/F를 D F/F로 변환

D 플립플롭 동작을 위한 T 플립플롭 여기표를 다음과 같이 작성한다.

T F/F → D F/F			
D	Q(t)	Q(t+1)	T
0	0	0	0
0	1	0	1
1	0	1	1
1	1	1	0

카르노맵으로 T 논리식을 구한다.

Q(l) \ D	0	1
0		1
1	1	

$$T = D\overline{Q} + \overline{D}Q(t)$$

T의 논리식을 회로도로 구현한다.

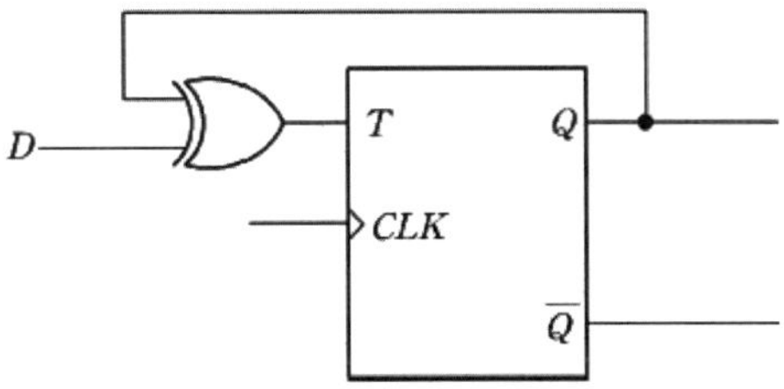

8) T F/F를 RS F/F로 변환

RS 플립플롭 동작을 위한 T 플립플롭 여기표를 다음과 같이 작성한다.

T F/F → RS F/F				
S	**R**	**Q(t)**	**Q(t+1)**	**T**
0	0	0	0	0
0	0	1	1	0
0	1	0	0	0
0	1	1	0	1
1	0	0	1	1
1	0	1	1	0
1	1	0	×	×
1	1	1	×	×

카르노맵으로 T 논리식을 구한다.

Q(t) \ SR	00	01	11	10
0			×	1
1		1	×	

$$T = S\overline{Q}(t) \cdot RQ(t)$$

T의 논리식을 회로도로 구현한다.

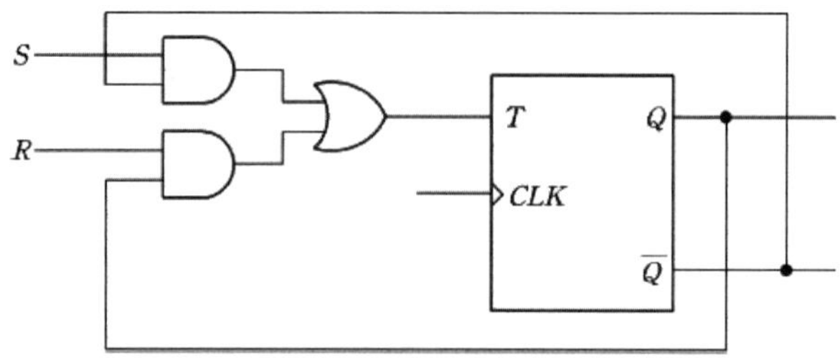

9) D F/F를 JK F/F로 변환

JK 플립플롭 동작을 위한 D 플립플롭 여기표를 다음과 같이 작성한다.

D F/F → JK F/F				
J	K	Q(t)	Q(t+1)	D
0	0	0	0	0
0	0	1	1	1
0	1	0	0	0
0	1	1	0	0
1	0	0	1	1
1	0	1	1	1
1	1	0	1	1
1	1	1	0	0

카르노맵으로 D 논리식을 구한다.

Q(t) \ JK	00	01	11	10
0			1	1
1	1			1

$$D = J \cdot \overline{Q}(t) + \overline{K}Q(t)$$

D의 논리식을 회로도로 구현한다.

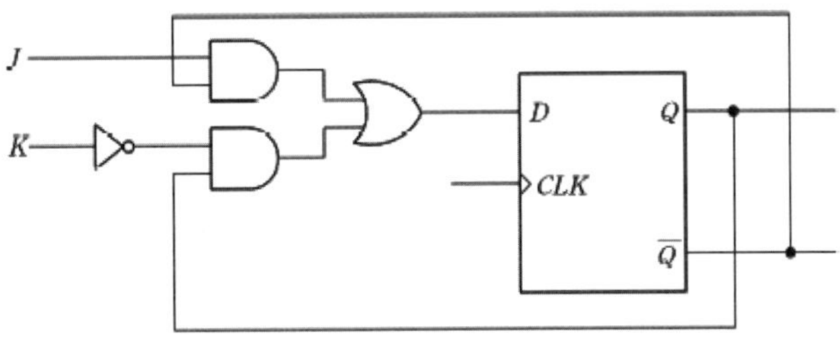

10) D F/F를 T F/F로 변환

T 플립플롭 동작을 위한 D 플립플롭 여기표를 다음과 같이 작성한다.

D F/F → T F/F			
T	Q(t)	Q(t+1)	D
0	0	0	0
0	1	1	1
1	0	1	1
1	1	0	0

카르노맵으로 D 논리식을 구한다.

Q(t) \ T	0	1
0		1
1	1	

$$D = T\overline{Q} + \overline{T}Q$$

D의 논리식을 회로도로 구현한다.

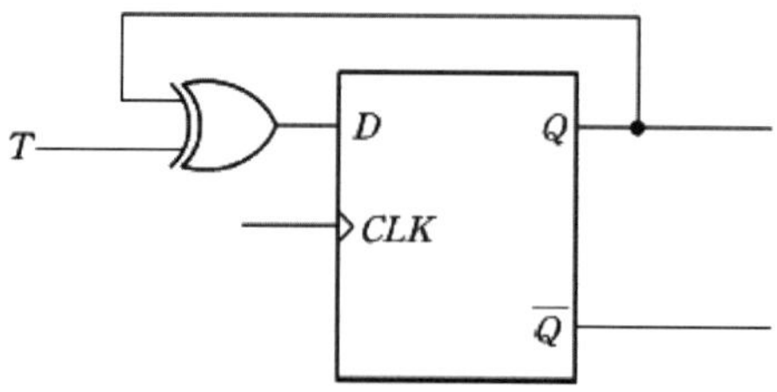

11) D F/F를 RS F/F로 변환

RS 플립플롭 동작을 위한 D 플립플롭 여기표를 다음과 같이 작성한다.

D F/F → RS F/F				
S	R	Q(t)	Q(t+1)	D
0	0	0	0	0
0	0	1	1	1
0	1	0	0	0
0	1	1	0	0
1	0	0	1	1
1	0	1	1	1
1	1	0	×	×
1	1	1	×	×

카르노맵으로 D 논리식을 구한다.

Q(t) \ SR	00	01	11	10
0			×	1
1	1		×	1

$$D = S + \overline{R}Q(t)$$

D의 논리식을 회로도로 구현한다.

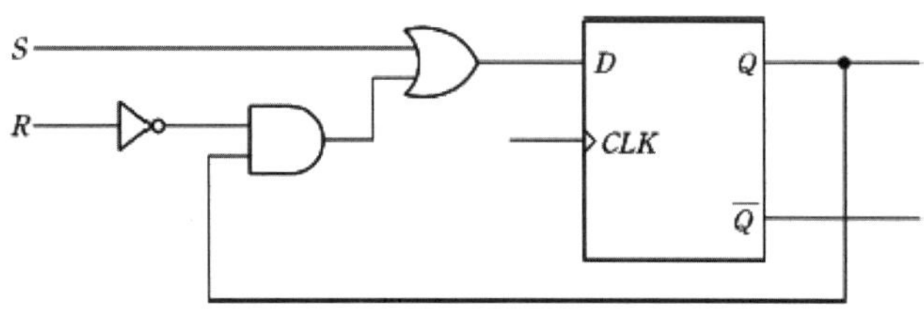

예제 5-13 플립플롭의 여기표를 작성하여라.

Q(t)	Q(t+1)	S	R
0	0		
0	1		
1	0		
1	1		

Q(t)	Q(t+1)	J	K
0	0		
0	1		
1	0		
1	1		

Q(t)	Q(t+1)	D
0	0	
0	1	
1	0	
1	1	

Q(t)	Q(t+1)	T
0	0	
0	1	
1	0	
1	1	

예제 5-14 RS FF → JK FF으로 변환하여라.

J	K	Q(t)	Q(t+1)	S	R
0	0	0	0	0	×
0	0	1	1	×	0
0	1	0	0	0	×
0	1	1	0	0	1
1	0	0	1	1	0
1	0	1	1	×	0
1	1	0	1	1	0
1	1	1	0	0	1

(a) 여기표

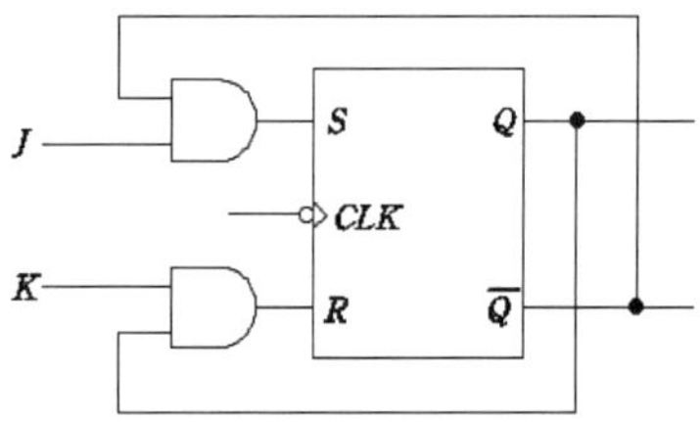

(c) RS F/F를 이용한 JK F/F

Q(t) \ JK	00	01	11	10
0			1	1
1	×			×

$S = J \cdot \overline{Q}(t)$

Q(t) \ JK	00	01	11	10
0	×	×		
1		1	1	

$R = K \cdot Q(t)$

(b) 카르노맵에 의한 간략화

예제 5-15 RS FF → D FF으로 변환하여라.

D	Q(t)	Q(t+1)	S	R
0	0	0	0	×
0	1	0	0	1
1	0	1	1	0
1	1	1	×	0

(a) 여기표

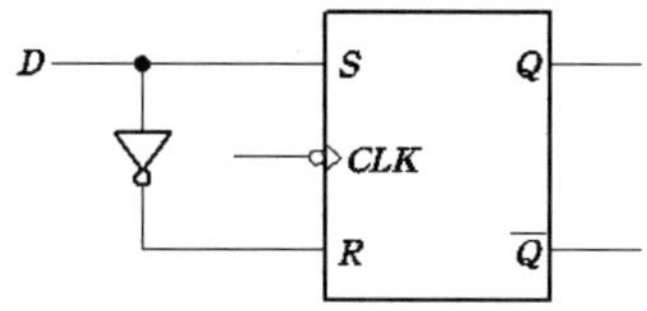

(c) RS F/F를 이용한 D F/F

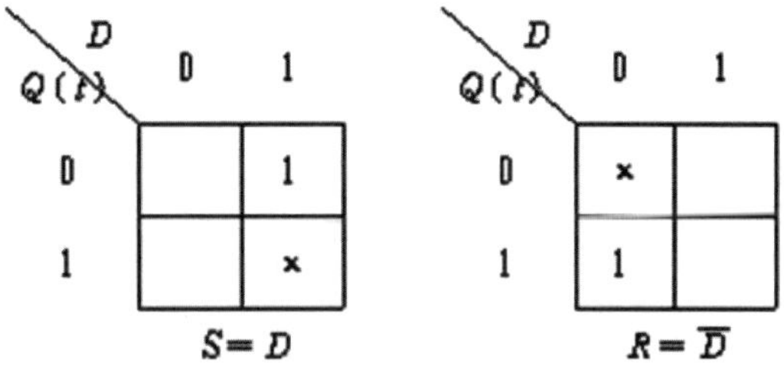

(b) 카르노맵에 의한 간략화

예제 5-16 JK FF → T FF으로 변환하여라.

T	Q(t)	Q(t+1)	J	K
0	0	0	0	×
0	1	1	×	0
1	0	1	1	×
1	1	0	×	1

(a) 여기표

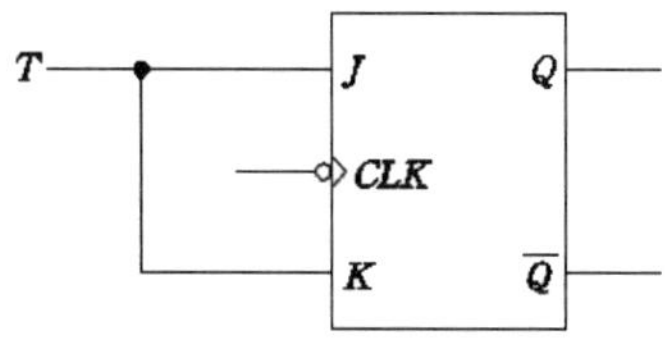

(c) JK F/F를 이용한 T F/F

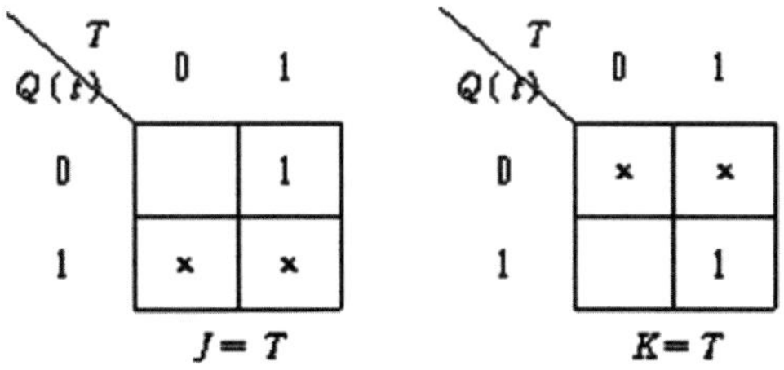

(b) 카르노맵에 의한 간략화

예제 5-17 T FF → JK FF으로 변환하여라.

J	K	Q(t)	Q(t+1)	T
0	0	0	0	0
0	0	1	1	0
0	1	0	0	0
0	1	1	0	1
1	0	0	1	1
1	0	1	1	0
1	1	0	×	×
1	1	1	×	×

(a) 여기표

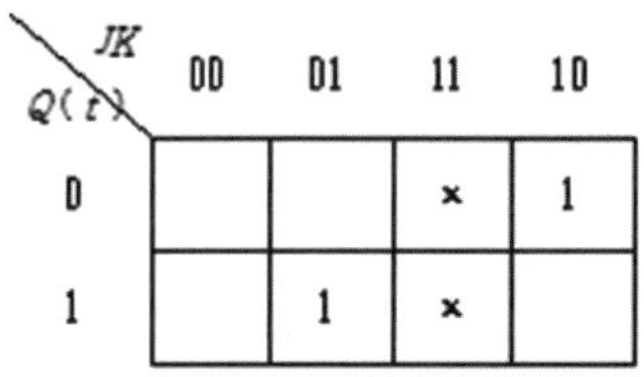

$T = J\overline{Q}(t) + KQ(t)$

(b) 카르노맵

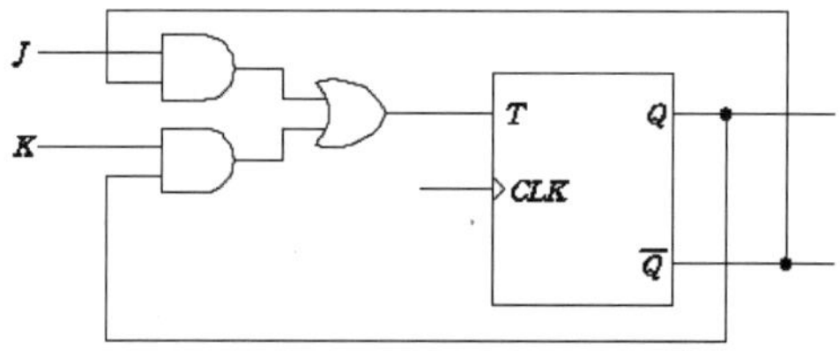

(c) T F/F를 이용한 JK F/F

Chapter

06

카운터(Counter) 설계

학습목표

카운터(Counter)설계에서는 동기식과 비동기식 카운터의 차이, 동기식 카운터 설계, 비동기식 카운터 설계, 각종 가운터 실계에 대한 내용을 다룬다.

▶ **부울대수**

- 논리연산의 1(참) 혹은 0(거짓)을 이해하며, 논리연산을 수행하기 위한 AND, OR, NOT 게이트의 논리식과 진리표를 구할 수 있다.

▶ **동기식/비동기식 카운터**

- 동기식/비동기식 회로 구성 시 클럭 단자에 클럭을 공급하는 방법을 이해한다.

▶ **동기식 카운터 설계**

- 동기식 카운터의 설계 과정을 단계별로 이해한다.

▶ **비동기식 카운터 설계**

- 비동기식 카운터의 설계 과정을 단계별로 이해한다.

▶ **카운터 설계**

- 4진 비동기식 Ripple Counter를 설계할 수 있다.
- 8진 비동기식 Ripple Down Counter를 설계할 수 있다.
- 4진 동기식 Counter를 설계할 수 있다.
- 6진 카운터 설계(MOD6)를 설계할 수 있다.
- 10진 카운터 설계(MOD10)를 설계할 수 있다.
- 12진 카운터 설계(MOD12)를 설계할 수 있다.
- 16진 동기 Up Counter를 설계할 수 있다.
- Cascade Counter를 설계할 수 있다.
- 링 카운터를 설계할 수 있다.
- 존슨 카운터를 설계할 수 있다.

제6장. 카운터(Counter) 설계

6.1 동기식/비동기식 카운터

순차논리 회로는 현재의 입력 값과 이전의 상태(메모리 특성)에 의해서 출력 값이 결정되는 논리회로이다.

순차논리 회로는 동기식 순차회로와 비동기식 순차회로로 구분할 수 있다.

동기식 순차회로는 회로 구성에 사용된 모든 플립플롭들이 하나의 공통 클럭을 동시에 공급받아 동작하도록 구성된 회로를 말한다. 이에 반해 비동기식 순차회로는 플립플롭들이 서로 다른 클럭을 사용하는 형태로 구성된 회로를 말한다.

우선 동기식과 비동기식 회로의 차이점을 외관상으로 살펴보기 위해 먼저 그림 (a)의 동기식 카운터 회로를 보면 사용된 모든 플립플롭들의 클럭 단자가 하나의 공통클럭 입력 CLK에 연결되어 있음을 볼 수 있다. 따라서 동기식 회로에서는 모든 플립플롭들이 동일한 시간에 자신의 상태를 변화시킨다. 반면 그림 (b)의 비동기식 카운터 회로를 보면 첫 번째 플립플롭의 클럭단자는 CLK 입력에 연결되어 있고, 두 번째 이후 플립플롭들의 클럭 단자는 자신의 오른쪽에 있는 플립플롭의 반전 출력단자에 연결되어 있어서 각 플립플롭들의 상태변화가 동시에 일어나지 않고 자신의 오른쪽에 있는 플립플롭의 상태 변화가 일어난 후에야 자신의 상태 변화가 일어남을 알 수 있다.

이와 같이 비동기식 회로는 플립플롭들이 서로 다른 2개 이상의 신호에 의해 구동되는 회로를 말한다.

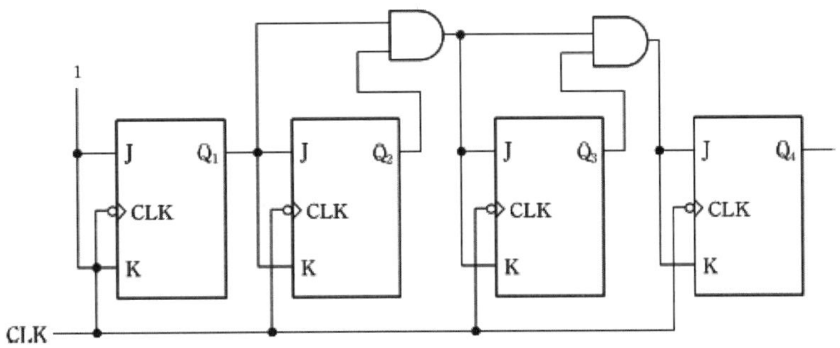

(a) 동기식 카운터

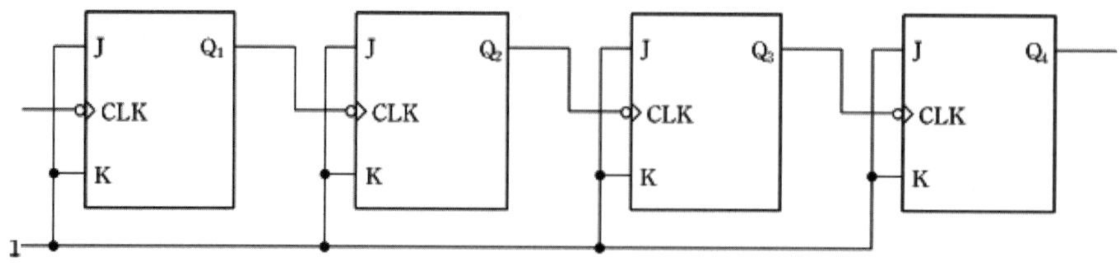

(b) 비동기식 카운터

순차회로는 신호의 타이밍(timing)에 따라 동기 순서회로(synchronous sequential circuit)와 비동기 순서회로(asynchronous sequential circuit)로 나눌 수 있다.

동기 순서회로에 있어서 상태(state)는 단지 이산된(discrete) 각 시점 즉, 클럭 펄스가 들어오는 시점에서 상태가 변화하는 회로이다. 이러한 펄스는 주기적(periodic) 또는 비주기적(aperiodic)으로 생성할 수 있으며, 이와 같이 클럭 펄스 입력에 의해서 동시에 동작하는 회로를 동기식 순차논리회로라 한다.

한편, 비동기식 순차회로는 시간에 관계없이 단지 입력이 변화하는 순서에 따라 동작하는 순차회로를 말한다. 비동기식 순차회로는 회로 입력이 변할 경우에만 상태 천이(state transition)가 발생하므로 클럭이 없는 메모리 소자(unclocked memory device)를 사용한다.

결과적으로 비동기식 회로의 정확한 동작은 입력의 타이밍에 의존하기 때문에 마지막 입력 변화에서 회로가 안정되게 동작하도록 설계되어야 한다. 그렇지 않으면 회로는 정확하게 동작하지 않게 된다. 즉, 순차논리회로의 설계는 회로의 동작 명세에서 논리 회로를 유도하는 과정이다.

6.2 동기식 카운터 설계

동기식 순차회로는 조합회로 부분과 기억소자 부분으로 구성된다. 여기서 조합회로 부분은 AND나 NOR와 같은 기본 논리 게이트들의 결합으로 구성되고, 기억소자 부분은 한 개 이상의 플립플롭들의 병렬, 또는 직렬로 결합되어 구성된다.

이러한 동기 순서회로의 설계 과정은 다음의 7단계에 의해서 수행된다.

[단계 1] 회로 동작 기술[상태도(State Diagram) 작성]
[단계 2] 정의된 회로의 상태표(State Table) 작성
[단계 3] 필요한 경우 상태 축소 및 상태 할당
[단계 4] 플립플롭의 수와 플립플롭의 형태 결정
[단계 5] 여기표와 출력표의 유도
[단계 6] 플립플롭의 출력 함수 및 회로의 입력 함수 유도
[단계 7] 논리회로의 구현

1) 회로 동작 기술

순서회로의 설계 과정은 먼저 회로 동작(또는 상태도 작성)이 명확히 기술되어야 하며, 이때 플립플롭의 상태도나 다른 정보를 포함할 수 있다.

다시 밀해서 순서회로의 설세는 조합회로와 날리 현재의 상태가 다음 상태에 영향을 미치기 때문에 모든 가능한 상태와 이들 상태에 대한 전이 관계를 명확히 정의하는 것이 중요하다.

일단 회로에 대한 사양(specification)이 정해지면 정해진 내용에 따라 상태표가 작성되고 설계 절차에 따라 회로를 설계할 수 있다.

그림은 00→01→10→11의 상태 값을 갖고 1→0→1→1을 출력하는 동기식 순서회로에 대한 상태도(state diagram)를 나타낸다.

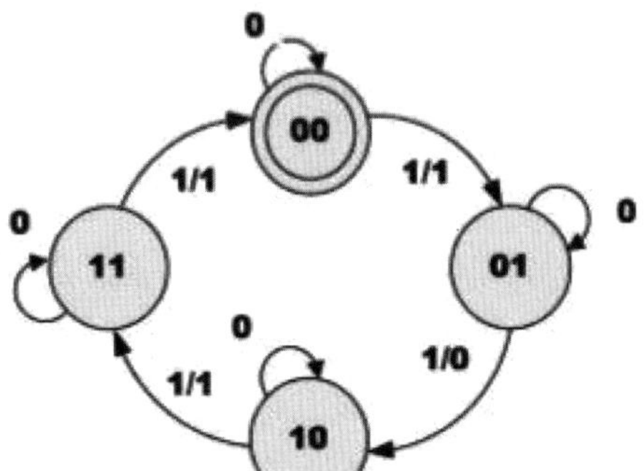

2) 상태표(State Table) 작성

상태표는 현재 상태와 외부 입력의 변화에 따라 다음 상태의 변화를 정의한 것으로 이 표는 상태도로부터 유도할 수 있다.

상태도로부터 상태표를 유도하기 위해서 4개의 상태를 나타내고 있는 2개의 플립플롭에는 상태 변수 A와 B를 할당하고, 외부 입력에는 변수 x를 할당한다. 이 회로는 외부 출력이 없다. 표는 상태도로부터 유도된 상태표를 나타낸다.

현재 상태	다음 상태(x=0)	다음 상태(x=1)
A B	A B	A B
0 0	0 0	0 1
0 1	0 1	1 0
1 0	1 0	1 1
1 1	1 1	0 0

표는 현재 상태 A, B가 외부 입력 x의 변화에 따라 다음 상태 A, B로 어떻게 변화하는가를 나타내고 있다. 예를 들어, 현재 상태가 A=0, B=1이고 외부 입력 x=1인 경우 다음 상태는 A=1, B=0으로 변화함을 알 수 있다. 이러한 변화는 그림의 상태도로부터 직접 알 수 있다. 그러나, 상태표에서는 현재 상태와 외부 입력 및 다음 상태를 정적인 형태로 표현하기 위하여 변수를 정의한 점이 다르다.

3) 필요한 경우 상태 축소 및 상태 할당

설계의 첫 단계에서 주어지는 상태도에서 원(circle) 안에 표시되는 상태는 2진수의 값 대신에 글자 기호(letter symbol)로 표시되는 경우도 있다. 상태도의 원 안에 상태가 2진수로 표시되어 있으므로 상태의 축소나 상태의 할당을 위한 단계는 고려할 필요가 없다.

여기에서는 문자 기호에 의해서 표시된 상태를 가진 상태도로부터 간략화된 상태표를 유도하기 위한 절차에 대해서 알아보기로 한다.

상태도로부터 얻어진 상태표는 하나 또는 그 이상의 불필요한 상태(redundant

state)를 가질 수 있다. 축소된 최소 상태표(minimal state table)를 유도하기 위한 과정은 상태 축소와 상태 할당의 2단계에 의해서 수행된다.

▶ 상태 축소

회로 설계에 있어서 가장 중요한 것은 회로를 제작하는데 필요한 비용을 줄이기 위해서 플립플롭의 수를 최소화하는 일이라 할 수 있다. 순서회로에 있어서 플립플롭의 수를 줄이는 것을 상태 축소(state- reduction) 문제라 한다.

이 알고리즘은 외부 입출력에 대한 요구 조건은 변하지 않고 단지 상태표에 있는 상태의 수를 줄이는 절차라 할 수 있다.

플립플롭의 수가 m이라 가정하면, 이때 요구되는 상태는 2^m이 되므로 상태의 수를 줄임으로써 플립플롭의 수를 줄일 수 있다. 그러나 경우에 따라 상태의 수는 감소되지만 플립플롭의 수는 변화하지 않는 경우도 있다.

상태를 축소시키기 위해서는 먼저 주어진 상태도로부터 상태표를 작성하고, 이 상태표에 있는 불필요한 상태를 제거하면 된다. 이 과정을 거친 상태표를 이용하면 간략화 된 상태도를 다시 구할 수 있다.

다음 그림은 글자 기호로 표시된 상태를 가진 다른 형태의 상태도를 나타낸다.

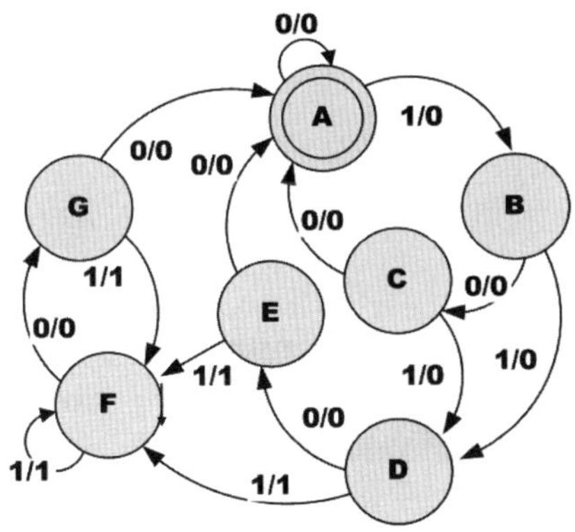

이 회로에 인가할 수 있는 입력 순서(input sequence)의 수는 제한되어 있지만, 각각에 대한 출력 순서는 유일하다. 따라서 상태의 축소 문제는 순서회로의 입출력 관계에는 변화를 주지 않고, 단지 상태의 수를 줄이는 방법을 알아내는 것이다. 표는 그림의 상태도로부터 직접 얻어진 상태표를 나타낸다.

현재 상태	다음 상태 x = 0 x = 1	출력 x = 0 x = 1
a	a b	0 0
b	c d	0 0
c	a d	0 0
d	e f	0 1
e	a f	0 1
f	g f	0 1
g	a f	0 1

만약, 임의의 상태 p, q 에 대해서 적어도 하나 이상의 입력이 서로 다른 출력을 가지는 상태가 존재한다면, 이들 상태는 서로 다르므로 구별할 수 있다. 그러나 어떤 입력에 대해서 p, q의 두 상태가 구별되지 않으면 이들은 서로 등가 관계가 성립한다. 이 경우 불필요한 한 가지 상태를 제거함으로써 상태를 축소할 수 있다.

표의 상태표를 조사해 보면 상태 e와 g는 동일한 출력과 동일한 다음 상태를 가진다. 즉, 이 두 가지 상태는 입력이 x=0, x=1일 때 각각 다음 상태 a와 f로 가며, 동일한 출력 0과 1을 갖는다. 따라서 두 가지 상태 e와 g는 서로 등가가 되어 이 중에서 한 가지의 상태를 제거하면 되는데 여기에서는 g를 제거했다. 이때 삭제된 상태 g가 다음 상태의 열에 나타나면, 상태 g를 상태 e로 치환한다. 이러한 삭제 과정을 거친 후에도 위에서 설명한 등가 관계를 다시 조사해야 한다. 조사 결과, 상태 d와 f도 서로 등가이므로 f를 삭제하고 다음 상태열에 있는 f를 d로 치환한다.

현재 상태	다음 상태 x = 0 x = 1	출력 x = 0 x = 1
a	a b	0 0
b	c d	0 0
c	a d	0 0
d	e d	0 1
e	a d	0 1

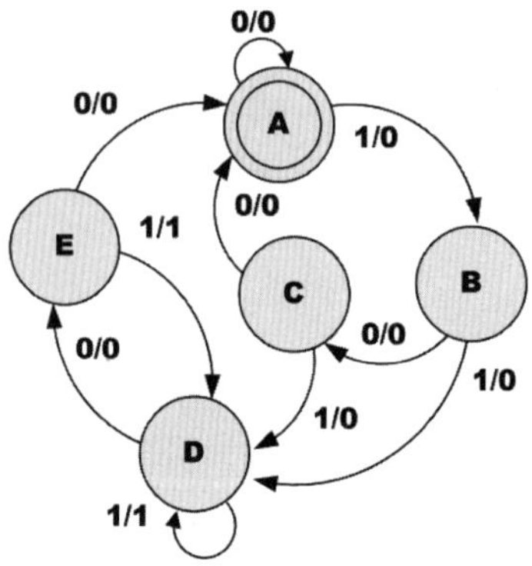

위 표는 등가 상태를 모두 제거한 후 얻어진 최소 상태표를 나타내며, 이 상태표를 이용하면 그림과 같이 축소된 상태도를 얻을 수 있다.

순서회로의 상태를 축소시킨 결과 상태 수는 7개에서 5개로 감소하였으나 3개의 상태를 나타내려면 여전히 플립플롭 3개가 필요하다. 3개의 플립플롭은 000에서 111까지 8가지의 상태를 나타낼 수 있다.

표의 상태표를 이용하면 5개의 상태만 2진 값을 할당하고 나머지 3개의 상태는 사용하지 않으므로 무정의 조건이 된다. 따라서 5개의 상태를 갖는 회로는 7개의 상태를 갖는 회로에 비교할 때 조합회로 부분의 게이트 수를 줄이는 효과를 갖는다.

일반적으로 상태 수를 줄인다고 해서 반드시 플립플롭의 수나 게이트의 수가 줄어들지는 않지만 그러할 가능성은 많다고 할 수 있다.

▶ 상태 할당

위에서 설명한 방법에 의해서 상태 축소 과정이 끝나면 a, b, c, d, e 등과 같은 기호 형태로 표현된 각각의 상태를 언을 수 있다. 상태 할당 문제는 조합 논리회로 부분의 게이트 수를 최소화하기 위해서 기호 형태로 표현된 각각의 상태에 대해서 2진수(2진 코드)의 값을 할당하는 것이다.

만약 상태 변수(메모리 소자)가 N이면 서로 다른 2진 코드는 2^N이 된다. 그러므로 어떤 비동기 회로의 상태표가 N개의 행을 가졌다면, 이때 n은 $2^N \geq n$와 같은 조건을 갖게 된다.

비록 회로가 적은 수의 상태를 가진다 할지라도 가능한 상태 할당의 수는 매우 크게 된다. 만약 어떤 상태표가 n개의 행(상태)과 N개의 상태 변수($N \geq [\log_2 n]$)를 가질 경우 2^N 개의 2진 코드를 n개의 열에 할당하기 위한 가능한 방법은 다음과 같이 표현된다.

$$P = \frac{2^N!}{(2^N - n)!}$$

예를 들어서 만약 n=4이고 N=2이면 P=24가 되며, n=5이고 N=3이면 P=6720이 된다.

순서회로의 조합회로 부분에 대한 복잡성은 상태를 할당하는 방법에 달려있다.

만약 2가지의 상태 할당이 서로 다르면 이들 각각에 대한 하드웨어 구현 결과도 서로 다르다. 마찬가지로 하드웨어 구현 결과 복잡성이 동일한 경우 2가지의 상태 할당은 서로 등가(equivalent)라 할 수 있다.

만약 상태 A_1과 상태 A_2의 각 상태 변수가 서로 보수이거나 같을 경우, 기본적으로 A_1과 A_2의 2가지의 상태는 서로 등가이다.

한 가지 예로서 표에서 상태 b와 c는 할당 1과 할당 2의 값이 동일하므로 등가라 할 수 있다. 이러한 등가 상태 할당(equivalent state assignment)을 고려할 경우 서로 다른 상태 할당 수는 다음과 같이 정의된다.

$$R = \frac{(2^N - 1)!}{(2^N - n)!N!}$$

예를 들어서 만약 n=4이고 N=4이면 R=3이 되며, n=5이고 N=3이면 R=140이 된다. 이러한 방법을 이용하면 가능한 상태 수를 상당히 감소시킬 수 있다. 그러나 보다 적은 복잡성을 가진 회로를 구현하기 위해서 적절한 상태 할당을 선택하는 문제는 매우 어렵다.

지금까지 설명한 것처럼 기호 형태로 표현된 상태에 2진수를 할당하는 방법은 여러 가지가 있는데 아래 표는 위 표에서 구한 5가지의 상태에 대한 3가지 가능한 예를 보여주고 있다.

상태	할당1	할당2	할당3
a	001	000	000
b	010	010	100
c	011	011	010
d	100	101	101
e	101	111	011

할당 1은 상태 a에서 e까지 순서적으로 2진 코드를 할당한 것이며, 나머지 경우는 임의로 선택하여 할당한 것이다. 식를 이용하면 이 회로에 할당 가능한 방법은 140가지가 된다.

표는 최소 상태표에 나타난 각각의 글자 기호를 할당 1에 나타난 2진 코트로 대치한 최소 상태표를 나타낸다.

현재 상태	다음 상태 x=0 x=1	출력 x=0 x=1
001	001 010	0 0
010	011 100	0 0
011	001 100	0 0
100	101 100	0 1
101	001 100	0 1

따라서 2진 할당 방법이 다르면 입출력 관계에는 변함이 없지만, 서로 다른 이진 코드의 상태를 갖는 상태표를 얻게 된다는 것을 알 수 있다.

2진 형태를 갖는 상태표는 순서회로의 조합회로 부분을 유도하는데 사용된다. 따라서 글자 기호로 표시된 각 상태에 2진 코드를 어떻게 할당하느냐에 따라 조합회로 부분의 복잡도가 달라진다.

4) 플립플롭의 수와 형태 결정

동기 순서회로를 구성하는 플립플롭의 수는 회로의 모든 가능한 상태가 몇 개로 구성되는가에 의하여 결정된다. 예를 들어서, 정의해야 할 상태의 수가 4가지이면 2개(2^2)의 플립플롭이 필요하며, 상태의 수가 8가지이면 3개의 플립플롭을 필요로 한다. 또한, 상태의 수가 5가지인 경우에는 3개의 플립플롭이 필요하지만 3가지의 상태는 사용하지 않는다. 따라서 이러한 조건은 조합논리회로에서와 같이 무정의 조건이 된다.

그림의 상태도의 경우 모든 가능한 상태는 4가지이기 때문에 필요한 플립플롭의 수는 2개이며, 각각의 플립플롭에 대해서 문자 기호 A와 B를 할당한다. 일반적으로 플립플롭의 출력은 Q와 Q′(Q의 보수)로 구성된다. 따라서, 4가지의 서로 다른 상태를 얻기 위해서는 플립플롭 두 개가 필요하게 된다.

또한, 표의 상태표에서 현재 상태와 다음 상태를 표시할 때 변수 A와 B를 사용하였는데, 현재 상태 A=1, B=1이라고 하는 것은 두 개의 플립플롭 중에서 플립플롭 A의 Q 출력, 즉 QA=1이고 플립플롭 B의 Q 출력, 즉 QB=1이라는 의미가 되는 것이다. 그리고, 외부 입력 X=1이 되면 플립플롭이 다음 상태인 QA=0과 QB=0으로 변화한다는 의미가 되는 것이다.

동기 순서회로에 사용되는 기본적인 기억소자 SR-플립플롭, D-플립플롭, T-플립플롭, JK-플립플롭이 있다. 이러한 플립플롭을 이용하여 논리회로를 설계하는 경우 중요한 것은 설계할 회로 특성에 알맞고 구현이 용이한 플립플롭을 선택해야 한다. 예를 들어서 카운터를 설계할 경우에는 회로의 특성상 주로 T-플립플롭을 이용하는 것이 유리하다.

여기에서 설명하는 예제 회로의 설계는 JK-플립플롭을 이용한다.

5) 상태 여기표의 유도

플립플롭의 특성표는 순서회로의 동작을 분석하는데 유용하게 이용된다.

즉, 회로의 입력과 현재 상태가 주어지면 다음 상태의 결과를 얻기 위해서 이 표를 이용한다. 한편, 순서회로의 설계에 있어서 현재 상태에서 다음 상태로의 전이(transition)를 알고 있을 때, 요구되는 전이를 일으키는 플립플롭의 입력 조건을 결정하여야 한다.

이러한 경우 주어진 상태 변화에 대해 요구되는 입력 조건을 결정하기 위한 표를 플립플롭의 여기표(excitation table)라 한다. 4개의 플립플롭에 대한 여기표는 표와 같다.

Q(t)	Q(t+1)	RS FF		D FF	JK FF		T FF
		S	R	D	J	K	T
0	0	0	X	0	0	X	0
0	1	1	0	1	1	X	1
1	0	0	1	0	X	1	1
1	1	X	0	1	X	0	0

이 여기표에서 각 플립플롭은 현재 상태 Q(t)와 다음 상태 Q(t+1)에 대한 입력 조건을 가지고 있다.

이 표에서 알 수 있듯이 현재 상태에서 다음 상태로의 전이는 4가지 경우가 있으며, 각각의 플립플롭에 대한 입력 조건은 각 플립플롭의 특성표에 의해서 얻을 수 있다. 이 표에서 X는 1 또는 0을 가질 수 있는 무정의 조건을 나타낸다.

표의 RS 플립플롭의 여기표에 대해서 생각해 보자.

표에서 Q(t)=0에서, Q(t+1)=0인 경우는 S=0, R=0이거나 S=0, R=1에 관계없이 플립플롭의 상태는 변화하지 않는다.

즉, R의 값은 0 이거나 1에 상관없이 Q(t+1)=0이 상태를 유지하므로 RS 플립플롭의 첫 번째 행에 SR=0x으로 표시한다.

다음에 Q(t)=0에서 Q(t+1)=1로 천이하는 경우 SR=10이 되며, 1에서 0으로 천이하는 경우 SR=01이 된다. 마지막으로 Q(t)=1에서 Q(t+1)=1로 천이하는 경우 SR=00, SR=10인 조건이 필요하므로 마지막 행에 SR=X0으로 표시한다.

상기한 방법을 이용하면 나머지 플립플롭에 대한 여기표도 쉽게 유도할 수 있다.

여기서는 표의 상태표로부터 두 개의 JK-플립플롭의 입력 상태를 얻기 위한 상태 여기표는 아래와 같다.

현재 상태	입력	다음 상태	플립플롭
A B	x	A B	JA KA JB KB
0 0	0	0 0	0 X 0 X
0 0	1	0 1	0 X 1 X
0 1	0	1 0	1 X X 1
0 1	1	0 1	0 X X 0
1 0	0	1 0	X 0 0 X
1 0	1	1 1	X 0 1 X
1 1	0	1 1	X 0 X 0
1 1	1	0 0	X 1 X 1

여기표로부터 현재의 회로 상태가 외부 입력과 결합하여 다음 상태로 변화할 때 플립플롭의 입력에 어떤 값을 인가해야만 하는가를 한 눈에 알 수 있다. 예를 들어서 표의 여덟 가지 상태 변화 중에서 A=1, B=1에서 A=0, B=0으로 상태 천이가 일어

나는 경우에 대해서 생각해 보자.

두 개의 JK 플립플롭의 현재 상태가 QA=1, QB=1이고, 이 상태가 외부 입력 X=1과 결합하여 다음 상태인 QA=0, QB=0으로 변화하고 있는데, 각각의 플립플롭은 똑같이 Q=1에서 Q=0으로 변화한다.

결국 JK 플립플롭이 현재 상태 1에서 0으로 천이가 이루어지며, 표의 JK 플립플롭의 상태 천이표를 참고하면 JK 플립플롭의 입력이 각각 J=K, K=1이 되어야 함을 알 수 있다.

따라서 QA=1, QB=1에서 QA=0, QB=0이 되기 위해서는 두 개의 JK 플립플롭에 JA=X, KA=1, JB=X, KB=1이 입력되어야 한다. 나머지 상태 변화도 같은 방법으로 이해할 수 있다.

6) 플립플롭의 출력 함수 및 회로의 입력 함수 유도

상태 여기표가 작성되면 조합논리회로의 설계에서 입출력 변수 간의 상관 관계를 동작표로 나타낸 것과 마찬가지이므로, 설계하고자 하는 순서논리회로의 필요한 함수(플립플롭의 입력 함수, 또는 조합논리회로의 출력함수)를 부울함수로 표현할 수 있으며, 표현된 부울 함수를 대수적으로 정리하여 간소화시킬 수도 있고, 카르노맵을 이용하여 간소화시킬 수도 있다. 표로부터 플립플롭의 입력 함수 JA를 최소항의 합으로 표시하면,

$$JA = A'Bx'$$

이며, 이것을 최대항의 곱으로 표시하면,

$$JA = (A+B+x)(A+B+x')(A+B'+x')$$

이다. JA를 최소항의 합이나 최대항의 곱으로 표현할 때 무정의 조건은 '0' 또는 '1'이 되므로 포함시키지 않았으나 특별히 대수적으로 정리하는데 필요하다면 포함시켜도 무관하다.

나머지 플립플롭의 입력 함수에 대해서도 같은 방법으로 표현할 수 있으나, 무정의 조건이 많으므로 카르노맵으로 표현하면 다음과 같이 표현된다.

$$JA = Bx'$$

$$KA = Bx$$

$$JB = x$$

$$KB = Ax + A'x' = (A \oplus x)'$$

A \ Bx	00	01	11	10
0				1
1	X	X	X	X

JA = Bx'

A \ Bx	00	01	11	10
0	X	X	X	X
1			1	

KA = Bx

A \ Bx	00	01	11	10
0		1	X	X
1		1	X	X

JB = x

A \ Bx	00	01	11	10
0	X	X		1
1	X	X	1	

KB = (A⊕x)'

7) 논리회로의 구현

입력 함수 JA를 최소항의 합으로 표현한 것과 비교하면 변수가 줄어들었으므로 카르노맵으로 구한 것이 보다 간소화된 표현임을 알 수 있다.

간소화된 입력 함수를 이용하여 전체 순서논리회로를 구현하면 그림과 같다.

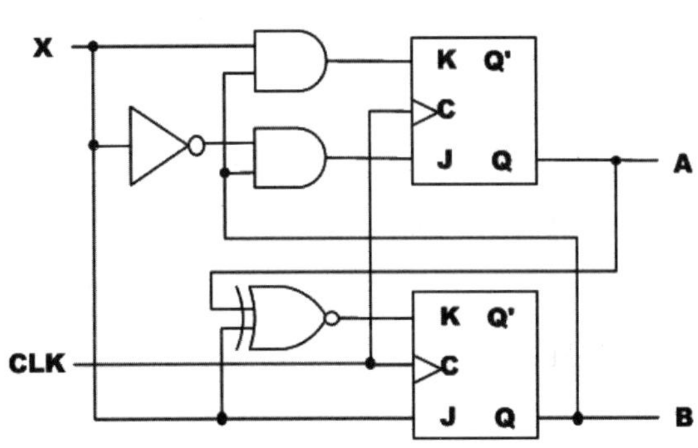

그림에 구현된 순서 논리 회로는 플립플롭의 현재 출력(QA, QB)이 외부 입력(x)과 함께 조합논리회로에 입력되어 조합논리회로의 출력(JK, KA, JB, KB)을 변화시키면, 조합논리회로의 출력이 바로 플립플롭의 입력이 되므로 플립플롭의 상태가 변화하는 회로가 된다는 것을 알 수 있다. 따라서, 순서논리회로를 설계한다는 것은 사용하는 플립플롭의 상태가 설계자의 요구에 따라 일련의 변화를 하도록 조합논리회로를 설계하는 것과 같다고 할 수 있다.

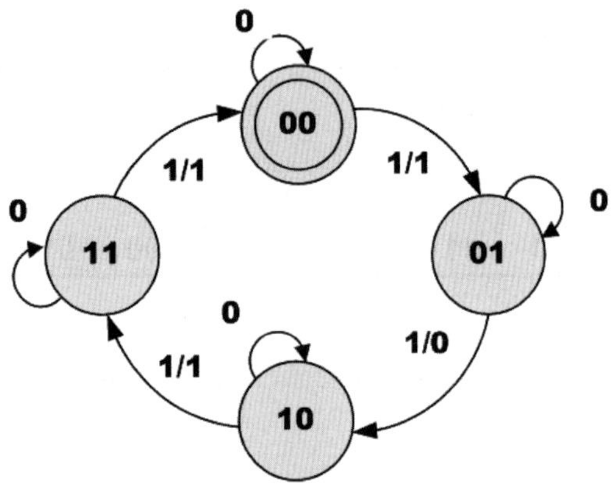

예를 들어 1011이란 값을 출력하는 회로를 생각해 보자.

1011 각각의 자리를 기준으로 4가지 상태로 나눌 수 있으며 각 상태에 2진수 값 00, 01, 10, 11을 할당한다.

일반적으로 방향 표시(화살표)가 된 선들은 슬래시(/)에 의해서 분리되는 2개의 2진수를 갖는다. 슬래시 이전에 기술된 2진수는 현재 상태 동안의 입력 값을, 다음에 나타난 2진수는 현재 상태 동안의 출력 값을 나타낸다.

예를 들어서 00→01(00 상태에서 01 상태로의 변화)의 선에 1/0이라 표시되어 있으면, 이것은 순서회로가 현재 상태 00, 입력 1, 출력 0일 때를 의미하며, 한 클럭이 인가된 후 이 회로는 다음 상태 01으로 변화함을 나타낸다.

그림에서는 슬래시가 없고 하나의 2진수만 나타나 있는 것은 입력 변수만 있고 출력 변수는 없는 상태에서 상태 변화가 일어남을 알 수 있다.

6.3 비동기식 카운터 설계

여기서는 비동기 순서논리회로인 게이트 발진기(gate oscillatior)를 설계 단계별로 설명한다. 먼저 비동기 순서논리회로의 설계 절차(design procedure)는 다음과 같다.

[단계 1] 설계 명세의 기술
[단계 2] 원시 흐름표의 작성
[단계 3] 원시 흐름표의 상태 축소(필요한 경우)
[단계 4] 전이표, 여기표, 출력 맵의 유도
[단계 5] 여기식과 출력식에 따라 논리회로의 구현

1) 설계 명세의 기술

게이트 발진기는 일정한 비율의 폭을 갖고 있는 펄스를 사용하여 클럭을 ON 또는 OFF할 수 있는 발진 회로이다. 이러한 회로는 클럭과 AND 게이트를 이용하면 간단히 구성할 수 있다.

비동기 순서논리회로 설계 시 설계 명세(design specification)는 일반적으로 타이밍도로 주어지게 된다. 아래 그림은 게이트의 발진기의 타이밍도를 나타낸다.

이 타이밍도는 각 입력 조합(A, B)의 변화에 따라 출력(Z)의 변화를 보여준다. 초기 상태(A, B, Z)=(1, 0, 0)에서 시작하고 상태 0이라고 가정하자. A가 1에서 0으로 변할 때, 즉 (A, B, Z)=(0, 0, 0)일 때를 상태 1이라고 한다. 이 상태에서 A가 다시 1이 될 때, 상태 0이 된다. 만약 A가 1인 동안 B가 1이 되어 (A, B, Z)=(1, 1, 0)일 때 상태 2라고 한다. 모든 타이밍도를 조사하면, 그림과 같이 상태를 정의할 수 있다.

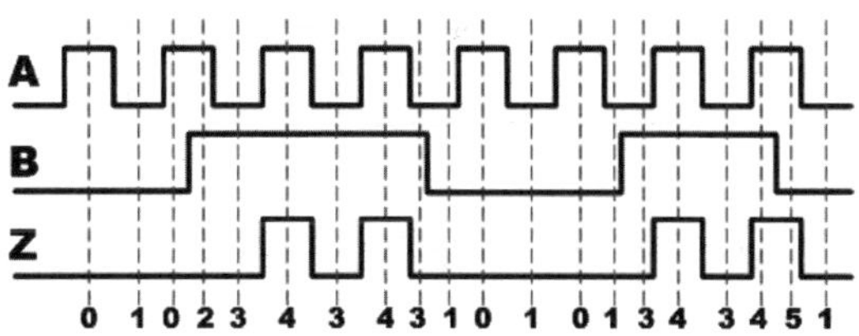

2) 원시 흐름표의 작성

비동기 순서논리회로의 설계 시 각 상태들을 2진값 대신에 기호로 나타내는 표를 흐름표(flow table)라 하고, 흐름표에서 각 행에 단 하나의 안정한 전체 상태를 갖도록 하는 것을 원시 흐름표(primitive flow table)라 한다. 전체 상태란 내부 상태와 입력의 조합으로 구성된다.

그림은 타이밍도에서 직접 유도한 원시 흐름표를 나타낸다. 이 타이밍도로부터 원시 흐름표를 작성하기 위한 첫 단계는 원시 흐름표에서 안정 상태를 원으로 표시하는 것이다.

우선 첫 번째 행의 안정한 상태 0에 대해서 생각해 보자. 이 상태에서 입력(A,B)이 (1, 0)→(0, 0)으로 변화할 경우 상태는 같은 행의 0→1로 이동하게 되므로 일시적으로 불안정한 상태를 가진다. 이 경우 입력 열 (0, 0)의 첫 번째 행에 1을 기입한다. 이것은 최종적으로 첫 번째 열에서 안정한 상태인 두 번째 행으로 전이됨을 의미한다.

다음에, 상태 1→0으로의 전이는 두 번째 행의 입력이 (0, 0)→(1, 0)일 경우 발생하게 된다. 즉, (1, 0)인 열의 불안정한 상태(0)에서 첫 번째 행의 안정한 상태(0)로 전이하게 된다. 또한 안정 상태 0에서 입력이 (1, 1)로 변화할 때에는 안정 2로 전이하게 한다.

	AB 00	01	11	10	Z
0	0	–	2	0	0
1	1	3	–	0	1
0	–	3	2	(0)	0
1	1	3	4	–	1
0	–	3	4	5	0
1	1	–	(4)	5	1

기본 모드에서는 두 개의 입력 변수가 동시에 변할 수 없으므로 각 행에서 안정 상태와 두 개의 변수가 다른 열을 무정의 조건으로 간주한다. 예를 들어, 첫 번째 행에서 안정 상태(1, 0)에서 (0, 1)인 열로의 전이는 발생하지 않는다. 또한 타이밍도에서

상태 전이가 없는 경우가 있다. 즉, 안정 상태 2에서 안정 상태 0, 안정 상태 5에서 안정 상태 4로의 전이는 없다. 이러한 경우에는 적당한 값으로 전이를 추가하거나 무정의 조건으로 정의하는 경우도 있는데, 그림의 경우에는 무정의 조건에 두 개의 임의의 상태를 (4)와 (0)으로 정의하였다.

3) 원시 흐름표의 상태 축소

원시 흐름표는 각 행에 단 하나의 안정 상태를 가진다. 만약 흐름표의 같은 행에 2개 또는 그 이상의 안정 상태가 있으면 이 표는 더 적은 수의 행으로 축소될 수 있다.

분리된 행들로부터 하나의 공통된 행으로 안정 상태를 묶는 것을 통합이라 한다.

원시 흐름표를 축소하기 위해서는 두 개 또는 그 이상의 행에서 대응하는 열의 상태가 같으면 하나의 행으로 통합하면 된다.

즉, 각각의 행에서 열의 쌍이 같은 상태, 혹은 무정의 상태이면 원시 흐름표를 통합할 수 있다.

원시 흐름표를 축소하기 위하여 그림의 흐름표를 분리시켰다.

AB	00	01	11	10
0	1	-	2	0
1	1	3	-	0
2	-	3	2	(0)

AB	00	01	11	10
0	1	3	4	-
1	-	3	4	5
2	1	-	(4)	5

(a) 통합을 위한 상태표

AB	00	01	11	10
0, 1, 2	1	3	2	0
3, 4, 5	1	3	4	5

(b) 축소된 원시 흐름표

그림의 원시 흐름표에 있어서 상태 0, 1, 2는 하나의 행으로 통합될 수 있다. 즉, 첫 번째 열과 네 번째 열은 상태 1과 상태 0으로 같은 상태를 나타낸다. 또한 두 번째 열과 세 번째 열에서 한 행은 상태 3과 상태 2를 가지며, 다른 행은 무정의 조건을 나타내기 때문이다. 세 개의 행(상태 0, 1, 2)이 통합되면 그림의 첫 번째 행에 나타난 바와 같이 첫 번째 열에 안정한 상태 1을, 두 번째 열에 불안정한 상태 3을, 세 번째 열에 안정한 상태 2, 그리고 마지막 열에 안정한 상태 0을 갖게 된다.

동일한 방법을 이용하면 그림의 두 번째 행에 나타난 것처럼 나머지 세 가지 상태 3, 4, 5도 한 개의 행으로 통합할 수 있다.

다음 그림은 앞 그림의 흐름표에 2, 3을 상태 a로, 상태 3, 4, 5를 상태 b로 할당한 경우 축소된 상태와 출력을 보이고 있다.

AB	00	01	11	10
a	ⓐ , 0	b , 0	ⓐ , 0	ⓐ , 0
b	a , 0	ⓑ , 0	ⓑ , 1	ⓑ , 1

4) 전이표, 여기표, 출력 맵의 유도

회로를 작성하기 위해서는 축소된 흐름표로부터 전이표를 유도해야 한다.

전이표는 필요한 상태 변수의 수를 결정하고, 상태 변수들에 2진 값을 흐름표의 각 행에 할당하여 작성한다.

z \ AB	00	01	11	10
0	0	1	0	0
1	0	1	1	1

(a) 전이표

AB	00	01	11	10
0	0	1	0	0
1	0	1	1	1

AB	00	01	11	10
0	0	1	0	0
1	0	1	1	1

z

(b) 여기표와 출력 맵

위 그림 에서 두 개의 행이 존재하므로, 하나의 상태 변수가 필요하다. 그림에 전이표를 보였으며, 그림은 최종적인 여기표와 출력 맵을 보였다.

5) 논리회로의 구현

여기표와 출력표로부터 간소화하면 여기식과 출력식을 얻을 수 있는데, 여기식과 출력식은 다음과 같이 표현할 수 있다.

$$Y = A'B + yA + yB$$

$$Z = yA$$

여기식에 포함된 항 yB는 여분항으로서 해저드 방지를 위한 것이다. 해저드에 대해서는 다음에 설명하기로 한다. 이 부울식으로부터 논리회로를 유도하면 그림과 같은 게이트 발진 회로를 그릴 수 있다.

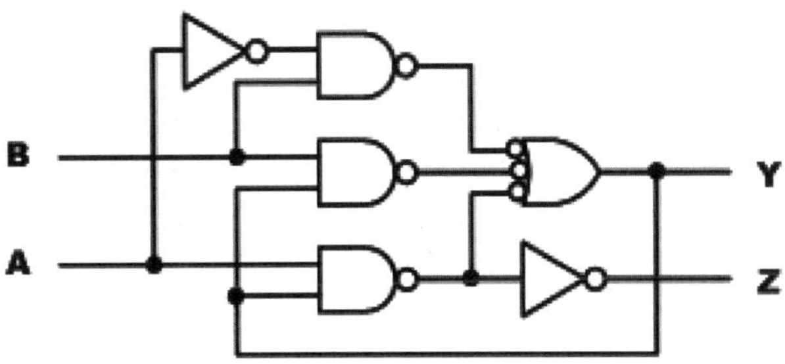

6.4 카운터(Counter) 설계

Counter는 본질적으로 Clock 펄스에 따라 미리 정해진 순서대로 상태를 변화시키는 메모리라고 할 수 있다. 이를 위하여 Counter 내의 게이트들은 미리 예정된 2진 상태의 순서를 산출하도록 연결되어 있다.

Counter의 구성에서 기본이 되는 것은 T(Toggle) 플립플롭이며, 이것은 D 플립플롭이나 JK 플립플롭을 사용하여 구성할 수도 있다.

1) 4진 비동기식 Counter

여기서는 T 플립플롭을 사용하여 Counter를 구현해 보자. 입력에 들어오는 펄스의 수를 계수함으로써 컴퓨터가 여러 동작을 수행하는 데 필요한 타이밍 신호(Timing signal)를 제공하거나, 주파수 분할 및 연산 동작을 하게 하는 데 중요한 구실을 한다.

비동기(Asynchronous) Counter는 아래 단(좌측)에서 윗단(오른쪽)으로, 순차 Clock 신호를 전달해가는 Counter를 말하며 이를 Ripple Counter 라고도 한다.

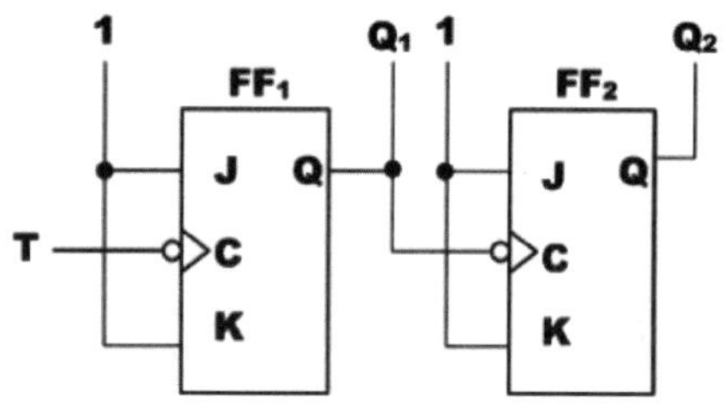

(a) 회로도

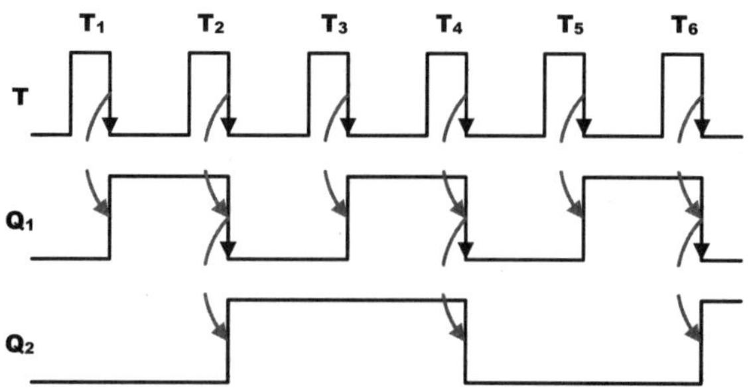

(b) 타이밍 챠트

그림 (a)는 T 플립플롭을 2단으로 접속하여 구성된 4진 Ripple Counter를 나타내며, (b)는 Ripple Counter의 타이밍 챠트를 나타낸다.

이 회로는 FF1의 출력 Q1이 FF2의 Clock 신호로 사용되고 있다. 그리고 Clock의 하강에서 각각의 출력이 반전하므로 그림 (b)와 같이 동작하게 된다.

그림 (b)에서 출력을 Q2, Q1로 논리 레벨로 표현하여 배열하면 00→01→10→11→00으로 변화하고 있기 때문에 입력 Clock의 수를 2진수로 표시하고 있음을 알 수 있다. 이와 같이 T 플립플롭을 다시 n단 접속하면 2^n진 Counter를 구성할 수 있어 입력 Clock의 수를 0부터 2^{n-1}까지 계산할 수 있다.

Ripple Counter는 앞단 플립플롭의 출력을 다음 단의 Clock 입력으로 사용하므로 여러 단을 접속할 경우 뒷단으로 갈수록 지연이 축적되므로 첫 단에 입력 Clock이 들어와도 어느 정도 시간이 경과하지 않으면 출력 전체의 카운트 값이 변화되지 않게 된다.

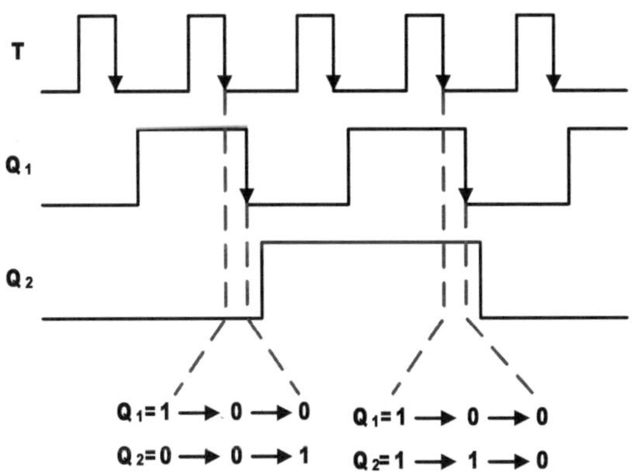

Ripple Counter의 지연 발생을 나타낸 위 그림에서 알 수 있듯이 입력 Clock이 가해지고부터 Q2, Q1이 반전하여 안정하기까지 01에서 10으로 옮기는 과정에서 01 → 00 → 10과 같이 본래 불필요한 값이 생성되므로 카운트 값을 다른 회로에서 이용할 경우에는 이러한 과도 시간을 고려하지 않으면 안된다.

이상에서 설명한 것과 같이 플립플롭 1단의 지연 시간을 tpd로 하면 n단으로 이루어지는 Counter로는 지연 때문에 사용 불능의 기간이 tpd∗n으로 된다. 이것은 Ripple Counter의 큰 결점이지만 비동기 Counter는 회로의 구조가 간단하며, 높은 Clock 주파수로 동작시킬 수 있는 장점을 가지고 있다.

비동기 Counter에서는 뒷단으로 갈수록 플립플롭의 주파수는 1/2씩 줄어들기 때문에 맨 앞단 또는 2단 째의 플립플롭을 높은 Clock 주파수로 동작하도록 설계하면 된다. 이와 같이 비동기식 카운터를 클럭 주파수 분할 회로에 적용할 수 있는데 대부분의 회로에서 회로를 구성하는 각 소자들은 다양한 클럭을 공급받게 되는데 보통 필요한 클럭을 모두 외부에서 개별 공급받는 것이 아니라 필요할 경우 하나의 클럭 원으로부터 분주하여 사용한다. 따라서 클럭 분주를 위해 플립플롭을 이용한다.

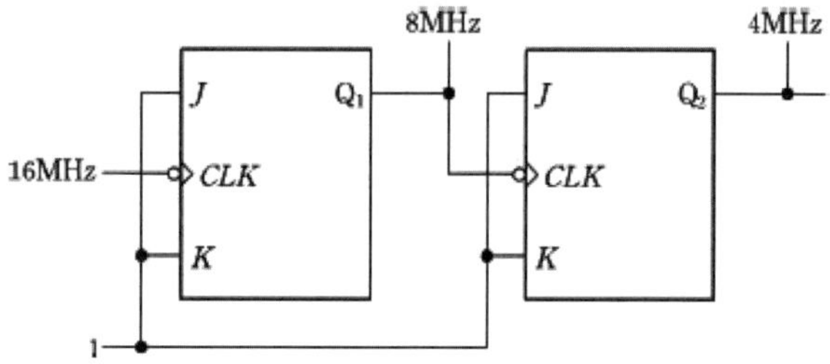

위 그림처럼 16MHz의 클럭이 1단 플립플롭의 입력으로 들어가면 입력 클럭의 falling edge에서 플립플롭이 트리거되어 1단 플립플롭의 출력 Q_1은 8MHz가 된다. Q_1이 2단 플립플롭의 클럭으로 입력되어 Q_1의 falling edge에서 다시 2단 플립플롭이 트리거되어 출력 Q_2는 4MHz가 된다.

Counter에서 Clock이 입력되어 값이 하나씩 증가하면 Up Counter라 하고 이와 반대로 값이 하나씩 줄어가는 Counter는 Down Counter라 한다.

Down Counter는 어떤 정해진 값을 세트해 두고, Clock이 들어올 때마다 하나씩 수를 빼서 값이 0으로 되면 멈추는 기능을 구성하는데 사용한다.

예제 6-1 10Mhz의 발진기가 있다. 이 발진기의 클럭을 분주하여 5kHz의 클럭 주파수를 만들 때 필요한 플립플롭의 수를 구하여라.

$$\frac{10Mhz}{5kHz} = \frac{10^7}{5\times10^3} = 2000,$$

$$2^N \geq 2000,$$
$$N = 11$$

플립플롭은 최소한 11개가 필요하다.

2) 5진 비동기식 Counter 설계

0(000)부터 4(100)까지 5개의 계수를 카운트하는 경우를 생각해 보자. 5개의 계수를 카운트하기 위해서는 플립플롭이 3개 필요하다. 3개의 플립플롭을 기본적인 리플카운터로 설계하면 0(000)부터 7(111)까지 8개의 계수로 카운트된다. 따라서 5개의 계수를 카운트 하는 5진카운트를 설계하기 위해서는 기본 리플카운터의 5(101), 6(110), 7(111)이 출력되어서는 안 되며, 4(100) 다음에 바로 0(000)이 출력되어야 한다.

아래 그림에 5진 카운터의 예를 나타내었다.

Q_3 Q_2 Q_1	10진
0 0 0	0
0 0 1	1
0 1 0	0
0 1 1	1
1 0 0	0
0 0 0	1

(a) 비동기 5진 카운터의 동작표

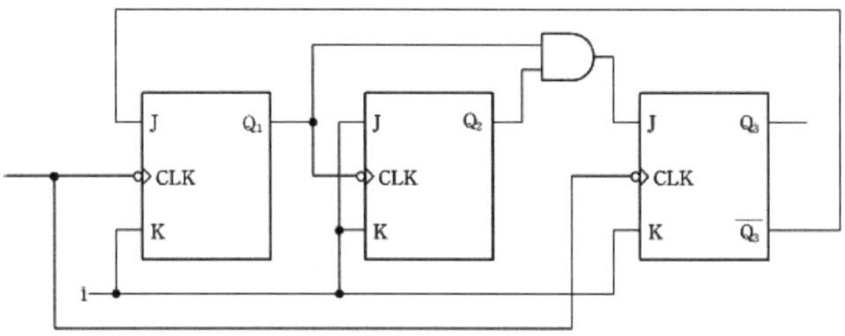

(b) 비동기 5진 카운터

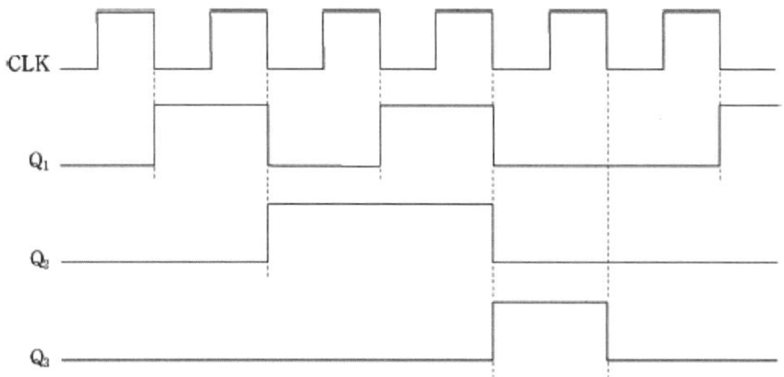

(c) 비동기 5진 카운터의 타이밍도

각 플립플롭의 초기 상태는 low이며, 각 클럭의 falling edge에서 동작한다. 각 클럭의 falling edge에서의 동작은 다음과 같다.

① 1단 플립플롭 : J , K 입력은 1이므로 Q_1이 세트된다.
   2단 플립플롭 : Q_1의 falling edge 트리거가 없으므로 출력은 0이다.
   3단 플립플롭 : 입력 트리거 펄스는 인가되지만 J가 0이므로 출력은 0이다.

② 1단 플립플롭 : Q_1은 리셋되고 AND 게이트로 0을 인가한다.
   2단 플립플롭 : Q_1이 2단 플립플롭의 CLK 입력으로 들어가므로 Q 1이 리셋될 때 Q_2가 세트된다.
   3단 플립플롭 : J=0(Q_1=1, Q_2=0)인 상태에서 트리거되므로 여전히 출력은 0을 유지한다.

③ 1단 플립플롭 : Q_1은 다시 세트된다.
   2단 플립플롭 : Q_1의 falling edge 트리거가 없으므로 Q_2는 세트 상태를 유지한다.
   3단 플립플롭 : J=0(Q_1=0, Q_2=1) 상태에서 트리거 되므로 출력은 0을 유지한다.

④ 1단 플립플롭 : Q_1이 리셋 된다.
   2단 플립플롭 : Q_1의 리셋 트리거에 의해 Q_2가 리셋 된다.
   3단 플립플롭 : J=1(Q_1=1, Q_2=1) 상태에서 트리거되므로 Q_3가 세트된다. 그리고 Q_3가 1단의 플립플롭으로 피드백되므로 1단의 플립플롭의 J에 0이 인가된다.

⑤ 1단 플립플롭 : J에 0이 인가되고 있으므로 입력 클럭의 트리거에도 불구하고 계속 리셋 상태를 유지한다.
   2단 플립플롭 : Q_1의 트리거가 없으므로 계속 리셋 상태를 유지한다.
   3단 플립플롭 : J=0(Q_1=0, Q_2=0) 상태에서 트리거되므로 플립플롭은 J=0, K=1 입력을 가지므로 리셋 된다.

입력 클럭의 다섯 번째 falling edge에서 모든 플립플롭의 출력이 다시 0으로 되어 처음상태가 된다.

이후 각 클럭의 트리거에서 계속 반복적으로 동작하게 된다.

3) 5진 리셋형 비동기식 Counter

리셋형 카운터의 경우는 플립플롭의 특정 시점에서 강제로 모든 플립플롭의 클리어 단자를 active 시켜줌으로써 모든 플립플롭을 초기 상태로 만들어 준다.

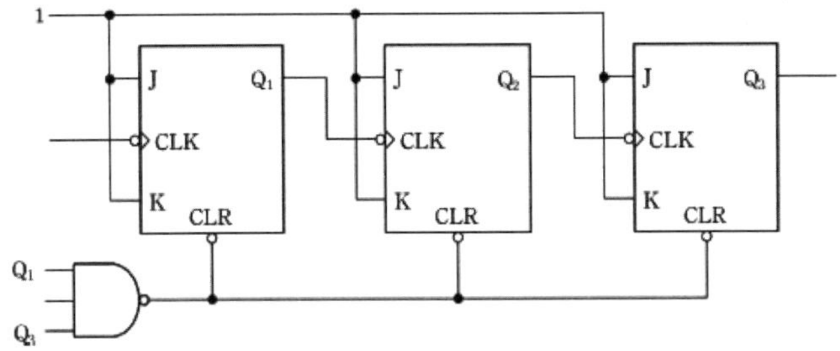

(a) 5진 리셋형 비동기 카운터

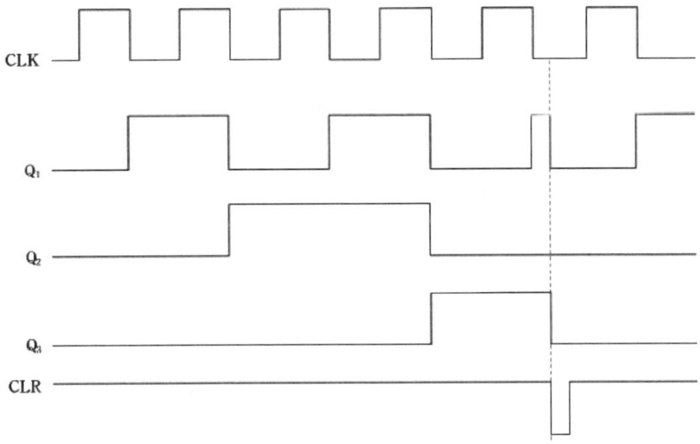

(b) 5진 리셋형 비동기 카운터 타이밍도

0(000)부터 4(100)까지 카운트한 다음 5(101)가 되는 순간 이를 다시 0(000)으로 초기화시켜야 한다. 그런데, 각 플립플롭의 CLR 단자는 NAND 게이트의 출력이 0으로 될 때 active 된다.

NAND 게이트의 출력을 0으로 만들기 위해서는 NAND 게이트의 입력으로 Q_1, Q_3가 인가되어야 한다.

예제 6-2 7진 리셋형 비동기식 카운터를 설계하여라.

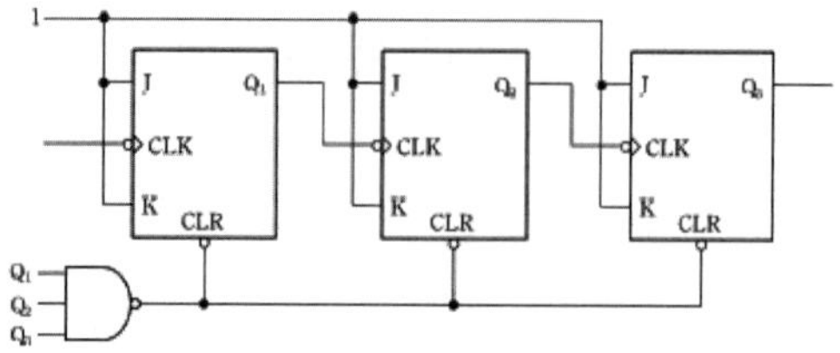

(a) 7진 리셋형 비동기 카운터

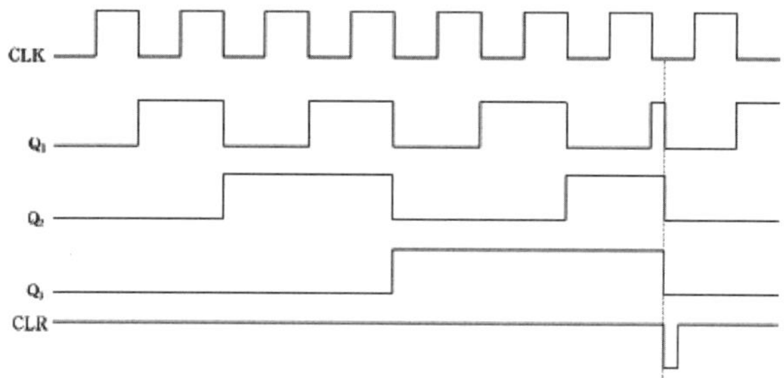

(b) 7진 리셋형 비동기 카운터 타이밍도

예제 6-3 6진 비동기식 다운 카운터를 설계하여라.

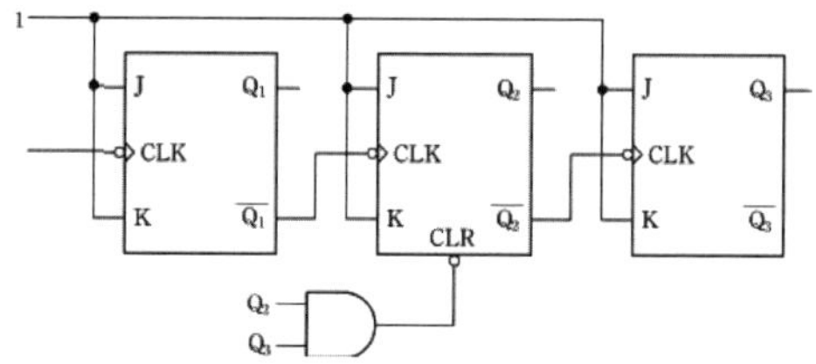

(a) 6진 리셋형 비동기 카운터

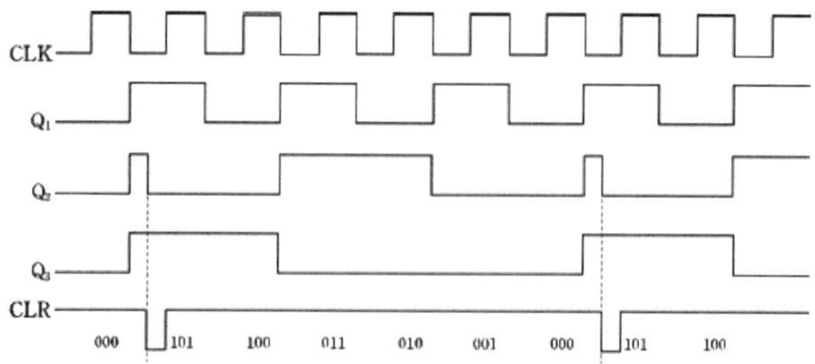

(b) 6진 리셋형 비동기 카운터 타이밍도

4) 8진 비동기식 Down Counter

8진 비동기 Down Counter를 설계하면 그림 (a)와 같으며 타이밍 챠트는 그림(b)와 같다. 이 회로는 Up Counter의 Q출력 대신 Q′ 출력을 다음 단 Clock 단자에 접속하면 된다.

이 동작은 그림 (b)와 같이 Q′ 출력의 하강 부분, 즉 출력의 상승에 상당하는 부분에서 다음 단 플립플롭을 반전시키고 있다. 따라서 111 다음은 000이 아니고 110으로 되어서 값이 줄어들게 된다.

따라서 Up Counter에서 Q′ 단자가 붙어 있는 Counter를 그대로 Down Counter에도 쓸 수 있다.

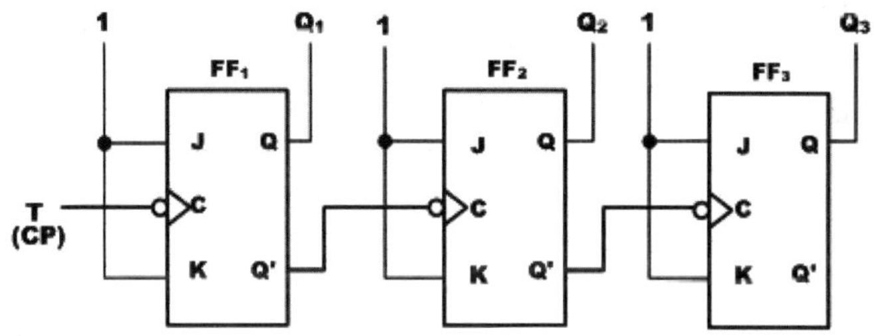

(a) 회로도

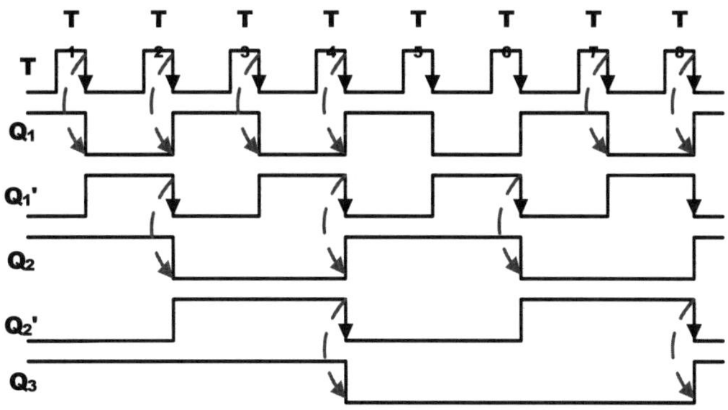

(b) 타이밍 챠트

또 아래 그림 (a)와 같이 양의 전이에서 동작하는 플립플롭을 사용한 경우 그림 (b)와 같이 역시 Down Counter의 동작이 된다.

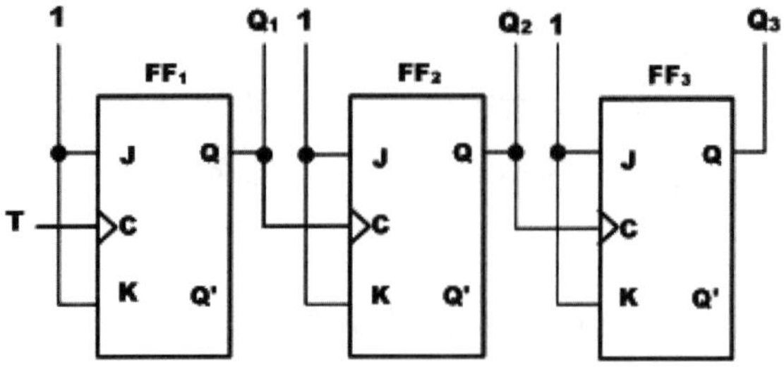

(a) 회로도

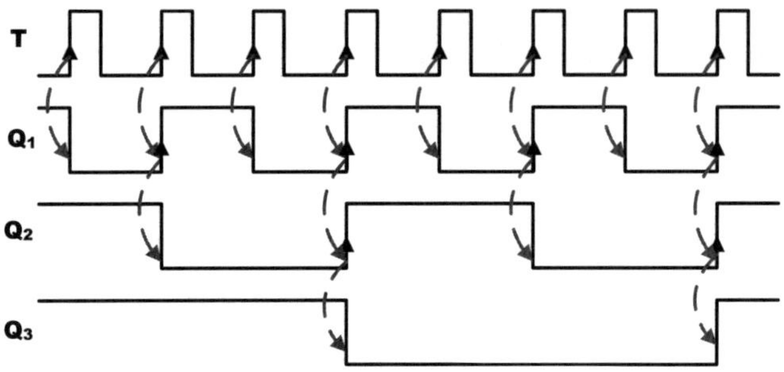

(b) 타이밍 챠트

아래 그림은 SN74293 4비트 2진 카운터의 논리 구조를 나타내었다.

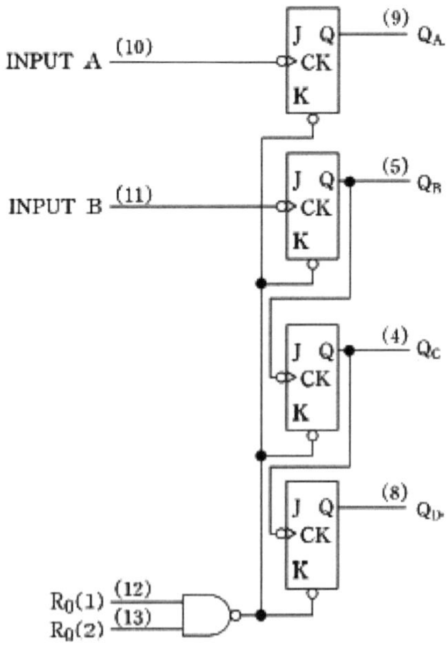

5) 4진 동기식 Counter

동기식 Counter가 비동기식 Counter와 다른 점은 Clock 펄스가 모든 플립플롭에 공통으로 입력된다는 것이다. 공통 Clock은 비동기식 Counter에서와 같이 한 번에 하나씩이 아니라 동시에 모든 플립플롭을 동작시킨다.

그림 (a)는 간단한 4진 동기식 Counter를 나타내며, 그림 (b)는 타이밍도를 나타낸다. 이 회로는 두 개의 풀립플롭의 Clock 단자에 동일 Clock이 입력되어 동시에 동작하도록 되어 있다. 그림 (b)에서 플립플롭 FF_1은 Q_1이 1일 때 출력 Q_2, Q_1은 01과 11이 된다. 이때 Q_2, Q_1이 01일 때는 다음의 Clock(T_2)으로 FF_2, FF_1 모두 동시에 반전하여 10으로 되고 11일 때도 양쪽이 반전하여 00이 된다.

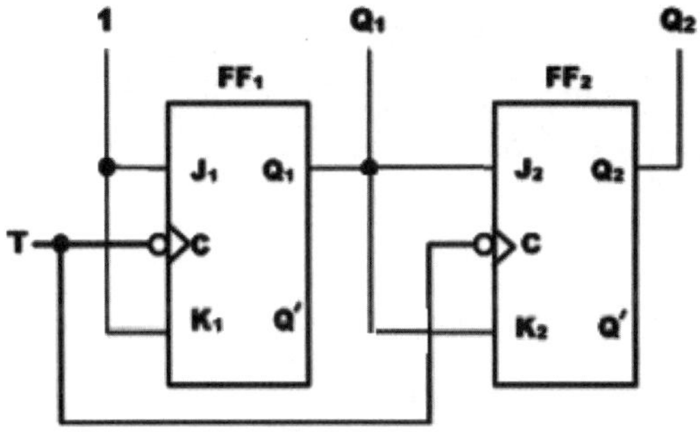

(a) 회로도

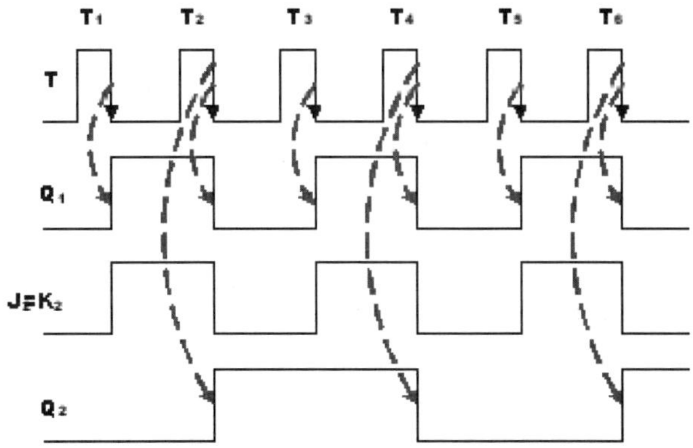

(b) 타이밍 챠트

한편, Q_1이 0일 때는 J_2와 K_2가 0이고 FF_2는 다음 Clock으로 반전하지 않는다. 따라서 Q_2, Q_1이 00일 때는 다음 Clock(T_5)으로 01, 10일 때 11이 된다.

위 그림은 4진 Counter로 동작하는 회로도와 타이밍 챠트 이다. 3단 이상의 동기 Counter의 경우도 원리는 같으며, 자기보다 앞 단에 있는 플립플롭이 모두 1이면 다음 Clock에 의해서 반전하게 된다.

6) 6진 동기식 Counter 설계

동기식 6진 카운터의 경우 시계 회로에서 초와 분의 0에서 5을 표시하는데 사용된다. JK 플립플롭을 이용하여 설계해 본다. 6진 카운터의 순서는 0,7,5,3,4,2,0, . . .이다. J , K 의 입력 조건을 바탕으로 6진 카운터의 상태 변화에 따른 J , K 의 입력 조건을 구하면 아래 표와 같다.

	현재 상태	다음 상태	J, K의 입력 조건					
	Q_2 Q_1 Q_0	Q_2 Q_1 Q_0	J_2	K_2	J_1	K_1	J_0	K_0
0	0 0 0	1 1 1	1	X	1	X	1	X
7	1 1 1	1 0 1	X	0	X	1	X	0
5	1 0 1	0 1 1	X	1	1	X	X	0
3	0 1 1	1 0 0	1	X	X	1	X	1
4	1 0 0	0 1 0	X	1	1	X	0	X
2	0 1 0	0 0 0	0	X	X	1	0	X

위 표를 보고 J , K 의 입력 맵을 이용하여 입력 조건식을 간소화 한다.
여기서, J_1 = K_1 = 1이므로 나머지 식을 구하면 아래와 같다.

Q_2 \ Q_1Q_0	00	01	11	10
0	**1**	X	**1**	0
1	X	X	X	X

$$J_2 = Q_0 + \overline{Q_1}$$

Q_2 \ Q_1Q_0	00	01	11	10
0	X	X	X	X
1	**1**	**1**	**0**	X

$$K_2 = \overline{Q_2}$$

Q_2 \ Q_1Q_0	00	01	11	10
0	**1**	X	X	0
1	0	X	X	X

$J_0 = \overline{Q_1}\ \overline{Q_2}$

Q_2 \ Q_1Q_0	00	01	11	10
0	X	X	1	X
1	X	**0**	**0**	X

$K_0 = \overline{Q_2}$

논리식을 회로도로 구현하면 아래와 같다.

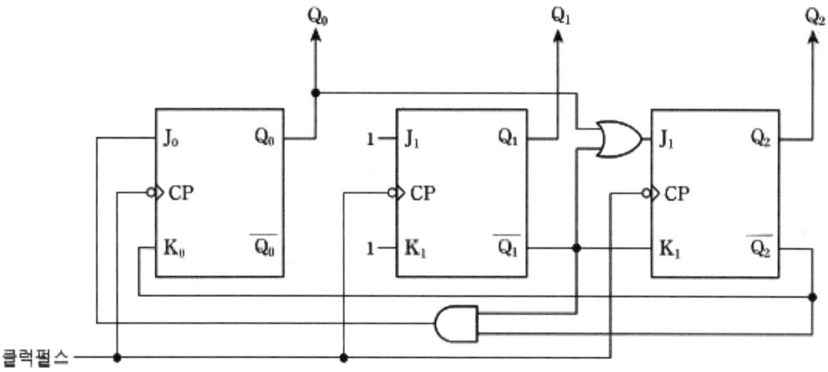

임의의 6진 카운터의 경우 사용하지 않는 2개의 상태가 존재한다. 계수 값이 1과 6일 경우에 해당되는데 만일 카운터의 상태가 1과 6일 경우도 다음 상태로 원활하게 변화할 수 있도록 되어야 하기 때문에 이 경우를 검토해 보면,

$Q_2\ Q_1\ Q_0$ = 0 0 1일 경우는 J_2 = 1 , K_2 = 1, J_1 = 1 , K_1 = 1, J_0 = 1 , K_0 = 1로 되어 있으므로 다음 상태는 $Q_2\ Q_1\ Q_0$ = 1 1 0으로 변한다.

$Q_2\ Q_1\ Q_0$ = 1 1 0일 경우는 J_2 = 0 , K_2 = 0, J_1 = 1 , K_1 = 1 , J_0 = 0 , K_0 = 0로 되어 있으므로 다음 상태는 $Q_2\ Q_1\ Q_0$ = 1 0 0으로 변한다.

그러므로 위 그림과 같이 임의의 6진 카운터의 경우 사용하지 않는 상태인 1과 6의 경우도 각각 다음 상태로 변화하여 정상 루프로 동작할 수 있음을 알 수 있다.

7) 10진 동기식 Counter 설계

동기식 10진 카운터는 실제로 많이 이용되므로 알아둘 필요가 있다. 10개의 카운트를 반복해야 하므로 필요한 플립플롭의 수는 4개이고, 0(0000)부터 9(1001)까지 카운트한다.

여러 형태로 구현할 수 있으나 비교적 간단한 회로를 아래 그림에 나타내었다.

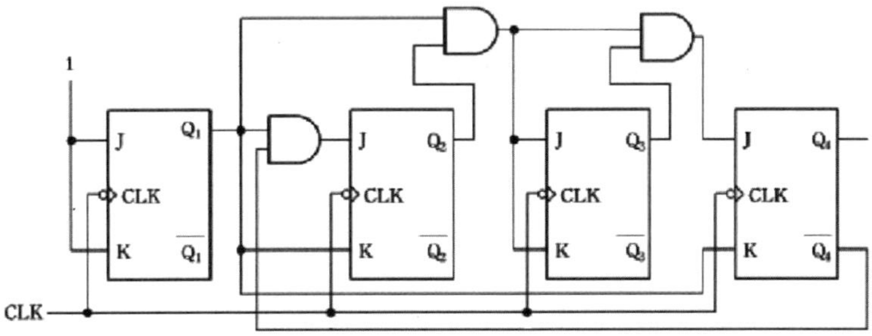

(a) 동기식 10진 카운터

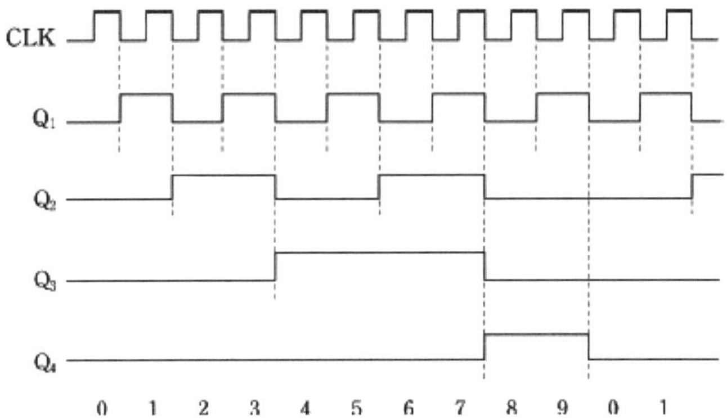

(a) 동기식 10진 카운터 타이밍도

그림의 동기식 10진 카운터 회로에서 2단 플립플롭의 J 입력은 Q_1과 $\overline{Q_4}$의 AND 결과가 인가되므로 둘 다 1일 때 동작한다. 3단 플립플롭의 J, K 입력은 Q_1, Q_2가 모두 1의 상태일 때 트리거되고 3단 플립플롭의 J 입력은 Q_1, Q_2, Q_3가 모두 1일 때 트리거된다.

0(0000)부터 7(0111)까지는 Q_4의 출력이 0이므로 극성이 반대인 $\overline{Q_4}$가 1의 상태로

2단 플립플롭 앞에 있는 AND 게이트로 인가되므로 2단 플립플롭의 J 입력은 1의 상태가 인가된다.

따라서 다음 CLK의 falling edge일 때 Q_1, Q_2, Q_3가 모두1의 상태이므로 Q_4가 리셋 상태에서 세트 상태로 바뀐다. 따라서 8(1000) 상태로 된다.

다음 클럭 펄스의 트리거 시에 Q_1은 J, K가 항상 1이 인가되므로 상태를 반전시켜 1로 되고, 2단 플립플롭의 J 입력은 Q_4가 0이므로 J=0이 되어 펄스 트리거 시에 리셋 상태가 유지된다.

3단 플립플롭의 입력 J도 Q_2가 0이므로 역시 Q_3도 리셋 상태를 유지한다. 마찬가지로 4단 플립플롭의 입력 J도 Q_3가 0이므로 J=0이 인가되고, 또 K=0이므로 이전 상태 1을 유지하여 9(1001)로 변화된다.

9(1001)의 상태에서 입력 클럭 펄스가 falling edge로 되는 순간, Q_1은 반전되어 0으로 변한다. 2단 플립플롭의 입력 J가 0이고 K는 1이므로 플립플롭은 리셋되어 Q_2가 0을 유지한다. 3단 플립플롭은 Q_1= 1, Q_2= 0의 상태에서 J=0, K=0이므로 여전히 0의 상태를 유지한다.

4단 플립플롭은 Q_1=1, Q_2=0, Q_3=0 상태이므로 J_0이 Q_1=1이므로 K=1이 되어 플립플롭이 세트 상태에서 리셋되어 Q_4가 0으로 된다.

이렇게 하여 Q_1, Q_2, Q_3, Q_4의 출력이 모두 0으로 되어 처음 상태에서 다시 카운트가 된다.

8) 12진 동기식 Counter 설계

12진 카운터는 전자시계 동작의 기본으로 시간을 카운터할 때 사용되므로 12진 카운터를 설계하고 동작을 이해하도록 한다.

시를 계수하고 나타내기 위해 필요한 카운터로서 내부적으로는 12을 계수하는 카운터이며 출력으로는 시간의 표시가 01~12이므로 이를 BCD로 표시하기 위해 5비트의 출력을 가진다. 그러므로 네 개의 D 플립플롭의 입력 방정식과 다섯 가지 출력의 방정식을 구한다. 입력 방정식을 구하는 방법은 6진 카운트와 10진 카운트의 동일한 과정을 거쳐서 구한다.

상태표를 간략화하여 각각의 D 플립플롭의 입력 방정식과 다섯 개의 출력 방정식을 구할 수 있다. COUNT 상태는 현재 D 플립플롭의 출력 상태이고 D 플립플롭 여기 상태는 다음의 D 플립플롭의 상태와 일치한다. 그러므로 D 플립플롭의 여기 상태는 한 클럭이 지난 후의 출력 상태이다. 출력 상태는 12진 카운터의 값을 나타낸다.

계수 표시	COUNT 상태				D F/F 여기 상태				출력 상태					출력표시
	d	c	b	a	Dd	Dc	Db	Da	E	D	C	B	A	
0	0	0	0	0	0	0	0	1	0	0	0	0	1	0 1
1	0	0	0	1	0	0	1	0	0	0	0	1	0	0 2
2	0	0	1	0	0	0	1	1	0	0	0	1	1	0 3
3	0	0	1	1	0	1	0	0	0	0	1	0	0	0 4
4	0	1	0	0	0	1	0	1	0	0	1	0	1	0 5
5	0	1	0	1	0	1	1	0	0	0	1	1	0	0 6
6	0	1	1	0	0	1	1	1	0	0	1	1	1	0 7
7	0	1	1	1	1	0	0	0	0	1	0	0	0	0 8
8	1	0	0	0	1	0	0	1	0	1	0	0	1	0 9
9	1	0	0	1	1	0	1	0	1	0	0	0	0	1 0
10	1	0	1	0	1	0	1	1	1	0	0	0	1	1 1
11	1	0	1	1	0	0	0	0	1	0	0	1	0	1 2

여기서 5 비트로 구성되어 있는데 DCBA가 12진 카운터의 일의 자리를 나타내고 E의 값이 10의 자리를 나타낸다. 여기서 4비트만으로도 12진 카운터를 만들 수 있지만 5비트를 이용해서 1의 자리와 10의 자리를 따로 만들면 16진수를 10진수로 만드는 블록 없이 7-SEGMENT를 이용해 숫자를 표시할 수 있다.

D 플립플롭의 입력 방정식	출력 방정식
Dd = abc + b'd + a'd Dc = abc'd' + b'c + a'c Db = ab' + a'b Da = a'⊕b	A = a B = ab'd' + a'bd' + abc'd C = abc'd' + b'c + a'c D = a'b'd + abc E = ad + bd

구해진 논리식을 이용하여 회로도를 구성하면 다음과 같다.

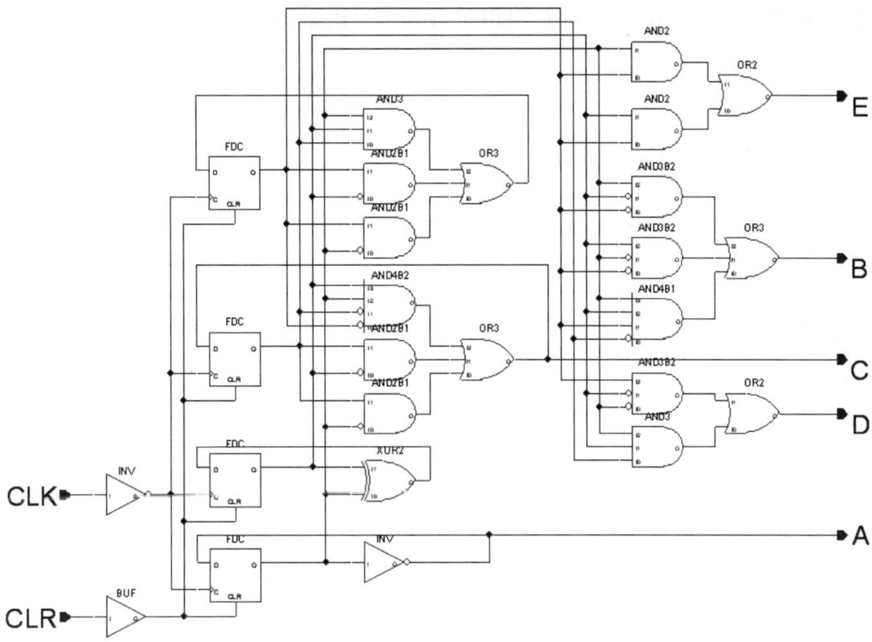

위 회로도의 시뮬레이션 결과는 다음과 같다.

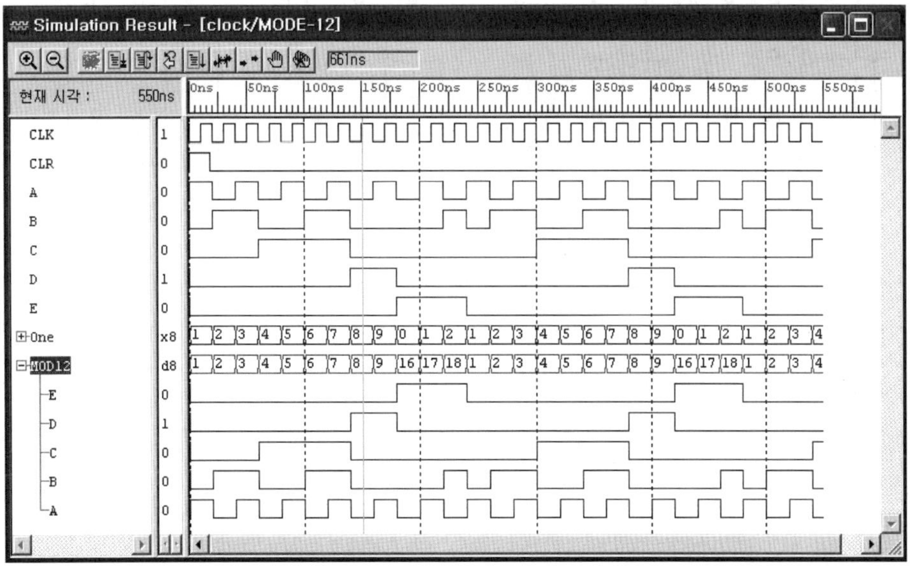

12진 카운터 회로는 외적으로는 10진수로 처리되지만 내부적으로는 FND에 표시되는 것을 기준으로 처리되기에 1의 자리와 10의 자리값의 변화를 주의 깊게 살펴보기 바란다.

9) 16진 동기식 Up Counter

Clock펄스가 하강 모서리에서 동작하는 16진(4비트 2진) 동기 Up Counter는 그림과 같다.

이 회로에서 3번째 단, 4번째 단의 플립플롭은 앞에 있는 플립플롭이 모두 1이 됨을 AND 게이트에서 검출하고 그것을 J, K 단자에 설계하면 된다.

동기식 Counter는 비동기식 Counter에 비해 여분의 AND 게이트를 여분으로 필요하며, 단수가 늘어나면 뒷단으로 갈수록 다 입력의 AND 게이트가 필요하게 된다.

그래서 AND 게이트의 입력 단자수를 줄인 동기식 Counter도 고안되고 있다.

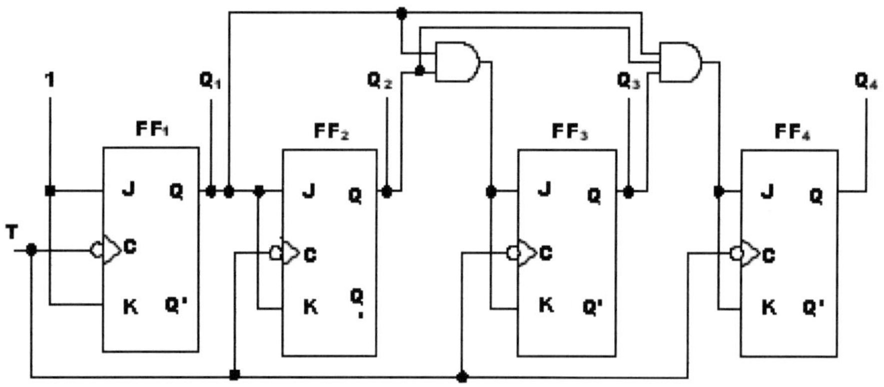

디지털 시스템에서 Counter를 설계할 때 주요한 사항은 지연과 Clock 주파수이다. 비동기 Counter는 뒷단으로 갈수록 지연이 축적되므로 카운트의 값을 꺼낼 때 이 지연을 고려하여 타이밍을 결정해야 한다.

그러나, 동기 Counter에서는 전체가 하나의 Clock으로 동작하므로 지연이 거의 없는 안정된 회로를 설계할 수 있다.

10) Cascade Counter

Counter는 더 많은 모듈러스 동작을 하도록 하기 위하여 캐스케이드로 연결할 수 있다. 캐스케이드는 Counter의 마지막 플립플롭의 출력을 그 다음 Counter의 입력에 연결하여 구동시키는 것을 의미한다.

▶ 2비트 4진 Counter와 3비트 8진 Ripple Counter의 캐스케이드

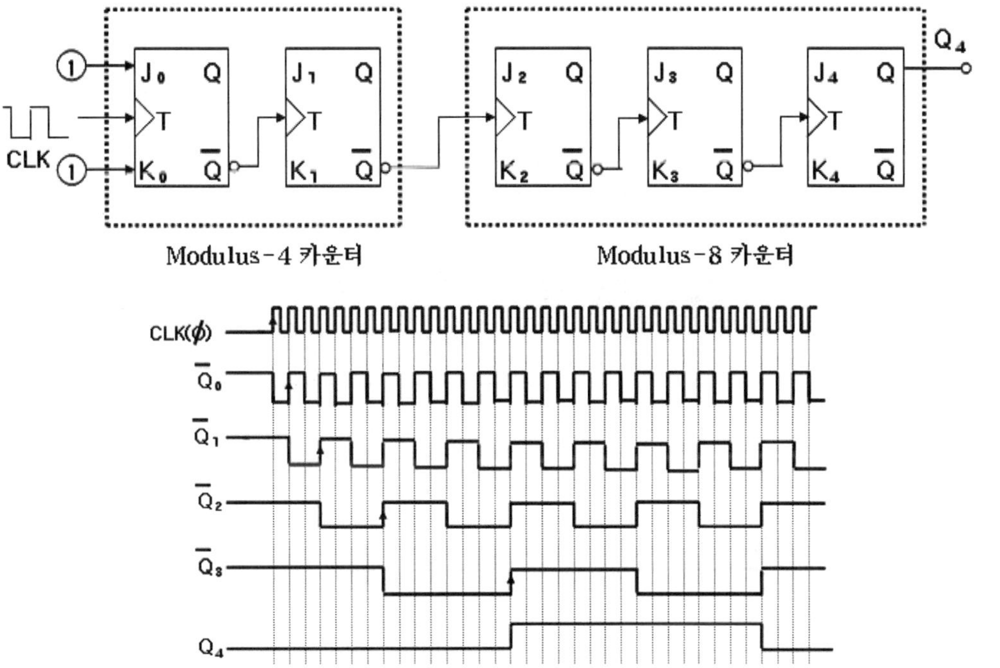

11) 링 카운터

링 카운터(ring counter)는 시프트 레지스터(shift counter)를 응용한 가장 간단한 카운터로서 아래 그림과 같이 직렬 입력, 병렬 출력 시프트 레지스터의 최종 출력을 다시 입력에 귀환시킨 일종의 순환 시프트 레지스터이다.

링 카운터는 항상 첫 번째 플립플롭의 출력 Q_0를 1로, 나머지 플립플롭은 모두 0이 되게 preset과 reset을 걸어준다. 한편 클럭 펄스(C_P) 인가 수에 따라 Q_1, Q_2, Q_3에 논리 1이 시프트(shift)된다. 이렇게 됨에 따라 다섯 번째 클럭 펄스에 대해서는 다

시 처음 상태로 되돌아가서 Q_0, Q_1, Q_2, Q_3가 1000으로 되므로 링 카운터는 4까지 셀 수 있는 카운터인 셈이다.

일반적으로 N개의 플립플롭으로 구성된 링 카운터는 N가지의 출력 상태가 나오며 8421 2진 카운터(binary counter)가 2^N가지임에 반해 링 카운터(ring counter)는 극히 비효율적이나 복호기(decoder)가 별도로 필요하지 않다는 장점을 갖고 있다.

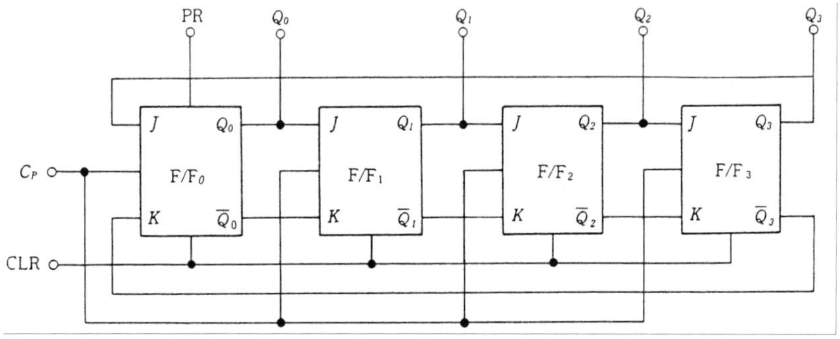

C_P인가수	Q_0	Q_1	Q_2	Q_3
0	1	0	0	0
1	0	1	0	0
2	0	0	1	0
3	0	0	0	1
4(0)	1	0	0	0

이 계수 동작표를 time chart로 그려보면 아래 그림과 같다.

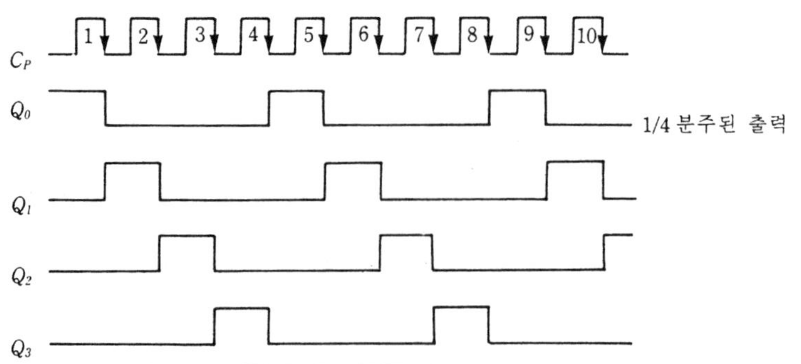

12) 존슨 카운터

존슨 카운터(Johnson counter)는 일명 트위스트 링 카운터(twist ring counter), 워킹 링 카운터(walking ring counter), 또는 스위치 테일 카운터(switch tail counter)라고도 한다.

아래 그림에서 볼 수 있듯이 존슨 카운터가 링 카운터와 다른 점은 첫 번째 단의 입력 J와 K를 각각 네 번째 단의 $\overline{Q}$와 Q로 바꾸어 취했다는 점이다. 따라서 표의 계수 동작표와 같이 8가지의 출력 상태가 됨을 알 수 있다.

일반적으로 N단의 플립플롭을 사용하는 경우 2^N개의 출력 상태가 발생함으로 링 카운터보다 효율적인 면에서는 우수하나 존슨 카운터의 경우는 복호기(decoder)가 필요하다는 단점을 갖고 있다.

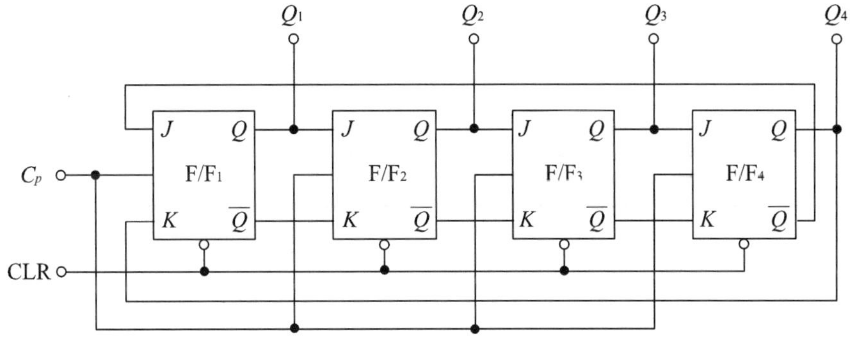

존슨 카운터가 구조면에서 링 카운터와 유사하지만 출력 주파수는 링 카운터의 1/2이다. 따라서 존슨 카운터가 N단으로 구성할 경우의 출력 주파수는 아래 식과 같다.

$$\text{출력 주파수} f_0 = \frac{fi}{2^N}$$

한편 링 카운터의 듀티 사이클은 $1/N$인데 반해 존슨 카운터의 출력파형은 그림과 같이 대칭이므로 듀티 사이클은 50[%]가 된다. 아래 표의 계수 동작표를 time chart로 그려보면 다음 그림과 같다.

한편 존슨 카운터는 복호기가 필요하다는 단점이 있어 디코더를 위한 논리식은 위 그림 F/F 4개에서 8가지, 즉 0~7을 표시하는 복호기는

$\overline{Q}_4\overline{Q}_1=0$, $\overline{Q}_2Q_1=1$, $\overline{Q}_3Q_2=2$, $\overline{Q}_4Q_3=3$, $Q_4Q_1=4$, $Q_2\overline{Q}_1=5$, $Q_3\overline{Q}_2=6$, $Q_4\overline{Q}_3=7$로 각각 AND 게이트를 사용하면 된다.

존슨 카운터의 계수 동작표는 다음과 같다.

C_p인가수	Q_4	Q_3	Q_2	Q_1
0	0	0	0	0
1	0	0	0	1
2	0	0	1	1
3	0	1	1	1
4	1	1	1	1
5	1	1	1	0
6	1	1	0	0
7	1	0	0	0
8(0)	0	0	0	0

타이밍 챠트는 아래와 같다.

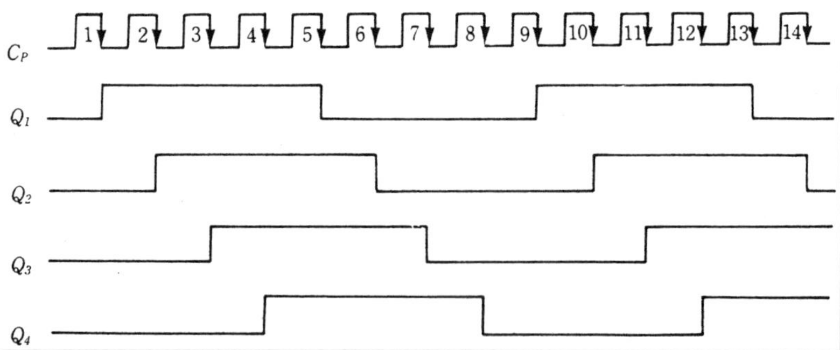

예제 6-4 동기식 3비트 업 카운터를 JK FF를 이용하여 설계하여라.

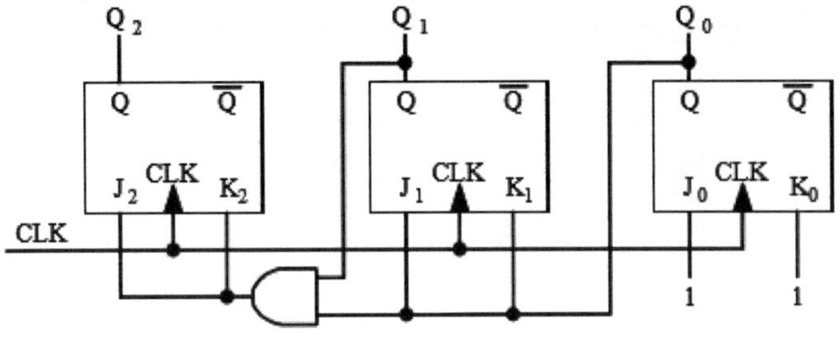

(a) JK FF의 천이표를 작성하여라.

(b) J_0, K_0, J_1, K_1, J_2, K_2 카르노맵을 작성하고 논리식을 구하어리.

(c) 논리식을 회로도로 구현하고 위 회로와 비교하여라.

예제 6-5 D FF를 사용한 단방향 시프트 레지스터를 그려라.

(a) 직렬입력-직렬출력 시프트 레지스터

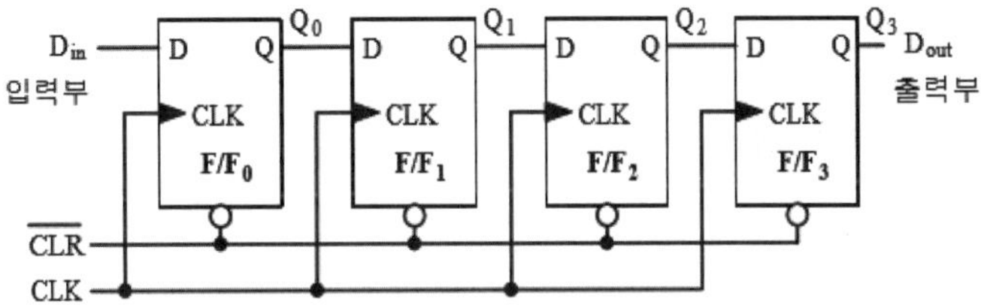

(b) 직렬입력-병렬출력 시프트 레지스터

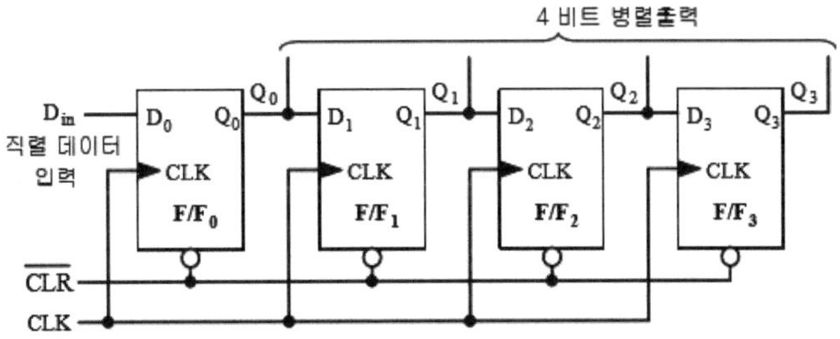

(c) 병렬입력-직렬출력 시프트 레지스터

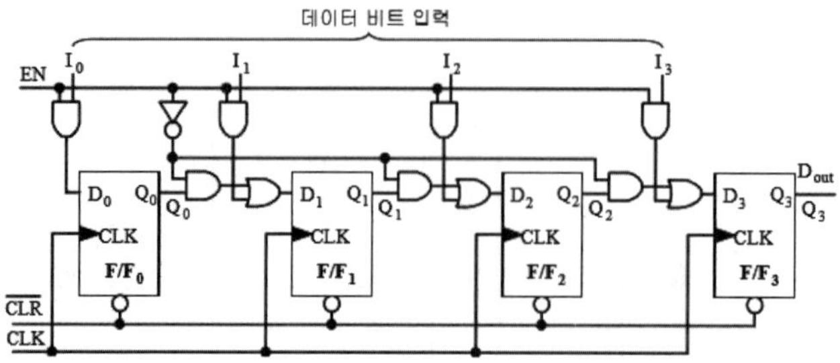

(d) 병렬입력-병렬출력 시프트 레지스터

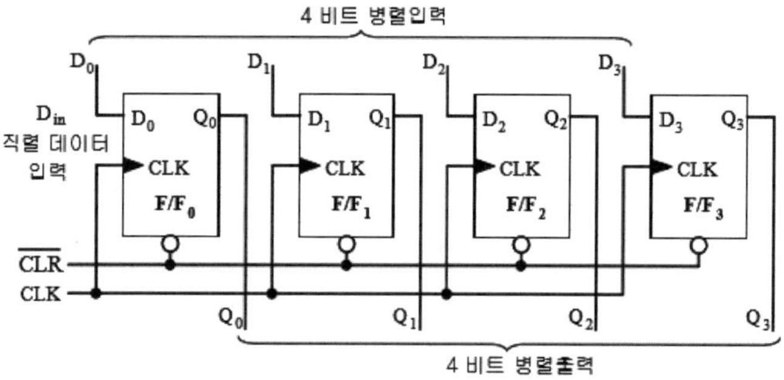

예제 6-6 아래와 같이 작동하는 10진 동기식 카운터를 설계하여라.

계 수	출 력				상태 할당
CP	QD	QC	QB	QA	S
0	0	0	0	0	S0
1	0	0	0	1	S1
2	0	0	1	0	S2
3	0	0	1	1	S3
4	0	1	0	0	S4
5	0	1	0	1	S5
6	0	1	1	0	S6
7	0	1	1	1	S7
8	1	0	0	0	S8
9	1	0	0	1	S9
10	0	0	0	0	S0

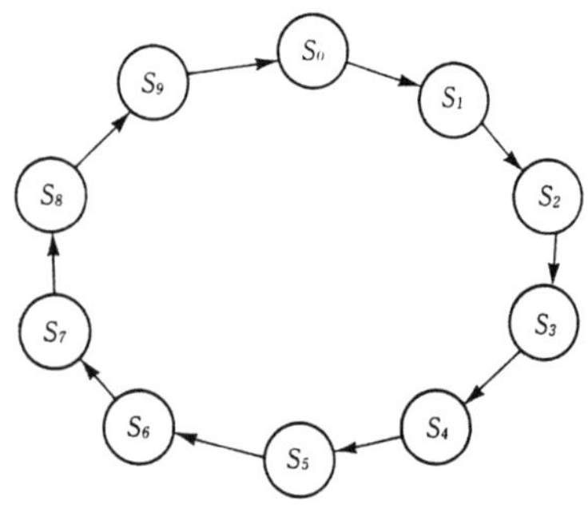

(a) 카운터 할당표

현재 상태				다음 상태				천이 형태				제어 입력			
Q_D	Q_C	Q_B	Q_A	Q_D	Q_C	Q_B	Q_A	F/F_D	F/F_C	F/F_B	F/F_A	J_D K_D	J_C K_C	J_B K_B	J_A K_A
0	0	0	0	0	0	0	1	0	0	0	α	0 ×	0 ×	0 ×	1 ×
0	0	0	1	0	0	1	0	0	0	α	β	0 ×	0 ×	1 ×	× 1
0	0	1	0	0	0	1	1	0	0	1	α	0 ×	0 ×	× 0	1 ×
0	0	1	1	0	1	0	0	0	α	β	β	0 ×	1 ×	× 1	× 1
0	1	0	0	0	1	0	1	0	1	0	α	0 ×	0 ×	0 ×	1 ×
0	1	0	1	0	1	1	0	0	1	α	β	0 ×	0 ×	1 ×	× 1
0	1	1	0	0	1	1	1	0	1	1	α	0 ×	0 ×	× 0	1 ×
0	1	1	1	1	0	0	0	α	β	β	β	1 ×	× 1	× 1	× 1
1	0	0	0	1	0	0	1	1	0	0	α	× 0	0 ×	0 ×	1 ×
1	0	0	1	0	0	0	0	β	0	0	β	× 1	0 ×	0 ×	× 1

(b) 천이표

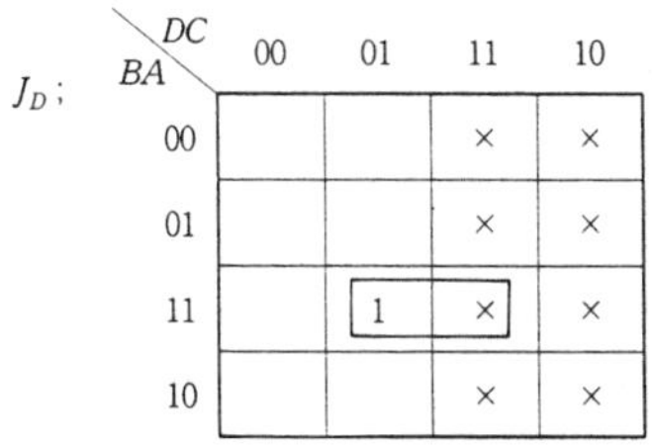

$J_D = C, B, A$

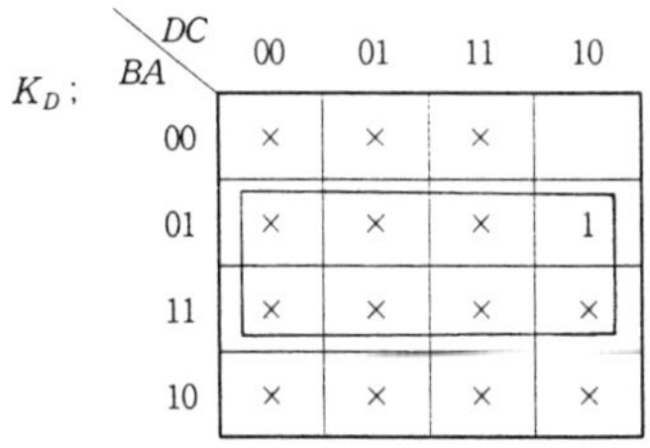

$K_D = A$

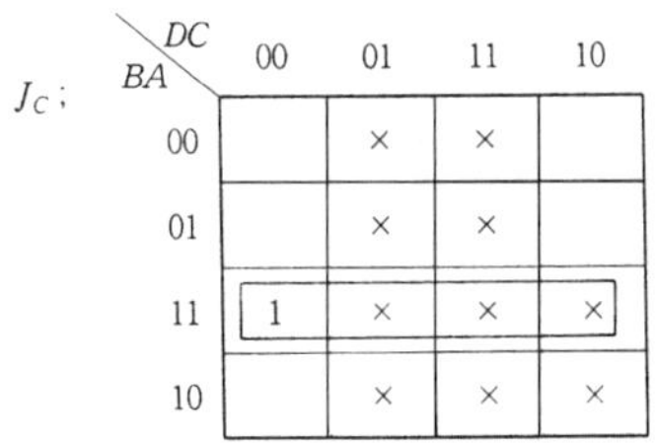

$J_C = B \cdot A$

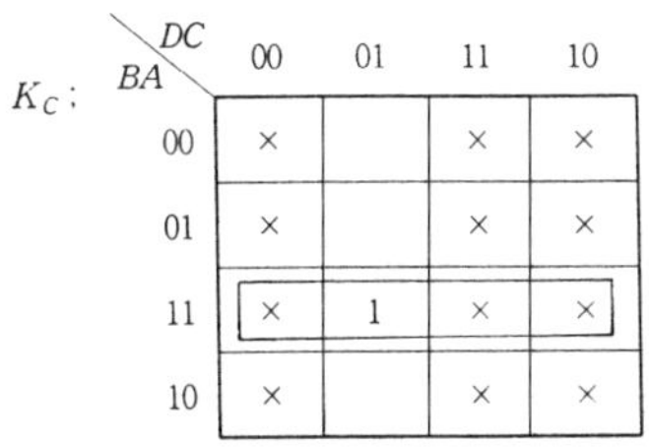

$K_C = B \cdot A$

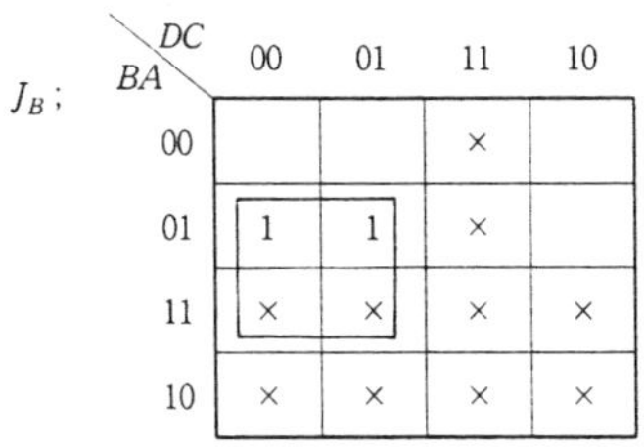

$J_B = \overline{D} \cdot A$

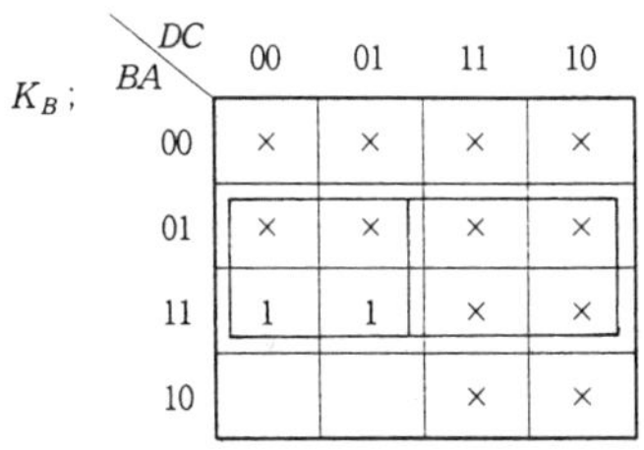

$K_B = A$ or $\overline{D} \cdot A$

J_A ;

BA \ DC	00	01	11	10
00	1	1	×	1
01	×	×	×	×
11	×	×	×	×
10	1	1	×	×

$J_A = 1$

K_A ;

BA \ DC	00	01	11	10
00	×	×	×	×
01	1	1	×	1
11	1	1	×	×
10	×	×	×	×

$K_A = 1$

(c) 카르노맵의 간략화

$$\mathrm{F/F_A}\ ;\ J_A = K_A = 1$$

$$\mathrm{F/F_B}\ ;\ J_B = \overline{D} \cdot A,\ K_B = A\ or\ \overline{D} \cdot A$$

$$\mathrm{F/F_C}\ ;\ J_C = K_C = B \cdot A$$

$$\mathrm{F/F_D}\ ;\ J_D = C \cdot B \cdot A \quad K_D = A$$

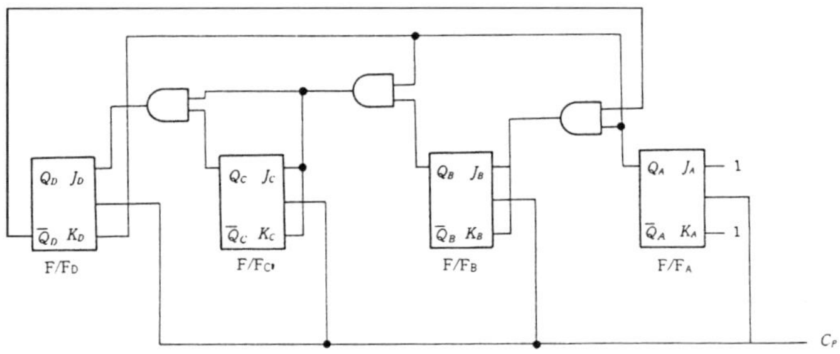

(d) 10진 동기식 카운터 회로도

예제 6-7 아래와 같이 작동하는 6진 동기식 카운터를 설계하여라.

계 수	출 력			상태 할당
C_P	Q_C	Q_B	Q_A	S
0	0	0	0	S_0
1	0	0	1	S_1
2	0	1	0	S_2
3	0	1	1	S_3
4	1	0	0	S_4
5	1	0	1	S_5
6	0	0	0	S_0

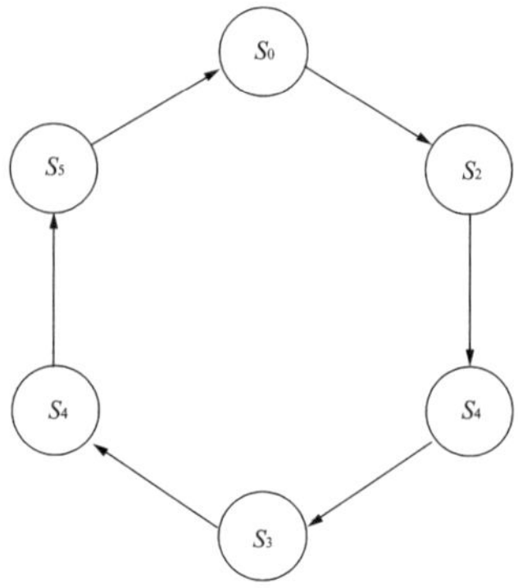

현재 상태	다음 상태	천이 형태	제어 입력		
$Q_C\ Q_B\ Q_A$	$Q_C\ Q_B\ Q_A$	$F/F_C\ F/F_B\ F/F_A$	$J_C\ K_C$	$J_B\ K_B$	$J_A\ K_A$
0 0 0	0 0 1	0 0 α	0 ×	0 ×	1 ×
0 0 1	0 1 0	0 α β	0 ×	1 ×	× 1
0 1 0	0 1 1	0 1 α	0 ×	× 0	1 ×
0 1 1	1 0 0	α β β	1 ×	× 1	× 1
1 0 0	1 0 1	1 0 α	× 0	0 ×	1 ×
1 0 1	0 0 0	β 0 β	× 1	0 ×	× 1
1 1 0	ψ ψ ψ	ψ ψ ψ	× ×	× ×	× ×
1 1 1	ψ ψ ψ	ψ ψ ψ	× ×	× ×	× ×

J_C ;

A \ CB	00	01	11	10
0			×	×
1		1	×	×

$J_C = B \cdot A$

K_C ;

A \ CB	00	01	11	10
0	×	×	×	
1	×	×	×	1

$K_C = A$

J_B ;

A \ CB	00	01	11	10
0		×	×	
1	1	×	×	

$J_B = \overline{C} \cdot A$

K_B ;

A \ CB	00	01	11	10
0	×		×	×
1	×	1	×	×

$K_B = \overline{C}A$ 또는 A

J_A ;

A \ CB	00	01	11	10
0	1	1	×	1
1	×	×	×	×

$J_A = 1$

K_A ;

A \ CB	00	01	11	10
0	×	×	×	×
1	1	1	×	1

$K_A = 1$

F/F$_A$; $J_A = K_A = 1$

F/F$_B$; $J_B = K_B = \overline{Q_C} \cdot Q_A$ 또는 $K_B = Q_A$

F/F$_C$; $J_C = Q_B \cdot Q_A$, $K_C = Q_A$

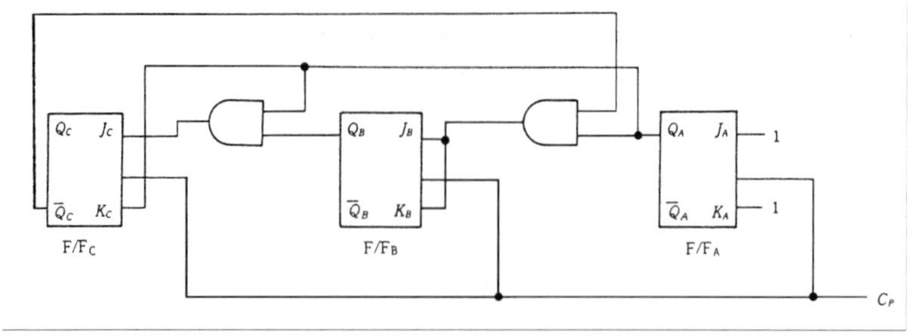

예제 6-8 아래와 같이 작동하는 비동기식 10진 카운터를 설계하여라.

클럭 펄스(C_p)	D	C	B	A
0	0	0	0	0
1	0	0	0	1
2	0	0	1	0
3	0	0	1	1
4	0	1	0	0
5	0	1	0	1
6	0	1	1	0
7	0	1	1	1
8	1	0	0	0
9	1	0	0	1
10	1	0	1	0
10	0	0	0	0
11	0	0	0	1

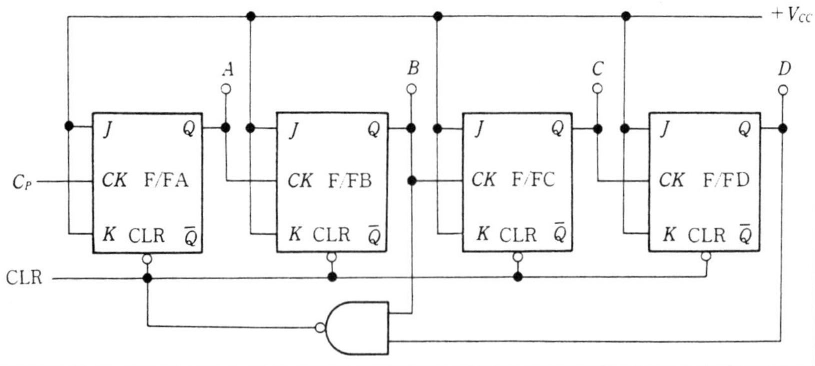

예제 6-9 아래와 같이 작동하는 비동기식 6진 카운터를 설계하여라.

계 수	출 력			상태 할당
C_P	Q_C	Q_B	Q_A	S
0	0	0	0	S_0
1	0	0	1	S_1
2	0	1	0	S_2
3	0	1	1	S_3
4	1	0	0	S_4
5	1	0	1	S_5
6	0	0	0	S_0

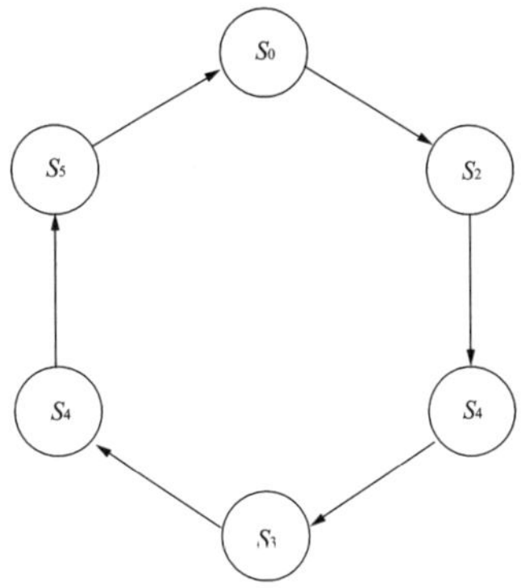

Chapter

07

레지스터(Register)

학습목표

레지스터(Rsgister)에서는 레지스터의 동작 유형, 레지스터 병렬 로드가 가능한 레지스터, 쉬프트 레지스터를 다룬다.

▶ **레지스터 동작 유형**

- 직렬입력/직렬출력 시프트 레지스터의 회로 설계 및 레지스터 저장 순서를 이해한다.
- 직렬입력/병렬출력 시프트 레지스터의 회로 설계 및 레지스터 저장 순서를 이해한다.
- 병렬입력/직렬출력 시프트 레지스터의 회로 설계 및 레지스터 저장 순서를 이해한다.
- 병렬입력/병렬출력 시프트 레지스터의 회로 설계 및 레지스터 저장 순서를 이해한다.
- 양 방향 시프트 레지스터의 회로 설계 및 레지스터 저장 순서를 이해한다.

▶ **레지스터 병렬 로드가 가능한 레지스터**

- 병렬로드가 가능한 4비트 레지스터의 회로 구성과 동작 상태를 이해한다.

▶ **쉬프트 레지스터**

- 병렬로드가 가능한 쉬프트 레지스터의 회로 구성과 기능표, 동작 상태를 이해한다.
- 병렬로드가 가능한 양방향 레지스터의 회로 구성과 기능표, 동작 상태를 이해한다.

제7장. 레지스터(Register)

가장 간단한 형태의 레지스터는 외부 게이트를 갖지 않고 단지 플립플롭만으로 구성한 레지스터이다.

레지스터는 플립플롭의 그룹으로서 각 플립플롭은 한 비트의 정보를 저장할 수 있고, 이처럼 2진 정보의 기억을 위해 플립플롭을 여러 개 결합한 것을 레지스터라고 한다.

따라서 n-비트 레지스터는 n개의 플립플롭으로 구성하고 n-비트 2진 정보를 저장할 수 있다.

여기서 각 레지스터를 구성하는 각 플립플롭의 기억 정보를 좌로 혹은 우로 자리이동을 할 수 있도록 만든 것이 쉬프트 레지스터(shift register)이다.

레지스터는 플립플롭들 외에 특정한 데이터 처리를 수행하기 위하여 조합 게이트들을 부착하여 구성한다. 즉, 넓은 의미에서 레지스터는 여러 개의 플립플롭과 이들의 정보 변환에 영향을 주는 게이트들로 구성된다.

여기서 플립플롭은 2진 정보를 저장하며, 게이트들은 언제 어떻게 새로운 정보를 레지스터로 전송하는가를 제어한다.

예를 들어 4개의 D 플립플롭만으로 구성한 가장 간단한 형태의 레지스터는 아래 그림과 같다. 여기서 공통 클럭 입력은 각 펄스의 상승 모서리에서 모든 플립플롭을 구동시키고 네 입력에 있는 2진 데이터를 4-비트 레지스터로 전송시킨다.

그러나 네 출력은 언제든 레지스터에 저장된 2진 정보를 얻기 위하여 판독할 수 있다. 그리고 클리어(clear) 입력은 네 개의 플립플롭의 R입력으로 연결되어 있으며 이 입력이 0으로 되면 모든 플립플롭은 비동기적으로 리셋된다.

따라서 클리어 입력은 클럭과 연결된 연산을 수행하기에 앞서서 레지스터를 0으로 클리어시키기 위하여 사용한다.

R입력은 클럭과 관련된 연산을 수행하는 동안에는 논리 값을 유지해야 한다.

클럭 기호 CP와 입력 기호 D_1은 클럭이 아닌 D입력을 구동시키는 것을 의미한다.

레지스터에 새로운 정보를 전송하는 것을 레지스터에 로드한다(loading)라고 하며 만약에 레지스터의 모든 비트를 한 공통 클럭 펄스로 동시에 로드하였다면 이 로드는 병렬로 수행했다고 한다.

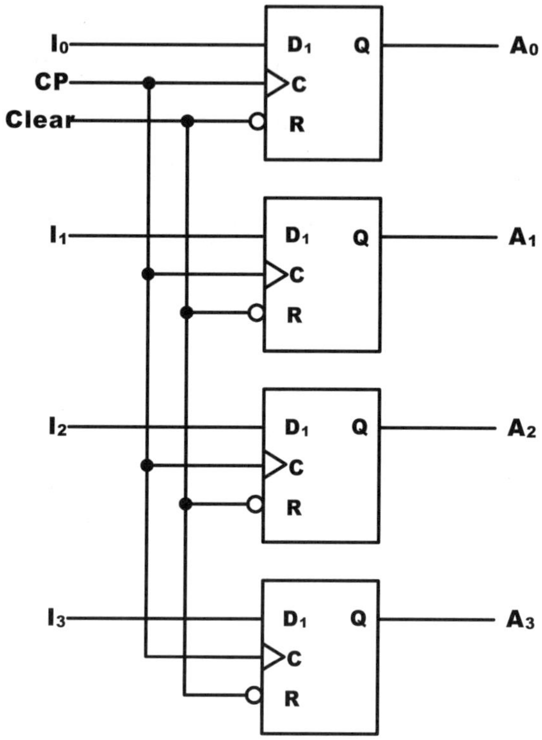

4-비트 레지스터

예를 들어 그림에서 레지스터에 CP를 인가하면 4개의 입력(I_0~I_3)을 병렬로 로드할 수 있다. 이러한 구조에서 레지스터 내용을 변화시키지 않고 그대로 유지시키려면 회로로부터 클럭을 차단해야만 한다.

대개의 디지털 시스템에서는 연속적인 클럭 펄스열을 제공하는 마스터 클럭 생성기(master clock generator)가 있어서 시스템 내의 모든 플립플롭과 레지스터에 클럭 펄스를 제공한다. 마스터 클럭은 시스템의 모든 부분에 연속적인 박자를 공급하는 펌프처럼 동작한다.

7.1 레지스터의 동작 유형

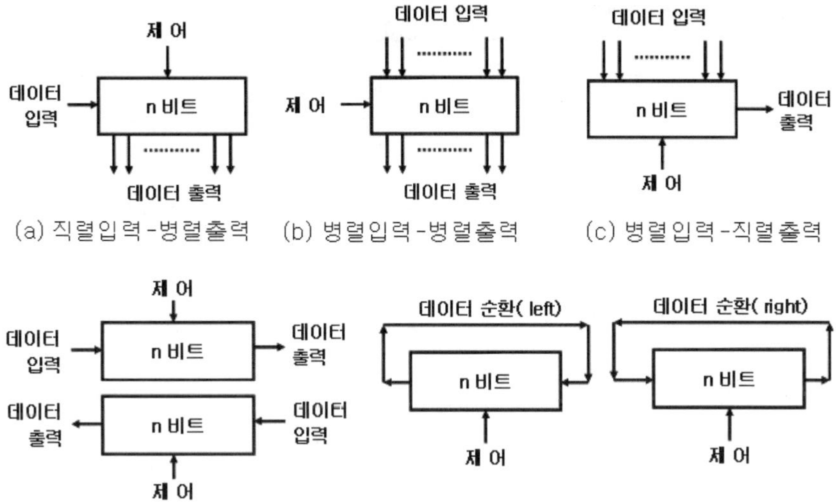

(a) 직렬입력-병렬출력 (b) 병렬입력-병렬출력 (c) 병렬입력-직렬출력

(d) 직렬입력-직렬출력 (e) 데이터 순환(left/right)

1) 직렬입력/직렬출력 시프트 레지스터

직렬입력/직렬출력 시프트 레지스터는 직렬로 즉, 단일 선으로 한 번에 한 비트씩 데이터를 받아들이고, 저장된 정보를 직렬포트 Data_Out으로 출력한다.

아래 그림은 5비트 직렬입력/직렬출력 레지스터이다.

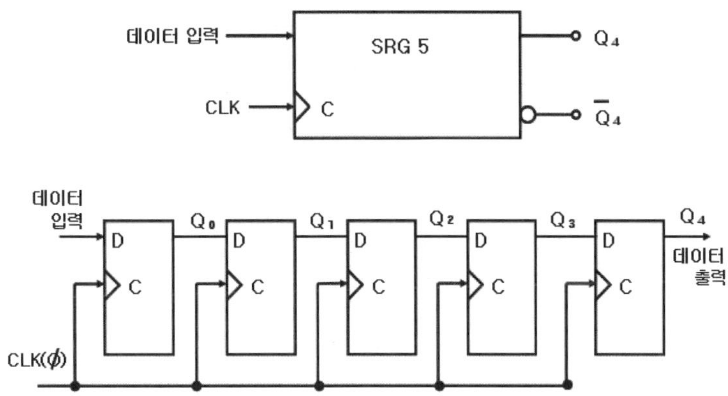

(a) 직렬입력-직렬출력 시프트 레지스터

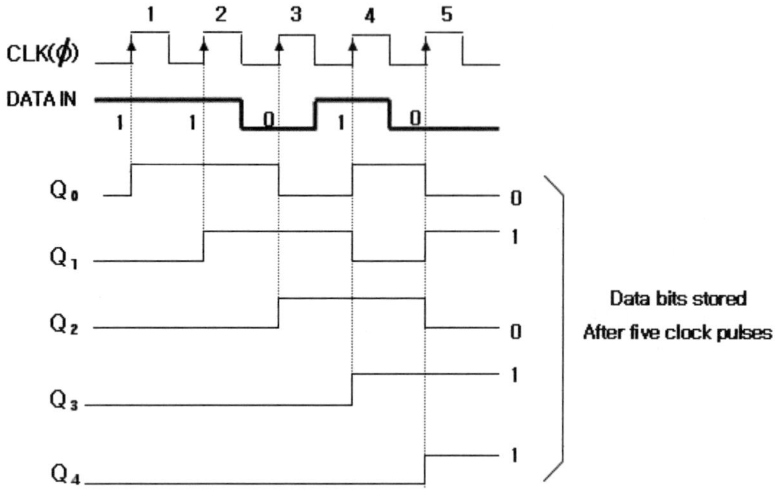

(b) 레지스터 동작

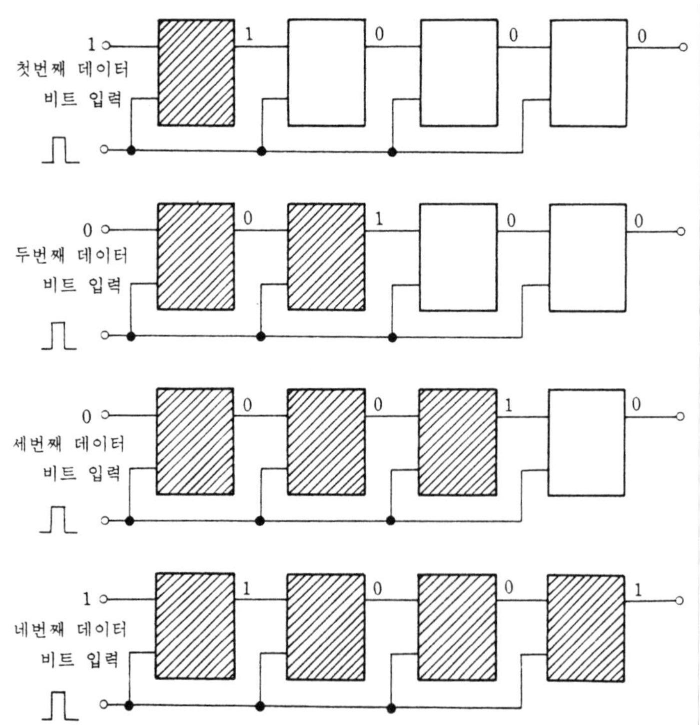

(c) 직렬입력-직렬출력 시프트 레지스터 저장 순서

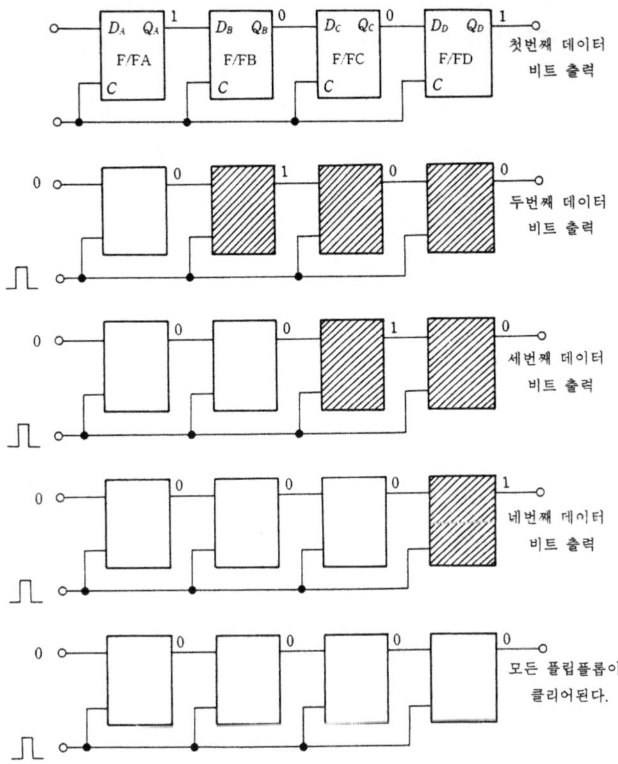

(d) 직렬입력-직렬출력 시프트 레지스터의 출력 순서

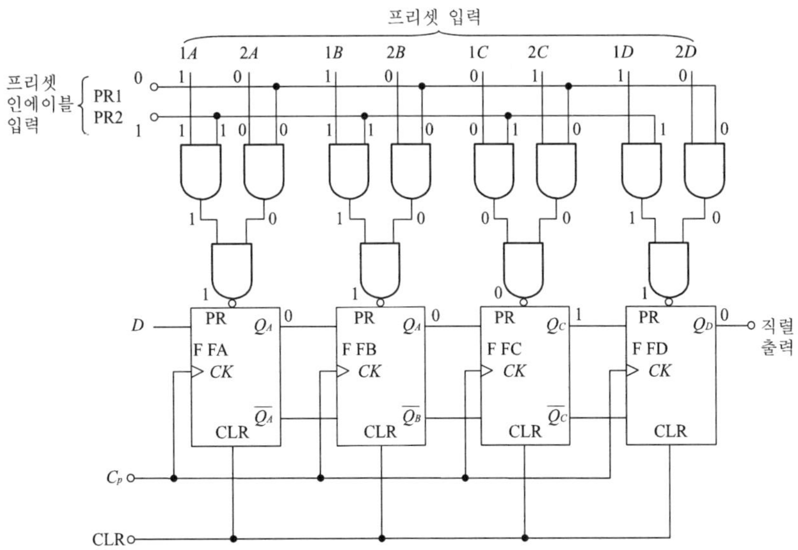

(e) 4비트 직렬입력-직렬출력 시프트 레지스터 로직도서

2) 직렬입력/병렬출력 시프트 레지스터

직렬입력/병렬출력 시프트 레지스터는 직렬로 데이터가 레지스터에 들어간다. 출력 시 데이터는 병렬포트를 타고 각 단에서 얻어진다.

데이터가 일단 저장되면, 직렬출력처럼 한 비트씩 데이터가 출력되지 않고, 모든 비트가 동시에 각각의 출력선 Q_0~Q_3 을 타고 출력된다.

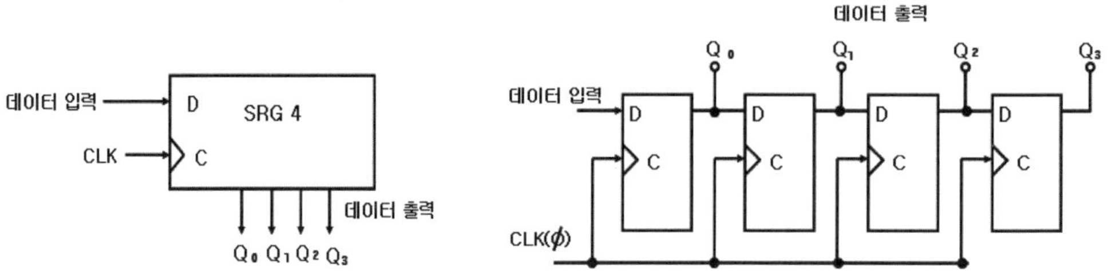

(a) 직렬입력-병렬출력 시프트 레지스터

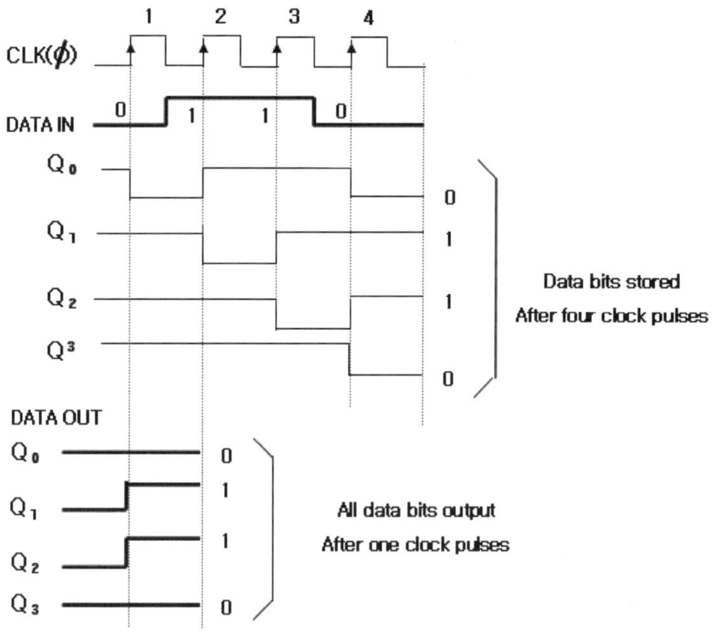

(b) 레지스터 동작

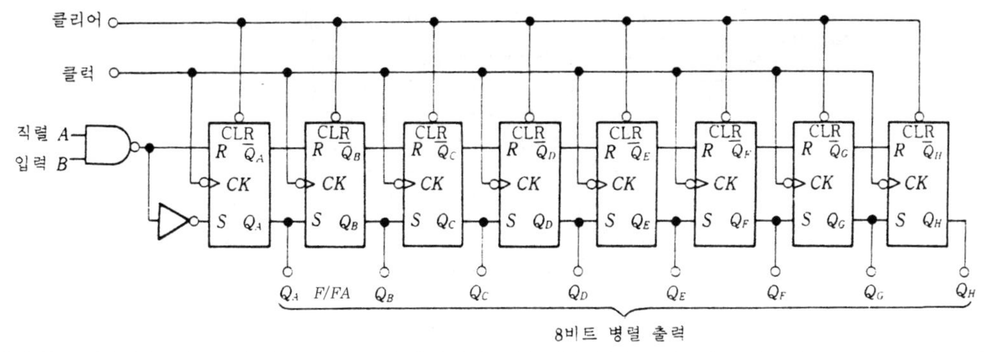

(c) IC74164의 직렬입력-병렬출력 시프트 레지스터

3) 병렬입력/직렬출력 시프트 레지스터

병렬 데이터 입력을 가진 병렬입력/직렬출력 시프트 레지스터는 데이터가 직렬처럼 한 비트씩 들어가지 않고, 각 단에 병렬로 동시에 데이터가 들어간다.

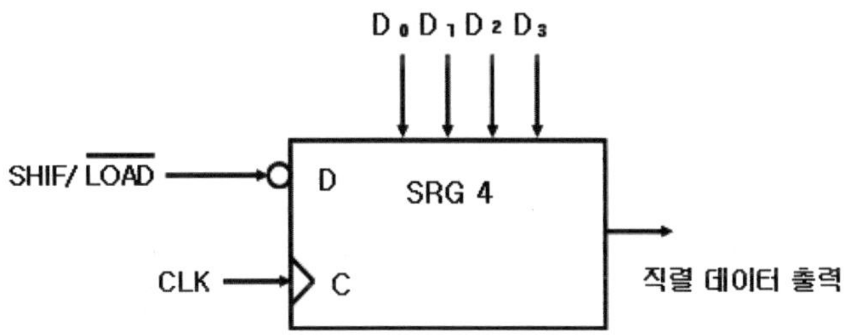

[4비트 병렬입력/직렬출력 시프트 레지스터]

(a) 병렬입력-직렬출력 시프트 레지스터

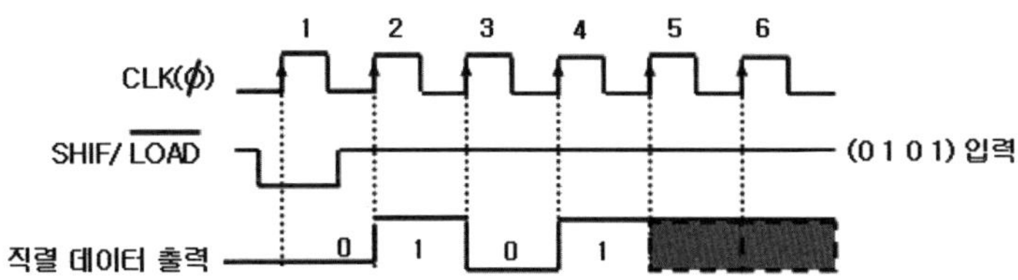

(b) 레지스터 동작

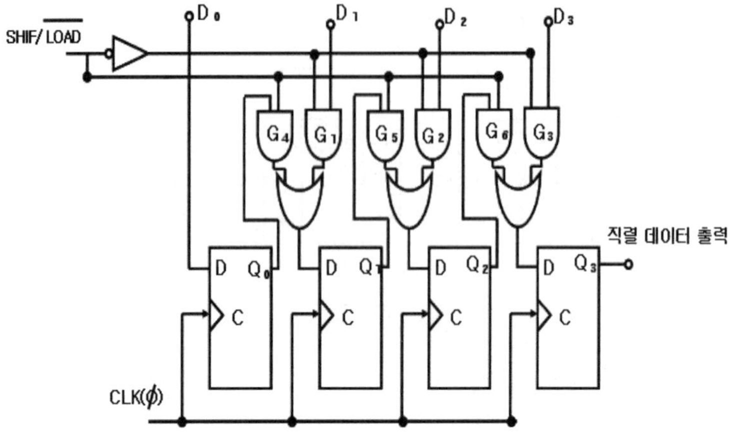

(c) 직렬입력-병렬출력 시프트 레지스터 회로 설계

4) 병렬입력/병렬출력 시프트 레지스터

데이터의 병렬입력과 병렬출력은 두 가지 유형을 결합한 형태의 시프트 레지스터이다.

병렬입력/병렬출력 시프트 레지스터는 데이터 비트들이 동시에 입력되면, 바로 병렬출력으로 나타난다.

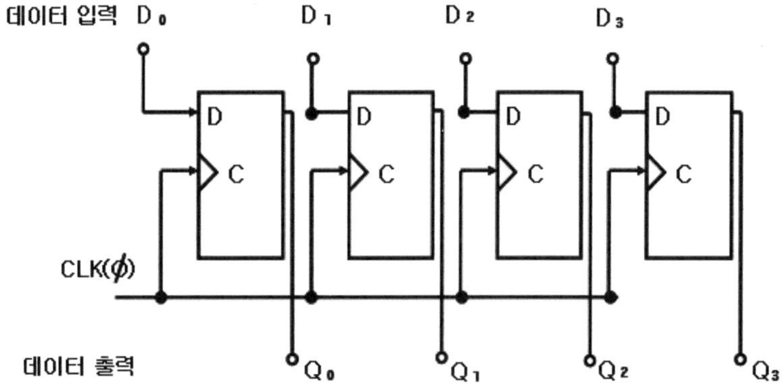

(a) 병렬입력-병렬출력 시프트 레지스터

5) 양 방향 시프트 레지스터

양 방향 시프트 레지스터는 데이터를 우측/좌측의 어느 쪽으로도 시프트시킬 수 있다. RIGHT/LEFT 제어 입력이 HIGH이면, 우측으로 데이터가 시프트되고, LOW이면 좌측으로 시프트 된다.

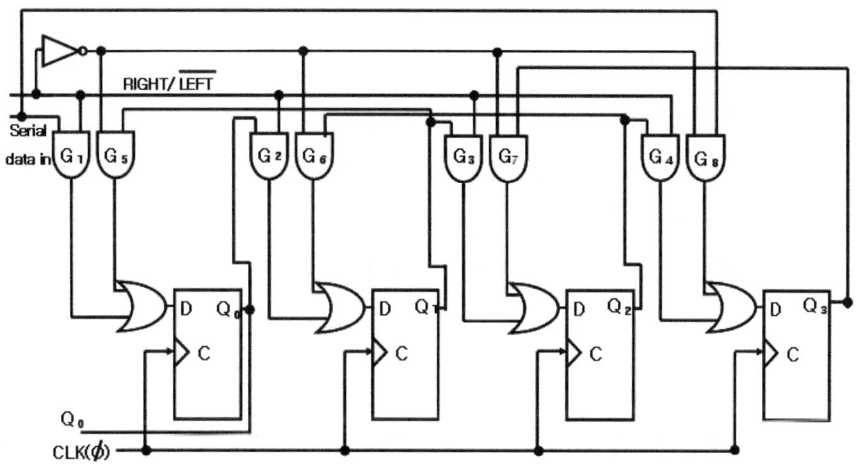

(a) 양방향 시프트 레지스터 회로설계

7.2 병렬 로드가 가능한 레지스터

대부분의 디지털 시스템은 연속적인 클럭을 공급하는 클럭 펄스 발생기를 가지고 있다. 모든 클럭 펄스는 시스템의 모든 플립플롭과 레지스터에 인가된다.

클럭 펄스 발생기는 시스템의 모든 부분에 일정한 맥박과 같은 신호를 제공하는 역할을 한다. 그 다음에 별도로 제어 신호는 어떤 규정된 클럭 펄스가 특정한 레지스터에 영향을 줄 것인가를 결정한다. 이러한 시스템에서 클럭 펄스는 제어 신호와 AND 처리되고, 그 AND 게이트의 출력이 그림에 나타난 레지스터의 클럭 단자에 인가하게 된다.

게이트를 통해서 D입력에 연결한 로드 제어 입력을 갖는 4-비트 병렬 레지스터 논리도는 아래 그림과 같다. 여기서 C입력은 어느 순간에도 클럭 펄스를 받을 수 있도록 되어 있으며 클럭 입력의 버퍼 게이트로 클럭 생성기가 요구하는 전력량을 감소시킬 수 있다. 즉, 버퍼를 사용하지 않고 클럭을 네 입력에 연결하였을 때 필요한 전력보다 클럭을 단지 하나의 입력 게이트에 연결하였을 때 필요한 전력이 좀 더 작기 때문에 버퍼 게이트를 사용한다.

레지스터의 로드(load) 입력은 각 클럭 펄스와 함께 수행되는 동작이 어떤 것인가를 결정해 준다. 즉, 로드 입력이 1이면 네 입력 데이터는 클럭 펄스의 다음 상승 모서리에서 레지스터로 전송되고, 로드 입력이 0이면 입력 데이터는 차단되고 플립플롭의 D입력이 출력으로 연결된다. 또한 출력으로부터 입력으로의 귀환 경로 연결은 D 플립플롭이 불변화 조건(no change condition)을 갖지 않기 때문에 필요한 것으로 각각의 클럭 펄스마다 D입력은 출력의 다음 상태를 결정하게 된다. 따라서 출력을 변화시키지 않기 위해서는 D입력을 출력의 현재 값과 같게 하는 것이 필요하다. 또한 로드 입력으로 다음 펄스에서 새로운 정보를 받을 것인지, 아니면 레지스터 정보를 그대로 유지할 것인지를 결정할 수 있다. 그리고 입력으로부터 레지스터의 정보 전송을 한 펄스 천이 동안에 4-비트만큼 병렬로 동시에 수행할 수 있다.

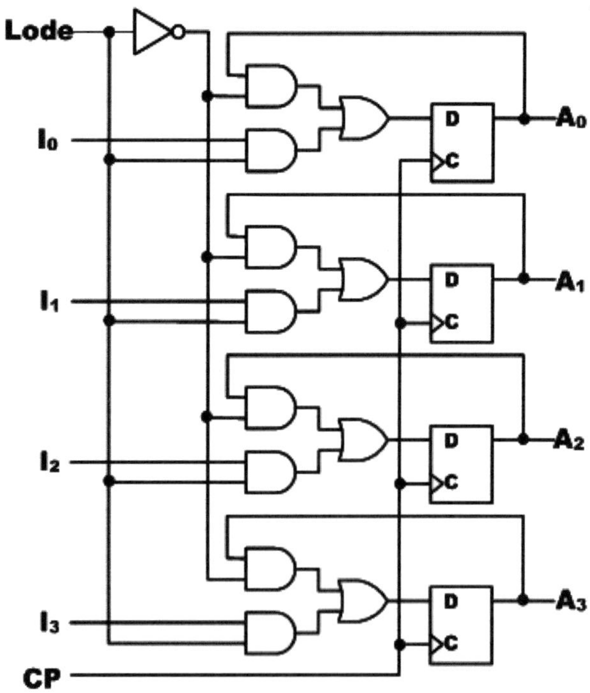

병렬로드가 가능한 4-비트 레지스터

7.3 시프트 레지스터(Shift Register)

2진 정보를 왼쪽 또는 오른쪽으로 자리를 이동시킬 수 있는 레지스터를 시프트 레지스터(shift register)라고 한다. 쉬프트 레지스터의 논리적 구조는 직렬로 플립플롭을 연결한 것으로 한 플립플롭의 출력을 다음 플립플롭의 입력에 연결한 것이다.

모든 플립플롭은 한 상태에서 다음 상태로의 쉬프트를 시작하게 하는 공통 클럭 펄스를 갖는다. 간단한 쉬프트 레지스터는 D 플립플롭이 직렬 연결된 것이다.

각 클럭 펄스는 레지스터 내용을 한 비트씩 오른쪽으로 이동시킨다. 직렬 입력은 가장 왼쪽에 있는 플립플롭의 입력 단자 SI (Serial Input)에 입력되고 직렬 출력은 가장 오른쪽 플립플롭의 출력 단자 Q에 출력된다. 아래 그림은 오른쪽 방향으로 이동하는 레지스터이지만 왼쪽으로 이동하는 레지스터를 설계할 경우에는 이 그림을 역으로 놓고 보면 좌측 이동이 된다.

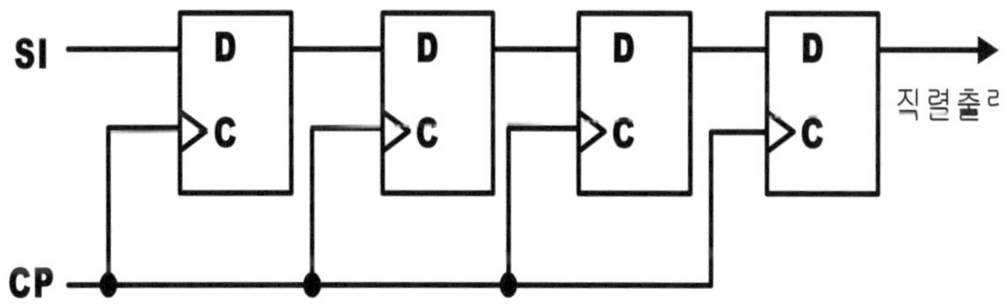

디지털 시스템이 한 번에 한 비트식 정보를 전송하고 연산할 때 이 디지털 시스템은 직렬 방식으로 동작한다고 한다. 즉, 직렬 전송(serial transfer)에서는 한 레지스터에서 다음 레지스터로 비트를 쉬프트함으로써 한 번에 한 비트씩 정보를 전송하게 된다. 이 점이 레지스터의 모든 비트들을 동시에 전송하는 병렬 전송과 비교되는 점이다.

아래 그림처럼 레지스터 R_A에서 레지스터 R_B로 정보의 직렬 전송은 쉬프트 레지스터를 통해 수행된다. R_A의 직렬 출력은 목적지 레지스터 R_B의 직렬 입력에 연결되어 있고, 데이터가 R_B로 전송되는 동안에도 R_A로 입력(IN)을 받아들이게 된다. 물론 R_A가 다른 2진 정보를 받아들이게 하거나, 또는 R_A의 직렬 출력을 다시 직렬 입력에 연결시킴으로써 R_A의 데이터를 그대로 유지하게 할 수도 있다.

R_A의 초기 내용은 직렬로 외부로 쉬프트 되기 때문에 세 번째의 레지스터로 전송하지 않으면 그 데이터는 잃어버리게 된다.

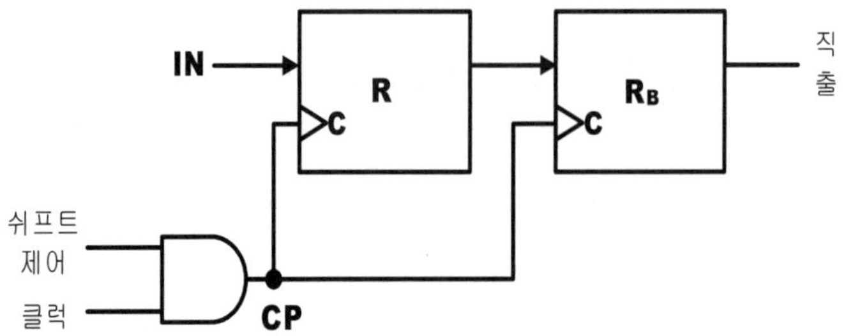

(a) 블록도

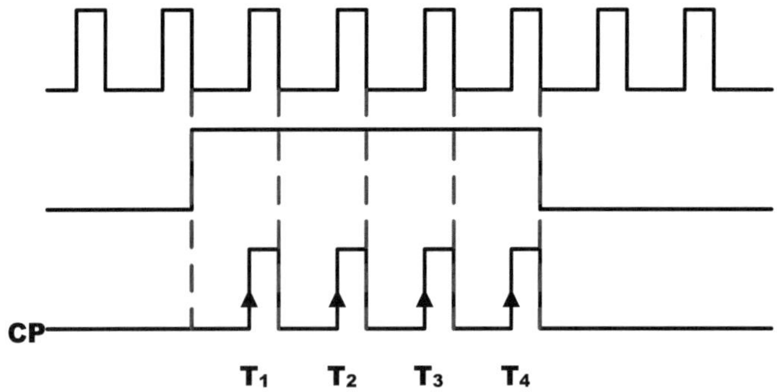

(b) 타이밍도

데이터를 레지스터로 쉬프트 할 때에는 쉬프트 제어 입력을 통하여 결정되며 쉬프트 제어가 활성(active) 상태에 있을 때만 클럭 펄스에 의해서 쉬프트가 가능하다.

여기서 각각의 쉬프트 레지스터가 4가지 상태를 가질 때, 전송을 위한 제어 장치는 4클럭 펄스의 고정된 시간 동안에 쉬프트 제어 입력을 통해 쉬프트 레지스터를 동작할 수 있도록 설계되어져야 하며, 이 타이밍도는 그림 (b)와 같다.

여기서 쉬프트 제어(shift control) 신호는 클럭에 의해 동기화되고, 펄스의 음의 전이(하강 모서리)에서 값이 변하게 됨을 알 수 있다.

쉬프트 제어 신호가 활성 상태로 된 다음의 클럭 펄스들은 AND 게이트에서 결합하여 레지스터의 CP입력으로 연결되는데 AND 게이트 출력으로 T_1, T_2, T_3,

T_4의 네 펄스열을 생성하게 되고, 이러한 펄스의 각 양의 전이(상승 모서리)로 두 레지스터에서 데이터 전송이 일어나게 된다.

네 펄스 후에 쉬프트 제어는 클럭의 하강 모서리에 따라 0으로 떨어지면 쉬프트 레지스터는 동작하지 않는다. 따라서 쉬프트할 데이터 비트의 수는 쉬프트 제어 입력에 의해서 결정된다는 것을 알 수 있다. 예를 들어 쉬프트가 발생하기 전의 R_A의 2진 내용을 1011이라 하고, B의 내용을 0010이라고 하면, R_A에서부터 R_B로의 직렬 전송은 다음 표와 같이 4단계로 발생한다.

첫 번째 펄스 T_1에 의해서 A의 가장 오른쪽 비트가 B의 가장 왼쪽 비트로 쉬프트 되고, 동시에 A의 가장 왼쪽 비트에는 직렬 입력으로부터 0을 받아들이고, 또한 R_A와 R_B의 다른 비트들은 오른쪽으로 한 비트씩 순서적으로 쉬프트하게 된다. 나머지 펄스에서도 똑같은 방법으로, R_A로 0을 전송하는 동안 한 번에 한 비트씩 R_A에서 R_B로 쉬프트 된다.

네 번의 쉬프트가 끝난 후에는 쉬프트 제어는 0으로 떨어지므로 쉬프트 동작은 중단하게 된다.

타이밍펄스	R_A	R_B
초기값	1 0 1 1	0 0 1 0
T_1 후	0 1 0 1	1 0 0 1
T_2 후	0 0 1 0	1 1 0 0
T_3 후	0 0 0 0	0 1 1 0
T_4 후	0 0 0 0	1 0 1 1

결국 R_B에는 A의 초기 값인 1011이 저장되고, R_A의 모든 비트는 0값을 갖게 된다. 이 예를 통하여 직렬과 병렬 전송의 차이를 명백히 알 수 있다.

병렬 방식에서는 레지스터에 있는 모든 비트의 정보가 유용한 정보로서, 전체 비트는 한 클럭 펄스로 동시에 전송하게 되나, 직렬 방식에서는 하나의 직렬 입력과 하나의 직렬 출력을 갖고서 같은 방향으로 쉬프트 하는 동안 한 번에 한 비트씩 전송하게 된다.

1) 병렬 로드가 가능한 쉬프트 레지스터

만약 쉬프트 레지스터를 구성하는 모든 플립플롭에 대해 동시에 모두 접근할 수 있다면, 쉬프트 연산으로 직렬로 입력시킨 정보 비트들을 각 플립플롭의 출력으로부터 일시에 병렬로 뽑아낼 수도 있다. 또한 쉬프트 레지스터에 병렬 로드 능력을 추가한다면, 병렬로 입력시킨 데이터를 레지스터 내에서 쉬프트하여 직렬 형태로 출력할 수도 있다. 따라서 병렬 로드가 가능한 쉬프트 레지스터(shift register with parallel load)는 병렬로 입력시킨 데이터를 직렬 형태로 전송하기 위하여, 또는 그 반대로 전송 형태를 변환하기 위하여 사용할 수 있다.

병렬 로드가 가능한 4-비트 쉬프트 레지스터의 논리회로도는 아래 그림과 같다.

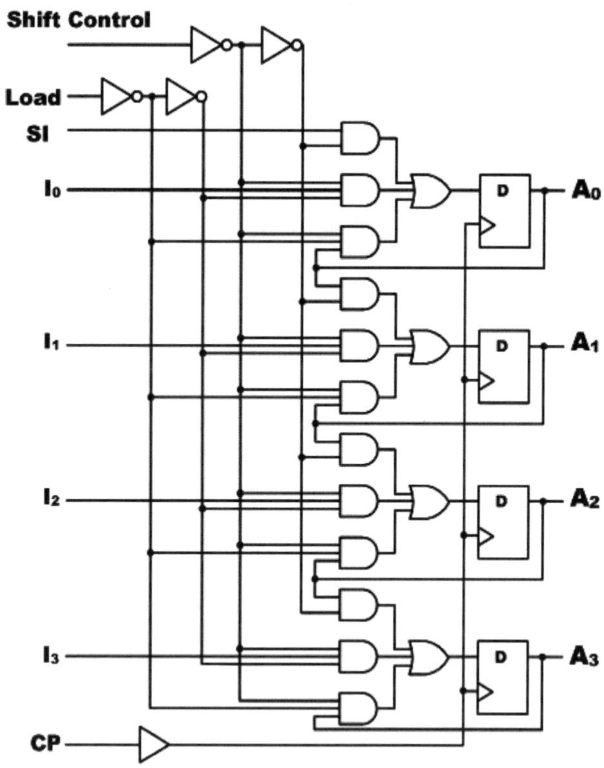

여기서 두 개의 제어 입력 중 하나는 쉬프트 입력을 위한 것이고, 다른 하나는 로드를 위한 제어 입력이다.

이 그림에서 레지스터는 4-비트(A_0~A_3) 출력단으로 구성되어 있고, 각 단은 D 플립플롭 한 개, OR 게이트 한 개, 그리고 AND 게이트 세 개로 이루어져 있다.

Shift Control	Load	연산
0	0	변화하지 않음
0	1	병렬 데이터 로드
1	X	A_0에서 A_3 쉬프트 다운

세 AND 게이트 중 처음의 AND 게이트는 쉬프트 연산을 구동시키고, 두 번째 AND 게이트는 입력 데이터를 구동시키며, 세 번째 AND 게이트는 아무 연산이 없을 때 레지스터 내용을 원래의 상태로 유지하는 역할을 한다.

레지스터 동작 기능은 위 표와 같다. 우선 쉬프트와 로드 제어 입력이 모두 0일 때에만 세 번째 AND 게이트가 구동되어 각 플립플롭의 출력이 다시 D입력으로 들어가게 된다. 즉, 클럭의 상승 모서리에서 레지스터 출력이 다시 입력되어, 출력은 변화 없이 같은 상태를 유지하게 된다.

쉬프트 제어 입력이 0이고 로드 입력이 1일 때에는 각 단의 둘째 AND 게이트가 구동되어, 입력 데이터(I_0~I_3)가 각각 대응하는 플립플롭의 D입력에 연결되어 다음 클럭의 상승 모서리에서 입력 데이터는 레지스터에 전송된다.

다음 쉬프트 입력이 1일 때에는 각 단의 처음 AND 게이트만은 load의 입력과 관계없이(X로 표시) 구동되고 나머지 둘은 구동 불능 상태가 되어 로드 제어 입력이 AND가 되는 두 번째 게이트는 구동하지 않는다.

쉬프트 연산은 직렬 입력으로부터 데이터를 받아 플립플롭 A_0의 입력에 전송하고, A_0의 데이터는 플립플롭 A_1 입력으로 전송하는 방식으로, 다음 단의 경우도 마찬가지로 수행한다.

그러면 다음 번 클럭의 상승 모서리에서 레지스터의 내용은 처음 단으로 직렬 입력이 들어오면서 아래로 쉬프트하게 된다. 따라서 상단에서 하단(좌에서 우로)으로 쉬프트 동작이 수행된다.

쉬프트 레지스터는 흔히 서로 떨어져 있는 디지털 시스템의 접속에 사용한다. 예를 들어, 두 지점 사이에 n-비트만큼을 전송할 필요가 있으나 거리가 멀리 떨어져 있으면 병렬로 전송하기에는 비용이 많이 들기 때문에, 하나의 선을 사용하여 한 번에 한 비트씩 직렬로 전송하는 것이 경제적이다.

이러한 경우에 송신기는 병렬로 n-비트의 데이터를 받아서 한 개의 선을 통해서 직렬로 전송하고, 수신기는 이 데이터를 직렬로 받아들여 n-비트가 모두 차게 되면 병렬로 출력한다.

이러한 응용에서는 송신기는 데이터의 병렬-직렬(parallel to serial) 변환을, 수신기는 직렬-병렬(serial to parallel) 변환을 수행해야 한다.

2) 양 방향 쉬프트 레지스터

한 방향으로만 쉬프트가 가능한 레지스터를 단 방향 쉬프트 레지스터(unidirectional shift register)라고 하고, 양 방향으로 쉬프트가 가능한 레지스터를 양 방향 쉬프트 레지스터(bidirectional shift register)라 한다.

병렬 load가 가능한 4-비트 양 방향 쉬프트 레지스터는 아래 그림과 같다. 각 단은 D 플립플롭과 4*1 MUX로 구성되어 있다.

두 개의 선택 입력 S_0, S_1는 MUX의 입력 중 하나를 선택하여 D플립플롭 입력에 전달한다. 즉, 선택선은 표의 기능표에 따라 다음과 같이 레지스터의 연산 종류를 제어한다.

S_0S_1=00일 때는 MUX의 입력 0을 선택하여, 각 플립플롭의 출력에서 같은 플립플롭의 입력으로 경로를 구성한다. 따라서 다음 클럭에서 이미 가지고 있던 플립플롭의 상태가 다시 입력되어, 결국 플립플롭 상태는 변하지 않고 현 상태를 유지한다.

S_1S_0=01일 때에는 MUX의 입력 1이 선택되어 D 플립플롭의 입력으로 전달하는 경로를 구성하여 쉬프트다운(또는 shift right) 연산을 수행한다.

즉, 직렬 입력이 MUX의 처음 단으로 전송되고, A_0의 내용은 A_1을 통하여 A_3로 전송된다.

S_1S_0=10일 때에는 쉬프트 업(또는 shift left) 연산을 수행한다. 즉, A_3의 내용이 A_0로 전송된다.

마지막으로 S_1S_0=11일 때에는 각 병렬 입력의 2진 정보가 플립플롭으로 전송되어 병렬 로드 연산을 수행한다.

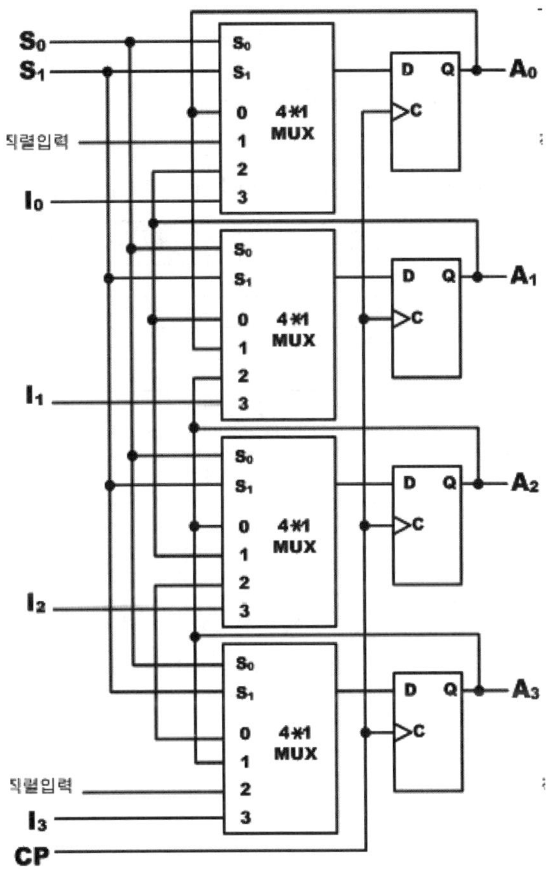

(a) 병렬 로드가 가능한 양방향 레지스터

S_1 S_0	기능
0 0	변화하지 않음
0 1	쉬프트 다운
1 0	쉬프트 업
1 1	병렬 로드

(b) 레지스터 기능표

예제 7-1 회로의 초기 상태가 0일 때, 레지스터에 $x = 11010100$ 값이 인가 될 경우 출력 Q_1, Q_2, Q_3, Q_4를 나타내어라.

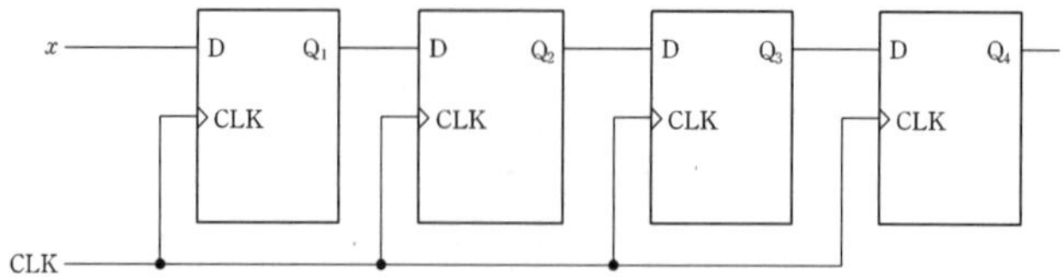

$x = 11010100$

결과는 동작표와 같으며 클럭의 rising edge에서 입력 값을 출력 시켜준다.

x	Q_1	Q_2	Q_3	Q_4
초기	0	0	0	0
1	1	0	0	0
1	1	1	0	0
0	0	1	1	0
1	1	0	1	1
0	0	1	0	1
1	1	0	1	0
0	0	1	0	1
0	0	0	1	0

예제 7-2 그림의 shift left 레지스터 초기 값이 0이라고 할 때, 레지스터의 출력 Q_1, Q_2, Q_3, Q_4를 나타내어라.

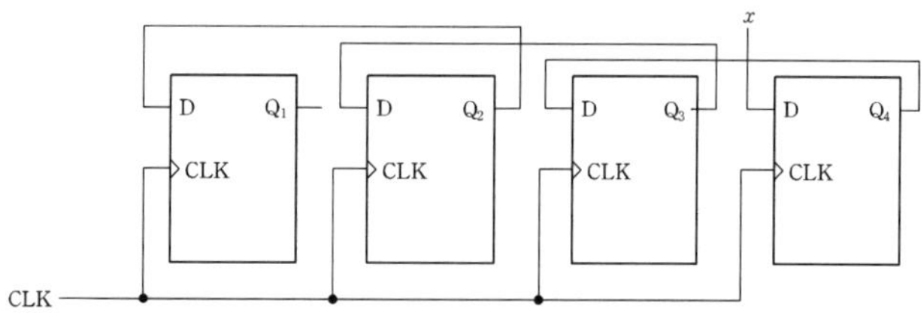

$x = 11010100$

결과는 아래 동작표와 같다.

x	Q_1	Q_2	Q_3	Q_4
초기	0	0	0	0
1	0	0	0	1
1	0	0	1	1
0	0	1	1	0
1	1	1	0	1
0	1	0	1	0
1	0	1	0	1
0	1	0	1	0
0	0	1	0	0

예제 7-3 다음 논리 회로의 동작 타이밍도를 나타내어라.

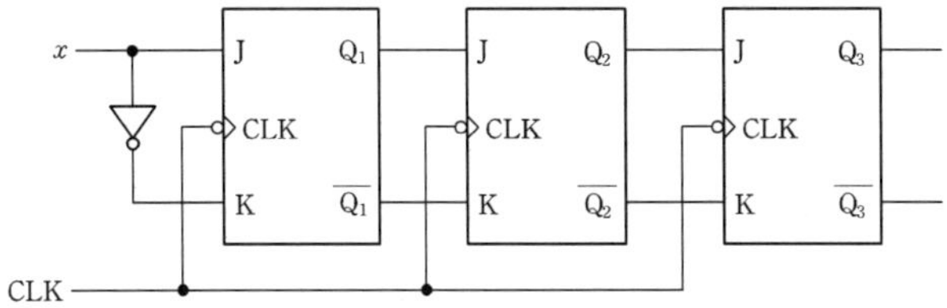

아래에 타이밍도를 나타내어라.

CLK

Q_1

Q_2

Q_3

예제 7-4 아래와 같은 상태가 반복되도록 4단 링 카운터를 설계하여라.

10000 → 01000 → 00100 → 00010 → 00001 → 10000

아래 회로를 완성하여라.

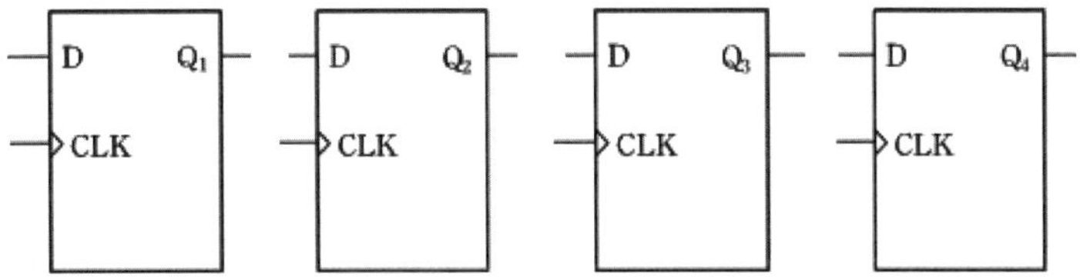

Chapter

08

메모리(Memory)

학습목표

메모리(Memory)에서는 ROM(Read Only Memory), PLD(Programmable Logic Device), RAM(Random Access Memory)을 다룬다.

▶ ROM(Read Only Memory)레지스터 동작 유형

- ROM의 종류별 사용법을 살펴보고, 주문자가 ROM 구현을 위한 진리표를 제공하면 진리표의 내용에 따라 프로그래밍 할 수 있다.

▶ PLD(Programmable Logic Device)

- PLA(Programmable Logic Array) 회로 구성과 설계 방법을 이해한다.
- PLE(programmable logic element) 회로 구성과 설계 방법을 이해한다.
- PAL(programmable array logic) 회로 구성과 설계 방법을 이해한다.

▶ RAM(Random Access Memory)

- RAM의 기본 구조와 데이터 입·출력선, 어드레스선을 살펴보고, 디코더에 의한 RAM의 설계 방법을 이해한다.

제8장. 메모리(Memory)

디지털 시스템에서 데이터를 저장하기 위해서는 다양한 메모리를 사용한다.

메모리는 데이터 한 비트(bit)를 저장하기 위해서 셀(cell)이라 부르는 저장 요소(storage element)를 사용한다. 일반적으로 메모리가 저장할 수 있는 총 비트 수를 용량(capacity)이라 하며, 그 용량은 바이트(byte) 형태로 정의된다.

메모리에는 저장된 데이터가 전원이 공급되는 동안만 유지되는 휘발성(volatile) 메모리와 전원 공급이 중단되어도 데이터를 계속 유지하는 비휘발성(non-volatile) 메모리가 있다.

데이터가 영구적이나, 반영구적으로 저장되는 ROM은 읽기전용 메모리(Read Only Memory)로서 메모리로부터 데이터를 단지 읽을 수만 있다. 일반적으로 ROM에 저장된 데이터는 사용자에 의해서 변경할 수 없다.

ROM에 데이터를 저장하는 것을 '프로그램한다'라고 하며, 제조사 또는 제작자가 사전에 수행한다. 이렇게 사용자가 원하는 데이터가 저장된 소자를 만들기 위해서 내부의 연결선(퓨즈)을 끊는데 이것을 프로그래밍이라고 하며, 별도의 프로그램 가능한 장치를 이용하여 처리한다. ROM과 같이 전원이 제거되어도 저장된 데이터가 남아 있는 메모리를 비휘발성 메모리라고 한다.

ROM으로 조합 회로를 구현할 경우 조합 회로에서 사용하지 않는 경우, 즉, 무정의 조건이 발생한다. 이러한 무정의 조건은 장치의 낭비를 초래한다. 따라서 무정의 조건이 많이 포함되어 있는 조합 회로는 PLA를 이용하여 설계하는 것이 보다 경제적이라 할 수 있다.

PLA(Programmable Logic Array)는 프로그래밍이 가능한 AND 배열과 고정된 OR 배열로 이루어진 전자소자로 개념적으로 ROM과 비슷하지만, ROM에서와 같이 모든 최소항을 생성하지는 않는다.

한편 RAM(Random Access Memory)은 읽기와 쓰기의 두 가지 능력을 가지고 있다. RAM은 메모리 내의 어떤 위치에서도 읽거나 쓰기가 가능하기 때문에 Random Access Memory라 한다. 일반적으로 RAM은 Flip-Flop으로 구성되며 그 특성상 전원이 제거되면 데이터는 잃어버리게 되는 휘발성(volatile) 메모리이다.

메모리는 적용 기술에 따라 아래와 같이 구분한다.

<table>
<tr><th>기술 구분</th><th>응용 제품</th></tr>
<tr><td rowspan="2">자기성 기술</td><td></td></tr>
<tr><td>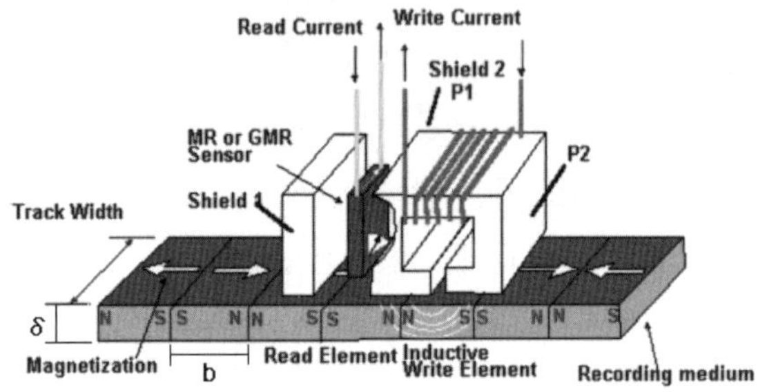
</td></tr>
<tr><td rowspan="2">광학 기술</td><td>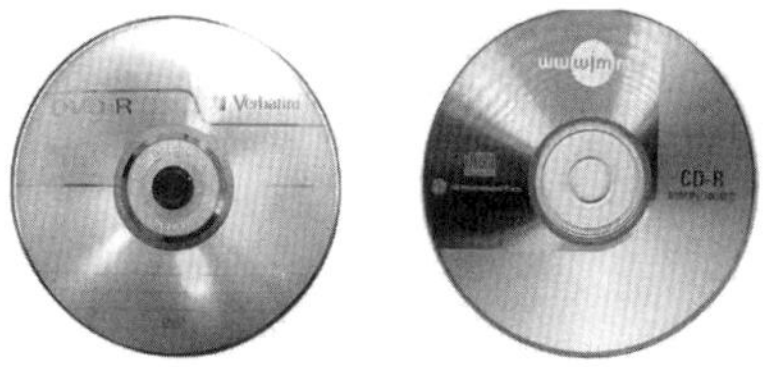</td></tr>
<tr><td>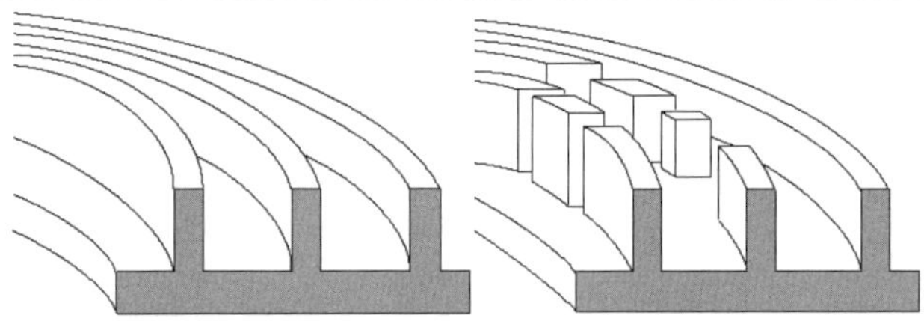</td></tr>
<tr><td rowspan="2">전기/전자적인 기술</td><td>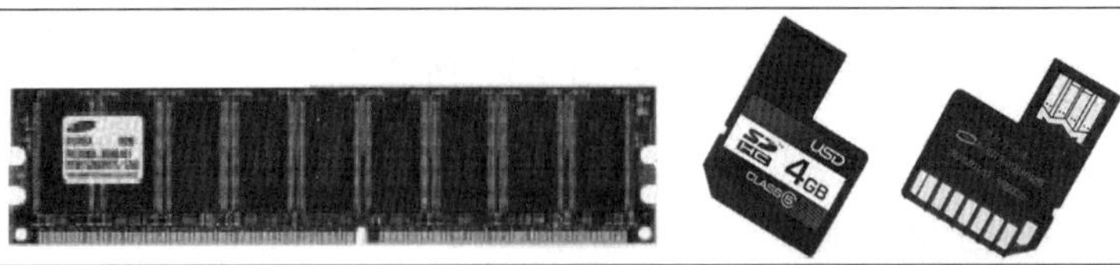</td></tr>
<tr><td>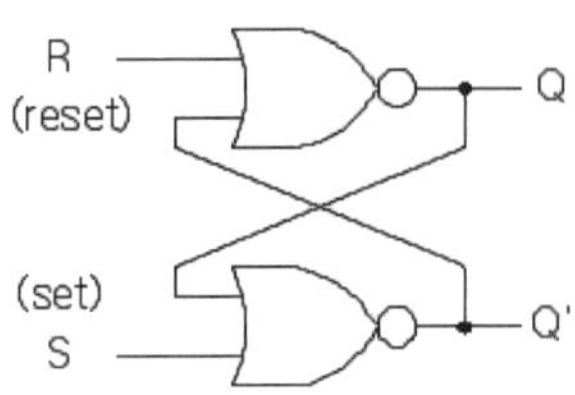

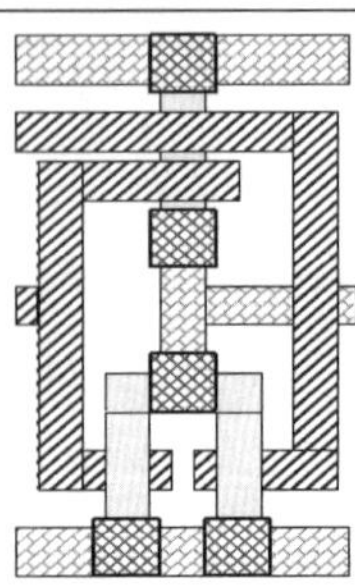
</td></tr>
</table>

8.1 ROM

ROM(Read Only Memory)은 사용자에 의해 프로그램된 2진 정보의 집합이 저장되어 있는 읽기 전용 기억 소자이다. ROM은 내부에 프로그램이 가능하도록 퓨즈가 가능한 링크(fusible link)들을 가지고 있으며, 요구된 회로를 구성하기 위해서 이 링크들은 끊어지거나 연결된 채 남게 된다. 일단 ROM이 완성되면 전원의 on, off에 관계없이 항상 일정한 정보를 가지게 된다.

2^n*m ROM은 m개의 OR 게이트의 어레이(array)와 2^n 디코더를 포함한 LSI 소자이며, 그림 (a)와 (b)는 각각 ROM의 기본 구조 및 블럭도를 나타낸다.

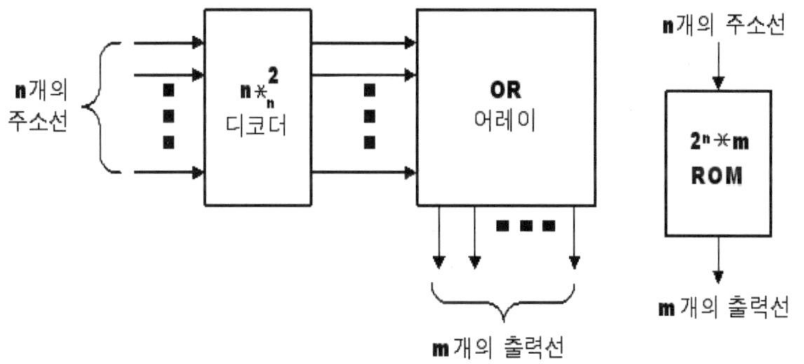

(a) ROM의 기본 구조　　　(b) 블럭도

ROM에 사용하는 디코더는 n개의 입력 변수에 대한 2^n개의 최소항을 만드는 데 사용한다. 따라서 n개의 입력 변수를 가진 ROM은 2^n개의 서로 다른 주소를 가지며, 하나의 주소에 대해 단 하나의 워드가 대응된다. 여기서 입력 변수들에 대한 각각의 비트 조합은 메모리의 주소(address)가 되고 출력 선에서 나오는 각 비트 조합은 워드(word)라고 부른다.

이때 이 워드는 입력된 주소에 저장된 데이터 비트로 구성되어있다.

따라서 2^n개의 서로 다른 주소들을 가지고 있는 ROM은 2^n개의 서로 다른 워드를 저장할 수 있다. 임의의 시간에 출력선에 나타나는 워드는 입력선에 주어진 주소에 따라 결정된다.

일반적으로 ROM은 2^n개의 워드와 각 워드당 m개의 비트로 표현된다.

예를 들어, 16*8 ROM은 16개의 워드를 가지며, 각 워드당 8비트의 데이터를 저장할 수 있다. 따라서 이 장치는 16개의 워드를 형성하기 위해서는 $2^4=16$에 의해 4개의 입력선과 8개의 출력선이 필요하다. 이때 출력선에 나타나는 워드(8비트의 데이터)는 4개의 입력선으로부터 선택되는 주소에 의해서 결정된다. 만약 입력 주소가 0001이면 1의 주소로 지정된 워드가 선택되어 출력선에 나타난다. 또한 주소가 1111이면 15의 주소로 지정된 워드가 선택된다.

ROM은 내부적으로 디코더로서 연결된 AND 게이트와 여러 개의 OR 게이트로 구성되어 있다. 아래 그림은 32*4 ROM에 대한 논리도를 나타낸다.

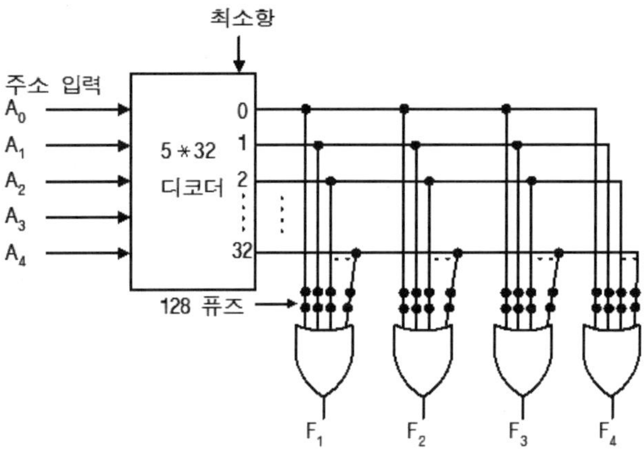

32*4 ROM의 논리도

디코더는 5개의 입력 변수를 가지므로 32개의 AND 게이트와 5개의 인버터를 이용하여 32개의 주소(10진수 표시되어 있음)를 만들어 낸다. 이 주소들은 퓨즈를 통하여 OR 게이트에 접속되어 있으며, 디코더는 32개의 주소 중에서 하나만을 선택하게 된다. 각 OR 게이트는 32개의 입력을 가지며, 퓨즈를 통하여 원하는 출력을 프로그램할 수 있다. 따라서 32*4 ROM은 5개의 입력 변수들에 의해 32개의 최소항을 생성한 후, 1워드가 4비트로 구성된 4개의 출력 Fn(n=1, 2, 3, 4)을 갖는 메모리 소자이다.

그림에서 알 수 있듯이 ROM의 각 출력은 n개의 입력 변수에 대해서 모든 최소항의 합으로 이루어짐을 알 수 있다.

임의의 부울함수는 최소항의 합의 형식으로 표현할 수 있다. 따라서 함수에 포함되지 않은 최소항들의 퓨즈를 절단함으로써 각 ROM의 출력은 조합 회로에 있는 출력 변수들 중의 하나에 대한 부울함수로 표시할 수 있다. 만약 어떤 조합회로가 n개의 입력과 m개의 출력을 가지고 있다면 2^n*m ROM이 요구된다.

조합 회로를 ROM으로 구현하기 위해서는 ROM에서 요구되는 통로들에 대한 정보를 나타내는 ROM 프로그램 테이블이 필요하다.

아래 예제는 임의의 조합회로를 ROM으로 실현하기 위한 한 가지 예를 나타낸다.

이 진리표와 일치하는 곱의 합(canonical sum of product)의 형태로 표현된 부울함수는 다음과 같다.

$$F1(x1, x0) = \sum(1,\ 2,\ 3)$$
$$F2(x1, x0) = \sum(0,\ 3)$$
$$F3(x1, x0) = \sum(0,\ 1)$$

ROM을 구현하기 위해서는 먼저 조합 회로의 입력과 출력의 수를 고려하여 필요한 ROM의 크기를 정하고, 다음에 ROM의 진리표를 구해야 한디. 이 조합 회로를 구현한 ROM은 2개의 입력과 3개의 출력을 가져야 한다.

그러므로 이 ROM의 크기는 4*3 비트이며, 2*4의 디코더와 3개의 OR 게이트가 필요하다. 이때 각 OR 게이트는 4개의 퓨즈를 가져야 한다. 그림 (a)는 식의 부울함수에 대한 진리표를 나타내며, 그림 (b)는 이 조합회로를 ROM으로 구현한 논리회로도를 나타낸다.

입력		출력		
x1	x0	F1	F2	F3
0	0	0	1	1
0	1	1	0	1
1	0	1	0	0
1	1	1	1	0

(a) 진리표

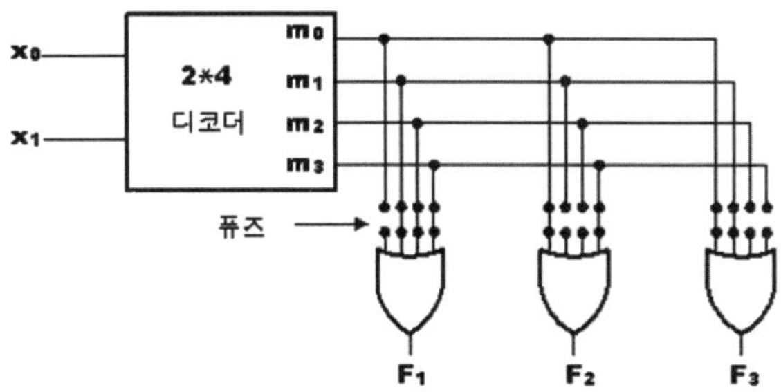

(b) 논리도

4*3 ROM으로 구성된 조합 회로

진리표에서 출력 함수가 1을 가지고 있으면 디코더의 출력과 OR 게이트 사이에 퓨즈를 연결하고, 0이면 퓨즈를 끊음으로써 최소항들의 합으로 된 조합회로를 얻을 수 있다.

예를 들면, 진리표에서 F1은 4개의 입력 변수에 대해서 OR 기능을 가지고 있다. 따라서 논리회로도에서 최소항 m1, m2, m3가 F1의 입력으로 연결된다.

프로그램이 가능한 논리 소자 PLD(Programmable Logic Device)는 게이트의 배열로 이루어진 집적 회로이며, 이 회로의 내부에 있는 링크(fusible link)들에 의해서 프로그램이 가능하게 된다. PLD 내에 있는 게이트는 보통 AND 배열(array)과 OR 배열의 형태로 구성되며, 퓨즈의 위치에 따라서 PROM(Programmable Read Only Memory), PAL(Programmable Array Logic), PLA(Programmable Logic Array)로 구분된다.

PROM은 고정된 AND 배열과 프로그램 가능한 OR 배열로 이루어진다. PLA는 모두 프로그램이 가능한 AND 배열과 OR 배열로 구성되며, PAL은 프로그래밍이 가능한 AND 배열과 고정된 OR 배열로 이루어진다.

ROM에는 크게 마스크 ROM(mask ROM)과 PROM(Programmable ROM)으로 나누어진다. 마스크 ROM은 주문자가 제작자에게 원하는 ROM을 구현하기 위한 진리표를 제공하면 제작자는 진리표의 내용에 따라 프로그래밍하여 제작한다.

PROM은 프로그래밍되지 않는 형태로 제공되며 ROM이 일단 프로그램되면 저장된 데이터는 변경할 수가 없다. 프로그래밍된 ROM의 내용을 다시 변경하기 위해서는 ROM의 내용이 지워져야 하는데, 이를 위한 PROM에는 EPROM (Erasable PROM)과 EEPROM(Electrically Erasable PROM)이 있다. ROM의 내용을 지우기 위해서 EPROM은 자외선을 사용하는 반면 EEPROM은 전기적 신호를 사용하여 프로그래밍 된 값을 방전시킨다.

예제 8-1 64K×8로 표시된 메모리의 용량은 몇 비트인가?

$$64K = 64 \times 1,024 = 65,536byte$$

$$65,536 \times 8 = 524,288bit$$

예제 8-2

32K×8로 표시된 메모리를 액세스하는데 필요한 어드레스 라인은 몇 개 인가?

$$64K = 64 \times 1{,}024 = 65{,}536 byte$$

$$2^{16} = 65{,}536$$

16개의 어드레스 라인이 필요하다.

예제 8-3

ROM을 사용하여 조합회로를 설계하여라. 이 회로는 3비트 수를 받아서 6비트에 해당하는 2진수를 출력하는 회로이다.

입 력			출 력						10진수
A_2	A_1	A_0	B_5	B_4	B_3	B_2	B_1	B_0	
0	0	0	0	0	0	0	0	0	0
0	0	1	0	0	0	0	0	1	1
0	1	0	0	0	0	1	0	0	4
0	1	1	0	0	1	0	0	1	9
1	0	0	0	1	0	0	0	0	16
1	0	1	0	1	1	0	0	1	25
1	1	0	1	0	0	1	0	0	36
1	1	1	1	1	0	0	0	1	49

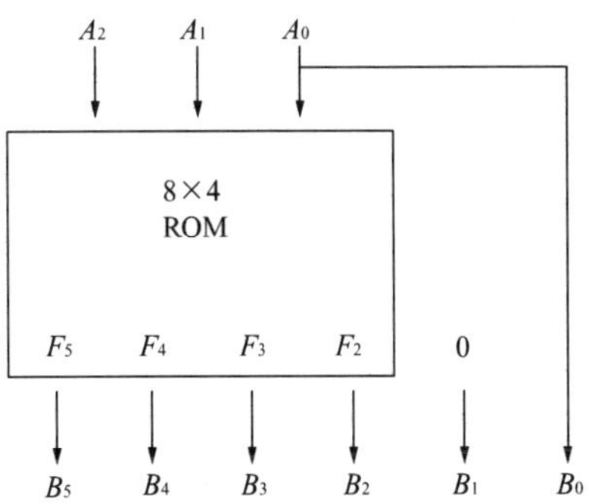

(a) 진리표

$A_0 = B_0$, $B_1 = 0$

A_2	A_1	A_0	B_5	B_4	B_3	B_2
0	0	0	0	0	0	0
0	0	1	0	0	0	0
0	1	0	0	0	0	1
0	1	1	0	0	1	0
1	0	0	0	1	0	0
1	0	1	0	1	1	0
1	1	0	1	0	0	1
1	1	1	1	1	0	0

(b) ROM 블록도

8.2 PLD(Programmable Logic Device)

1) PLA

ROM으로 조합회로를 실현할 경우 조합회로에서 사용하지 않는 무정의 조건이 발생한다. 이러한 무정의 조건은 결코 발생하지 않는 주소의 입력이 되므로 이는 이용 가능한 장치의 낭비를 초래한다. 따라서 무정의 조건이 많이 포함되어 있는 조합회로는 PLA(Programmable Logic Array)를 이용하여 설계하는 것이 보다 경제적이라 할 수 있다.

PLA는 개념적으로 ROM과 비슷하지만, PLA는 변수의 완전한 디코딩을 제공하지 않으며, ROM에서와 같이 모든 최소항을 생성하지 않는다.

PLA에 있어서는 디코더가 AND 게이트의 그룹으로 대치되며 각 AND 게이트는 입력변수의 적의 항(product term)을 생성할 수 있도록 프로그램이 가능하다. PLA 내부에 있는 AND와 OR 게이트는 초기에 프로그램이 가능하도록 퓨즈가 내장되어 있다. PLA에 대한 블럭도는 그림과 같다.

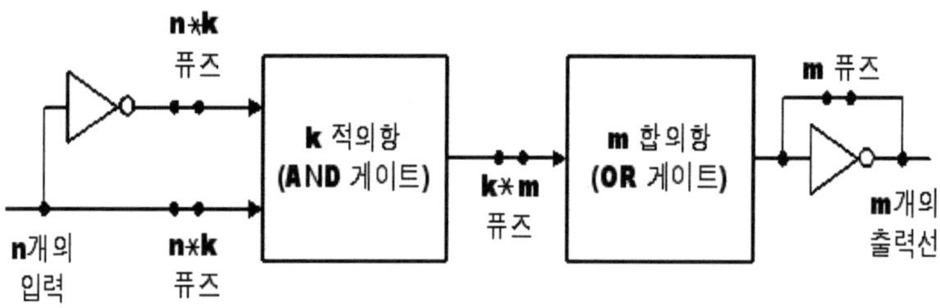

PLA의 블럭도

PLA는 n개의 입력선, m개의 출력선, 적의 항 그리고 합의 항들로 이루어져 있다. 적의 항들은 k개 AND 게이트의 그룹으로 구성되고 합의 항들은 m개의 OR 게이트의 그룹으로 이루어진다.

n개의 입력선과 입력선의 보수들은 각 n*k개의 퓨즈를 통해 AND 게이트[k개의 적의 항들(product terms)]와 연결된다. 그리고 k개의 AND 게이트 출력과 m개의 OR 게이트 입력 사이에도 k*m개의 퓨즈가 존재한다.

또한, 출력 인버터에서 퓨즈의 집합(set)은 AND-OR 형태나 AND-OR- INVERT 형태 중에서 하나를 생성하기 위한 출력함수를 허용한다.

즉, 인버터의 퓨즈를 끊으면 출력 함수는 AND-OR-INVERT 형태가 되고 퓨즈를 연결한 채로 두면 인버터를 건너뛰어 AND-OR 형태의 출력 함수가 된다.

PLA의 크기는 입력선의 수(n), AND 게이트에 의해서 생성된 적의 항의 수(k), 출력선의 수(m)에 의해서 결정된다. 이 경우 합의 항의 수는 출력선의 수와 동일하다. 그러므로 프로그램된 퓨즈(programmed fuses)의 수 P는 다음과 같이 산출된다.

$$P = 2n \times k + k \times m + m$$

한편, ROM에 있어서 2n*m개의 퓨즈가 필요하다.

아래는 3개의 입력과 4개의 출력을 가진 함수를 ROM과 PLA로 구현해 두 회로를 비교하였다.

$$F_1(x_1, x_2, x_3) = \Sigma(0,\ 1,\ 6,\ 7) = x_1'x_2' + x_1x_2$$

$$F_2(x_1, x_2, x_3) = \Sigma(1,\ 3,\ 5,\ 6,\ 7) = x_3 + x_1x_2$$

$$F_3(x_1, x_2, x_3) = \Sigma(1,\ 2,\ 3) = x_1'x_3 + x_1'x_2$$

$$F_4(x_1, x_2, x_3) = \Sigma(0,\ 1,\ 3,\ 5,\ 7) = x_3 + x_1'x_2'$$

그림(a)와 (b)는 각각 위의 함수에 대한 ROM과 PLA의 구현을 나타낸다.

ROM 회로는 3개의 입력 변수를 가지므로 모든 가능한 최소항을 구성하기 위해서는 8개의 신호선이 필요하다. 그러나 PLA 회로는 서로 다른 적의 항을 구성하기 위해서 단지 5개의 신호선이 요구된다.

PLA 회로에 있어서 각 출력선의 인버터는 생략되어 있음에 주의하라. 이 두 회로의 구현 비용(cost of implementation)의 비교에 있어서 기술적(technology)인 측면에서는 거의 비슷하지만 구현 비용은 신호선의 수에 비례한다. PLA 회로와 ROM의 신호선 수는 각각 5개와 8개가 되므로 이 두 회로에 대한 비용은 대략 5 대 8 정도가 된다.

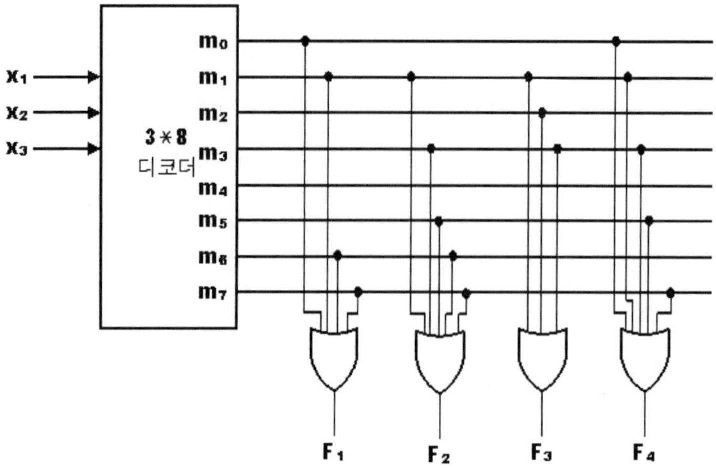

(a) ROM에 의한 구현

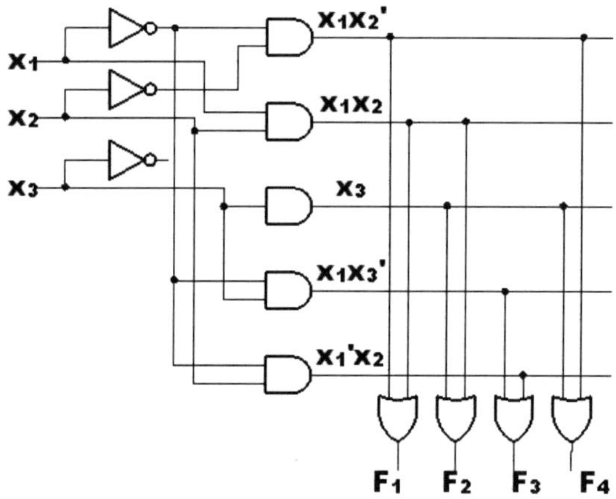

(b) PLA에 의한 구현

ROM은 최소항의 합(sum of minterm)으로 조합회로를 실현하지만, PLA는 함수를 곱의 합으로 실현하므로 각 함수에서 곱의 항은 AND 게이트에 의해서 실현할 수 있다. PLA에 의한 구현에서는 AND 게이트의 수가 제한되어 있으므로 사용할 AND 게이트의 수를 최소화시키기 위해서는 주어진 함수를 간단화 시켜 곱의 항의 수를 최소화시키는 것이 필요하다.

PLA를 구현하기 위해서는 PLA 프로그램표가 필요하다. 이 표는 임의의 조합회로가 주어지면, 그 조합회로에 대한 진리표를 곱의 합 형태로 간단화한 후에 얻을 수 있다. 예를 들어 위 그림 (b)의 회로에 대해서 간단화된 각 부울함수는 아래 식과 같으며, 이 식에 의해서 작성된 PLA 프로그램표는 아래 표와 같다.

PLA를 프로그램한다는 것은 AND-OR-NOT 형태의 통로들을 지정하는 것을 의미한다.

$$F_1(x_1,x_2,x_3) = x_1'x_2' + x_1x_2$$
$$F_2(x_1,x_2,x_3) = x_3 + x_1x_2$$
$$F_3(x_1,x_2,x_3) = x_1'x_3 + x_1'x_2$$
$$F_4(x_1,x_2,x_3) = x_3 + x_1'x_2'$$

최소항	x_1	x_2	x_3	F_1	F_2	F_3	F_4
$x_1'x_2'$	0	0	–	1	–	–	1
x_1x_2	1	1	–	1	1	–	–
x_3	–	–	1	–	1	–	1
$x_1'x_3$	0	–	1	–	–	1	–
$x_1'x_2$	0	l	–	–	–	1	–

PLA 프로그램표

이 표는 세 개의 열로 구성되어 있다. 첫 번째 열은 적의 항에 대한 기술이며, 두 번째 열(입력 열)은 입력과 요구되는 AND 게이트 사이의 연결 관계를 규정한다. 이때, 각 곱의 항에 대해 입력들을 1, 0, 또는 -(dash)로 표현한다.

- 여기서 입력 변수 1은 정규 입력(normal input)에 대응하는 적의 항을 구성하는 AND 게이트와 연결되어 있음을 나타낸다.
- 입력 변수 0은 보수화된 입력(complemented input)이 AND 게이트와 연결되어 있음을 나타낸다.
- 입력 변수 –는 연결이 안 됨(곱의 항에 해당되는 변수가 없음)을 나타낸다.

예를 들어, 표의 입력 열 밑에 있는 00(–)은 적의 항 $x_1'x_2'$를 나타낸다.

세 번째 열(출력 열)은 AND 게이트와 OR 게이트 사이의 연결 관계를 규정한다.

PLA를 가지고 조합회로를 설계할 때 PLA의 내부 회로를 그릴 필요는 없다. 즉, 사용자는 PLA를 프로그램할 수 있는 PLA 프로그램표를 작성하여 제작자에게 넘겨 주기만 하면 된다.

가끔 PLA 회로의 설계나 분석에 있어서 프로그램 표를 이용하는 것보다 심볼릭(또는 matrix) 표현을 이용하기도 한다. 심볼릭 표현에 있어서 적항선(product term line)이나 입출력 선을 삽입하는 장소에 도트(dot)를 사용하며, 이는 어레이에 있어서 스위칭 소자(switching element)의 존재를 나타낸다. 그림은 앞 그림 (b)의 PLA 회로를 심볼릭으로 표현한 것이다.

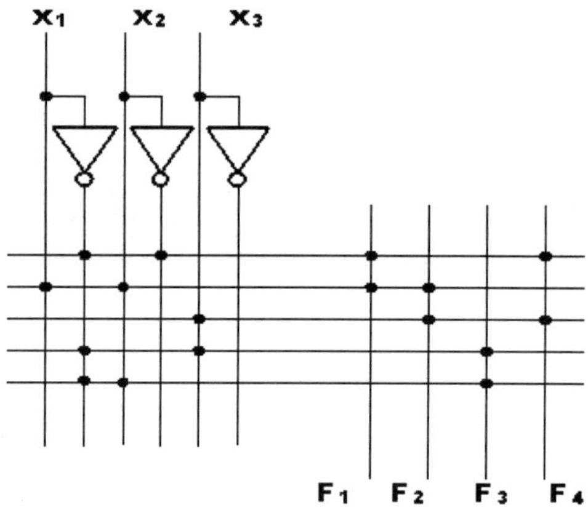

예제 8-4 입력 A, B, C, D, E인 5개의 PLA 프로그래밍 과정에서 1단계 휴즈-링크(fuse-link), 2단계, 3단계 휴즈-링크를 구하고 전체 휴즈-링크를 구하여라. 단, AND 개수는 4, OR 개수는 3개라고 한다.

1단계 휴즈-링크는 입력이 5개 일때 Not gate일 경우를 합치면 10개가 된다.

1단계 휴즈-링크 개수 X=2nk=2×5×4=40개

2단계 휴즈-링크 개수 Y=k×m=4×3=12개

3단계 휴즈-링크 개수 Z=m=3개

PLA 프로그래밍 과정 전체 개수 W=X+Y+Z=40+12+3=55개

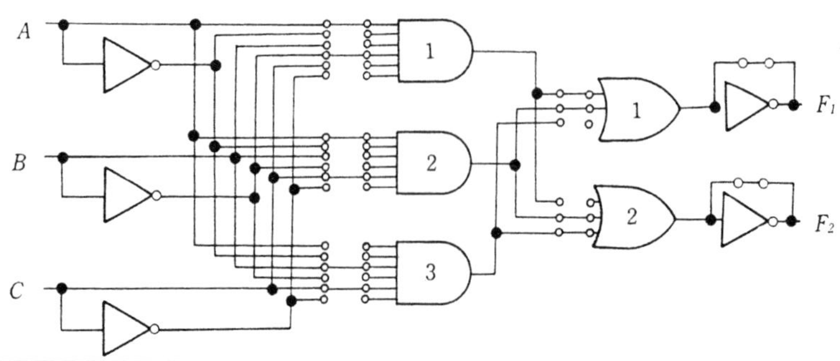

예제 8-5 3개 입력, 4개 출력인 부울함수를 PLA로 설계하여라.

$$F_0(A, B, C)=A'B'+AC'$$
$$F_1(A, B, C)=AC'+B$$
$$F_2(A, B, C)=A'B'+BC'$$
$$F_3(A, B, C)=B+AC$$

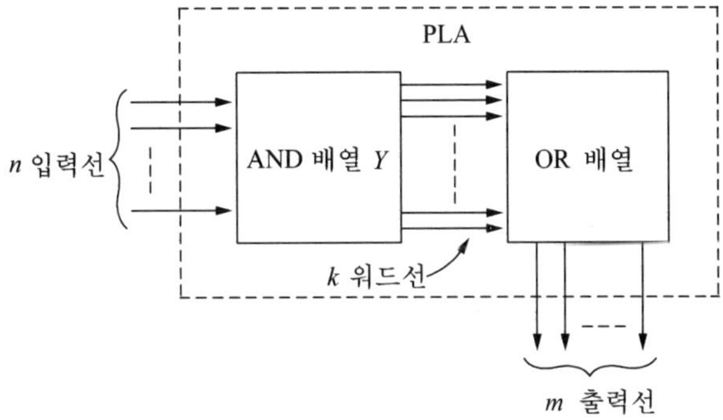

(a) PLA 논리 배열 구조

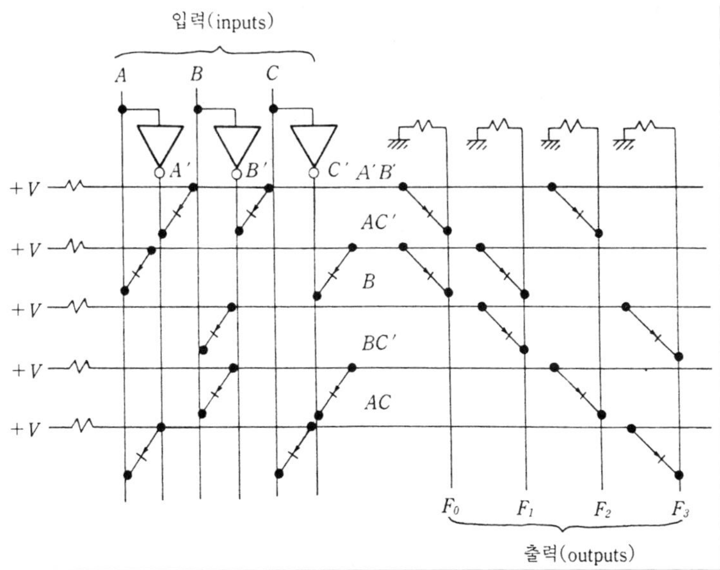

(b) 3개 입력, 5개 곱항, 4개 출력으로 된 PLA 구성회로

곱항 \ 구분	입력 A	입력 B	입력 C	출력 F_0	출력 F_1	출력 F_2	출력 F_3	
A′B′	0	0	-	1	-	1	-	F 출력값
AC′	1	-	0	1	1	-	-	$F_0=A'B'+AC'$
B	-	1	-	-	1	-	1	$F_1=AC'+B$
BC′	-	1	0	-	-	1	-	$F_2=A'B'+BC'$
AC	1	-	1	-	-	-	1	$F_3=B+AC$
				T	T	T	T	

(c) PLA 프로그램표

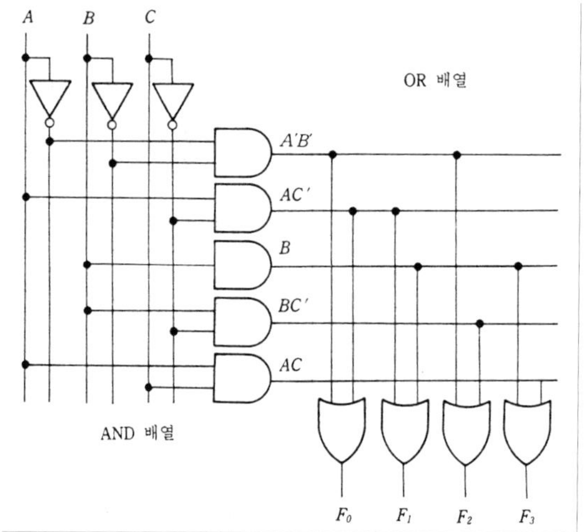

(d) 등가 AND-OR 배열

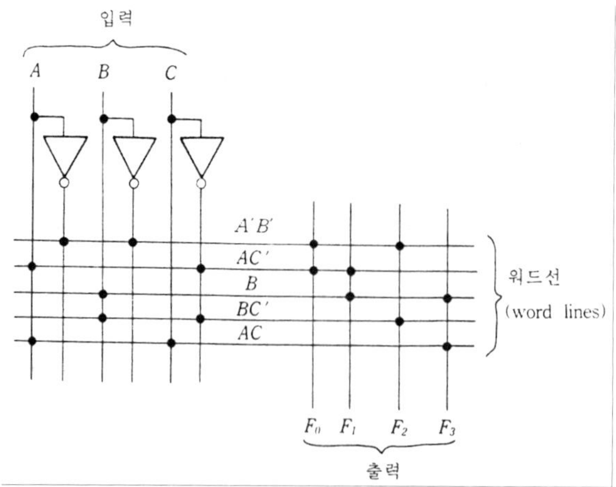

(e) 등가 표시

예제 8-6 논리변수 B에 대하여 함수인 G로 표시되는 경우 3단계 PLA로 설계하여라.

$$G_3 = (B_2 \oplus B_3) + (B_2 \oplus B_1)'(B_1 \oplus B_0)$$

$$G_2 = (B_2 \oplus B_3)(B_1 \oplus B_0)$$

$$G_1 = (B_2 \oplus B_1) + (B_2 \oplus B_3)$$

$$G_0 = B_1 \oplus B_0$$

서로 다른 XOR 항을 $B_1 \oplus B_0 = E_1$, $B_2 \oplus B_1 = E_2$
$B_3 \oplus B_2 = E_3$, $(B_2 \oplus B_1)' = B_2 \odot B_2 = E_2{}'$ 라고 놓으면, 3단계 PLA 프로그램 표는 아래와 같다.

구 분 / XOR의 곱항	AND 배열의 입력			OR 배열의 출력			
	E_1	E_2	E_3	G_0	G_1	G_2	G_3
E_1	1	-	-	1	-	-	-
E_2	-	1	-	1	-	1	-
E_3	-	-	1	-	1	-	1
$E_1 \cdot E_3$	1	-	1	-	-	1	-
$E_1 \cdot E_2'$	1	0	-	-	-	-	1

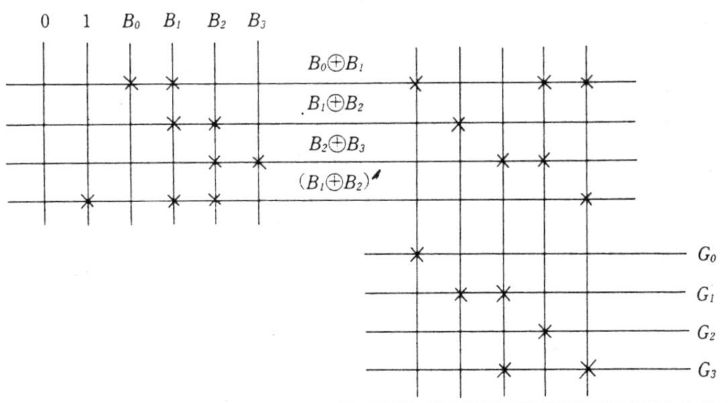

3단계 PLA 회로 구성

2) PLE

AND 게이트 입력을 고정시키고 OR 게이트 입력만 프로그래밍한다. 따라서 PLA에 비해 프로그래밍할 때 제한을 받게 된다.

아래 그림은 2입력-3출력 PLE(programmable logic element) 프로그램된 결과를 나타낸 것으로 프로그램하기 전 OR 게이트 쪽의 모든 수평선과 수직선 교차점에 × 표시가 있었다.

그림에서 AND 입력의 •표는 보통 회로 연결과 같이 제작때부터 고정된 수평/수직선의 연결을 나타내고 OR 입력만 프로그램되어 있다.

AND 게이트 출력은 $M_0 = \overline{B}\overline{A}$, $M_1 = \overline{B}A$, $m_2 = B\overline{A}$, $m_3 = BA$와 같다. 즉, 두 입력변수의 모든 최소항 AND 게이트 출력에서 얻고 있다.

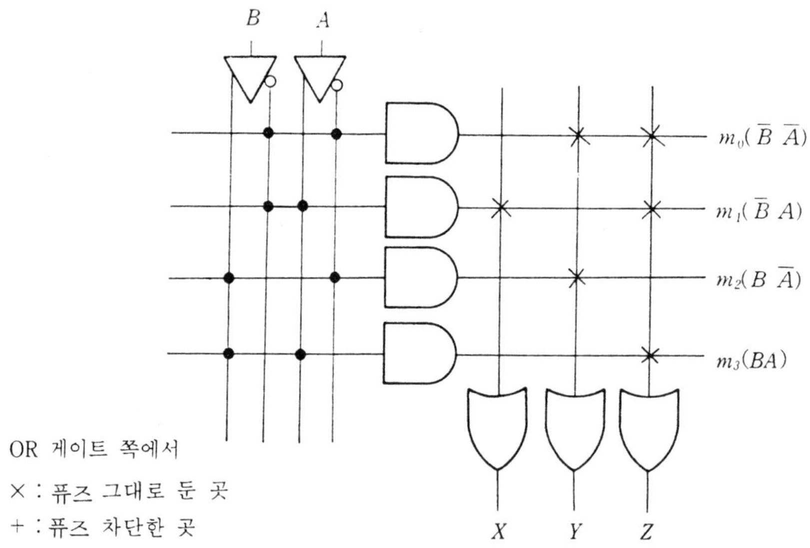

PLE 회로 구성

입력변수가 n개이면 2^n개의 AND게이트 출력에서 입력변수에 관한 모든 최소항을 얻는다. 따라서 위 회로의 출력은 아래 식과 같다.

$$X = m_1 = \overline{B}A$$

$$Y = m_0 + m_2 = \overline{B}\,\overline{A} + B\overline{A} = \overline{A}$$

$$Z = m_0 + m_1 + m_3 = \overline{B}\,\overline{A} + \overline{B}A + BA = \overline{A}A$$

PLE는 PROM과 비슷하다. 주어진 논리함수에서 적(product)항이 PLE로서 실현하기에는 너무 많은 경우 PROM을 이용할 수 있다. 즉, PROM은 기억장치뿐만 아니라 범용 조합논리회로의 블록(block)으로서도 유용하다.

예제 8-7 4입력-4출력 PLE를 이용하여 2비트-2진수의 가산기를 설계하여라.

가수를 A_1, A_0, 피가수를 B_1, B_0라 하고 가산결과 합을 S_1, S_0, 최종캐리를 C라 하자. 각 출력 변수를 4개의 입력변수 A_1, A_0, B_1, B_0의 최소항들의 합으로 표현할 수 있다면 PLE의 설계가 가능하다.
입출력 변수의 논리식을 구하기 위하여 표 6-10과 같은 진리표를 작성한다.

2비트-2진수 가산기 진리표

최소항	B_1	A_1	B_0	A_0	S_1	S_0	C
m_0	0	0	0	0	0	0	0
m_1	0	0	0	1	0	1	0
m_2	0	0	1	0	0	1	0
m_3	0	0	1	1	1	0	0
m_4	0	1	0	0	1	0	0
m_5	0	1	0	1	1	1	0
m_6	0	1	1	0	1	1	0
m_7	0	1	1	1	0	0	1
m_8	1	0	0	0	1	0	0
m_9	1	0	0	1	1	1	0
m_{10}	1	0	1	0	1	1	0
m_{11}	1	0	1	1	0	0	1
m_{12}	1	1	0	0	0	0	1
m_{13}	1	1	0	1	0	1	1
m_{14}	1	1	1	0	0	1	1
m_{15}	1	1	1	1	1	0	1

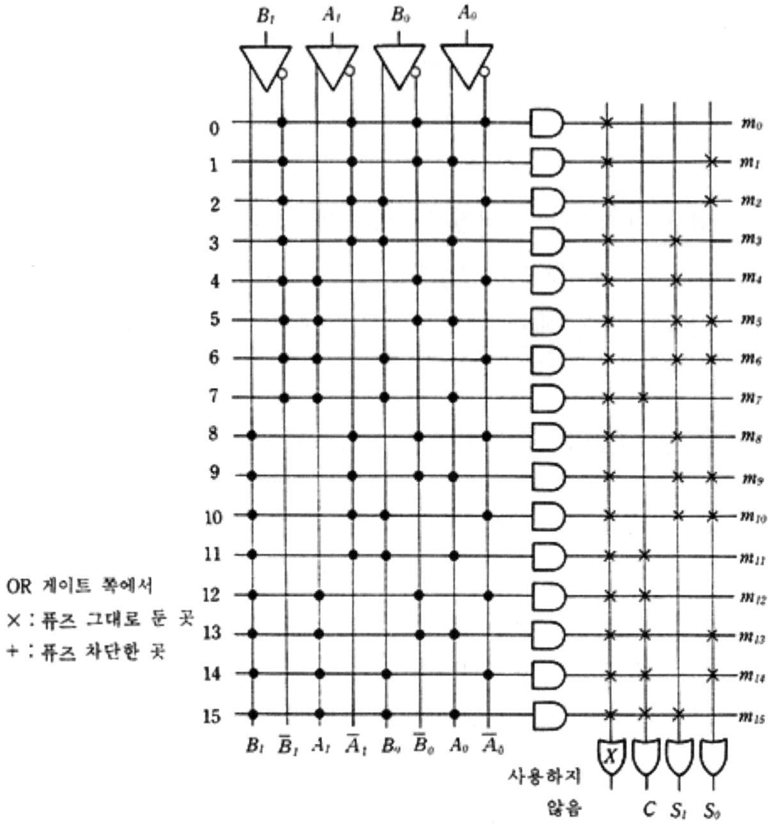

4입력-4출력 PLE 회로 구성

3) PAL

이것은 PLE와 반대로 제작 때부터 고정되어 있고 AND 입력만을 프로그래밍할 수 있다. PAL(programmable array logic)보다는 프로그래밍상 제한이 있지만 지금까지 가장 많이 사용되는 PLD이다.

다음 그림 4입력-4출력 PAL을 이용한 논리식은 아래와 같다.

$$F_0 = ABC\overline{D}$$

$$F_1 = A\overline{B}CD + ABC + \overline{B}CD$$

$$F_2 = AB\overline{C}D + BC + CD + BD$$

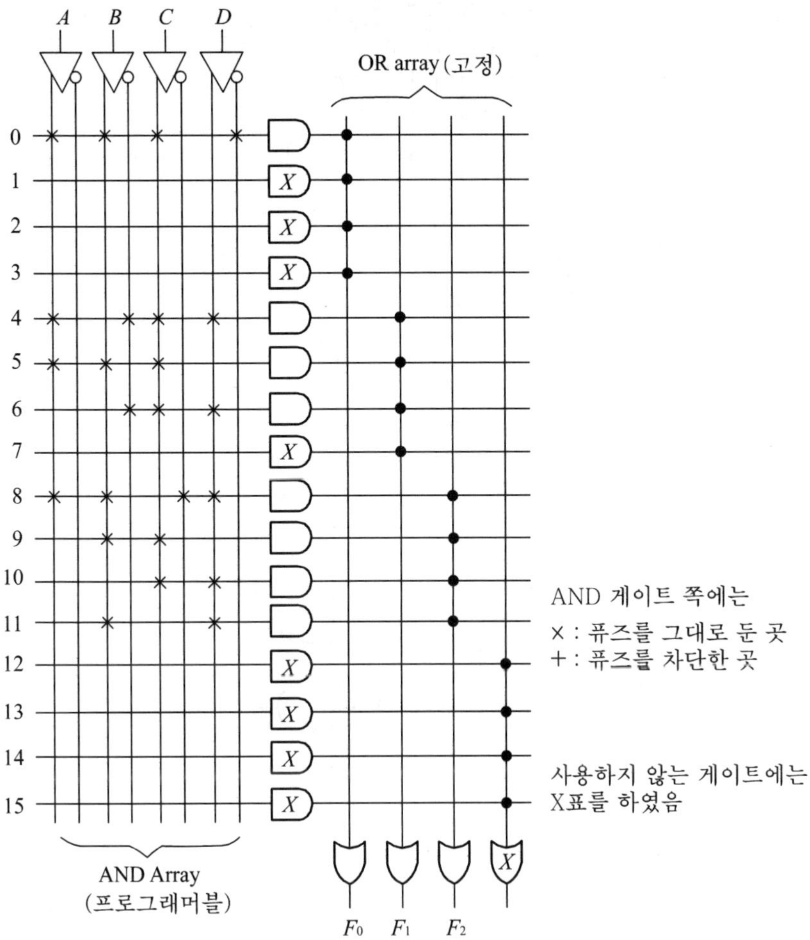

예제 8-8 주어진 논리함수를 간략화하여 항의 수를 최소화한 결과, 다음과 같은 논리함수를 얻었을 때 PAL을 이용하여 실현하여라.

$$W = AB\overline{C} + \overline{A}\,\overline{B}C\overline{D}$$

$$X = A + BCD$$

$$Y = \overline{A}B + CD + \overline{B}\,\overline{D}$$

$$Z = AB\overline{C} + \overline{A}\,\overline{B}C\overline{D} + A\overline{C}\,\overline{D} + \overline{A}\,\overline{B}\,\overline{C}D$$

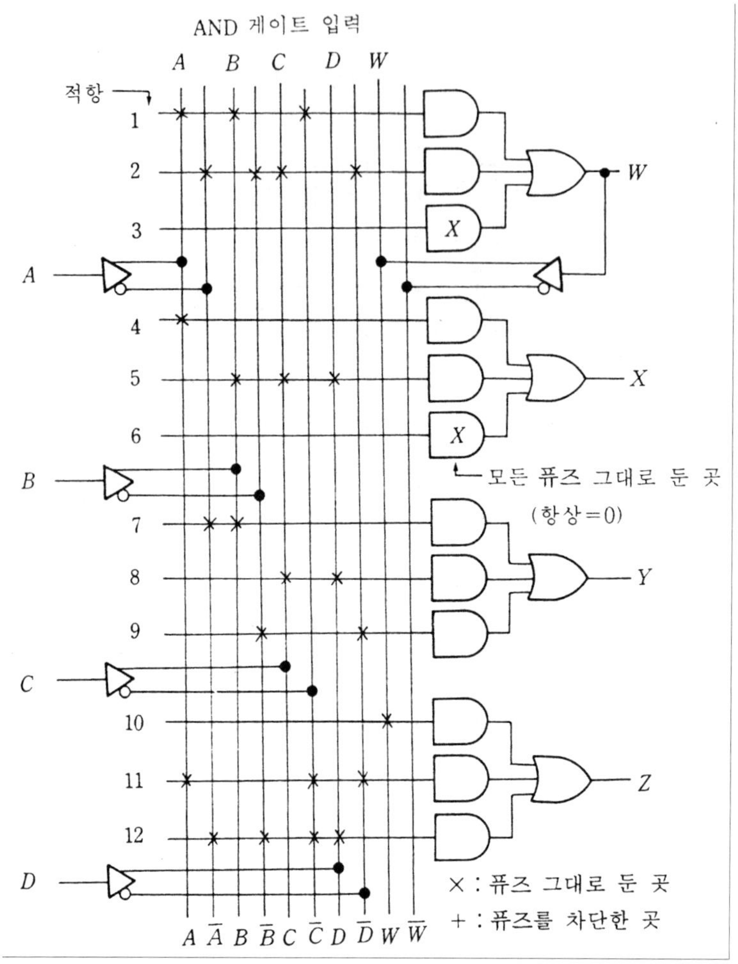

8.3 RAM

메모리 소자인 RAM에는 정적(static) SRAM과 동적(dynamic) DRAM의 두 종류가 있으며, SRAM은 본질적으로 2진 정보를 저장할 수 있는 플립플롭들의 집합으로서, 저장된 정보는 장치에 전력이 공급되는 한은 유용한 상태를 계속 유지한다.

반면에 DRAM에서는 커패시터(capacitor)에 충전되는 전하의 형태로 2진 정보를 저장하는 RAM으로서, 커패시터는 MOS 트랜지스터 칩 내부에 형성된다. 그런데 충전된 전하는 시간에 따라 방전하려는 경향이 있기 때문에 DRAM에서는 커패시터를 주기적으로 충전시키는 리프레싱(refreshing)이 필요하다.

DRAM의 경우 재충전 회로가 필요하므로 자칫 비용이 증가할 것으로 생각되기 쉬우나 SRAM의 비용이 DRAM에 비해 워낙 비싸므로 재충전 회로를 달더라도 SRAM을 사용하는 것 보다 DRAM을 사용하는 것이 훨씬 경제적이다. 따라서 대부분의 컴퓨터의 메인 메모리는 전력과 비용면에서 유리한 DRAM이 차지하고 있다. 반면, SRAM은 속도가 매우 빠르므로 CPU의 캐쉬메모리로 사용되고 있다.

전원이 꺼졌을 때 저장된 정보를 잃게 되는 기억 장치를 휘발성(volatile) 기억 장치라 한다.

RAM의 경우에 정적이건 동적이건 2진 셀들은 저장된 정보를 유지하기 위해서는 외부 전력이 필요하기 때문에 이러한 범주에 속한다.

이와는 반대로 비휘발성(nonvolatile) 기억 장치는 자기 디스크와 같이 전력을 제거한 후에도 저장된 정보를 유지하는 기억 장치이다. 이것은 기억 요소에 저장된 데이터를 자화된 방향으로 표현하기 때문이다.

RAM의 크기는 포함하고 있는 워드수와 각 워드의 비트로 표시된다.

워드란 메모리에서 입출력시 한 번에 전송되는 비트를 말한다. 일반적인 RAM의 기본 구조 및 블럭도는 아래 그림과 같으며, n비트의 데이터 입력선은 메모리에 저장될 데이터를 제공하고, RAM으로부터 읽혀지는 정보는 n비트의 데이터 출력선을 통하여 나오게 된다.

그리고 k개의 주소선은 여러 워드 중에서 하나를 선택하는데 사용된다. 또한 read와 write, 두 개의 제어선은 정보 전송의 방향을 결정하는데 사용된다.

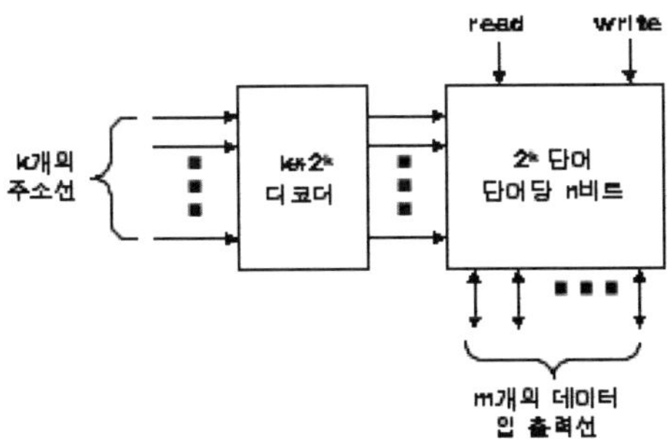

(a) 기본 구조

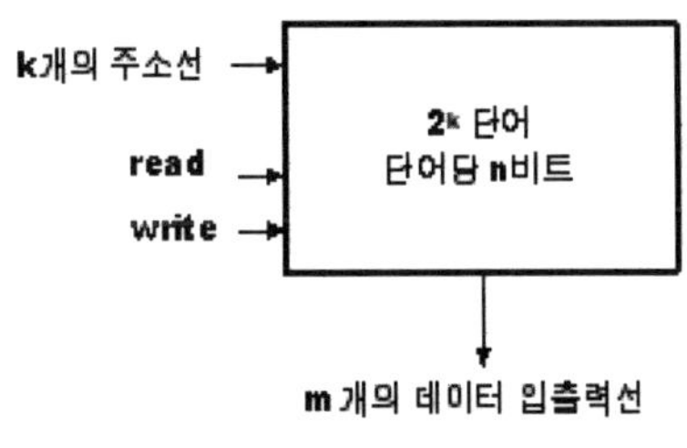

(b) 블록도

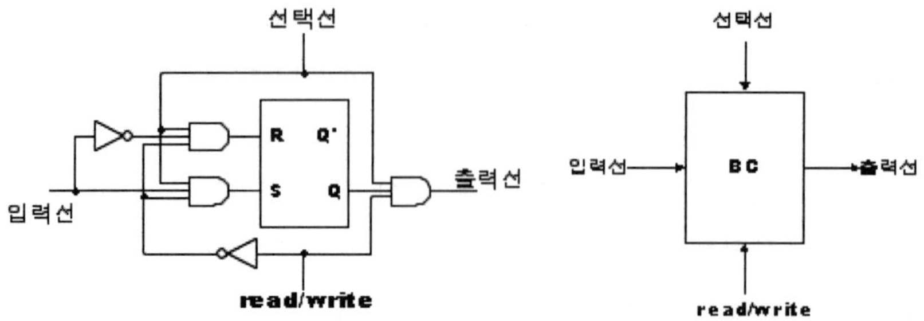

(a) 논리도　　　　(b) 블럭도

한 비트를 저장하는 RAM의 2진 소자를 그림 (a)에 나타내었으며 그림 (b)는 이 회로의 블록도이다. 여기서 BC라 이름 붙여진 블록은 3입력, 1출력의 2진 기억 소자를 나타낸다.

선택 입력은 read/write 상태를 선택하고 read/write 입력은 소자의 동작 상태를 결정하게 된다.

read/write 입력이 1이면 플립플롭이 출력 단자에 연결되어서 RAM은 읽기 상태가 되며 read/write 입력이 0이면 입력 단자가 플립플롭에 연결되어 RAM은 쓰기 상태가 된다. 여기서 사용된 플립플롭은 클럭 없이 동작하는 SR 래치와 유사하다.

RAM에 대해서 수행할 수 있는 두 개의 연산에는 기록(write)과 판독(read) 연산이 있다. 기록 신호는 내부로의 전송을 지정하는 신호이고, 판독 신호는 외부로의 전송을 지정하는 신호로서, RAM의 내부 회로는 이러한 제어 신호 중의 하나를 받아들여 원하는 연산을 수행한다. RAM으로 새로운 단어를 전송하여 저장하는 기록 연산은 다음과 같은 과정으로 수행한다.

- 주소선에 원하는 단어의 2진 주소를 전송한다.
- 데이터 입력선에 저장할 데이터 비트를 전송한다.
- 기록 제어 입력선을 활동 상태로 한다.

이렇게 하면 RAM은 데이터 입력선으로 들어온 정보 비트를 주소선으로 지정된 위치에 저장하게 된다.

또한 저장되어 있는 단어를 RAM 밖으로 전송하는 판독 연산은 다음과 같은 과정으로 수행한다.

- 주소선에 원하는 단어의 2진 주소를 전송한다.
- 판독 제어 입력선을 활동 상태로 한다.

이렇게 하면 RAM은 주소선을 통해서 들어온 주소에서부터 데이터를 취하여 그것을 출력 데이터선으로 출력시킨다. 이때 선택된 단어의 내용은 판독 후에도 변하지 않는다. 일반적으로 RAM은 입력 주소에 의해 특정 워드를 선택하기 위한 디코딩 회로가 필요한데 n비트의 워드 m개를 가진 RAM의 내부는 m*n의 2진 기억 소자와 각 워드의 선택을 위한 디코딩 회로로 구성된다.

8.4 Flash 메모리

EEPROM이 전기적으로 데이터를 소거하기 때문에 EPROM에 비해 많은 장점을 가진다.

비용과 밀도 측면에서 EPROM과 비슷하면서 EEPROM처럼 회로 내에서 전기적으로 데이터를 소거할 수 있는 메모리가 플래시(flash) 메모리이다.

EEPROM이 바이트 단위로 데이터를 수정하는데 비해 플래시 메모리는 블록 단위로 데이터를 수정하므로 EEPROM에 비해 상대적으로 속도가 빠르다. 또한 최근 메인 메모리로 많이 사용되는 SDRAM이나 DDRSDRAM은 전원이 차단되면 데이터를 잃어버리는 휘발성인데 비해 플래시 메모리는 전원이 차단되어도 데이터를 유지하는 비휘발성 메모리이다.

비용면에서 대용량으로 사용하기엔 다소 고가이기 때문에 주로 소용량 메모리용으로 많이 사용된다.

MP3나 디지털카메라, 휴대폰 등에 주로 사용되며, 내장형 컨트롤러용으로도 사용된다. 종류는 저장 용량이 큰 데이터 저장형(NAND)과 처리 속도가 빠른 코드 저장형(NOR)으로 나누어지고, 제조 회사와 사용되는 용도에 따라 여러 가지 이름으로 불린다.

[참고 문헌]

[1] 유수봉/김선규 공저, 디지털 논리회로 설계, 복두출판사, 2013

[2] 홍안의/김우수/박종안/김천식 공저, 디지털 논리와 시스템 설계, 광문각, 2004

개정판

디지털 공학

2018년 2월 28일 2판 1쇄 발 행
2020년 2월 5일 2판 2쇄 발 행

지은이 : 김선규 · 유수봉 · 김석원 · 염의종

펴낸이 : 박 정 태

펴낸곳 : 광 문 각

10881
파주시 파주출판문화도시 광인사길 161
광문각 B/D 4층
등 록 : 1991. 5. 31 제12-484호
전화(代) : 031) 955-8787
팩 스 : 031) 955-3730
E-mail : kwangmk7@hanmail.net
홈페이지 : www.kwangmoonkag.co.kr

• ISBN : 978-89-7093-877-6 93560

값 22,000원

한국과학기술출판협회회원
KSPA